Wolfgang Wickler/Uta Seibt:
Das Prinzip Eigennutz
Ursachen und Konsequenzen
sozialen Verhaltens

Deutscher
Taschenbuch
Verlag

dtv

Ungekürzte Ausgabe
September 1981
Deutscher Taschenbuch Verlag GmbH & Co. KG,
München

ISBN 3-455-08937-2
Umschlaggestaltung: Celestino Piatti
Umschlagbild: Mosaik von Ewald Mataré am Seitenportal des Kölner Doms (Foto: Wolfgang Fritz)
Gesamtherstellung: C. H. Beck'sche Buchdruckerei,
Nördlingen
Printed in Germany · ISBN 3-423-01697-3

Das Buch

In diesem Buch wird eine Theorie entwickelt, die die Grundlagen des »sozialen« Verhaltens der Tiere auf eine völlig neue Weise erklärt und damit einige Grundsätze der klassischen Evolutionstheorie und Verhaltensforschung in Frage stellt. Die zentrale These lautet: Im Kampf ums Überleben geht es nicht in erster Linie um die Erhaltung der Art, wie man seit Darwin annahm, sondern um die Sicherung und möglichst weite Verbreitung der Gene des einzelnen Exemplars. Art und Ausmaß von Kooperation bzw. Konkurrenz in der Tierwelt richten sich exakt nach der Zahl der identischen Gene, das heißt nach dem Grad der Verwandtschaft zwischen den Individuen. Die scheinbare Selbstlosigkeit, mit der Tiere in Familien und Rudeln füreinander eintreten, beruht also in Wirklichkeit auf »Eigennutz«. Dieses »Prinzip Eigennutz« wird nicht abstrakt-theoretisch entwickelt, sondern aus einer Vielzahl von Einzelbeobachtungen hergeleitet, sodaß der Leser genau nachvollziehen kann, wie die Autoren zu ihren Schlußfolgerungen gelangt sind. Die Tragfähigkeit ihres Modells zeigt sich in der Anwendung auf viele bisher schwer erklärbare Phänomene wie zum Beispiel die Fortpflanzungsstrategie der Löwen und die »Staatenbildung« der Bienen und Ameisen. Präzision der Analyse und Anschaulichkeit der Darstellung machen das Buch zu einer für Fachleute wie Laien gleichermaßen faszinierenden Lektüre.

Die Autoren

Prof. Dr. Wolfgang Wickler, geboren 1931 in Berlin, war Schüler von Konrad Lorenz und leitet seit 1973 als dessen Nachfolger das Max-Planck-Institut für Verhaltensphysiologie in Seewiesen am Starnberger See. Er ist Verfasser zahlreicher Bücher und Spezialarbeiten in Fachzeitschriften sowie Herausgeber der Zeitschrift für Tierpsychologie.
Dr. Uta Seibt, 1939 in Halle/Saale geboren, ist wissenschaftliche Assistentin am Max-Planck-Institut in Seewiesen. Gemeinsam mit Wolfgang Wickler gab sie 1973 ein grundlegendes Werk über ›Vergleichende Verhaltensforschung‹ heraus.

Inhalt

Abbildungsnachweis

Farbtafeln: U. Reyer (1), H. Albrecht (6), H. Kacher (13); alle übrigen Tafeln von W. Wickler und U. Seibt.

Schwarzweißfotos: W. Wickler und U. Seibt (neben Farbtafel 8), K. Immelmann (neben Farbtafel 15).

Zeichnungen: H. Birke und H. Kacher.

Vorwort

Es geht uns in diesem Buch um Gesetzmäßigkeiten, die dem Verhalten der Lebewesen zugrunde liegen. Wir wollen nicht Geschichten erzählen, sondern Denk-Wege zeigen, mit denen sich Einzelbefunde ordnen lassen – und zwar so, daß ein haltbares Gerüst, eine Theorie für das Verständnis tierischer Handlungsweisen entsteht. Den Leser möchten wir zum Mitdenken anregen in der Hoffnung, daß er Geschmack daran findet und auch noch weiterdenkt, wenn er das Buch zu Ende gelesen hat.

Theorien helfen uns, die Gedanken zu ordnen, Ergebnisse zusammenzufassen und neue Fragen zu formulieren. Sie sind deshalb unerläßlich, wenn man Erkenntnisse gewinnen will. Der Wert einer Theorie erweist sich in den Voraussagen, die sie zu machen erlaubt. Vorausgesagt wird dabei nicht immer etwas, das noch nicht geschehen ist, sondern etwas, das wir noch nicht wußten. Wissenschaftliche Theorien beziehen sich weniger auf zukünftige Ereignisse als auf noch unbekannte Zusammenhänge.

Besonders wichtig für den Biologen ist die Evolutionstheorie. Nicht weil sie alles erklären könnte, sondern weil sie zu besonders vielen Fragestellungen führt, Forschungen anregt und Resultate verständlich macht. Wir machen mit diesem Buch keinen Versuch, die Evolutionstheorie zu beweisen. Wir nehmen sie vielmehr als Ausgangspunkt bei der Entwicklung konkreter Vorstellungen: Wie müßte das Verhalten der Lebewesen beschaffen sein, wenn die Evolutionstheorie stimmt? Wir versuchen, möglichst allgemeinverständlich zu erklären, warum die Evolutionstheorie besonders für denjenigen wichtig ist, der soziales Verhalten der Lebewesen und ihren Zusammenschluß zu Sozietäten verstehen will. Mit Hilfe des Verhaltens tritt ja das Individuum in Beziehung zu seiner Umwelt und zu anderen Individuen, und durch das Verhalten werden Sozietäten und ökologische Anpassungen realisiert.

In diesen Bereichen haben die bekannten Evolutionsfaktoren Konsequenzen, die bisher in der Verhaltensforschung vernachlässigt wurden, die aber manches, was über Sozialverhalten bekannt ist, in ein neues – und unserer Meinung nach interessanteres – Licht rücken. Diese für Biologen, Ethologen und Soziologen besonders bedeutsamen Auswirkungen der Evolutions-Gesetzmäßigkeiten wollen wir eingehend behandeln. Dabei haben wir uns bemüht, zwischen zwei Extremen eine gangbare Mitte zu finden: der abstrakt mathematisierten Theorie und der Anhäufung zahlloser Einzelfälle.

»Laßt doch um Himmels willen mal die Tatsachen beiseite!« – dieser Stoßseufzer des Theoretikers kennzeichnet sein Bestreben, allgemeingültige Gesetzmäßigkeiten zu erfassen und von Sonderfällen ebenso abzusehen wie von unwesentlichem Beiwerk. Allerdings ist es unerläßlich, die Theorie dann an den konkreten Tatsachen zu überprüfen und, wenn nötig, zu korrigieren. Korrigieren kann man nur, was unmißverständlich formuliert war. Zu solchen präzisen Formulierungen verhelfen Modellvorstellungen, die oft mathematisch abgefaßt sind. Um aber alles Unanschauliche hier möglichst zu vermeiden, haben wir in solchen Fällen anstelle abstrakter Formeln einfache Zahlenbeispiele gewählt; der Interessierte kann die ausführliche mathematische Version in der zitierten Literatur finden.

»Ist die Natur nur groß, weil sie zu zählen euch gibt?« – mit diesem Schiller-Zitat protestierte Konrad Lorenz zu Recht gegen den übertriebenen Trend, alles quantitativ Erfaßbare höher zu werten als das nur qualitativ Erfaßbare. Dennoch muß man aber an der richtigen Stelle durchaus messen und zählen. Wer Aussagen über Selektion und selektionsbegünstigtes Verhalten macht, kann nicht darauf verzichten, das Selektionsergebnis durch Messen der Ausbreitungsrate und Abzählen der Nachkommen zu belegen. Diesen Weg hat als erster Nikolaas Tinbergen konsequent beschritten.

Mit Vergnügen erinnern wir uns an ein Habilitations-Verfahren an der Universität München, das etliche Jahre zurückliegt. Damals war es noch üblich, Thesen zu verteidigen – was inzwischen aus der Mode gekommen ist. Der Kandidat hatte möglichst markante oder provokante Behauptungen aufzustellen, von deren Richtigkeit er hinreichend überzeugt war, so daß er sich zutraute, alle vom Auditorium vorgebrachten Gegenargumente entkräften zu können. Eine der damals aufgestellten Behauptungen lautete: »Die Natur ist immer sparsam.« In der Diskussion wurde gefragt, warum die Natur denn so viele Arten aussterben läßt, warum es viel mehr Samenzellen gibt, als zur Befruchtung gebraucht werden und warum Individuen sich bekämpfen und sogar umbringen, auch wenn für alle

genug Nahrung vorhanden ist. Die Sparsamkeits-Theorie erwies sich als ungeeignet, diese Fragen zufriedenstellend zu beantworten.
Man darf die Sparsamkeit nämlich nicht an den Maßstäben menschlicher Technik messen. Der Techniker versucht, das beste Gerät für eine geforderte Leistung zu konstruieren. Die natürliche Selektion aber entwirft nicht Konstruktionspläne für die besten Lebewesen, sondern belohnt kleine Verbesserungen am Bestehenden. Damit ist auf natürlichem Wege manches unerreichbar, was für den Menschen erreichbar scheint, und zwar gerade auf sozialem Gebiet.
Wenn man die Evolutionstheorie konsequent verfolgt, kommt man mitunter zu überraschenden Ergebnissen über das soziale Verhalten: überraschend deswegen, weil sie von manchen geläufigen Vorstellungen abweichen. Das ist nicht eine Folge von verbesserten Versuchstechniken oder neuester statistischer Auswertungsverfahren, sondern beruht auf einem revidierten Denk-Ansatz. Er scheint uns vielversprechend, nicht nur weil er konsequent aus den Evolutions- und Selektionsgesetzen folgt, sondern weil er manche beobachtete Eigentümlichkeit tierischen Verhaltens zwanglos erklärt, für die man bisher biologische Unzulänglichkeiten oder Pannen bemühen mußte. Ferner lassen sich von diesem Ansatz her einige Besonderheiten des Menschen genauer erfassen, als das bisher möglich war.
Geschrieben ist dieses Buch für Biologen, Verhaltensforscher, Psychologen, Soziologen und alle, die ein berufsmäßiges oder privates Interesse an sozialen Phänomenen der Lebewesen haben. Aus Erfahrung wissen wir, daß fast jeder Leser versuchen wird, das Geschilderte wenigstens probehalber auf den Menschen zu beziehen, auch schon ehe er an das letzte Kapitel gekommen ist. Um dabei sprachliche Mißverständnisse zu vermeiden, möchten wir bitten, folgendes zu beachten:
Das Buch handelt von Gesetzmäßigkeiten, die Prognosen erlauben, nicht von Gesetzen im Sinne von Vorschriften. Leider hält die Sprache beides nicht immer klar auseinander. »Du sollst nicht stehlen« ist eine Vorschrift, aber »Es soll die ganze nächste Woche regnen« ist eine Prognose. Wenn wir sagen »Tiere sollten oder müßten irgendein Verhalten zeigen«, so ist das keine Aufforderung, sondern eine Voraussage, die wir aufgrund einer Theorie machen und die dann nicht zutreffen wird, wenn wir die Zusammenhänge nicht richtig erkannt haben. Das Wort Erwartung wird hier meist so gebraucht wie im Fall der Lebenserwartung. Entscheidung und Strategie ist eine Interpretation des Verhaltens, die auf eine bestimmte

Theorie gründet, die wiederum davon ausgeht, daß das Verhalten der Lebewesen einen Einfluß darauf hat, wie stark ihre Gene in der nächsten Generation vertreten sind. Wir behaupten nicht, Lebewesen verfolgten bewußt oder absichtlich die Ausbreitung ihrer Gene. Zweckmäßigkeit setzt nicht Einsicht voraus, sondern beschreibt einen Befund; für die wissenschaftliche Untersuchung von Anpassung hat G. WILLIAMS 1966 den Namen *Teleonomie* vorgeschlagen, um sie von der Teleologie oder Zweckursächlichkeit der Philosophen abzuheben. Man sagt, das Tier sei interessiert daran oder verfolge das Ziel, seine Gene auszubreiten, weil eben der Organismus so programmiert ist, daß dieses Ergebnis erzielt wird.

Hinweise auf weitere wissenschaftliche Befunde, die hier verarbeitet sind, aber nicht ausführlich vorgestellt werden können, gibt das Literaturverzeichnis. Es ist alphabetisch nach den Verfassern geordnet, die im Text genannt wurden. Außerdem verweisen wir im Text auf einen READER (Wolfgang WICKLER und Uta SEIBT, »Vergleichende Verhaltensforschung«, ebenfalls bei Hoffmann & Campe), in dem wir 25 beispielhafte Untersuchungen namhafter Wissenschaftler aus allen Bereichen der Verhaltensforschung zusammengefaßt haben. Sein Inhaltsverzeichnis ist am Ende dieses Buches abgedruckt.

Unser Dank gilt allen jenen Zuhörern in kleineren und größeren Gruppen, denen wir Ausschnitte dieses Buches in verschiedener Weise vortrugen, um aus den Reaktionen zu lernen, was anders auszudrücken war, wenn wir verstanden werden wollten.

Besonderen Dank verdient unsere tägliche Kaffee-Runde im Institut, die an der Sache stets mitleidlose Kritik übte, aber zugleich begeistert und aufbauend mitarbeitete.

Ferner danken wir dem Cheflektor des Verlags Herrn Hans-Helmut Röhring, der in den Entstehungsjahren dieses Buches nicht die Geduld verlor und uns in vorbildlicher Weise betreute. Vor allem danken wir der Max-Planck-Gesellschaft, die es uns ermöglichte, in verschiedenen Ländern Tiere im natürlichen Lebensraum zu beobachten, diese Untersuchungen im Institut in Seewiesen unter kontrollierten Bedingungen fortzusetzen und sie schließlich mit in- und ausländischen Kollegen zu erörtern.

Wolfgang Wickler
Uta Seibt

Seewiesen, im Mai 1977

Kapitel I

Die Fragestellung

Wie es zur Verhaltensforschung kam

Für die Vorgeschichte der Verhaltensforschung kann man eine stattliche Reihe geistiger Väter und Vorläufer benennen. Es lohnt sich, deren Ansichten über einige auch heute noch akute Probleme bis zu dem Stadium zu verfolgen, an dem wir sie bei der Darstellung klassischer Verhaltensforschung ohnedies aufgreifen müssen. Dieser Rückgriff scheint uns notwendig, wenn man den gegenwärtigen Stand dieser Forschung verstehen und sich Rechenschaft darüber geben will, wie man in Zukunft weiterforschen sollte. Die Vielzahl der Themen, die im Laufe der Zeit in Angriff genommen wurden, läßt sich auf wenige Grundfragen zurückführen.

Wie erklären sich die Ähnlichkeiten und Unterschiede zwischen Mensch und Tier?

Die älteste Frage, die bis heute nichts an Aktualität eingebüßt hat, ist die nach dem Unterschied zwischen menschlichem und tierischem Verhalten und nach den Wertmaßstäben, die man an beides anlegen kann. Diese Überlegungen fangen regelmäßig mit Vorstellungen darüber an, woher denn der Mensch und die anderen Lebewesen überhaupt kommen.
Thales von Milet (640 – 546 v. Chr.) dachte sich alle Lebewesen aus dem Wasser als dem Urstoff hervorgegangen und die ganze Welt von Seelen durchwoben. Sein Schüler Anaximander (610 – 547 v. Chr.) nahm an, die ersten Lebewesen seien im Wasser entstanden, spätere seien an Land gegangen, hätten dort ihre Organisationsform geändert und schließlich den Menschen hervorgebracht. Bei beiden Philosophen herrscht der Entwicklungsgedanke vor: Die Ähnlichkeiten zwischen den Lebewesen, also auch zwischen Mensch und Tier, sind durch gemeinsame Entwicklungsgänge verursacht.

Sowohl für die Ausformung des Körpers wie für seine Aktivitäten, Erfahrungen, Begierden, für Verstand, Vernunft und Willen waren die Seelen zuständig. Aber eben darin wollte sich der Mensch vom Tier unterscheiden. Herakleitos von Ephesus (544 – 470 v. Chr.) vertrat die Ansicht, daß eine prinzipielle Kluft zwischen Mensch und Tier bestünde, denn er hielt Menschen und Götter für das Ergebnis rationaler Schöpfung, Pflanzen und Tiere aber für das Ergebnis irrationaler Schöpfung. Doch sah auch Heraklit die Ähnlichkeiten. Er betrachtete die feurige Seele des Menschen als die höchste; Tierseelen seien feuchter (und deshalb werde die Seele des Betrunkenen dem Tiere ähnlicher).

Für Empedokles (483 – 424 v. Chr.), der an die Seelenwanderung glaubte, sind Empfindungen, Erinnerungen und Geistestätigkeit Eigenschaften alles Lebendigen. Sokrates (um 470 – 399 v. Chr.) sah keinen prinzipiellen Unterschied zwischen den geistigen Leistungen der Tiere und des Menschen, hob aber hervor, kein Tier habe Sprache und keines könne so wie der Mensch arbeiten, Erfahrungen sammeln und sich des Erlernten erinnern.

Plato (427 – 347 v. Chr.) war der Meinung, daß sich der Mensch durch seine Vernunft von den Tieren unterscheidet. Er bezeichnet den Menschen als zahmes Tier. Von der Selbst-Domestikation des Menschen ist heute noch die Rede.

Aristoteles (384 – 322 v. Chr.) ergänzte als erster das Spekulieren über die Natur durch Forschung an der Natur. Auch ihm erscheint der Mensch vom Tier nur graduell verschieden und ein Unterschied der Seelen von Tier und Mensch im Jugendstadium kaum vorhanden. Er erklärte die Bestimmung einer Handlung vom Ziel oder Zweck her: »Der Stier hat Hörner um zu stoßen« (dagegen Goethe: »Der Stier stößt, weil er Hörner hat«).

Theophrastes von Eresos auf Lesbos (372 – 287 v. Chr.) schließlich betont: Das Verhalten der Tiere ist ebenso unterschiedlich hoch entwickelt wie ihr Körperbau; die Grundlagen des Verhaltens sind bei allen Lebewesen gleich; und man muß einen gemeinsamen Ursprung aller lebenden Wesen, einschließlich des Menschen, annehmen. Diese Ansicht übernahmen Straton, ein Schüler des Theophrast, sowie später die Römer Plinius (23 – 79 n. Chr.) und Porphyrius (233 – 305 n. Chr.). Bis heute hat sich an dieser Erkenntnis nicht viel geändert; sie wurde durch immer mehr Argumente und Befunde untermauert.

Allerdings begann mit Epikur (341 – 271 v. Chr.) und Plutarch (45 – 125

n. Chr.), die den Tieren Einsicht, Tugend, Verstand, Überlegung, Gerechtigkeit, Gatten- und Kinderliebe zusprachen, auch schon die Vermenschlichung, die Anthropomorphisierung des tierischen Verhaltens, wie sie noch A. E. Brehm in seinem »Tierleben« (6 Bände, geschrieben 1864–1869) pflegte.
Bereits bei Lukretius (98 – 55 v. Chr.), einem Epikureer, finden wir den ersten Gedanken an die Wirkung der natürlichen Selektion: Er sagt, es könnten sich nur solche Tiere erhalten, die zweckmäßige Eigenschaften besitzen. Der Begriff des Zweckmäßigen freilich wirft mehrere, schwer beantwortbare Fragen auf, denen wir uns noch zuwenden müssen.

Wie erklärt man die Zweckmäßigkeit des Verhaltens?

In den frühen philosophischen Vorstellungen waren die Form und die Ursache für die Form eine Einheit. Gerade am Verhalten eines Lebewesens wird aber deutlich, daß man eine Erklärung nicht nur für die verschiedenen Formen, sondern auch dafür braucht, daß jedes Verhalten nur zu bestimmten Zeiten und bei geeigneten Gelegenheiten auftritt, zu anderen aber nicht, daß es also neben den Ursachen für die Form des Verhaltens andere Ursachen für sein Auftreten geben muß. Hier liegt ein Problem, das auch heute manche Abhandlungen belastet: Bei den Fragen, was am Verhalten angeboren und was sinnvoll ist, muß man unterscheiden, ob nach der Form des Verhaltens oder nach dem Zeitpunkt und den Bedingungen seines Auftretens gefragt ist. Seneca (4 v. Chr. – 65 n. Chr.), der Erzieher Neros, z. B. fragte: Woher weiß ein Küken, das zum ersten Mal einen Habicht sieht, daß es fliehen muß? (Diese Antwort und wie man sie fand, steht auf S. 270 f.).
Aristoteles hatte behauptet, das Handeln würde durch Einsicht in den Zweck bestimmt. Seine Meinungen gewannen im Mittelalter großen Einfluß auf die europäische Geistesgeschichte, nachdem sie von arabischen Philosophen, vor allem von Averroes (1126 – 1198) aufgegriffen und kommentiert worden waren. In der Scholastik werden aber – trotz der von Bonaventura (1274) vertretenen »Stufenleiter der Seelenkräfte« – Unterschiede zwischen Mensch und Tier betont: Der Mensch handelt selbst, im Tier handelt »es«. Viele dieser Unterschiede gründeten freilich mehr auf Definitionen als auf Beobachtungen, vergleichbar manchem üblichen Sprachgebrauch: »Der Mensch ißt, das Tier frißt«. Aber

wodurch kommt dann das Tier zum Ziel? Was agiert da im Tier? Nach THOMAS VON AQUIN (1225 – 1274) ist es eine *determinatio naturae*, ein Zwang im Tier, das Zweckmäßige zu tun, ohne es einzusehen. Das Individuum selbst strebt nur den Ablauf bestimmter Handlungen an (*Operationes quaeruntur propter delectationem*), nicht jedoch das dadurch zu erreichende Ziel. Deswegen können, wie J. C. SKALIGER (1484) betonte, Bewegungsweisen früher auftreten als die Organe dafür (»Schon der junge, noch ungehörnte Stier versucht zu stoßen«).

Herausgestellt war damit der Unterschied zwischen dem einsichtigen – durch Verstand und Überlegung gesteuerten – und dem ohne beides ablaufenden, uneinsichtigen Verhalten. Klar war von vornherein, daß der Mensch über Verstand und Einsicht verfügt; nicht so klar war, ob er beides bei jedem Verhalten auch benutzt oder wenigstens benutzen müßte, um zweckmäßig zu handeln. Falls nicht, was konnte neben Verstand und Einsicht sein Verhalten steuern? Und was steuerte das Verhalten der Tiere, da man ihnen Verstand und Einsicht absprach?

Instinkt und Seele

Im 16. Jahrhundert hoben Hieronymus RORARIUS und Michel de MONTAIGNE in ihren Schriften hervor, »Daß Tiere ihre Vernunft besser gebrauchen als der Mensch« (so der Titel des erst 1654 veröffentlichten Buches von RORARIUS). Sie stellten das zweckmäßige Handeln der Tiere dem oft von Bosheit getriebenen und dann ganz unzweckmäßigen Verhalten des Menschen gegenüber und sprachen Tieren noch einmal alle Fähigkeiten der Seele zu. Hier ist Seele mit Antrieb zum Verhalten gleichgesetzt, wie noch in mancher späteren »Thierseelenkunde«. Für den spanischen Arzt Gomez PEREIRA wie für seinen Zeitgenossen René DESCARTES (1596 – 1650) dagegen sind die Tiere reine Automaten oder Maschinen, deren Handeln allein durch die Objekte bedingt ist und nicht mehr Zweck enthält als das Fallen eines Steins.

DESCARTES betonte zugleich stark den Unterschied zwischen Mensch und Tier, der darin liege, daß Tiere unfähig sind, Sprache zu benutzen und zu verstehen, und daß sie keine auf Wissen beruhenden Handlungen ausführen können. Dieser Unterschied zum Menschen war ihm wichtig, weil sonst »wir nicht mehr Recht auf ein zukünftiges Leben haben als Mücken und Ameisen«. Martin LUTHER (1483 – 1546) hingegen empfand diesen Gedanken nicht als störend: »Ich glaube, daß jede Kreatur eine unsterbliche Seele hat.« Auch für die Pythagoreer und für PLATO (aber schon nicht mehr für ARISTOTELES) waren Menschen- und Tierseelen unsterblich; dieselbe Seele konnte vom Menschen ins Tier und umgekehrt wandern. Das wiederum wirkte sich auch auf den Umgang mit Tieren aus: »Die Pythagoreer«, so berichtet PLUTARCH, »haben die Milde gegen die Tiere zu einer Übung der Menschenfreundlichkeit und Barmherzigkeit gemacht.« PLUTARCH selbst wie auch viele Epikureer aßen kein Fleisch, und zwar wegen der Verwandtschaft von Mensch und Tier, weil auch Tiere eine menschenähnliche Seele haben. In der Kabbala, der theosophischen jüdischen Mystik, die im wesentlichen im 13. Jahrhundert entstand, wird das Verbot, Tiere zu quälen und unnötig zu töten, nicht um des Tieres, sondern um des Menschen willen erlassen: Übt der Mensch Milde auf den unteren Stufen, so wird er sie auch bei Geschöpfen auf den oberen zeigen. Ebenso ist nach THOMAS VON AQUIN in der Heiligen Schrift Grausamkeit gegen Tiere nur deswegen verboten, damit man sich nicht an sie gewöhne und Grausamkeit gegen Menschen übe. – Der Mitbegründer des Max-Planck-Institutes für Verhaltensphysiologie in Seewiesen, Erich von HOLST, hat in einem 1953 veröffentlichten Aufsatz »Der Physiologe und sein Versuchstier« ganz ähnlich für möglichste Schonung der Versuchstiere plädiert.

Die Seele bleibt nun freilich dem Bereich der Religion zugewiesen, wo wir sie bei der moralischen Bewertung des Verhaltens wiedertreffen; für Antrieb und Steuerung des Verhaltens wurden ab jetzt Mechanismen gesucht, die man zunächst mit dem Sammelbegriff Naturkraft oder Instinkt belegte. ALBERTUS MAGNUS (um 1280) hatte gesagt, daß Tiere ohne Verstand »durch ihre natürlichen Instinkte geleitet werden«, und so hieß Instinkt zunächst soviel wie Vernunft-Ersatz bei den nicht-vernunftbegabten Wesen. Immanuel KANT (1724 – 1804) schrieb: »Der Instinkt, diese Stimme Gottes, mußte den Menschen, noch ehe er sprach, allein leiten.« Wir sollten hinzufügen: Instinkt ist Vernunft-Ersatz auch bei durchaus vernunftbegabten Wesen, und zwar in den Fällen, wo ihre Vernunft – aus welchen Gründen auch immer – nicht eingesetzt wird.

Motive des Handelns

Über die vermuteten und gesuchten Mechanismen, die das Verhalten steuern, hatte man manches ebenfalls schon früh erkannt; z. B. daß sie

Spontaneität zeigten oder daß das Nervensystem an ihnen wesentlich beteiligt war.

Wer nicht in erster Linie auf reinliche Scheidung zwischen Tier und Mensch bedacht war, sondern in dieser Frage möglichst unvoreingenommen Tiere intensiv beobachtete, dem wurde zumindest offenkundig, daß sie doch keine Maschinen waren, die auf äußere Anstöße warten mußten, um in Aktion zu kommen. J. L. Vives (1492 – 1540), spanischer Humanist und Schüler von Erasmus von Rotterdam sieht alle Geschöpfe mit einem Streben nach dem Nützlichen ausgestattet, ebenso mit einem Streben, Schädliches zu meiden. Statt gut und böse, was sich nur anthropomorph definieren ließe, heißt es nützlich und schädlich; und das kann man nachprüfen. Das entsprechende Streben nannte er *appetitus*. Auch Dilly (sein Werk erschien 1691) unterlegt den vitalen Vorgängen einen vom Kleinhirn ausgehenden unbewußten *appetitus*, während vom Großhirn ein bewußter *appetitus* stamme. Neben beiden stehen bei ihm die automatisch verlaufenden Reflexbewegungen. Den *appetitus*, das Streben nach einer bedürfnisstillenden Situation, finden wir 1918 bei Wallace Craig als *appetitive behaviour*, in der Verhaltensforschung eingedeutscht als *Appetenz* und *Appetenzverhalten*.

Zunehmende anatomische Kenntnisse gaben alsbald auch Hinweise, wo sich die Verhaltenssteuerung abspielt, was als anatomisches Korrelat der verhaltenssteuernden Mechanismen anzusehen wäre. Der englische Arzt T. Willis (1621 – 1675), der seiner Zeit die vollständigste und genaueste Beschreibung des Nervensystems schenkte, unterschied zwischen dem Bewegungsimpuls *impetus motivus* und der Übertragung der Erregung durch die Nerven auf die Bewegungsorgane, dem *instinctus*. Auch bei N. Tinbergen (1951) ist Instinkt ein »hierarchisch organisierter, nervöser Mechanismus«. Der Schweizer Physiologe W. R. Hess (1954) und der Deutsche E. von Holst (1960) lösten durch elektrische Reizung im Zwischenhirn von Katzen und Hühnern viele Instinkthandlungen fast beliebig aus und zeigten, eine wie wesentliche Rolle dem Zentralnervensystem zufällt, wenn viele Einzelbewegungen zu komplexem instinktivem Verhalten koordiniert werden. (Vgl. Reader/E. von Holst.)

Der Untersuchung des *impetus motivus*, der Motive des Handelns, ist heute ein großer Bereich der Verhaltensforschung gewidmet, die sogenannte Motivations-Analyse. (Vgl. Reader/G. Baerends; E. Curio.)

Reflex und Spontaneität

Daß es dem Menschen möglich ist, Tiere zu beeinflussen, wurde schon im 17. Jahrhundert vor allem durch das dem Jesuitenpater Athanasius Kircher zugeschriebene »wunderbare Experiment zur Bezauberung eines Huhnes« (*Experimentum mirabile de imaginatione gallinae Kircherei*) bekannt: Man drücke ein Huhn sanft zu Boden, ziehe mit Kreide vor dem festgehaltenen Kopf vom Schnabel ausgehend rasch eine gerade oder im Zickzack verlaufende Linie. Das Huhn bleibt dann erstarrt sitzen und ist erst durch kräftige Reize wieder mobil zu machen. So gelingt es, »Eine ganzt wilde Hennen so zaam zv machen, daß sie von sich selbst onbeweglich, still vnd in großen forchten sitze«, berichtet 1636 Daniel Schwenter, Professor der Mathematik und Orientalistik an der Universität Altdorf. Es wurden viele Beispiele für solche tierischen Hypnosen beschrieben; sie umfaßten die Totstellreflexe (kataleptische Starre) von Insekten, aber auch Erscheinungen wie den ruhig liegenbleibenden Frosch, den man zwischen den flachen Händen auf den Rücken drehte oder eben das hypnotisierte Huhn. Worauf derartige Erscheinungen beruhen, ist bis heute nicht geklärt.

Das störte damals die Verhaltensforscher wenig, solange die Reaktion wenigstens nachweislich biologisch sinnvoll ist; denn die Unterteilung des Verhaltens wurde nach funktionellen Gesichtspunkten vorgenommen. Für Reaktionen mit ungeklärter Bedeutung allerdings war darin kein Platz; und wenn dann auch der zugrundeliegende physiologische Mechanismus unbekannt war, wußte man wirklich nicht, wohin mit der Erscheinung. Wenn ein Totstell-Reflex nicht zum Sich-Totstellen diente und vielleicht auch kein Reflex war – was dann?

Reflexe als einfache Bausteine des Verhaltens hat C. S. Sherrington (1857 – 1952) 50 Jahre lang untersucht. Er entdeckte Hemmungen und Erregungen im Nervensystem, die auf vorhergehenden Reizungen beruhten und sich auch zwischen verschiedenen nervösen Zentren ausbreiteten. 1932 bekam er für seine bahnbrechenden Forschungen den Nobelpreis. Ergänzend arbeitete I. Pavlov (1849 – 1936) über die Funktionsweise des Nervensystems und fand die sogenannten »bedingten Reflexe«. Im unbedingten Reflex wirkt ein Reiz auslösend auf eine bestimmte Reaktion oder Bewegungsweise; bekannt sind der Schluckreflex oder der Kniesehnen-Reflex, den der Arzt mit einem leichten Schlag unter die Kniescheibe auslöst, um die Funktionstüchtigkeit des Rückenmarks zu prüfen. Reflexe sind vom Willen kaum zu beeinflussen (sie verlaufen nicht reflektiert, sondern rein reflektorisch). Welcher Reiz welche Reaktion auslöst, ist weitgehend angeborenermaßen festgelegt. Pavlov zeigte aber, daß man in einer solchen Reiz-Reaktions-Folge den ursprünglichen Reiz durch einen anderen ersetzen kann. Ein Hund, der normalerweise auf den Geruch von Fleisch zu speicheln beginnt, reagiert schließlich auch auf einen Glockenton mit Speicheln, wenn dieser Glockenton längere Zeit hindurch mit dem Fleischgeruch gekoppelt geboten wurde. Unter derartigen Bedingungen lassen sich bestimmte Reaktionen an immer andere auslösende Reize anhängen und werden so zu bedingten Reaktionen. Nun konnte man sich vorstellen, wie wiederholte Erfahrungen, die ein Lebewesen gemacht hatte, schließlich sein Verhalten modifizieren konnten. Hinzu kam, daß Tiere sich nicht nur passiv in ihrem Verhalten modifizieren lassen, sondern durch Belohnungen oder Strafen auch lernen können, einmal versuchte Handlungen und Handlungsfolgen in der betreffenden Situation zu wiederholen oder zu unterlassen.

Die dazu fähigen Lebewesen verarbeiten Reize offenbar nach dem von Kant formulierten Kausalitätsprinzip: Eine in der Natur beobachtete Veränderung (Bewegung, Handlung) wird mit einer zweiten, die mit ihr in zeitlichem und räumlichem Zusammenhang steht, so verknüpft gedacht, daß die zweite als von der ersten bewirkt, als ihre notwendige Folge erscheint. Wenn nun der Experimentator dafür sorgt, daß zwei an sich voneinander unabhängige Ereignisse wiederholt aufeinander folgen, so setzt er damit eine Regel, eine Regelmäßigkeit, die das Lebewesen dann lernend erkennen und mit entsprechendem Verhalten beantworten kann. Von hier spannt sich ein Bogen bis zu der Theorie der Objektiven Erkenntnis des Philosophen K. Popper.

Im Nachwort zur 2. Auflage des Buches »Menschen- und Tierhypnose« von F. Völgyesi (1963) hat Klumbies versucht, eine Beziehung zwischen bedingten Reaktionen und den Erscheinungen der Hypnose und des autogenen Trainings herzustellen. Auch beim Menschen kann man z. B. Wärmereize, die eine Durchblutungssteigerung bewirken, mit einem Lichtreiz koppeln und schließlich erreichen, daß schon auf den Lichtreiz hin die Durchblutung zunimmt. Statt Licht kann man auch einen Schallreiz nehmen, etwa ein Wort; und dieses Wort kann auch gleich das Wort »warm« sein, dessen Bedeutung, dessen Zuordnung zu einem bestimmten Ereignisfeld bereits bekannt ist. So läßt sich über diese schon vorhandene Brücke der Zuordnungen von Worten zu Ereignissen durch bloße Wiederholung solcher Worte schließlich ein körperlicher Effekt – in diesem Fall etwa eine Durchblutungssteigerung – hervorrufen.

Pavlov erhielt den Nobelpreis im Jahre 1904. Seine Erkenntnisse über die funktionelle Strukturierung des Hirns führten zu der Meinung, das ganze Verhalten sei aus dem Zusammenspiel verschiedenster Reflexe zu erklären. Dem stellte namentlich E. von Holst (1908 – 1962) seine Untersuchungen zur spontanen Erregungsbildung und funktionellen Autonomie des Nervensystems entgegen. Er zeigte, daß das Nervensystem und das ganze Lebewesen auch aktiv sind, ohne von außen dazu angestoßen worden zu sein. Seine Betonung der spontanen nervösen Entladungsmuster hat dann zu der Hypothese geführt, komplexe Verhaltensweisen, die auf Nerventätigkeit beruhen, seien ebenso spontan; und so, wie die Aktivität von Nervenzellen auf spezifischen energetischen Prozessen beruht, würden die Instinkthandlungen von reaktionsspezifischen Energien angetrieben. Besonders kraß kam diese Meinung beim jüngsten Nobelpreisträger (1973) auf diesem Gebiet, bei K. Lorenz, zum Ausdruck, nämlich in seiner berühmten Naturgeschichte der Aggression, »Das sogenannte Böse«.

Wesentlich an der Steuerung des Verhaltens sind neben dem Nervensystem auch die Hormone beteiligt. Im Jahre 1849 entfernte Berthold die Keimdrüsen bei Hähnen und zeigte, daß die so behandelten Individuen außer der Fortpflanzungsfähigkeit auch ihre sekundären Geschlechtskennzeichen, also den großen Kamm und das Prachtgefieder verloren. Durch Wiedereinpflanzen von Keimdrüsen ließen sich diese Veränderungen beseitigen. Seither fand man viele Wirkstoffe, die im Körper selbst gebildet werden und ganz spezifische Wirkungen haben. Einem Vorschlag von Starling folgend, nennt man sie Hormone. Das griechische Wort *horme* bedeutet dasselbe wie das lateinische *instinctus*, nämlich Antrieb. Gemeint ist ein Antrieb von innen: Tiere werden aktiv, ohne daß eine Änderung in der Umwelt dem vorausgegangen sein müßte. Auch wenn die Umwelt künstlich konstant gehalten wird, wechseln die Tiere von Ruhe zu Aktivität und von einer Aktivität zur anderen; sie kommen in Fortpflanzungsstimmung, viele Zugvögel beginnen mit der Zugunruhe usw. Solche Verhaltensänderungen, denen keine Umweltänderungen zugeordnet werden können, nennen wir spontan. Für die Verhaltensforschung hat diese Spontaneität eine besondere Rolle gespielt.

Angeborenes und Erworbenes

Schon Aristoteles beschreibt, daß manche Tierarten von ihresgleichen und vom Menschen lernen können: Entfernte man bestimmte Jungvögel von ihren Eltern, so lernten sie anderes zu singen – also konnte ihre Gesangsfähigkeit nicht eine Naturkraft sein. Hier beginnt die Gegenüberstellung von Naturkraft oder Instinkt einerseits und Erfahrung, Lernen oder Dressur andererseits. Wir finden sie in der Lorenz'schen Instinkt-Dressur-Verschränkung und in der von ihm besonders betonten Alternative zwischen phylogenetischer Anpassung und adaptiver Modifikation.
Dilly weist darauf hin, daß gewisse Bewegungen, die wir als willkürlich bezeichnen, etwa die Erhaltung des Gleichgewichts, ohne Hilfe des Bewußtseins zustandekommen. Solche Dispositionen, auch die zum Sprechen, hält er für angeboren. »Das Lamm flieht den Wolf, den es nie zuvor sah: Es braucht nicht erst im Plinius zu lesen, daß er sein Feind sei«, sagt Dilly.
Für David Hume (1711 – 1776) ist instinktiv, was nicht erlernt und auch durch Lernen oder Übung nicht beeinflußt wird: »Obgleich Tiere einen großen Teil ihres Wissens aus der Beobachtung lernen, so gibt es doch vielerlei, das sie aus der ursprünglichen Hand der Natur erhalten, das das Maß von Einsicht weit übersteigt, welche sie für gewöhnliche Gelegenheiten besitzen, und in dem sie auch durch die längste Übung und Erfahrung nur wenig oder gar nicht sich vervollkommnen. Dies nennen wir Instinkte«. Diese Negativ-Definition – »angeboren ist, was nicht erlernt wurde« – ist bis in die moderne Verhaltensforschung erhalten geblieben. Lorenz hat sie noch 1961 heftig verteidigt.
Die bis heute gültige Faustregel, woran man angeborenes von erlerntem Verhalten unterscheiden könnte, steht schon zur Zeit Christi Geburt bei Seneca: »Was die Übung lehrt, das entsteht langsam und auf mancherlei Art; was aber die Natur selbst gelehrt, das ist bei allen gleich und allsobald da«.

Reifung

Der berühmte deutsche Wissenschaftler L. F. Helmholtz (1821 – 1894) behauptete, alle Handlungen, die ein Tier nicht gleich bei der Geburt ausführen kann, beruhten auf Lernen.

Der englische Naturforscher D. A. Spalding (1840 – 1877) beobachtete Tiere genauer als sein Zeitgenosse Helmholtz. Und er zeigte in seinen berühmten Versuchen mit nestjungen Schwalben, daß angeborenes (= ungelerntes) Verhalten durchaus nicht ab Geburt manifest sein muß. Schwalben können gleich nach dem Schlüpfen nicht fliegen; dennoch aber brauchen sie das Fliegen nicht zu lernen: Spalding zog sie isoliert in dunklen, engen Kästen auf, in denen sie keine Flugbewegungen machen konnten. Als er sie in dem Alter frei ließ, in dem normal aufwachsende Jungschwalben fliegen, waren auch seine völlig flugfähig. Derartige Experimente wurden nach ihm noch oft gemacht; Spalding selbst geriet lange Zeit in Vergessenheit; seine 1873 veröffentlichten Beobachtungen wurden erst 1954 wiederentdeckt. Spalding hat mit seinen Experimenten auf das Phänomen der Reifung im Verhalten hingewiesen: Manche Verhaltensweisen wachsen heran wie Organe; das Lebewesen braucht dazu keine Erfahrung, sondern nur Zeit.

Prägung

Der englische Humanist und Staatsmann Thomas Morus (1478 – 1535) empfiehlt in seinem berühmten Buch »Utopia« aus dem Jahre 1518 den Landwirten im Idealen Staat, sie sollten Geflügel künstlich erbrüten. Das Rezept dazu kannten, wie Plinius (23–79 n. Chr.) berichtet, schon die alten Ägypter: Man braucht nur den Hennen die Eier wegzunehmen und sie gleichmäßig warm zu halten, dann schlüpfen nach einiger Zeit die Kücken. Das hat nach Morus den großen Vorteil, daß die Kücken *homines vice matrum comitantur et agnoscunt*, d. h. dem Menschen folgen und ihn als Mutter annehmen. Über 350 Jahre später erst hat ein Biologe, nämlich Spalding (1873), dasselbe Phänomen beschrieben. Es folgten dann James (1890 in seinen »Principles of Psychology«), Oskar Heinroth (1911) und schließlich Konrad Lorenz (1935), der sich auf Heinroth beruft. Prägung heißt ein in früher Jugend stattfindender und verhältnismäßig schnell ablaufender Lernprozeß mit ausgeprägter sensibler Phase (in der er überhaupt nur ablaufen kann) und mit sehr stabilem, zuweilen irreversiblem Ergebnis. Prägung spielt in der frühkindlichen Entwicklung von Verhaltensmustern bei Tieren und Mensch eine wichtige Rolle. Eine Übersicht vermittelt das 1973 erschienene über 500 Seiten starke Buch »Prägung« von E. H. Hess.

Frühe Beobachtungen und Theorien

Die Grundfragen, die zur Erforschung des Verhaltens drängten, haben wir genannt. Es sind:

1. Wie erklärt man die Zweckmäßigkeit des Verhaltens? Ob man einen Unterschied zwischen Mensch und Tier postuliert, spielt dabei zunächst keine Rolle, außer in der Benennung der vermuteten Grundlagen (hie Einsicht, da Instinkt). Aus dieser Frage erwuchs dann bald die nach den angeborenen und erworbenen Fähigkeiten.
2. Wie erklärt sich die Vielfalt der zu beobachtenden Verhaltensformen? Hinzuzufügen wäre die Frage, wodurch jedes Lebewesen in seinen Fähigkeiten in bestimmter Weise begrenzt wird.
3. Was treibt das Verhalten an? Diese Frage entstammt der Vorstellung, Lebewesen brauchten für ihre Bewegungen ebenso einen Antrieb, wie ihn Maschinen brauchen. Allerdings können Maschinen stehen bleiben, ohne sich zu verhalten und ohne Treibstoff zu verbrauchen; das können Tiere nicht. Wenn sie äußerlich ruhen, gehen doch Stoffwechsel, Atmung und anderes weiter. Auch Ruhe ist also eine Verhaltensform. Um nun nicht bei der trivialen Antwort zu landen: Das Leben treibt das Verhalten an, müssen wir präziser fragen: Wodurch wird ein Lebewesen veranlaßt, von einem bestimmten Verhalten zu einem anderen überzugehen? Wie entscheidet das Lebewesen, mit welchem Verhalten es einen (jeden) Augenblick seines Lebens füllt? Wie man diese Fragen zu beantworten sucht, hängt davon ab, welche Kenntnisse über das Verhalten man hat und in welchen gedanklichen Zusammenhang man sie stellt. Dadurch kommt man von der Ansammlung von Beobachtungen zur Bildung von Theorien und zu einer Lehre vom Verhalten.

Ein Ansporn für eine Lehre vom Verhalten war das Bestreben des Menschen, sich grundsätzlich vom Tier zu unterscheiden, geht also von einer vorgefaßten Meinung aus. Dieses Bestreben braucht und sucht Unterschiede, schafft sie sich zuweilen auf dem Definitionsweg und gerät immer dann in die Defensive, wenn neue Erkenntnisse die Kluft zwischen Mensch und Tier zu überbrücken drohen. Vertreter dieser Haltung findet man heute noch unter Geisteswissenschaftlern, vor allem Theologen, aber auch bei Vertretern anderer Wissenschaftszweige. In dieser Haltung zeigen sich wohl eher Abneigung oder Unbeholfenheit, mit der Natur umzugehen, als eine fachlich vorgegebene Denkrichtung. Denn im 18. und 19. Jahrhundert waren es gerade Theologen wie REIMARUS, ALTUM oder Zorn, die von der Naturbeobachtung ausgehend die Verhaltensforschung vorantrieben.

Als einer der ersten großen Naturbeobachter wird immer wieder Aristoteles angeführt. Er sammelte zunächst, was ihm auffiel – etwa daß Pferdestuten zur Brunstzeit andere Laute von sich geben als sonst; oder daß der Hengst die Stuten zusammentreibt, wenn er gegen Rivalen kämpft. Ameisen sah er bei Vollmond auch nachts arbeiten und schloß daraus, daß ihre Aktivitätszeit von Außenfaktoren beeinflußt wird. In der Nähe eines Bienenstockes fiel ihm auf, daß eine Futterstelle zunächst lange unbeachtet blieb; nachdem aber eine Biene dort gewesen war, folgten ihr die anderen nach. Daraufhin vermutete er, daß die erste Biene sich den Futterplatz einprägte und ihre Stockgenossen dorthin führte. Aus vielen Verhaltensbeobachtungen leitete er Regeln ab; zum Beispiel, daß die meisten Tiere ihre Laute im Dienste der Fortpflanzung äußern oder daß kleine Vögel mehr Laute zur Verfügung haben als große Arten. Solche Feststellungen klingen zunächst unterhaltsam und weniger gewichtig als Erörterungen, ob das Tier einen freien Willen habe oder vielleicht sogar eine Seele. Darüber ist ja auch von vielen Philosophen und Theologen nachgedacht und geschrieben worden. Doch führten die konkreten Beobachtungen, wie die des Aristoteles, bald zu Folgerungen, die vielen Geisteswissenschaftlern schließlich viel unbequemer wurden als konträre Lehrmeinungen ihrer Fachkollegen.

Nach Aristoteles folgte dann eine lange Zeit, in der man sich an das geschriebene Wort klammerte und es auslegte, lieber darüber stritt, was Aristoteles gemeint habe, als neue Beobachtungen anzustellen. Diese wären ja einer Überprüfung gleichgekommen und hätten Zweifel angedeutet, ob Aristoteles richtig oder genug beobachtet habe. Zweifel an der Autorität zu haben, war aber lange Zeit verpönt. Erst als man sich diese Zweifel gestattete und folglich nur mit überprüfbaren Ergebnissen weiterarbeitete, begann der Aufschwung der Naturwissenschaften.

Damit hängt ein weiterer bedeutsamer Trend zusammen, nämlich der vom anekdotischen zum systematischen Beobachten. Die *»Historia animalium«* des Aristoteles, wie die *»Naturalis historia«* des römischen Schriftstellers Plinius (23 – 79 n. Chr.) oder die »Naturgeschichte der Tiere« des Conrad Gessner (1516 – 1565) beruhten auf gesammelten Anekdoten. Noch die 1804 vom Kommerzienrat Matzdorff herausgegebene »Thierseelen-Kunde auf Thatsachen begründet« trägt den Untertitel »156 merkwürdige Anekdoten von Thieren«. Erst recht spät ging man dazu über, systematischer und über längere Zeit zu beobachten. Wir werden noch darauf zu sprechen kommen, daß selbst die heute üblich gewordenen Beobachtungszeiten zu kurz sind, um die Grundfragen des tierischen Verhaltens zu beantworten.

Als erster erhob H. Jennings 1906 die Forderung, Verhaltensuntersuchungen jeweils mit der Aufstellung eines Verhaltensinventars oder Aktionssystems der betreffenden Tierart zu beginnen. In seinem Buch »Das Verhalten der niederen Organismen« beschrieb er Verhaltensweisen gerade der niederen Tiere, die später in der Verhaltensforschung eine immer geringere Rolle spielten. Denn das Gesamtverhalten einer Tierart zu erfassen braucht Geduld; und sie wird am ehesten von Liebhabern aufgebracht. Da gerade Vogelhaltung schon immer besonders weit verbreitet war, verdankt die Verhaltungsforschung den Vogelkundigen die meisten entscheidenden Vorstöße. Der Baron F. A. von Pernau veröffentlichte 1716 in Nürnberg seinen »Unterricht, was mit dem lieblichen Geschöpff denen Vögeln, auch außer dem Fang, nur durch die Ergründung Deren Eigenschafften, und Zahmmachung, oder anderer Abrichtung man sich vor Lust und Zeit-Vertreib machen können«. Darin findet man schon vieles über Nahrungserwerb, Wanderung, Nistgewohnheiten, Revierbesetzen, Stimmäußerungen, Badegewohnheiten oder Jungefüttern verschiedener Vögel. Aus Vergleichen zog er Schlüsse, die heute noch akzeptiert werden, z. B. daß der Stieglitz (= Distelfink) systematisch abseits von den echten Finken stehen müsse, daß der Kanarienvogel eher mit dem Grünling als mit dem Hänfling verwandt sein müsse. Er erkannte bestimmte Funktionen von Lautäußerungen, z. B. Reviergesang vom Buchfinken, oder den Stimmfühlungslaut der Heidelerche. Er wies echte Gesangstraditionen nach und beschrieb die geschlechtliche Stimulierung der Taube durch bestimmte Verhaltensweisen ihres Täuberichs, die D. Lehrman mit modernen Methoden genau analysierte. (vgl. Reader/D. Lehrman.)

Es ist so gut wie unbekannt, daß Baron von Pernau über 100 Jahre vor Mendel mit Hilfe von Rückkreuzungen den Erbgang »mendelnder« Einzelmerkmale in aufeinanderfolgenden Generationen verfolgte und nachwies. Es ist – auf fast allen Gebieten der Forschung – erstaunlich und erschreckend zugleich, wieviel wertvolle Arbeit jahrzehntelang und oft länger in Vergessenheit geriet, bis ein späterer Forscher unter einem günstigeren Geschick die gleichen Ergebnisse noch einmal brachte und ein gefeierter Mann wurde. Angesichts der beängstigend wachsenden

Wissenschaftsliteratur scheint es gerade heute hoffnungslos, die auch nur für die eigene Arbeit wichtigen Forschungsvorhaben in aller Welt zu verfolgen oder wenigstens die bisher erzielten Ergebnisse alle zu finden. Was wohl in Zukunft Vorrang bekommen wird, ist die gedankliche Weiterverarbeitung der Einzelergebnisse, ihr Einbau also in ein komplexes Erklärungsgebäude. Wissenschaft schreitet ja dadurch voran, daß neue Ergebnisse oder Erkenntnisse nicht in ein bestehendes Gedankengefüge hineinpassen und dadurch Anstöße zu neuen Überlegungen und Entwürfen geben. In einer so jungen Wissenschaft wie der Verhaltensforschung ist es besonders wichtig, nicht nur Beobachtungen zu sammeln, sondern den Gesichtspunkt herauszustellen, unter dem man Beobachtungen und Daten sammelt. Nackte Tatsachen geraten rasch in Vergessenheit; erst ihre gedankliche Verknüpfung kann ihnen zum Überleben verhelfen.

Dabei ist es gar nicht so wichtig, ob diese Verknüpfung vielleicht später einmal als revisionsbedürftig erkannt wird; für den Fortschritt der Wissenschaft erwies es sich immer noch besser, eine falsche Theorie zu verfechten als gar keine. Zum Beispiel wurde Bernhard ALTUM berühmt durch sein mehrfach aufgelegtes Buch »Der Vogel und sein Leben«, das zuerst 1868 in Münster erschien. Dieses Buch ist als Kampfschrift gegen DARWIN gedacht. Daß ALTUM ein Gegner der Abstammungslehre war, hatte einen einfachen Grund: DARWIN stellte Mensch und Tier unter dieselben Gesetze der Evolution, schrieb aber auch allen »dieselben Sinneseindrükke, Empfindungen, ähnliche Leidenschaften, Affekte und Erregungen, selbst die komplexeren wie Eifersucht, Verdacht, Ehrgeiz, Dankbarkeit, Großherzigkeit« zu. Das taten übrigens auch noch die Vertreter der klassischen Tierseelenkunde oder Tierpsychologie, von der sich auch die heutige Verhaltensforschung im Volksverständnis nur langsam hat lösen können. (Die älteste Fachzeitschrift der Verhaltensforschung, 1937 gegründet, heißt aus historischen Gründen heute noch »Zeitschrift für Tierpsychologie«!). ALTUM war überzeugt – das heißt er ging von der Annahme aus – daß nur der Mensch sich Ziele setzen und sie erreichen sowie sich selbst und andere daran hindern könnte. Wenn man aus der Abstammungslehre Gleiches für die Tiere zu folgern hatte, dann mußte diese Abstammungslehre falsch sein. Da sie auf Beobachtungen aufbaute, wollte er sie mit Beobachtungen widerlegen. So war es nur folgerichtig, daß er zunächst zu ergründen versuchte, wieviel am Verhalten der Vögel denn wirklich zweckmäßig oder sinnvoll ist. Dazu mußte er Zusammen-

hänge finden zwischen den Situationen, dem Verhalten und den daraus erwachsenden Folgen. Was er fand, führte schließlich zu einem besseren Verständnis der Verhaltensabläufe, aber auch der Abstammungslehre. Bereits 1742/43 veröffentlichte der Pfarrer Johann Friedrich Zorn seine Untersuchungen an Vögeln, die er ebenfalls unter dem Gesichtspunkt der Zweckmäßigkeit angestellt hatte. Ihm waren besonders Entsprechungen von Triebverhalten und dazu passendem Körperbau aufgefallen, beispielsweise, daß sich erdfarbene Vögel bei Gefahr bewegungslos an den Boden drücken. Solche »Passungen« zwischen verschiedenen Eigenschaften erschienen zwar vielen Beobachtern selbstverständlich, sie sind es aber nicht. Zumindest kann man sich auch andere Kombinationen denken, etwa einen ganz bunten Vogel, der sich bei Gefahr an den Ackerboden drückt. Daß das übel ausginge, weil er sicher entdeckt und von Fuchs, Katze oder einem anderen Räuber gefressen würde, können wir uns vorstellen. Aber solche Vorstellungen können ja wohl kaum der Grund sein, daß so ungünstige Kombinationen von Eigenschaften gar nicht erst auftreten – es sei denn, es gäbe einen planenden Geist, der aus solchen Vorstellungen heraus das Passende erschafft und das Unpassende unterläßt. Gibt es einen solchen planenden Schöpfer? Anders gefragt, mußte man aufgrund dessen, was man in der Natur fand, seine Existenz fordern? Oder gab es vielleicht für die vielen wunderbaren Gegebenheiten der Natur eine andere Erklärungsmöglichkeit? Diese Zweifel stehen an der Schwelle zur Kausalforschung in der Biologie. Sie richteten sich strenggenommen nicht gegen die Existenz eines Schöpfers, sondern gegen das Verfahren, ihn aus den Gegebenheiten der Natur beweisen zu wollen. Das wird übrigens auch heute noch ziemlich oft verwechselt.
Wir haben nun aber schon etwas vorgegriffen und sogar Darwin bereits erwähnt, über den sich Altum so ereiferte. 100 Jahre vor Altum war jedoch ein wichtiges Buch erschienen, das ein erstaunlich modernes Programm der Verhaltensforschung bot und deshalb am Ende unseres kurzen historischen Rückblickes stehen soll.

Die Betrachtungen des Hermann Samuel Reimarus

Im Jahre 1740 veröffentlichte der Hamburger Pfarrherr Reimarus sein berühmtes Werk »Allgemeine Betrachtungen über die Triebe der Thiere, hauptsächlich über ihre Kunsttriebe«. Darin sind die seit alters her immer wieder gestellten Fragen über das Woher und Wozu tierischen und menschlichen Verhaltens klar durchdacht und zusammengefaßt. Ein Lehrgebäude in unserem Sinne zu errichten war damals noch nicht möglich, weil man zu wenig Tatsachenwissen hatte. Deswegen nennt REIMARUS ein Werk »Betrachtungen«. Andererseits lief man damals aber auch nicht Gefahr, über enzyklopädisch zusammengetragenem Tatsachenwissen aus allen Sparten des Tierreiches den roten Faden eines Theoriengebäudes zu vergessen. Welche Fragen miteinander zusammenhängen und welche Probleme man angehen muß, das sah REIMARUS ganz deutlich. Dieser Pfarrer, aus dessen Schriften über die Gottesverehrung LESSING einige Teile als »Wolfenbütteler Fragmente« veröffentlichte, setzte statt der dogmatischen eine historische Betrachtung des Christentums durch, fragte nach der Herkunft sittlicher Normen und bezog konsequent den Menschen in seine Betrachtungen mit ein. Wir wollen ihn mit einigen Fragestellungen selbst zu Wort kommen lassen. Wenn vieles davon recht modern anmutet, so mag es ihm zur Ehre gereichen; es sollte uns aber auch veranlassen, darüber nachzudenken, welche wesentlich neuen Erkenntnisse wir denn inzwischen zu verzeichnen haben.

1. *Woher stammt das Verhaltensprogramm?* »Das Problem, oder die Hauptfrage bey den Kunsttrieben der Thiere ist: Wie es möglich sey, daß Thiere, ohne Erfahrung und Vernunft, ohne Unterricht Beyspiele und Uebung, in jeder Art zum Theile schon von Geburt an ganz regelmäßige und einförmige Kunstfertigkeiten ausüben welche die allergeschicktesten Mittel zu ihrer und ihres Geschlechtes Erhaltung und Wohlfahrt ins Werk setzen.«
»Die Frage ist, wie es doch möglich sey oder zugehe, daß die Thiere mit solcher meisterlichen Kunstfertigkeit zu ihrem und ihres Geschlechtes wahren besten handeln können? Würde einer diese Frage beantworten, wenn er spräche: das lehret sie die Natur, das brächte ihr Naturtrieb so mit sich? Nein; das hieße eben dasjenige, was in der Frage als Wirkung angesehen wird, mit anderen Worten zur wirkenden Ursache machen wollen, und also mit bloßen Worten spielen.«
Die Instinkte, die er Kunsttriebe nennt, determinieren das Verhalten aber nicht vollständig:
»Die Kunsttriebe der Thiere sind von der Natur nicht so gänzlich und in allen Stücken determiniert, daß ihnen nicht eins und anderes, durch ihr eigenes Erkenntnisvermögen, nach den Umständen, verschiedentlich zu

bestimmen übrig bliebe.« – »Auf diese Weise scheinen die Raubthiere listig zu werden, wie sie ihre empfundenen Kräfte und Waffen zur Erhaschung der gesehenen Beute am besten anbringen können.«

2. *Wie entstehen Artunterschiede und Anpassungen?* »Ein jedes Thier erfordert sein gewisses Element, Gegend, und Ort des Aufenthaltes, seine eigentümliche Weise, ein Nest, Wohnung oder Bau zu machen, seine besondere Art der Bewegung, seine bestimmte Art, die Speise zu erhalten, zu bereiten, zu bewahren, sich zu paaren und die Jungen aufzubringen, seine Feinde abzuhalten.«

»Wenn die Thiere in einem fremden Elemente, im dürren heißen Sande, von der Sonne ausgebrütet sind, als die Wasserschildkröten und Crocodile, woher eilen sie von dem Orte weg, der ihnen das Leben gegeben hat? Wie kommen sie an Nahrung? Wer lehret sie ihre Feinde erkennen? Wer, ihre natürlichen Waffen, Hörner, Zähne, Rüssel, Schnäbel, Klauen, Hufe, Stacheln, Panzer usw. einzeln, zur Verteidigung, oder, in Gesellschaft mit anderen, vereinte Kräfte vorteilhaft gebrauchen? wer, sich zu einem ungestörten Winterschlafe begraben, oder in einer Höhle vermauern? Das ist ja alles mit bloßer Selbstliebe, mit bloßem eifrigen Willen, sich selbst zu erhalten nicht ausgerichtet.«

3. *Welche Signale sichern das Erkennen der eigenen Art?* »Ob man nun die Begattung gleich für einen bloßen Affect der Brunst ansehen könnte: so ist doch dabei merkwürdig, daß sich kein Thier außer seiner Art paaret; und daher ist auch zu bewundern, daß ein jeglich Männchen kennet, was sein Weibchen, und was seiner Art ist. Und wer sagt es dem Weiblein, das den Rufenden annoch weder sehen noch riechen kann, daß es ein Ruf eines Männleins ihrer Art sey?«

4. *Wie sind wahrgenommene Reize und auftretendes Verhalten sinnvoll verknüpft?* »Es ist ein anderes, an dem sinnlichen Reize zu erkennen, daß etwas gut sey, und also darnach Verlangen tragen; ein anderes, die Mittel und die Art wissen, wie man dazu gelangen könne, und selbige mit Fertigkeit ins Werk setzen.«

5. *Humanethologie Anno 1740*: »Von solchen angeborenen Fertigkeiten haben wir Menschen selbst wenigere, jedoch einige, welche die Nothdurft unserer Lebensart erfordert, an uns: und unsere Unachtsamkeit ist bloß

Schuld daran, wenn wir sie nicht bemerken.« Es gibt einen »thierischen Zustand des Menschen, nicht allein bey denen Menschen, welche unter den Thieren aufgewachsen sind, sondern auch bey Kindern, ehe sie reflectieren, ja bey Erwachsenen, so oft sie nicht nach Begriffen und Überlegung, sondern nach bloßen Empfindungen handeln.« – »Wenn nicht wenigstens einige natürliche blinde Determination der Seelenkräfte, und selbst der Neigungen des Willens, allen unseren eigenmächtigen Bestimmungen den Weg wiese: so würden wir zu keiner einzigen Vollkommenheit gelangen können.« Unter Determination versteht er eine Eigenschaft des Instinktes »vermöge welcher die Seele bey gewissen Reizungen der Sinne geneigt und bemühet ist, gewisse Gliedmaßen auf eine bestimmte Weise bewegen zu wollen. Und dieses ist es, was ich von den willkürlichen Handlungen der Kinder, ihrem Weinen und ihrem Saugen behaupte.«

Kapitel II

Die Evolution

Darwin's Evolutionskonzept

Am 24. November 1859 erschien das Buch »Die Entstehung der Arten« von Charles DARWIN; die Auflage von 1 250 Stück war am gleichen Tag vergriffen. Es gab genug Interessenten, die auf das, was da erschien, vorbereitet waren. Die Thematik lag seit langem in der Luft. DARWIN selbst hatte sein erstes Notizbuch über Artveränderungen im Juli 1837 begonnen und schrieb im Jahre 1842 eine erste 35seitige Fassung seiner Ideen nieder. Das Manuskript, mit weichem Bleistift auf schlechtes Papier geschrieben, wurde von DARWIN's Sohn Francis im Jahre 1896 in einem Verschlag unter der Kellertreppe gefunden. Als »Essay zur Entstehung der Arten« ist es 1971 in Deutsch erschienen. Erst als Alfred Russel WALLACE 1855 in den »Annals and Magazine of Natural History« einen Artikel »Über das Gesetz, welches die Entstehung der Arten reguliert hat« herausbrachte und 1858 einen weiteren über die Abwandlung der Varietäten von der Urform folgen ließ, gab DARWIN dem Drängen seiner Freunde nach und veröffentlichte nun auch seine gleichlautenden Gedanken, allerdings mit weit umfangreicherem Beweismaterial. Ein typischer Zug seiner Arbeitsweise ist das Ansammeln von immensem Beobachtungsmaterial. Man findet bei ihm wenig Spekulation, kaum einen Schluß, der nicht auf Tatsachen gegründet wäre. Und stets versuchte er, Zusammenhänge zu finden, ob in der Geologie, der Botanik oder Zoologie.

Wir wollen hier nicht seine Gesamtleistung würdigen, sondern seinen Einfluß auf die Verhaltensforschung. Er hat Tiere geduldig und sehr genau beobachtet; dafür ein kleines Beispiel: Er notierte, daß Hunde, Kaninchen, Wildschweine und Affen vor einem Kampf die Ohren zurücklegen; sogar Robben tun es mit ihren winzigen Öhrchen, wenn sie den Wärter angreifen. Auch das drohgähnende Nilpferd zeigt diese Ausdrucksbewegung. DARWIN fand auch ein Verhaltensmerkmal, das damit korreliert, nämlich das Beißen. Alle Tiere, die mit den Zähnen kämpfen, legen beim Drohen die Ohren zurück. Kamele und Guanacos tun es auch, bevor sie spucken, nie aber Rind, Schaf und Ziege, die auch niemals beißen. Schön zeigt das auch ein Vergleich von Pferd und Giraffe: beide schlagen im Kampf mit den Vorderbeinen, aber nur das Pferd beißt auch und legt die Ohren zurück; Giraffen tun keins von beiden. Was beides miteinander zu tun hat, wissen wir bis heute nicht; aber es lohnt oft, diese genauen Aufzeichnungen von Darwin und anderen großen Naturbeobachtern durchzulesen, um auf erklärungsbedürftige Zusammenhänge aufmerksam zu werden und um zu erfahren, was man schon alles gewußt hat. Wenn man heute einen Zoologie-Studenten nach der Drohmimik größerer Säugetiere fragt, bringt man ihn regelmäßig in Verlegenheit.

Darwin vermeidet nach Möglichkeit einseitige Deutungen, zitiert auch gegenteilige Ansichten und läßt den Leser direkt am Untersuchungsgang wie an den Schlußfolgerungen teilnehmen. Das gilt für alle seine Werke, ob sie nun die Biologie der Regenwürmer, die Systematik der Korallen, die Befruchtung der Orchideen oder die Entstehung der Arten behandeln. Wir wollen hier die Abstammungslehre Darwin's nicht ausführlich schildern, denn sie ist heute wohl allgemein bekannt. Man spricht weithin sogar vom *Darwinismus.* Unter einem *-ismus* versteht man jedoch gewöhnlich eine religiöse Lehre (Buddhismus), eine philosophische Richtung (Stoizismus), eine politische Ideologie (Kommunismus) oder eine Kunstrichtung (Impressionismus). Da Darwin aber weder Religionsstifter noch politischer Ideologe war, seine Befunde vielmehr sehr gut abgesichert sind, ist es irreführend, sein Ordnungsprinzip als -ismus zu kennzeichnen. Weil er durch seine Forschungsergebnisse ein so einheitliches Ordnungsprinzip in die Biologie und die Vielfalt der Lebewesen brachte, hat man ihn auch »Newton der Biologie« genannt.

Die natürliche Auslese

»Wenn je Variationen auftreten, die für irgendein Lebewesen nützlich sind, werden die Individuen mit dieser Eigentümlichkeit sicherlich die beste Aussicht haben, im Ringen ums Dasein erhalten zu bleiben, und nach dem strengen Prinzip der Vererbung werden diese dazu neigen, eine ähnlich charakterisierte Nachkommenschaft zu erzeugen. Dieses Prinzip des Erhaltenbleibens habe ich der Kürze wegen ›Natürliche Auslese‹

genannt.« Das Manuskript von 1842 enthält ganz klar den Denkweg, der zu diesem Schluß führt: Man muß 1. zugeben, daß unter wilden Tieren Variationen aller möglichen Eigenschaften auftreten; man weiß 2. von Züchtern, daß viele dieser Variationen erblich sind; es ist 3. klar, daß ein Auslesevorgang am Werke sein muß, da regelmäßig mehr Nachkommen erzeugt werden, als von der vorhandenen Nahrung leben könnten (daneben gibt es natürlich noch weitere begrenzte Faktoren); außerdem lehrt 4. die Geologie, daß die Lebensbedingungen immer gewechselt haben und es auch gegenwärtig tun. »Dann, vorausgesetzt, daß kein Naturgesetz dem entgegenwirke, müssen gelegentlich Rassen entstehen, die sich von den elterlichen Rassen unterscheiden.« – »Bei hinreichender konstitutioneller Verschiedenheit würden zwei erzeugte Rassen wahrscheinlich untereinander unfruchtbar sein, sie würden in einer höchst eigenartigen und bewunderungswürdigen Art, ihren Bedürfnissen entsprechend, an die äußere Natur und an die anderen sie umgebenden Organismen angepaßt sein; solche Rassen würden den Wert von Arten besitzen.«

Wenn sehr viel mehr Individuen erzeugt werden als schließlich überleben und zur Geschlechtsreife kommen, müssen viele der Auslese zum Opfer fallen. Daraus ergibt sich der vielzitierte Kampf ums Dasein. Er wurde zunächst als ein brutales Kräftemessen aufgefaßt, obwohl DARWIN selbst betonte, Daseinskampf sei ein Bild, ein Sammelwort für vielerlei, was mit Kampf, wie wir ihn uns gewöhnlich vorstellen, oft wenig oder gar nichts zu tun hat. Die Formulierung »Das Bessere ist der Feind des Guten« gibt etwa wieder, was hier wirklich mit Siegen und Unterliegen gemeint war.

Stammesgeschichte vom Verhalten

Neben Körperbau-Merkmalen erwähnt DARWIN immer wieder auch Verhaltens-Merkmale. Schon das erste Bleistift-Manuskript enthält ein Kapitel »Über Varianten bei Instinkten und anderen geistigen Eigenschaften.« Dazu zählt er sehr heterogene Dinge: Unrast, Wanderungen, Nestbau, Wabenbau der Bienen, Zahmheit, Brutzeit, Zeit des Schlafengehens, Art und Weise der Fortbewegung, »Vorstehen« bei Hunden, oder Furcht der Tiere vor bestimmten Objekten – etwa vor dem Menschen. Diese Furcht variiert, wie die Zahmheit der Vögel auf Galapagos zeigt. Da Kreuzungen oft zu Verhaltensabweichungen führen und da man auf bestimmte Verhaltensbesonderheiten hinzüchten kann, müssen wohl auch Verhaltensweisen vererbt werden. Da aber gerade Verhaltensweisen für die Erhaltung der Tiere besonders wichtig sind, »muß Auslese unter wechselnden Bedingungen in der Richtung wirken, die ererbten Eigenschaften der Tiere zu modifizieren. Sobald dieses zugegeben wird, muß man auch die Möglichkeit einräumen, daß einige der sonderbarsten Instinkte auf diesem Wege erworben wurden.« – »Jeder Instinkt muß, meiner Theorie nach, allmählich durch leichte Veränderung aus einem früheren Instinkt entstanden sein, indem jene Veränderungen sich als nützlich für die jeweilige Art erwiesen.« – »Wie interessant wird jeder Instinkt, sobald wir seinem Ursprung nachforschen. Wir müssen jeden komplizierten Mechanismus und Instinkt als Summe einer langen Vorgeschichte betrachten, sehr ähnlich wie die Vervollkommnung eines technischen Werkes sich vollzieht.«

DARWIN hat sogar schon darauf hingewiesen, daß es neben Instinkten, die der individuellen Selbsterhaltung dienen, auch »soziale Instinkte« gibt, die gegebenenfalls sogar zur Aufopferung des Individuums führen. Mit solchen sozialen Tendenzen werden wir uns in den weiteren Kapiteln besonders beschäftigen.

Die Evolution der Verständigung zwischen Tieren – die Grundlage ihres sozialen Lebens – behandelte DARWIN in seinem 1872 erschienenen Werk »Der Ausdruck der Gemütsbewegungen bei den Menschen und den Tieren«. Aus Ähnlichkeiten schließt er auf Gemeinsamkeiten des Ursprungs und bezieht auch den Menschen in die stammesgeschichtliche Betrachtungsweise ein: »Solange man den Menschen und alle übrigen Tiere als besondere Schöpfungen betrachtet, wird ohne Zweifel dadurch unserem natürlichen Verlangen, den Ursachen des Ausdrucks so weit als möglich nachzuforschen, eine wirksame Schranke gesetzt«. – »Beim Menschen lassen sich einige Formen des Ausdrucks, so das Sträuben des Haares unter dem Einfluß äußersten Schreckens oder das Entblößen der Zähne unter dem der rasenden Wut, kaum verstehen, ausgenommen unter der Annahme, daß der Mensch früher einmal in einem viel niedrigeren und tierähnlichen Zustand existiert hat. Die Gemeinsamkeit gewisser Ausdrucksweisen bei verschiedenen, aber verwandten Spezies, wird etwas verständlicher, wenn wir an deren Abstammung von einem gemeinsam Urerzeuger glauben.« DARWIN leitet das Zähnezeigen aus einer Zubeiß-Drohung ab, die tierischen Ursprungs und offenbar konservativer als die Kampfmethode selbst ist.

Und wie kommt es zum richtigen Verstehen solcher Gesten? »Da die meisten Bewegungen des Ausdrucks allmählich erlangt worden sein müssen, so scheint es in gewissem Grade a priori wahrscheinlich, daß auch das Erkennen derselben instinktiv geworden sei. Wenigstens bietet diese Annahme keine größere Schwierigkeit dar als anzunehmen, daß wenn ein weibliches Säugetier zum ersten Mal Junge hat, es das Weinen vor Angst und Not bei ihren Jungen kennt, oder daß viele Tiere ihre Feinde instinktiv erkennen und fürchten: und an diesen beiden Tatsachen läßt sich vernünftigerweise nicht zweifeln.« – »Zu beobachten, ob die Deutung, die sich für eine Ausdrucksbewegung zu bewähren schien, auch auf ähnliche Situationen anwendbar ist, und noch besser, ob dieselben Erklärungsgrundsätze sich gleich gut auf den Menschen und höhere Tiere anwenden lassen, das scheint mir die nützlichste Untersuchungsmethode zu sein.«
Damit wurde Darwin zum Begründer einer vergleichend-ethologischen Arbeitsweise, die dann von der modernen Verhaltensforschung übernommen und stark ausgebaut wurde. Auch die dem Verhalten des Menschen gewidmete Human-Ethologie benutzt die von Darwin gewiesenen Wege. Er schlug sogar schon vor, bei ganz kleinen Kindern und Geistesschwachen nach Bewegungseinheiten zu suchen, die noch nicht abgeändert oder nicht mehr durch Gewohnheit und Sitte abzuändern sind. Und in dem im Jahre 1871 erschienenen Buch »Die Abstammung des Menschen und die sexuelle Zuchtwahl« kommt er zu dem Schluß »Die weitaus meisten Ausdrucksbewegungen sind ererbt bzw. angeboren und unwillkürlich«, und selbst die auffallenden und augenscheinlich einzigartigen geistigen und moralischen Eigentümlichkeiten des Menschen seien von säugetierähnlichen Vorläufern herzuleiten, ebenso wie keine Mutter ihr Kind stillen, ja kein Mensch essen und trinken würde, wenn es nicht Tiere vor ihm getan hätten.

Darwin's wichtigste Thesen zum Artenwandel

Zu vielen der hier zitierten Auffassungen Darwin's könnte man moderne Befunde hinzufügen; man könnte die alte Ausdrucksweise durch heute übliche und strenger definierte Begriffe ersetzen. Uns geht es aber in erster Linie darum, aufzuzeigen, welche Denkrichtungen von Darwin ausgehen. Bis heute gültig sind seine folgenden wesentlichen Schlüsse:

1. Die natürliche Auslese erhöht die Zahl der Arten, da die Organismen durch Anpassung an verschiedene Lebensbedingungen in ihren Eigenschaften divergieren müssen.
2. Die natürliche Auslese führt automatisch zu einer Verbesserung der meisten Organismen in bezug auf ihre Lebenseignung.
3. Die Evolution schreitet deshalb durch eine Folge von Improvisationen fort, die Baupläne der Organismen stecken voller historischer Reste und können also keinem idealen Entwurf entsprechen.
4. Die natürliche Auslese ist opportunistisch und fördert – modern ausgedrückt – diejenige genetische Ausrüstung, die den Fortpflanzungserfolg begünstigt. Der heutige Fortpflanzungserfolg fördert aber nicht notwendigerweise auch die Fähigkeit, an zukünftige Änderungen der Umgebung angepaßt zu werden. Auslese stellt den Organismus fortwährend neu auf Bewährungsproben.

DARWIN ist nicht der Vater der Abstammungslehre: Daß Arten nicht unveränderlich sind, sondern sich wandeln, behaupteten schon altgriechische Philosophen (s. S. 15 ff.), ferner Johann Gottfried HERDER, Jean-Baptiste LAMARCK, DARWIN's Großvater Erasmus sowie A. WALLACE und andere. DARWIN hat jedoch als erster die bewegenden Kräfte des Artenwandels erkannt, nämlich erstens das Entstehen von Veränderungen, das wir heute durch Mutation und Rekombination erklären können, und zweitens die natürliche Auslese unter den Varianten.

Freilich nahm DARWIN noch Alles-oder-Nichts-Alternativen in der Auslese an. Heute wissen wir, daß sich durch Auslese zunächst die Häufigkeitsverhältnisse zwischen verschiedenen Varianten innerhalb der Art verändern, daß sich also der Typen-Durchschnitt verschiebt. Auch dafür war mehr Wissen über die Vererbung von Merkmalen nötig, als man zu DARWIN's Zeiten hatte. Dieser Nachholbedarf war erst mit dem 1930 erschienenen Buch »Die genetische Basis der natürlichen Auslese« von R. A. FISHER gestillt.

Wie sich die Evolutionstheorie testen läßt

Zuweilen wird behauptet, die Evolutionstheorie sei so abgefaßt, daß sie alles erkläre oder wenigstens erklären könne, und deswegen sei sie keine echte Theorie; denn Theorien – Lehrmeinungen – muß man widerlegen können. Das hat auch DARWIN gewußt. Wie sich seine Theorie widerlegen ließe, hat er im Buch über die Entstehung der Arten klar gesagt: »Wenn sich beweisen läßt, daß irgend ein Teil aus der Gesamtstruktur einer beliebigen Art ausschließlich zum Nutzen einer anderen Art entwickelt wurde, dann wäre meine Theorie nichtig; denn dergleichen kann durch natürliche Selektion nicht entstehen.« Gegner der Evolutionstheorie haben dann auch versucht, »fremddienliche Zweckmäßigkeiten« zu beweisen, bevorzugt an Erscheinungen wie etwa den Pflanzengallen und anderen von Parasiten verursachten Gebilden, die angeblich nur dem Parasiten nützen, nicht aber dem Organismus, der diese Bildungen hervorbringt.

In der Praxis erweist sich die fremddienliche Zweckmäßigkeit als ebenso schwer beweisbar wie die Evolutionstheorie; jedoch führen beide Ansätze zu einem immer besseren Verständnis der biologischen Zusammenhänge. Denn man muß in jedem Fall untersuchen, welche Konsequenzen eine körperliche Bildung oder ein Verhalten für den ausführenden wie für den betroffenen Organismus haben. Es gibt Reaktionen, die in der Mehrzahl der Fälle vorteilhaft für den Ausführenden sind, ihm aber unter Einwirkung eines Parasiten auch einmal Nachteile bringen können. (Unsere Leber baut Giftstoffe ab, die dem Körper gefährlich werden; sie baut aber auch Giftstoffe ab, mit denen wir versuchen, Parasiten zu bekämpfen, die sich in der Leber eingenistet haben – in diesem Fall schützt die Leber-Reaktion den Parasiten.) Besondere Beachtung verdient auch, was eigentlich »fremd« heißt, wenn man schon weiß, daß die Lebewesen untereinander abgestufte Verwandtschaftsgrade zeigen. Diesen Fragen werden wir in den folgenden Kapiteln genauer nachgehen.

Die Vergleichende Verhaltensforschung

»Darwin hat recht gesehen«. Dieser Titel eines kleinen Büchleins von Lorenz aus dem Jahre 1965 ist zugleich seine Quintessenz aus den ersten drei Jahrzehnten vergleichender Verhaltensforschung. »Instinkte und Organe müssen vom gemeinsamen Gesichtspunkte der stammesgeschichtlichen Herkunft betrachtet werden«, hatte C. O. Whitman schon 1898 in seinen Vorlesungen über tierisches Verhalten gefordert. Das setzte Lorenz als Leitmotiv über die wesentlich von ihm gegründete Vergleichende Verhaltensforschung. Die Erfahrung hatte gezeigt, daß es im Verhalten der Tiere ganz charakteristische Bewegungsweisen gibt, die sich taxonomisch, das heißt zum Erkennen der natürlichen Verwandtschaft zwischen den Arten, auswerten lassen (Vgl. Reader/U. Weidman). Sie müssen sich also mit den Arten selbst entwickelt haben – wie Darwin behauptet hatte. Der Taubenspezialist Craig schrieb dann auch im Jahre 1909 in deutlicher Anspielung auf Darwin's »Ausdruck der Gemütsbewegungen bei Mensch und Tier«, einen Aufsatz »Der Ausdruck der Gemütsbewegung bei den Tauben«, in dem er Unterschiede und Gemeinsamkeiten im Verhalten von Taubenarten untersucht.

Kennzeichnende Verhaltensunterschiede zwischen nah verwandten Arten werden immer häufiger gefunden. Sie liegen oft im Bereich der Verständigung zwischen den Geschlechtern, der Partner-Anlockung und im Paarungsvorspiel und wirken sich als Hybridisierungs-Schranken aus. Das wird besonders auffällig, wenn sich beispielsweise Balzverhaltensweisen oder Paarungsrufe der Männchen schon unterscheiden, während man die Arten an Färbung, Körperbau und ähnlichen anatomischen Kennzeichen noch nicht auseinanderhalten kann. So unterscheiden sich einige Heuschreckenarten nur im Balzgesang der Männchen, einige Froscharten in den Rufen der Männchen – und natürlich in der dazu passenden selektiven Ansprechbarkeit der Weibchen, die sich aber erst in sorgfältigen Wähl-Versuchen aufzeigen läßt. Solche nur durch Verhaltensmerkmale unterscheidbaren Arten hat man *Ethospezies* genannt; sie sind bei Systematikern nicht gerade beliebt, weil diese Merkmale ja am toten Tier nicht erhalten bleiben, man also Museumsexemplare nicht mehr eindeutig einer bestimmten Art zuordnen kann. Da oft das Verhalten schon Unterschiede aufweist, wenn der Körperbau noch übereinstimmt, hat man geschlossen, daß Verhaltensweisen Schrittmacher der Evolution sind, also der Entwicklung weiterer Unterschiede und schließlich auch körperlicher Merkmale vorausgehen. Tatsächlich ist ja das Verhalten viel plastischer als ein körperliches Merkmal. (Vgl. Reader/E. Mayr.)

Außer Whitman und Craig zählt Lorenz noch den großen Ornithologen Heinroth (1871 – 1945) zu den Vätern der Verhaltensforschung. Heinroth gebrauchte erstmals den Begriff *Ethologie* als Name für die neu aufkommende Verhaltensforschung. »Dieser Forschungszweig, der unsere Anschauungen über das Wesen des Menschen auf eine neue Grundlage gestellt hat, geht von der Erkenntnis aus, daß alle Lebewesen, einschließlich unserer selbst, nicht nur die Eigenschaften ihres Körperbaus, sondern auch die ihres Verhaltens einem äonenlangen, stammesgeschichtlichen Werden verdanken«, schrieb Lorenz 1971 im Geleitwort zur Heinroth-

Biographie, und er erklärte es zum moralischen Auftrag der Ethologie, nachzuweisen, daß »der Mensch, wie alle anderen Lebewesen auch, angeborene, das heißt stammesgeschichtlich programmierte Normen des Verhaltens besitze.« Es ist viel darüber diskutiert worden, ob der Mensch speziell in seinem Sozialverhalten angeborene Reaktionsweisen besitzt und, falls er solche besitzt, welche Folgerungen man daraus zu ziehen hätte. Solange sich die Folgerungen der Ethologen auf tierisches Verhalten bezogen, waren sie höchstens unter Fachkollegen umstritten. Es kam aber sofort zu heftigen interdisziplinären Kontroversen, sobald Behauptungen oder auch nur Vermutungen aufgestellt wurden, die den Menschen betrafen.

In solchen Kontroversen pochten die Ethologen gern auf die Physiologie: Chromosomen-Aufbau, Hormone, Verdauung und Stoffwechsel, Reflexe, Muskeln, einfache Bewegungsabläufe und die Reizverarbeitung in den Sinnesorganen stimmen bei Mensch und Tier unbestreitbar weitestgehend überein. Und von dieser Grundlage aus haben Versuche, die Ethologie dem Menschen unmittelbar nützlich zu machen, in zwei Bereichen zu konkreten Ergebnissen geführt:

1. *Medizinisch-psychiatrischer Bereich*: Das Verständigungsmittel der Sprache versagt bei Kleinstkindern und oft bei Geistesgestörten, über deren Befinden uns deshalb nur die Beobachtung ihres Verhaltens verläßlich Auskunft gibt. Das methodische Rüstzeug, um Verhaltensweisen zu erfassen, zu ordnen und zu deuten, hat die Verhaltensforschung am Tier erarbeitet. Nun ließ es sich auch auf frühe ontogenetische sowie pathologische Stadien des Menschen anwenden. Damit ist nicht gesagt, daß diese Wesen dadurch zu Tieren gestempelt würden, sondern nur, daß hier eine Arbeitsweise Erfolg verspricht, die man sonst beim Menschen aus verschiedenen Gründen lieber umgeht. Einen ausführlichen Überblick über Methoden-Rüstzeug und Arbeitsweise der Verhaltensforschung in ihrer Anwendung auf den Menschen geben D. Ploog in seinem Beitrag »Verhaltensforschung und Psychiatrie« sowie B. Hassenstein in seinem Buch »Verhaltensbiologie des Kindes«.

2. *Humanethologischer und kulturethologischer Bereich*: Durch Verhaltensvergleiche an möglichst vielen Völkern, Lebensstadien und defekt Geborenen kann man versuchen, das Ererbte als mitbestimmenden Faktor im menschlichen Verhalten ausfindig zu machen. Das haben vor

allem I. Eibl-Eibesfeldt in »Der vorprogrammierte Mensch« (1973) und »Krieg und Frieden« (1975) sowie T. Schultze-Westrum in »Biologie des Friedens« (1974) ausgeführt.

Andererseits wendet O. Koenig die Methoden der Verhaltensforschung gerade auf das kulturell bestimmte Verhalten des Menschen an, um Ritualisierungen und den Verlauf historischer Werdegänge von Kleidungen, Gebrauchsgegenständen und Bräuchen verständlich zu machen. Diese Arbeitsrichtung nennt er Kulturethologie; dargestellt ist sie in seinen Büchern »Kultur und Verhaltensforschung« (1970) und »Urmotiv Auge« (1975).

Schon in den eben genannten Werken klingt aber auch immer wieder die Frage an, wie frei der Mensch in der Wahl seiner Verhaltensziele ist und wie stark biologisch vorgegebene Programme in seinem Verhalten ihn in der Normenfindung und ethischen Zielsetzung fördern oder beeinträchtigen.

Hierfür spielt nun eine ganz wesentliche Rolle, von welchen Vorstellungen über die Selektion und die Richtung der Evolution man ausgeht. Lorenz hat selbst immer wieder zwei Hauptfragestellungen der Ethologie betont: »Erstens die Frage nach dem Arterhaltungswert eines zu untersuchenden Vorganges, zweitens die nach seinem stammesgeschichtlichen Gewordensein«. Doch hat sich die Verhaltensforschung – vielleicht einem Modetrend folgend – geraume Zeit vorrangig mit der Physiologie des Verhaltens beschäftigt. Zwar hatte schon Darwin den Wunsch geäußert, die Physiologen sollten sich der Verhaltens- und Ausdrucksweisen mehr annehmen; die Einseitigkeit aber, die in dem Namen des Seewiesener Max-Planck-Institutes für Verhaltensphysiologie zum Ausdruck kommt, hat Tinbergen schon 1963 bedauert. Tatsächlich war die Verhaltensforschung in letzter Zeit weniger evolutions-orientiert, als Lorenz es gefordert hatte. Wir wollen kurz skizzieren, welche Konsequenzen sich daraus ergaben.

Die Verhaltensforschung hatte mit der Beschreibung des arttypischen Verhaltens begonnen; sie erfaßte das feste Verhaltensrepertoire jeder Tierart in einer Inventarliste, genannt Ethogramm. Die Artunterschiede betonten das im Erbgut Festgelegte und seine relative Unveränderlichkeit. Begriffe wie beispielsweise Erbkoordination oder Instinktbewegung, angeborener Auslösemechanismus, angeborene Lerndisposition usw. enthalten die durchaus richtige Erkenntnis, daß der Formbarkeit des Verhaltens (auch des menschlichen) Grenzen gesetzt sind – obschon bis heute niemand weiß, wie hoch die angeborenen Anteile am Verhalten von Menschen und höheren Tieren zu veranschlagen sind. Man ging ferner davon aus, daß die Verhaltensstruktur jeder Tierart unter dem Wirken der natürlichen Selektion zustande gekommen war. Aber – und das ist der entscheidende Punkt – manches im Verhalten der Tiere erschien dem Beobachter nicht optimal; er konnte sich passendere Verhaltensversionen vorstellen, besonders was sein eigenes Verhalten betraf.

Am deutlichsten wurde das in der Diskussion um die Aggression. Die Verhaltens-Physiologen hatten die Spontaneität des Nahrungstriebes erforscht, die das Tier um so wahrscheinlicher auf Nahrungssuche treibt, je mehr Zeit seit der letzten Mahlzeit vergangen ist. Wenn man diese Befunde auf den Kampftrieb übertrug, so sollte der das Tier um so wahrscheinlicher auf Rivalensuche treiben, je mehr Zeit seit dem letzten Kampf vergangen war. Das mußte allerdings die – vom Menschen her betrachtet – unerwünschte Folge haben, daß solche Tiere gerade dann, wenn sie ein von Rivalen freies Gebiet gefunden haben und ungestört ihre Jungen aufziehen können, mit immer wachsender Wahrscheinlichkeit ausziehen, um ihren spontanen Kampftrieb abzureagieren, und dabei andere und sich selbst erneut gefährden. Wie konnte so etwas Unpassendes durch die Selektion zustande gekommen sein? Man versuchte es mit zwei Erklärungen: Vielleicht, so mutmaßte man, waren Triebe einmal alle nach gleichem Muster gebaut; die Gründe dafür kennt man nicht, suchte sie aber in der Physiologie des Verhaltens. Andererseits war der heutige Zustand vielleicht eine historische Belastung, eine »Anpassung von gestern«. Man nahm an, daß sich die Umwelt und die Lebensbedingungen zuweilen so rasch ändern, daß die Anpassung der Lebewesen nicht Schritt halten kann und nachhinkt. Der Mensch, der seine Umwelt am schnellsten verändert, war davon vermutlich besonders stark betroffen, das heißt bei ihm konnte man besonders viele nicht mehr passende Verhaltensweisen erwarten. Als Beispiel dafür wird immer wieder die starke Aggressivität des Menschen angeführt. Man sagt, sie sei zum Überleben der Urhorden nötig gewesen, und die Evolution habe noch nicht genug Zeit gehabt, sie auf ein für heutige Verhältnisse vernünftiges Maß herabzuschrauben.

Diese Vermutungen lassen sich bislang weder beweisen noch widerlegen. Sie gehen aber von der Annahme aus, ein dem menschlichen Beobachter biologisch vorteilhaft erscheinender Zustand müsse für die Selektion auch erreichbar sein; wenn sie ihn noch nicht erreicht hat, so sei das nur eine

Frage der Zeit. Diese Grundannahme aber stimmt nicht! Wir werden in diesem Buch erläutern, daß die erblichen Anlagen gerade im sozialen Verhalten Zustände ermöglichen, die von den gegenwärtig verwirklichten abweichen und die sogar jedem Mitglied einer Gruppe größere Vorteile bringen würden; sie lassen sich aber höchstens dann erreichen, wenn man die natürliche Selektion ausschaltet. Diese Behauptung wird jeden erstaunen, der sich angewöhnt hat, nach dem Arterhaltungswert eines Organs oder einer Verhaltensweise zu fragen, und zwar unter der stillschweigend gemachten Voraussetzung, die Selektion sei der Garant für das größtmögliche Wohl jeweils aller Mitglieder einer Art oder Gruppe von Individuen. Dem widersprechen aber die Ergebnisse der modernen Evolutionsforschung. Und diese Ergebnisse scheinen uns für die Beurteilung tierischen und menschlichen Verhaltens besonders wichtig, um zu vermeiden, daß sich der Fehler des sogenannten Sozialdarwinismus wiederholt.

Der Sozialdarwinismus übernahm von Darwin die These, daß die natürliche Selektion zwangsläufig zur Höherentwicklung und zu Zweckmäßigem führt, ohne daß man dazu eine besondere Zielstrebigkeit im Ablauf der Evolution annehmen muß. Der Entwicklungsgedanke war in der 2. Hälfte des 19. Jahrhunderts vorherrschend; man übertrug die Evolutionsprinzipien auf soziale und staatliche Verhältnisse, deutete wirtschaftliche und gesellschaftliche Entwicklung als Ergebnis vom Kampf der Individuen und Gruppen ums Dasein und erklärte den Machtkampf der Gruppen zum Grundsatz der Geschichte. Es zeigte sich aber bald, daß weder die Strukturwandlungen innerhalb einer Gesellschaft noch die gesellschaftliche Entwicklung im Ganzen sich durch Übertragung der darwinistischen Begriffe auf die Sozialgeschichte beschreiben und verstehen ließen. Zwar hatte schon H. Spencer (1820 – 1903) in seinem »System der synthetischen Philosophie« zu zeigen versucht, daß sich in der Natur wie in den Sozietäten zwei Entwicklungstendenzen erkennen lassen: Eine Integration zu zusammengesetzten Gebilden und eine Differenzierung innerhalb dieser Gebilde, wodurch immer verschiedenere Teile immer abhängiger voneinander werden. Diesen wichtigen Gesichtspunkt aus der Biologie hat die Soziologie aber nie so ernst genommen wie den Teilaspekt des Überlebenskampfes, den sie sogar als Kampf aller gegen alle mißverstand.

Wir werden in diesem Buch zeigen, wie sehr man solche Ansichten in der Soziologie korrigieren muß, wenn man wirklich konsequent die Ergebnisse der Evolutionsforschung auswertet und nicht nach Belieben Teile davon wegläßt. Dennoch kann man dabei aber leicht einen alten Trugschluß begehen und das, was in der Natur normalerweise geschieht, dem gleichsetzen, was der Mensch anstreben soll. Zumindest glaubt man oft, resignieren zu müssen, wenn ein von Menschen angestrebtes Ziel in der Verhaltens-Evolution nicht erreicht wurde. Die Begründung, der Mensch habe keine Aussichten, Zustände herzustellen, die seiner Natur nicht entsprechen, übersieht, daß der Mensch durch Vernunft und Technik Ziele erreichen und Zustände verwirklichen kann, die rein biologisch für die natürliche Selektion unerreichbar sind. Dann aber ist es unklug, sich nur an den Ergebnissen der natürlichen Selektion zu orientieren, um zu beurteilen, was für Menschen gut und passend ist. Wir glauben – und versuchen hier zu zeigen –, daß manche These über das sogenannte Böse oder Unvollkommene im menschlichen Sozialverhalten revidiert werden kann, wenn man sich die Grenzen klarmacht, die dem Wirken der Selektion gesetzt sind. Wir wollen unerörtert lassen, woher die Zielvorstellung kommen, an denen Menschen ihr soziales Verhalten und die Struktur ihrer Sozietäten ausrichten; klarwerden soll aber im Laufe der Darstellung, welche biologischen Gesetzmäßigkeiten zur Entstehung sozialen Verhaltens führen und für welche durchaus vernünftigen sozialen Bestrebungen der Menschen sie keine Hilfe bieten können. Denn über diese Grenzen der natürlichen Selektion hinaus kann der Mensch sich nicht mehr auf die Natur verlassen, sondern muß nach anderen Gesetzen handeln.

Was sind Anpassungen?

Diejenigen Organismen, die unter gegebenen Bedingungen im Durchschnitt mehr Nachkommen hervorbringen, haben einen Selektionsvorteil; andere Organismen, die vergleichsweise weniger Nachkommen erzeugen, haben einen entsprechenden Selektionsnachteil. Die Begriffe Selektionsvorteil und Selektionsnachteil sind also Vergleichsgrößen; keine absoluten Größen, die man an einem Tier oder einer Tierart ohne Bezug auf andere messen könnte. Aus dem Zahlenverhältnis der Nachkommen zweier zu vergleichender Populationen kann man einen Selektions-Koeffizienten errechnen, den Selektionsvorteil also auch in Zahlen fassen. – »Population« ist die Bezeichnung für eine Gemeinschaft sich geschlechtlich fortpflanzender Individuen, die sich regelmäßig untereinander kreuzen (s. S. 83). Die meisten Tierarten sind in Individuen-Gruppen unterteilt, die durch bloße Entfernung oder andere Hindernisse voneinander getrennte Populationen bilden. Das Evolutionsgeschehen spielt sich also nicht einheitlich in der ganzen Art, sondern innerhalb der einzelnen Populationen ab, und zwar nicht notwendig bei allen in gleicher Richtung und Geschwindigkeit.

Die Selektion erzeugt keine Merkmale, sondern beeinflußt die Häufigkeit, mit der bereits vorhandene Merkmale und Merkmalsabwandlungen in einer Population auftreten. Die Geschwindigkeit, mit der sich ein Merkmal in einer Population durchsetzt (oder mit der es ausgemerzt wird), nimmt man zuweilen als Maß für den sogenannten Selektionsdruck; dieser Begriff führt jedoch oft zu Mißverständnissen, und deshalb wollen wir ihn möglichst vermeiden. Für Erbmerkmale bestimmt man die Änderungsgeschwindigkeit mit Häufigkeitsänderung pro Generation. Diese Änderung der Häufigkeit eines Merkmals in der Population ist der Anpassungsvorgang.

Was wir als Ergebnis der Anpassung sehen, ist aber meist ein Kompromiß zwischen verschiedenen Selektionstendenzen. Selbst wenn man weiß, daß mehrere – gleich oder gegeneinander gerichtete – Anpassungen eine Rolle spielen, kann man doch nur das Gesamtergebnis beobachten; die Komponenten, aus denen es sich zusammensetzt, lassen sich ohne gezielte Experimente nur grob abschätzen.

Meist beginnt die Erforschung von Anpassungen damit, daß man auf eine zunächst unerklärliche Besonderheit stößt. Man unterstellt ihr einen Anpassungswert, nach dem man dann sucht. Dabei hängt es sehr vom einzelnen Forscher ab, welche Besonderheiten ihm auffallen. Daß jedes vorgefundene Merkmal einen Anpassungswert hat, ist in der Forschung als Annahme unumgänglich; denn nur wenn man eine Anpassung vermutet, wird man nach ihr forschen. Man kann sogar, wie Tinbergen es in der Forschungspraxis tut, von der Annahme ausgehen, jedes Lebewesen sei in allen Merkmalen seinen Lebensbedingungen angepaßt, und zwar optimal. Nur muß man immer daran denken, daß das eine Arbeitshypothese ist und darf sie nicht zu einer Weltanschauung ummünzen, darf nicht so tun, als sei der Beweis schon erbracht und behaupten, es gäbe wirklich nur optimale Anpassungen.

Alle zuverlässig wiedererkennbaren Eigenschaften oder Kennzeichen der Lebewesen sind Merkmale im Sinne der Biologie. Aber wohl nicht jedes einzelne hat sich eigens durchsetzen müssen. Wir wollen das an einem einfachen Beispiel erklären: Jeder weiß aus der Mathematik, daß ein Dreieck dann eindeutig bestimmt ist, wenn z. B. eine Seite und zwei Winkel der Größe nach gegeben sind. Damit liegen zugleich die anderen beiden Seiten, der dritte Winkel sowie alle Winkelhalbierenden, Seitenhalbierenden, Mittelsenkrechten usw. fest. Diese Stücke entsprechen bestimmten Merkmalen, und die meisten davon stellen sich automatisch in bestimmter Größe ein, wenn durch den Konstrukteur (entsprechend der Evolution) drei von ihnen festgelegt werden. Für den Biologen ist es darum wichtig, in einem Merkmalskomplex die in ähnlicher Weise voneinander abhängigen Merkmale zu erkennen, und nur als ein Merkmal zu werten, damit er nicht mehr Anpassungsvorgänge beschreibt, als sich abgespielt haben.

Dieses Buch handelt vorwiegend von Anpassungen, die durch natürliche Selektion zustande gekommen sind (vgl. Reader/H. Winn). Es ist wohl überflüssig, genauer auszuführen, daß es keinen Beweis – und in der Theorie auch keinen Bedarf – für die Annahme gibt, die Selektion oder sonst jemand habe von vornherein das erreichen wollen, was im Laufe der Evolution tatsächlich entstanden ist. Der Mensch allerdings kann eine Anpassung gezielt zu erreichen suchen, sei es durch Züchten von besonderen Pflanzen- und Tier-Rassen, sei es durch Andressieren besonderer Verhaltensweisen. Anpassung ist nämlich nicht nur in der Generationenfolge durch Änderung von Gen-Häufigkeiten möglich, sondern auch im Laufe des individuellen Lebens; dann zeigt sie sich durch Änderung von Handlungs- oder Reaktionshäufigkeiten. Wenn ein Lebewesen eine Reaktions- bzw. Verhaltensweise erlernt oder verlernt, dann ändert sich die Häufigkeit, mit der diese Verhaltensweisen auftreten. Oder umgekehrt gesagt: Nur an solchen Häufigkeitsänderungen können wir ablesen, daß das Tier etwas gelernt hat, daß es sich etwas an- oder abgewöhnt hat. In diesem Fall wird eine Selektion durch eine Erfolgs-Rückmeldung bewirkt; Handlungen, die sich bewähren, setzen sich durch, während solche, die sich nicht bewähren oder Schaden stiften, ausgemerzt werden. Woran das Tier feststellt, was ihm gut tut, welche Handlungen und Situationen passend, d. h. ihm nützlich sind, ist eine Frage, die sich so allgemein nicht beantworten läßt. Man muß jeweils einzeln untersuchen, welchen Vorteil eine bestimmte Handlung dem Organismus bringt, erst dann kann man fragen, wie das Lebewesen diesen Vorteil in Handlungshäufigkeiten umsetzt.

Die Gruppenselektion

Von Darwin hatten die Biologen gelernt, daß sich der Tüchtigste oder Stärkste gegen die weniger Tüchtigen und Schwächeren durchsetzt, und zwar letztlich meßbar an der Zahl seiner Nachkommen. Allerdings konnte wohl kein Individuum viele Nachkommen haben, wenn es sich nicht auch selbst gegen Rivalen behauptete. Insofern erwartete man, daß durch die Selektion jeweils solche Individuen bevorzugt würden, die im Falle von Streitigkeiten um Futter, Reviere, Weibchen usw. ihre Rivalen besiegen konnten. Trat also eine dafür besonders geeignete Waffe oder Kampfweise auf, so mußte diese sich durchsetzen. Folglich nahm man an, die Selektion müsse die Entwicklung von Beschädigungskämpfen begünstigen – zumindest bei solchen Arten, die über dazu geeignete Organe (Zähne, Krallen, Hörner) verfügten. Man verstand den Kampf ums Dasein als eine Form von totalem Krieg im Tierreich.

Die Verhaltensbeobachter fanden aber etwas anderes, das Lorenz so zusammenfaßte: Je gefährlichere Waffen-Organe eine Tierart trägt, desto unwahrscheinlicher ist es, daß sie im Kampf mit Artgenossen eingesetzt werden. Man spricht von ritualisierten Kämpfen oder besser von Kommentkämpfen und erinnert damit an die Turniere der Ritter im Mittelalter, die zwar schwer bewaffnet waren, aber durch geeignete Kampfregeln dennoch unblutig entschieden, wer der Stärkere war.

Auch in sehr vielen Tierarten fechten die Männchen untereinander eine Rangordnung aus, und dann kommen nur die Ranghöchsten zur Fortpflanzung, während die in den Kämpfen Besiegten sich zu Junggesellenherden zusammenschließen und abseits von den Weibchen aufhalten.

Diese Beobachtungen führten schließlich dazu, daß V. C. Wynne-Edwards 1962 in seinem berühmt gewordenen (und sehr dicken) Buch »Animal dispersion in relation to social behaviour« einen zusätzlichen Evolutionsfaktor forderte, nämlich die Gruppenselektion. Sein Gedankengang läßt sich etwa so skizzieren:

Wenn eine Gruppe von Tieren gleicher Art irgend ein Verfahren besitzt, mit dem die Erzeugung unbegrenzt vieler Nachkommen oder die Anwendung gefährlicher Waffen verhindert werden kann, so ist diese Gruppe im Vorteil gegenüber einer Vergleichsgruppe, in der es solche Begrenzungen nicht gibt und die deshalb Massensterben bei Bevölkerungsexplosionen sowie Tod und Verwundungen bei Rivalenkämpfen hinnehmen muß. Wynne-Edwards postuliert also eine Selektion, die das

Beste für die ganze Gruppe zur Folge hat (daher der Name Gruppenselektion), während die klassische oder natürliche Selektion nur das Beste für das einzelne Individuum erreicht (daher auch Individualselektion genannt). Verhaltensforscher behaupten im Grunde genommen dasselbe wie WYNNE-EDWARDS, wenn sie davon ausgehen, Kommentkämpfe seien entstanden im Dienste der Erhaltung der Art, weil jeder Beschädigungskampf, der einen Artgenossen gefährdet oder gar vernichtet, gegen das Prinzip von der Erhaltung der Art verstößt.

Wir werden auf das Problem der Arterhaltung in einem späteren Kapitel noch genauer eingehen und hier zunächst nur prüfen, ob es stimmt, daß die Individualselektion das beobachtete Gruppenwohl nicht zustande bringen kann, so daß die Forderung nach einer Gruppenselektion zwingend wird.

Dabei sei betont: Es geht uns nicht darum, die Idee einer Gruppenselektion als falsch zu entlarven; es geht vielmehr darum festzustellen, ob sie zum Verständnis der genannten Phänomene erforderlich ist oder ob sich die beobachteten Vorteile für die ganze Gruppe, für die Population oder für die Art auch unter dem Wirken der natürlichen, der Individualselektion einstellen können. Wenn diese Selektion neben den vielen anderen Phänomenen, für deren Verständnis sie immer schon herangezogen wurde, auch noch das Gruppenwohl-Phänomen erklären kann, ist es wissenschaftlich nicht vertretbar, allein dafür eine zweite Erklärung zu suchen.

Man ist bestrebt, im Alltag wie in der wissenschaftlichen Forschung, bestimmte Ereignisse oder Zustände auf Ursachen zurückzuführen; zunächst wird man das Wirken einigermaßen plausibler Ursachen vermuten. Solch eine Vermutung hat den Charakter einer Arbeitshypothese; diese muß man prüfen, und dazu macht man gezielt weitere Beobachtungen oder auch Experimente. In beiden Fällen muß man Zustände unter verschiedenen Bedingungen miteinander vergleichen; es ist ein leider verbreiteter Irrtum, vergleichende Forschung und experimentelle Forschung seien ihrem Wesen nach verschieden. Sie unterscheiden sich nur in den Ausgangssituationen: Der Experimentator bemüht sich, die wirksamen Faktoren zu kontrollieren und zu verändern, während sein Kollege, den wir hier unter dem historisch korrekten Namen Naturbeobachter vorstellen, eher die ohne menschliches Eingreifen auftretenden verschiedenen Situationen vergleicht. Er wird daher eher auf die unter natürlichen Bedingungen wirkenden Ursachen stoßen, der

Experimentator hingegen wird eher die genauen quantitativen Zusammenhänge herausfinden. Beide müssen aber Vermutungen – d. h. Arbeitshypothesen – darüber haben, welche Wirkungszusammenhänge bestehen. Je mehr verschiedene Phänomene oder Befunde sich mit einer Arbeitshypothese befriedigend erklären lassen, desto kräftiger ist diese Hypothese, das heißt sie verdrängt jede andere, welche nur einen Teil dieser Phänomene oder Befunde erklärt.

Die Frage, ob eine Hypothese ausreicht, einen Befund zu erklären, läßt sich heute auch in vielen Bereichen der Biologie nur mit Hilfe mathematischer Modelle beantworten. Die Bedeutung solcher Modelle wird oft mißverstanden. Sie werden nämlich nicht in erster Linie prognostisch benutzt, um aus gemessenen Daten und vermuteten Wirkungszusammenhängen zukünftige Zustände vorauszusagen (wie etwa bei der Wettervorhersage), sondern sie werden diagnostisch benutzt, um zu prüfen, ob man überhaupt berechtigt ist, aus den gemessenen Daten auf die vermuteten Wirkungsbeziehungen zu schließen. Oft genug zeigt sich, daß man in seiner Hypothese überflüssige Annahmen gemacht hat und daß, wenn man einige Wirkungszusammenhänge einfach wegläßt, immer noch das gemessene Ergebnis herauskommt; es gibt aber auch das Gegenteil, daß die vermuteten Wirkungsbeziehungen nicht ausreichen, das Ergebnis zu erzielen, daß man also etwas Wichtiges übersehen hat.

Ein solches Modell wird im nächsten Kapitel vorgestellt. Es soll entscheiden, ob aus den bekannten Fakten zwingend auf die Wirkung einer Gruppenselektion geschlossen werden muß oder nicht. Es wird sich zeigen – und zwar nicht nur hier, sondern an vielen Stellen in diesem Buch – daß solche Modelle außerdem sichtbar werden lassen, wo unsere Wissenslücken liegen, also wo derzeit die Schwerpunkte einer Forschungsrichtung gesetzt werden sollten. In Modellen muß man von Annahmen ausgehen, die dort dieselbe Rolle spielen wie Gegebenheiten in der Realität.

Evolutions-stabile Strategien

Wir glauben, daß die Gedankengänge, die wir hier vorführen wollen, für die Biologie und speziell für die Verhaltensforschung ganz außerordentlich wichtig sind. Klar formuliert wurden sie zuerst 1973 von J. Maynard Smith und G. Price in einem nur dreieinhalb Seiten langen Artikel in der englischen Zeitschrift »Nature«. Um dem Leser den Zugang leicht zu machen, folgen wir zunächst einer in Vorlesungen bewährten einfacheren Version von R. Dawkins (1976).

Der Grundansatz

Betrachten wir das bereits erwähnte Problem, warum eigentlich Tiere wie Raubkatzen, Hornträger, aber auch die räuberischen Buntbarsche oder Cichliden ihre »Waffen« im Kampf nicht gegen Artgenossen einsetzen, obwohl man doch annehmen sollte, daß das Anwenden der Waffe im Rivalenkampf dem Individuum Vorteile und höhere Fortpflanzungschancen brächte, also von der Selektion begünstigt werden müßte. Die von Huxley (1956), Lorenz (1963), Eibl-Eibesfeldt (1972) und anderen vorgebrachte Deutung, Beschädigungskämpfe gefährdeten die Arterhaltung und würden deshalb von der Selektion unterbunden, setzt voraus, es gäbe eine arterhaltende Selektion, die der individuellen Selektion übergeordnet ist: Das im Kampf überlegene Individuum bringt seinen Gegner nicht um, nutzt also nach dieser Deutung seinen Vorteil nicht voll aus, (da ja erst ein toter Rivale endgültig besiegt ist), und zwar im Interesse der Erhaltung der Art. Es ist plausibel, daß eine Gruppe, in der dieses Komment-Verhalten üblich ist, Vorteile hat gegenüber einer anderen Gruppe, in der Rivalen kämpfen, bis einer ernsthaft verletzt oder tot ist. Demnach hätten Kommentkämpfer also im Vergleich mit Beschädigungskämpfern einen Selektionsvorteil. Das gilt aber nur, wenn diese beiden Gruppen voneinander getrennt bleiben und in jeder Gruppe nur eine Kampfart angewendet wird. Denn was würde geschehen, wenn Kommentkämpfer auf Beschädigungskämpfer stoßen? Der Beschädigungskämpfer wird gewinnen, der Kommentkämpfer verlieren. Also wird sich der Beschädigungskämpfer mit seinen Nachkommen allmählich durchsetzen. Die Frage ist nur, ob unter diesen Umständen schließlich alle Kommentkämpfer verschwinden müssen.
Hier hilft nun keine wortreiche Darstellung, sondern man muß die Prämissen genau formulieren und dann den Ausgang eines Kampfes modellhaft durchrechnen. Maynard Smith geht von folgenden vereinfachenden Voraussetzungen aus:

1. Jeder Kampf soll eine Entscheidung bringen.
2. Wer aufgibt, hat verloren; der andere wird dadurch Sieger und bekommt das Streitobjekt.

3. Jedes Individuum hat Gelegenheit zu mehreren Kämpfen (es sei denn, es wird im Kampf getötet).
4. Ein gewonnener oder verlorener Kampf hat keine Auswirkungen auf den nächsten Kampf (d. h. die Rivalen haben keine Erinnerungen).

Die ersten drei Voraussetzungen sind biologisch durchaus gegeben. Die letzte Annahme ist hier der Einfachheit halber gemacht; sie trifft für die meisten Arten nicht zu, und wir werden später sehen, welche Folgen Erinnerungen haben.

In unserem Modell lassen wir als Kampfweisen nur die beiden genannten Strategien Beschädigungskampf und Kommentkampf zu. Wir definieren sie wie folgt:

Ein Beschädigungskämpfer (B) kämpft jeweils unter vollem Einsatz aller Mittel und gibt erst auf, wenn er ernsthaft verwundet (oder tot) ist. Ein Kommentkämpfer (K) zeigt nur Drohverhalten und verwundet seinen Gegner nie. Im Kampf mit seinesgleichen gibt er dann auf, wenn etwas anderes als der Kampf für ihn wichtiger wird.

Dann gibt es folgende Kampf-Kombinationen:

1. B trifft auf B. Der Kampf dauert an, bis einer ernstlich verletzt (oder tot) ist.
2. K trifft auf B. K läuft beim ersten Ansturm von B davon und gibt auf; keiner wird verletzt.
3. K trifft auf K. Keiner wird verletzt. Verlierer ist, wer zuerst aufgibt.

Da Rivalenkämpfe über die Fortpflanzungs-Chance der Individuen entscheiden (am direktesten im Kampf um Weibchen), müssen wir nun diese Chance in Zahlen ausdrücken, um damit rechnen zu können. Dazu verteilen wir Punkte als Maßzahlen für den Vor- oder Nachteil, der dem Individuum aus dem betreffenden Kampf erwächst, und zwar in bezug auf die Aussichten, daß seine eigenen Gene in der nächsten Generation vertreten sind. Wir geben dem Verlierer 0 Punkte, dem Sieger 50 Pluspunkte (+50). Demjenigen, der in einem Kampf schwer verwundet wird, rechnen wir 100 Minuspunkte an (−100), und jedem, der im Kampf viel Zeit und Energie verbraucht, 10 Minuspunkte (−10).

Diese Wertung beeinflußt natürlich unser Rechen-Ergebnis, das mit veränderten Zahlen anders ausfällt. Für das Prinzip, um das es hier geht, spielt das aber kaum eine Rolle. Wir wollen nämlich nicht beweisen, daß eine bestimmte Folgerung unabhängig von den eingesetzten Werten herauskommt, sondern daß sie unter durchaus möglichen Bedingungen herauskommen kann. Was geänderte Zahlen bedeuten und welche Folgen

sie haben, werden wir am Ende des Kapitels kurz besprechen.
Vergleichen wir jetzt einmal die Punktergebnisse bei den verschiedenen Kämpfen: Gibt es nur Kommentkämpfer, dann kämpft K mit K. Ihre Kämpfe dauern lange, also verlieren beide Gegner −10 Punkte für hohen Aufwand an Zeit und Energie. Der Sieger bekommt +50 Punkte, der Verlierer 0 Punkte. Dem Sieger bleiben also 50 − 10 = +40, dem Verlierer 0 − 10 = −10 Punkte. Wenn die Chancen zu gewinnen und zu verlieren gleich stehen (was wir der Einfachheit halber zunächst annehmen), erwartet also jeder der Rivalen aus einem solchen Kampf

$$\text{K gegen K} \quad \frac{+40-10}{2} = +15 \text{ Punkte.}$$

Gibt es nur Beschädigungskämpfer, dann trifft immer B auf B. Nehmen wir an, die Entscheidung fällt ohne Zeitverlust rasch, dann gibt es einen Gewinner mit + 50 und einen stark verwundeten Verlierer mit − 100 Punkten; jeder erwartet also im Durchschnitt beim Kampf

$$\text{B gegen B} \quad \frac{+50-100}{2} = -25 \text{ Punkte.}$$

Wir drücken hier in Zahlen aus, was wir schon beschrieben haben, daß Beschädigungskämpfe mehr Schaden stiften, mehr Nachteile bringen als Kommentkämpfe. Was aber wird geschehen, wenn unter den Kommentkämpfern durch Mutation oder durch Zuwanderung ein Beschädigungskämpfer auftaucht? Dann trifft B auf K; in diesem Fall läuft K immer weg, bekommt also 0 Punkte; dadurch wird B ohne Aufwand Sieger und bekommt + 50 Punkte, und die kann B immer gegen K erwarten.
Da diese Punkte die Fortpflanzungs-Chance kennzeichnen, wird B sich in einer K-Population rasch ausbreiten, denn seine Chancen bei einer Begegnung mit K liegen mit + 50 höher als bei einem Kampf der K untereinander (+ 15). Das heißt nun aber nicht, daß B mit seinen Nachkommen alle K verdrängt. Denn – nehmen wir das andere Extrem – in einer reinen B Gruppe ist K im Vorteil. Er würde weder verletzt noch verwendete er Zeit und Energie aufs Kämpfen, bekäme also stets 0 Punkte, während die B untereinander – wie wir sahen – stets mit einem Punktverlust, nämlich mit − 25 rechnen müssen.
Man beachte, daß die Zahlen 0, + 15, − 100 usw. nicht die Anzahl der Nachkommen bedeuten, sondern ein Maß für die Fortpflanzungsaussichten des Individuums sind. Sie könnten Zeiten kennzeichnen, die ein

Männchen beispielsweise aufbringen muß, um ein Weibchen zu erringen. »+ 15« könnte dann bedeuten, das Männchen hat eine Bruthöhle erobert, an der der Vorbesitzer schon 15 Stunden gearbeitet hat. »0« hieße dann, das Männchen hat bei einem Weibchen nichts gewonnen, auch nichts verloren. Und »–100« könnte heißen, das Männchen hat eine Bruthöhle verloren, in die es schon 15 Baustunden investiert hatte, und braucht außerdem 85 Std. Ruhe – vergleichbar einem Krankenhausaufenthalt –, ehe es wieder balzen, nestbauen oder singen kann.

Unter der Annahme, daß K- und B-Mutationen in einer reinen B- oder K-Population auftreten (oder solche Individuen aus anderen Gruppen einwandern), wird weder eine Gruppe von nur Beschädigungskämpfern noch eine von nur Kommentkämpfern bestehen bleiben. Weder die Strategie des Kommentkampfes noch die des Beschädigungskampfes ist (unter den getroffenen Annahmen) als Reinkultur in der Evolution stabil. In beiden setzt sich die erste abweichende Mutante rasch durch. Die Folge davon ist, daß sie zunehmend häufiger auf ihresgleichen trifft. Für K ist das vorteilhaft; denn je häufiger K wird, desto häufiger trifft K auf K und hat dann +15 zu erwarten statt der 0 Punkte beim Zusammentreffen mit B. Für B bringt ein Zusammenstoß mit K +50 Punkte; aber je häufiger B in einer Gruppe wird, desto häufiger trifft B auf B und hat dann −25 zu erwarten. Je häufiger B wird, desto seltener werden seine einträglichen Zusammenstöße mit K; wenn hingegen K häufiger wird, dann trifft auch B häufiger auf K und gewinnt 50 Pluspunkte statt der 25 Minuspunkte beim Zusammenstoß mit seinesgleichen. Also muß es in einer Mischpopulation ein bestimmtes Häufigkeitsverhältnis zwischen B und K geben, bei dem beide im Durchschnitt gleiche Punktzahlen zu erwarten haben. Die Häufigkeit von B und K schreiben wir [B] bzw. [K]. Das Häufigkeitsverhältnis kann man folgendermaßen berechnen:

B erwartet im Kampf mit B im Mittel −25 Punkte; diese Erwartung kommt in der Population so oft vor, wie es B gibt, also −25 · [B]. Im Kampf mit K erwartet B stets 50 Pluspunkte; wie oft das zu erwarten steht, hängt davon ab, wie stark K in der Population vertreten ist, also +50 · [K]. Die Gesamterwartung von B in einer Mischpopulation beträgt also

$$-25 \cdot [B] + 50 \cdot [K].$$

K erwartet 0 Punkte aus Kämpfen mit B und im Durchschnitt +15 Punkte aus Kämpfen mit K: beides so häufig, wie B und K vertreten sind.

Die Gesamterwartung von K in dieser Mischpopulation beträgt also

$$0 \cdot [B] + 15 \cdot [K].$$

Weil eine Mischpopulation nur stabil ist, wenn die Gesamterwartungen von B und K gleich sind, schreiben wir als Erwartungsgleichung

$$-25 \cdot [B] + 50 \cdot [K] = 0 \cdot [B] + 15 \cdot [K]$$
$$25 \cdot [B] = 35 \cdot [K]$$

Das gesuchte Häufigkeitsverhältnis [B] : [K] beträgt also 35 : 25 oder 7 : 5. Wie hoch ist nun die mittlere Punkterwartung für Beschädigungskämpfer und Kommentkämpfer? Jedes Mitglied einer solchen Population wird im Verhältnis 7 : 5 auf B und K treffen; die mittlere Punkterwartung ist dann für beide 7 mal die Punkterwartung aus einem Zusammentreffen mit B plus 5 mal die Punkterwartung aus einem Zusammentreffen mit K, geteilt durch die Summe dieser Begegnungen (7 + 5 = 12).
Die mittlere Punkterwartung für B in dieser Population beträgt also

$$\frac{7 \cdot (-25) + 5 \cdot 50}{12} = 6{,}25$$

Die mittlere Punkterwartung für K in dieser Population beträgt

$$\frac{7 \cdot 0 + 5 \cdot 15}{12} = 6{,}25$$

Die Punkterwartungen sind also tatsächlich gleich, und deshalb wird die Häufigkeitsverteilung 7 : 5 von der natürlichen Selektion stabilisiert. Denn würden die B häufiger, so träfen sie häufiger auf ihresgleichen, erhielten häufiger die 25 Minuspunkte und nützten damit indirekt den K. Werden hingegen die K häufiger, so werden mehr von ihnen von B besiegt und nützen indirekt denen, da für B dabei jedesmal +50 Punkte herausspringen. Nur bei dem Mischungsverhältnis 7 : 5 halten sich Vor- und Nachteile für beide genau die Waage, und deshalb findet die natürliche Selektion keine Angriffsfläche, eine der beiden Kämpfertypen zu bevorzugen. Diesen Zustand nennt Maynard Smith eine evolutionsstabile Strategie (englisch = *evolutionarily stabilized strategy*), abgekürzt ESS.
Die erste wichtige Folgerung aus unserer Überlegung ist also, daß es unter

der Wirkung der natürlichen Selektion durchaus nicht zur Ausrottung der Kommentkämpfer durch die Beschädigungskämpfer kommen muß.
Die Kommentkämpfer können sogar in einer Mischpopulation unter der Wirkung der natürlichen Selektion zunehmen, zum Beispiel dadurch, daß die Kämpfe unter Beschädigungskämpfern sich – etwa wegen ausgeglichener Kräfteverhältnisse – länger hinziehen und zeit- und energieraubender werden. Diese Aufwendungen müssen wir jedem Kämpfer mit -10 Punkten anrechnen; bei einer Konfrontation von B mit B entfallen dann auf den Sieger $50 - 10 = 40$ Punkte, auf den Verlierer $-100 - 10 = -110$ Punkte. Wenn die Chancen zu gewinnen oder zu verlieren ausgeglichen sind, hat B im Durchschnitt pro Kampf

$$\frac{40 - 110}{2} = -35 \text{ Punkte}$$

zu erwarten statt wie vorher -25.
An den Sieges-Chancen gegen K ändert sich dabei ebensowenig wie an den Kämpfen der K untereinander. Also setzen wir in die Erwartungsgleichung statt $-25 \cdot [B]$ jetzt $-35 \cdot [B]$ ein und erhalten

$$-35 \cdot [B] + 50 \cdot [K] = 0 \cdot [B] + 15 \cdot [K]$$
$$35 \cdot [B] = 35 \cdot [K]$$
$$[B]:[K] = 1:1.$$

Die natürliche Selektion stabilisiert jetzt gleiche Anteile beider Kämpfertypen in der Population, d. h. unter diesen geänderten Bedingungen nimmt der Anteil der Kommentkämpfer zu.

Die Strategie des Individuums

Wir haben freilich bisher stillschweigend vorausgesetzt, jedes Individuum sei entweder Beschädigungskämpfer oder Kommentkämpfer; dann muß die Population entsprechende Mengen beider Individuentypen aufweisen. Dasselbe läßt sich aber erreichen, wenn jedes Individuum über beide Taktiken verfügt; dann bezeichnet (unter den ursprünglichen Annahmen) 7 : 5 das Verhältnis, in dem jedes Individuum sich als Beschädigungskämpfer und als Kommentkämpfer gebärden soll. Es könnte zum Beispiel in jedem Kampf die beiden Taktiken entsprechend mischen

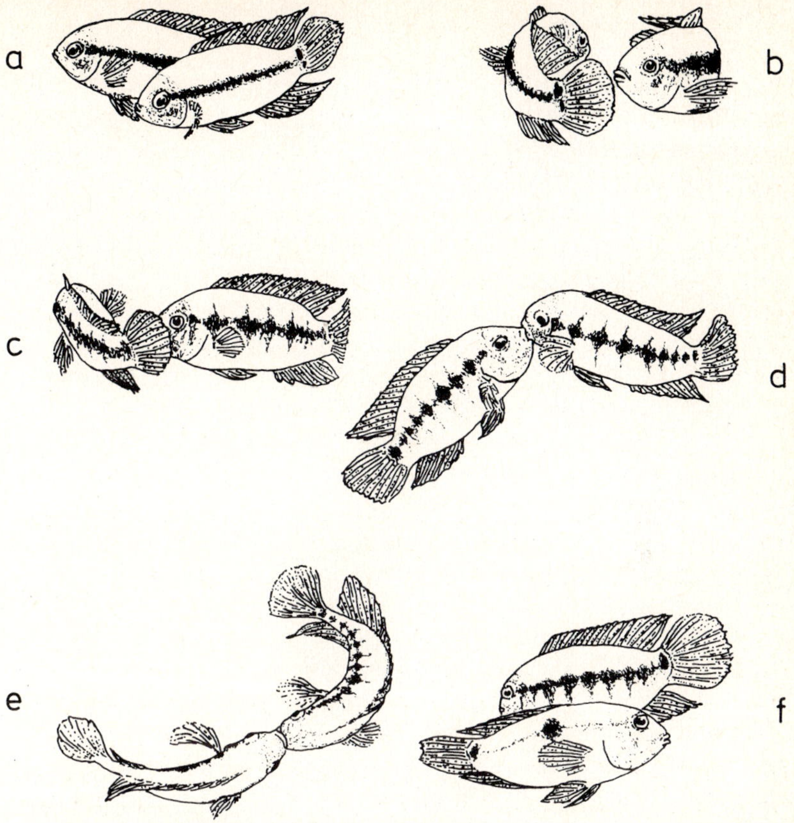

1. Szenen aus dem Kommentkampf des bis 15 cm großen Blaupunkt-Buntbarschs *Aequidens pulcher* aus Mittelamerika. a: Breitseitsdrohen; b: drohendes Umschwimmen; c: Schwanzschlag gegen den Kopf des Rivalen; d: Maulfassen; e: heftiges Maulzerren; f: das vordere Tier gibt auf. Die Farbzeichnung wechselt mit der Kampfbereitschaft.

(Abb. 1). Dann würden jedesmal Individuen aufeinandertreffen, die Beschädigungs-Kampfweisen und Komment-Kampfweisen im Verhältnis 7 : 5 gemischt anwenden, und zwar nach den bisher gemachten Annahmen streng zufallsverteilt. Die Selektion bewirkt wieder eine Stabilisierung dieses Mischungsverhältnisses, und zwar aus genau den gleichen Gründen wie eben erläutert; denn an den Häufigkeiten, mit denen Beschädigungs- und Kommentkämpfer aufeinanderstoßen, ändert sich dadurch ja nichts.

Mehr als zwei Kampftypen

Wie einleitend gesagt, haben wir der Einfachheit halber zunächst nur zwei Strategien, B und K, zugelassen. MAYNARD SMITH und PRICE haben dagegen, was den natürlichen Verhältnissen auch eher entspricht, fünf Strategien gegeneinander ausgespielt. Dazu reichen allerdings Papier und Bleistift nicht mehr aus. Vielmehr braucht man Computer, um die möglichen Fälle und Kampfabläufe zu simulieren. Wir wollen hier nur das Ergebnis dieser Untersuchung mitteilen.

Zu den beiden bereits genannten Strategien – Beschädigungskämpfer und Kommentkämpfer – kommen noch folgende hinzu:

Maulheld: Er beginnt den Kampf als Beschädigungskämpfer, läuft aber sofort davon, wenn sein Gegner ebenso kämpft.

Rächer: Er beginnt im Kampf wie ein Kommentkämpfer und bleibt dabei, solange sein Rivale dasselbe tut; geht sein Gegner aber zum Beschädigungskampf über, so tut er es auch.

Provokateur: Er verhält sich wie ein Rächer, probiert aber ab und zu einmal die Rolle des Beschädigungskämpfers.

Wieder werden Punkte nach einem vorher festgelegten Schlüssel verteilt. Da diese drei hier aufgeführten Strategien vom Verhalten des Gegners beeinflußt werden, kann man erst durch viele simulierte Kampfverläufe durchschnittliche Punkterwartungen ermitteln. Auch von diesen Strategien erwies sich keine allein als stabil: In einer reinen Maulhelden-Population setzten sich die Beschädigungskämpfer durch, in einer Population von Provokateuren die Rächer. Besonders aufschlußreich war eine reine Rächer-Population. Sie war fast stabil; da Rächer von Kommentkämpfern nicht zu unterscheiden sind, können Kommentkämpfer in dieser Population zunächst unbehelligt aufkommen, bis sie eine gewisse Menge der ganzen Population ausmachen. Dann jedoch wird diese Mischpopulation aus Rächern und Kommentkämpfern unstabil, weil Maulhelden, Provokateure und Beschädigungskämpfer den Kommentkämpfern überlegen sind. Stabil war schließlich eine Mischpopulation aus Rächern und Provokateuren mit einer kleinen Minorität von Kommentkämpfern. Das ist gleichbedeutend mit einer entsprechend zufällig gemischten Anwendung dieser Strategien durch jedes einzelne Individuum.

Die unsymmetrische Ausgangssituation

Bisher haben wir nur Fälle besprochen, in denen die Rivalen zu Beginn ihrer Begegnung gleiche Gewinn-Chancen hatten. In den meisten Fällen haben sie das aber nicht; einer kann größer, stärker oder älter sein. Eine solche Unsymmetrie kann zweierlei bedeuten: Entweder liegt der Unterschied in der Fähigkeit der beiden Rivalen, sich oder ihren Anspruch auf ein Objekt zu behaupten; oder er liegt im unterschiedlichen Wert, den das Objekt für die beiden hat. (Die dritte Möglichkeit, eine situations-irrelevante Unsymmetrie vor der Auseinandersetzung herzustellen, ist bislang nur vom Menschen bekannt, nämlich das Werfen einer Münze oder ähnliches. Auch dabei wird ein Gewinner oder Verlierer ermittelt, aber weder nach seiner Stärke noch nach seiner Bedürftigkeit.)

Unsymmetrien haben J. Maynard Smith und G. Parker untersucht. Wieder war die Frage, ob es unter diesen Bedingungen evolutions-stabile Strategien geben kann. Das wäre – erinnern wir uns – eine Strategie, die, wenn sie von allen Mitgliedern einer Population befolgt wird, jeder abweichenden Mutation überlegen, also von der Selektion stabilisiert ist. Der Ansatz und die (sehr komplizierten) mathematischen Berechnungen folgen dem bereits geschilderten Schema. Wir wollen wieder nur die Ergebnisse aus dieser Untersuchung knapp zusammenfassen:

1. Bei unsymmetrischer Ausgangssituation werden vorzugsweise reine Strategien evolutionsstabil. Ist die unsymmetrische Ausgangslage für die Rivalen erkennbar, so gibt es zwei reine Strategien, die stabil sind: a) Der Stärkere oder Größere oder der früher da war (»Besitzer«) bleibt, der Schwächere, Kleinere oder später Kommende geht weg, d. h. er gibt auf. b) Stabil wäre auch genau das Umgekehrte (der Kleinere bleibt, der Größere weicht). Diese paradoxe Strategie hätte allerdings absurde Folgen: Wenn beim Streit um Reviere der Besitzer weicht und der Neuankommende gewinnt, wechselten die Reviere ständig ihre Besitzer (es wären gar keine eigentlichen Reviere mehr, denn solche werden definitionsgemäß verteidigt), und die Individuen wären ständig unterwegs.

2. Ist die unsymmetrische Ausgangslage für die Rivalen zunächst nicht oder nur unvollständig erkennbar, und unterschätzt einer den anderen, dann ist eine Strategie der Eskalation zu erwarten. Denn im Verlauf einer eskalierenden Auseinandersetzung wird schließlich ein Stadium erreicht, auf dem die Unsymmetrie den Rivalen hinreichend deutlich erkennbar ist;

und dann kann der Kampf nach den Regeln für eine unsymmetrische Begegnung beendet werden. Eskalation ist also ein Verfahren, versteckte Unsymmetrien ans Licht zu bringen.

3. Eskalation tritt aber auch auf, wenn der Nutzen im Falle eines Sieges sehr groß ist – verglichen mit dem Nachteil im Falle einer Verwundung. (Ein Beispiel wäre gegeben durch ein Tier, das im Falle einer Niederlage keine Aussichten mehr hätte, ein anderes Brutrevier oder Weibchen zu finden. Ob so etwas jemals vorkommt, ist allerdings fraglich.)

4. Zeitaufwand, Energieaufwand und Risiko im Kampf lassen sich senken, wenn Unsymmetrien erkennbar sind, die den Kampf nach einfachen Regeln zu beenden gestatten. Erkennt ein Schwächerer die Überlegenheit seines Kontrahenten, sollte er nicht viel oder gar nichts wagen. Es erscheint deshalb vorteilhaft, solche Unsymmetrien zu kennen oder zu erkennen. Aus diesem Grund lohnt es, sich an den Ausgang

2. Sich-Großmachen ist bei vielen Tieren die erste Phase im Kampf zwischen Rivalen. Der 6 cm lange Schleimfisch *Emblemaria pandionis* von der Küste Floridas, der in kleinen Höhlen lebt, spreizt dazu seine große Rückenflosse (links). Der 20 cm lange Anden-Anolis *Phenacosaurus richteri,* der in Höhen über 2000 m bei Bogotá vorkommt (rechts), entfaltet beim Drohen seinen Kehlsack. Beide Tiere richten sich außerdem auf.

vergangener Kämpfe zu erinnern, was zum Beispiel in einer Rangordnung zum Ausdruck kommt.

5. Wenn Unsymmetrie Kosten spart, weil Kämpfe, deren Ausgang schon feststeht, gleich zu Beginn beendet werden können, dann liegt ein Selektionsvorteil darin, als derjenige aufzutreten, der siegen wird. Wo Körpergröße eine entscheidende Rolle spielt, ist der im Vorteil, der möglichst groß erscheint. Das erklärt zum Teil, warum so viele Tiere vor einem Kampf sich aufrecken oder aufblasen, Haare und Federn sträuben, usw. (Abb. 2). Tun das sämtliche Tiere einer Gruppe, so hilft es zwar allen nicht sehr viel, aber keiner, der es unterläßt, wird sich durchsetzen.

Die Punktwertung

Die zu Anfang dieses Kapitels eingeführte Punktwertung benutzt Zahlenwerte, mit denen sich bequem rechnen läßt. Man kann zwar auch mit allgemeinen Größen (a, n, q usw.) rechnen, aber dann werden die Formeln für Nichtmathematiker rasch unübersichtlich. Der Leser kann leicht selbst ausprobieren, welchen Einfluß Änderungen der Ausgangsbedingungen auf die stabile Strategie haben.

Halten in unserem Zahlenbeispiel der Gewinn und der bei Verwundung entstehende Nachteil einander die Waage, (d. h. sind die Zahlen nur durch ihr Vorzeichen unterschieden), dann verschwinden die Beschädigungskämpfer aus der Population.

Wichtig ist, daß die Zahlenwerte bestimmte Grenzbedingungen erfüllen. Dafür einige Beispiele: Man kommt zu absurden Ergebnissen, wenn man dem Verlierer Pluspunkte und dem Gewinner Minuspunkte gibt. Setzt man Niederlage durch Verwundung und Weglaufen zu Kampfbeginn punktgleich, dann wird Beschädigungskampf eine evolutionsstabile Strategie. Allerdings ist die Voraussetzung biologisch unplausibel; sie könnte allenfalls bei einem Tier erfüllt sein, das nur ein einziges Mal in seinem Leben auf ein Weibchen trifft. Wenn es dann vor einem Rivalen weicht, hat es alle Fortpflanzungs-Chancen verspielt. Unter dieser Annahme ist tatsächlich jeder Einsatz gerechtfertigt, und eine Mutante, die aufgibt, schließt sich selbst von der Fortpflanzung aus.

Das deutet schon an, daß man in der Punktwertung ein bestimmtes Verhältnis zwischen Aufwand und Ertrag beachten muß, wenn man den allgemeinen und besonderen biologischen Gegebenheiten gerecht werden will. Wenn der Kampf mehr Aufwand fordert als das Streitobjekt einbringt, werden sich rasch Mutanten durchsetzen, die um dieses Objekt nicht mehr streiten. Da die Gewinn-Chancen ausgeglichen sein sollen, wird jedes Individuum die Hälfte seiner Kämpfe gewinnen; in den anderen Kämpfen gewinnt es nichts, sein Aufwand ist also vertan. Der Wert des Streitobjektes muß also den Aufwand zweier Kämpfe(r) einbringen, d. h. der Aufwand eines Individuums pro Kampf darf den halben Wert des Streitobjektes nicht übersteigen. Dann aber sind Einnahmen und Ausgaben erst ausgeglichen – also muß der Aufwand sogar kleiner sein als der halbe Wert des Streitobjektes.

Kampf und Wettkampf

Wie schon Darwin bei der Erläuterung des Schlagwortes vom »Kampf ums Dasein« betonte, gehören nicht zu jedem Konkurrenzkampf echte Kämpfe zwischen den Konkurrenten. Die in den vorangehenden Abschnitten wiederholt erwähnten Kommentkämpfe beruhen zum großen Teil – manchmal sogar ausschließlich – auf einem anderen Prinzip, nämlich dem des Wettkampfes. Der Unterschied ist leicht an Beispielen aus dem Sport klarzumachen: Boxkampf ist ein echter Kampf; der Gegner wird direkt angegriffen und möglichst k.o. geschlagen. 100-Meter-Lauf dagegen ist ein Wettkampf; es kommt darauf an, als erster das Ziel zu erreichen, ohne daß der Gegner behindert werden darf. Im typischen Wettkampf greifen sich die Kontrahenten nicht direkt an, und deshalb braucht man eine Vergleichsskala, um den Sieger zu ermitteln. Das kann eine sehr komplizierte Skala sein wie bei vielen Geschicklichkeits-Wettkämpfen (Kegeln, Tontaubenschießen, Eiskunstlaufen). Einfacher ist es, Kräfte zu vergleichen (Gewichtheben) oder Entfernungen (Hochsprung, Weitwurf). Viele Wettkämpfe werden durch Zeitmessung entschieden; dabei kann es auf möglichst kurze Zeiten ankommen (als erster ein Ziel erreichen) oder aber auf möglichst lange Zeiten (Ausdauer, Durchhaltevermögen). Die Zeit kann dabei als Maß für Geschicklichkeit dienen (Schnellschreib-Wettbewerb), für Geschicklichkeit plus Wagemut (Autorennen) oder auch für Energiereserven (Marathonlauf).
Da die Zeit so vielerlei anzeigen kann, spielt sie auch in Konkurrenzkämpfen der Tiere als Vergleichsgröße eine besondere Rolle. Wieder kann es auf möglichst kurze oder möglichst lange Zeiten ankommen: Dasjenige

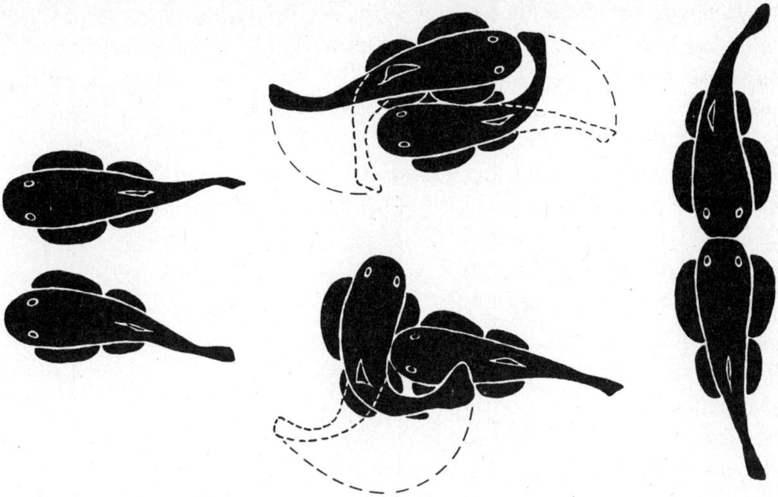

3. Die 4 cm lange Saugschmerle *Gastromyzon borneensis* ist ein Bewohner reißender Sturzbäche Südasiens. Die Tiere halten sich am Boden auf Steinen fest und weiden mit dem unterständigen Maul Algen ab. Sie verteidigen Reviere. Ihr Kampf ist ein reiner Ermüdungskampf, bei dem keine Verletzungen auftreten. Die Kämpfer bewegen sich parallel voran (links), schlagen einander mit den Schwänzen (Mitte) oder versuchen, den Gegner Kopf an Kopf wegzuschieben (wie die männlichen Meerechsen, s. Farbtafel 4).

Männchen bekommt ein Weibchen, das am schnellsten ein Nest baut oder das am längsten die Luft anhalten kann (z. B. bei Molchen, die während der Balz zur Oberfläche müssen, um Luft zu holen. Dieses Beispiel wird auf S. 280 noch ausführlich besprochen).
Wenn es sich um Drohkämpfe handelt, in deren Verlauf die Kontrahenten einander keine Verletzungen zufügen (oft sind es Tiere, die einander gar nicht verletzen können), entscheidet regelmäßig ihre Ausdauer, also die Zeit. Maynard Smith spricht von Zermürbungs-Krieg, uns scheint der Name Durchhalte-Wettbewerb besser. Die Zeit ist das Maß für den Aufwand, den jeder der Kontrahenten für das Streitobjekt einzusetzen bereit ist. Tatsächlich wird aber auch der Sieger nur so viel Zeit aufwenden, wie der Verlierer aufgewendet hat – denn sobald einer aufgibt, ist der Wettkampf auch für den anderen zu Ende. Ein Streben nach Rekorden (ausgedrückt z. B. im Bestreben, sich selbst zu übertreffen), gibt es unter der natürlichen Selektion nicht. Wichtig für eine evolutions-

stabile Strategie beim Durchhaltewettbewerb ist es, eine für den Gegner unvoraussagbar lange Zeit durchzuhalten, dabei aber nicht mehr Zeit aufzuwenden, als dem halben Wert des Streitobjektes entspricht.

Über das Entstehen von Konkurrenz

Es ist fast schon ein Gemeinplatz, daß Verknappung von Ressourcen zur Konkurrenz führt. *Ressourcen* ist ein Wort, das sich nicht ganz leicht ins Deutsche übersetzen läßt. Es bezeichnet die Mittel, Reserven, Hilfsmittel, die zum Leben notwendig sind, strenggenommen also die Lebensmittel – nur daß dieses Wort schon für Eßwaren besetzt ist; zu den Ressourcen zählen hingegen auch Wasser, Sauerstoff, geeignete Orte zum Wohnhöhlenbau, Nestbaumaterial usw. Selbst wenn man korrekterweise auch das Überleben der Gene ins Auge faßt und dann Ressourcen als Mittel zum Überleben bezeichnet, wird die Übersetzung Überlebensmittel nicht schöner. Bleiben wir also bei Ressourcen.

Es ist richtig, daß deren Verknappung Konkurrenz begünstigt oder verstärkt. Konkurrenz ist aber auch in Überfluß-Situationen zu erwarten. Das ist im Anschluß an die bisherigen Überlegungen leicht einzusehen. Nehmen wir ein einfaches Beispiel:

Angenommen, eine Gruppe von Tieren lebt in einer Umgebung, wo es für jeden übergenug zu fressen gibt. Das Futter sei so verteilt, daß ein Tier nur wenige Schritte machen muß, um einen Bissen zu finden. Alle diese Individuen könnten also parallel zueinander gehen und sich sattfressen. Nehmen wir aber nun an, daß unter diesen Tieren eine »Mundraub«-Mutante entsteht, die stets den Bissen bevorzugt, auf den gerade ein Nachbar zustrebt. Dann wird ihn der Mundräuber auch bekommen, und der Nachbar muß zum nächsten Bissen weitergehen. Dabei wiederholt sich das Spiel. Wenn es so kraß zugeht, wird sich die »Mundraub«-Mutante rasch auf Kosten der anderen durchsetzen. Weniger rasch geht es, wenn der Mundräuber verschiedene Nachbarn belästigt. Wenn überhaupt Mundräuber auftreten, werden sie also in der Population zunehmen, und zwar solange, bis die anderen eine Gegenstrategie entwickeln oder die Mundräuber aufeinander treffen. In beiden Fällen haben wir dann schon eine Konkurrenzsituation.

Wenn das Futter zwar reichlich vorhanden ist, aber entdeckt werden muß, dann ist der Mundräuber, der die anderen suchen läßt, noch mehr im

Vorteil. Entsprechendes kann man sich für alle denkbaren Ressourcen ausmalen, sofern sie in unteilbaren Einheiten vorkommen, die also jeweils nur einer von zweien ausnutzen oder verbrauchen kann. Wenn die Konkurrenzsituation einmal gegeben ist, dann wird sich in der vorn erläuterten Weise eine evolutions-stabile Strategie einstellen.
Das Konzept der evolutions-stabilen Strategie ist deswegen so bedeutsam, weil diese Strategien überall auftreten müssen, wo es Konkurrenz, also Interessenkonflikte gibt, gleichgültig ob unter Rivalen, zwischen Eltern und Kindern, Räuber und Beute usw. Entwickelt wurde das Konzept von der Spieltheorie her. Die jedoch basiert auf der sogenannten »Mini-Max-Strategie«: jeder versucht, die eigenen Verluste zu minimieren, die des Mitspielers aber zu maximieren. Die natürliche Selektion jedoch bewertet nur den Vorteil; in ihr gibt es kein Bestreben, dem anderen möglichst großen Schaden zuzufügen.

Wichtige Forschungsziele

Zur Zeit erscheint es nicht vordringlich, weitere Beschreibungen des Kampfverhaltens von immer anderen Tierarten zu sammeln. Eher wird man genauer untersuchen müssen, welche Konsequenzen Sieg oder Niederlage für die beteiligten Individuen haben; auch für den Gewinner ist es sicher ein Unterschied, ob um eine Mahlzeit oder um einen Weibchenharem gekämpft wird. Selbst eine Mahlzeit kann sehr verschieden wertvoll sein, je nach dem Hungerzustand des Individuums. (Für einen Autofahrer ist beispielsweise 1 Liter Benzin auch verschieden wertvoll, je nachdem ob der Tank im übrigen noch gefüllt ist oder ob es sich um den letzten Reserveliter handelt).
Ferner ist es wichtig, die Interaktionen zwischen den Kontrahenten genauer zu erfassen. Sie kämpfen ja nicht blind aufeinander los wie im Computerbeispiel, sondern werden versuchen, die Handlungen des Rivalen vorherzusehen. Wenn einer der Gegner erkennen läßt, daß er gleich aufgeben wird, dann lohnt es sich für den anderen – selbst wenn es auch schon mit seiner Kraft zu Ende geht –, die letzten Reserven zu mobilisieren und damit zu gewinnen. Die Kehrseite davon ist, daß jedes Individuum im eigenen Interesse aufgeben sollte, ehe ihm irgendein Anzeichen entschlüpft, welches das Ende seiner Kampfbereitschaft verrät. Denn dann kann es sich die noch verbleibende Kraft sparen, weil

der Gegner doch Bescheid weiß und – falls er noch einige Reserven hat – gewinnen wird. Also wird das Individuum aufhören zu kämpfen, ehe es angezeigt hat, daß es aufhören muß, und so ist das verräterische Signal von der Selektion wieder abgeschafft.

Was aber wird geschehen, wenn ein Individuum blufft, etwa behauptet: »Ich kann noch beliebig lange weiterdrohen«? Das wird zunächst einen Vorteil bringen. Wenn aber alle bluffen, und dann notgedrungen unabhängig davon, wie lange sie wirklich noch durchhalten können, dann sind wieder diejenigen im Vorteil, die sich dadurch nicht einschüchtern lassen, sondern die wahren Kräfteverhältnisse ausprobieren. Kämpfe werden sich also mit Bluff nicht entscheiden lassen. Wegfallen wird das Bluffen aber auch nicht, denn der erste, der es ließe, ist im Nachteil. Nicht weil er dadurch geschwächt würde: Er wird Kämpfe gemäß seiner wirklichen Körperkraft verlieren oder gewinnen. Aber durch Unterlassen des Bluffs wird er mehr Rivalen dazu verführen, ihn anzugreifen, weil er jetzt allgemein unterschätzt wird. Er wird also häufiger kämpfen müssen, und darin liegt der Nachteil für ihn. Bluffen ist ein Verhalten, das den Streit nicht entscheidet, wenn es gezeigt wird, das aber den benachteiligt, der es nicht zeigt.

Maynard Smith hat diese Möglichkeiten ebenfalls durchgespielt. Eine evolutions-stabile Strategie wäre es, gar keine Signale zu äußern und völlig unvoraussagbar zu kämpfen. Das ist aber schwer zu erreichen, da es zumindest unvermeidbare Erschöpfungszeichen gibt, wie z. B. Atemfrequenz, Schwitzen, Pupillenreaktionen usw. Auch damit ließe sich bluffen, indem sie aus ihrer Korrelation mit dem wahren inneren Zustand gelöst und zufallsverteilt gesendet würden, also auch schon ab und zu während des Kampfes und ehe das betreffende Individuum wirklich erschöpft ist. Das würde aber keinen Vorteil bringen, sondern eher die Durchhalte-Bereitschaft des Gegners erhöhen, wenn solche Signale ursprünglich und unvermeidbar Erschöpfungsanzeichen sind, diese Bedeutung also bereits vorliegt.

Wie wir eben besprochen haben, ist es für die Rivalen vorteilhaft, unsymmetrische Ausgangssituationen zu erkennen, weil das den Kampf überflüssig machen kann. So bringt es Vorteile, wenn Tiere anzeigen, daß sie ein Revier besitzen, eine Jungenschar führen und ähnliches, weil ein Angreifer dann von vornherein erkennt, daß sein Gegenüber z. B. Revier und Kinder zu verteidigen hat, und dafür natürlich entsprechend viel einsetzen wird. Es ist aber nicht vorteilhaft, dem Gegner ganz genau die

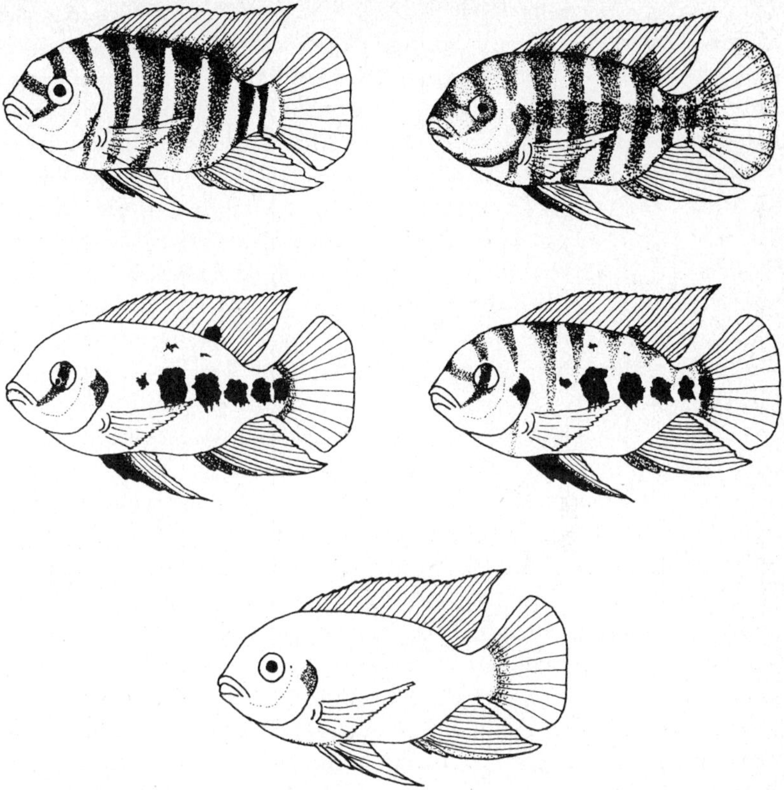

4. Der aus dem Niger stammende Buntbarsch *Tilapia mariae* zeigt je nach Stimmung ein anderes Muster aus dunklen Streifen und Flecken. Links oben: völlig unaggressiver Fisch, duldet Artgenossen in nächster Nähe. Oben rechts: Fisch, der gegen heftigen Widerstand von anderen ein Revier zu gründen oder sich aus einem Netz zu befreien versucht. Mitte links: Fisch im Kampf oder bereit zur Verteidigung seiner Jungen. Mitte rechts: Kombination der Muster oben links und Mitte links; es erscheint, wenn Junge führende Eltern im eigenen Revier angegriffen werden. Unten: Fisch ohne Handlungsziel in etwas zu kühlem Wasser. (nach BALDACCINI)

eigene Situation darzulegen. Auch hier wird sich ein Kompromiß, eine gemäßigte Genauigkeit einstellen.

Dann aber ist es nicht verwunderlich, daß die Verhaltensforscher mit ihren beliebten Objekten, den Buntbarschen, an einer bestimmten Stelle nicht zu Rande kommen: Diese Tiere können Färbung und Farbmuster auf dem Körper rasch und stark ändern (Abb. 4). Nun hoffte man, für Motivationsanalysen den inneren Zustand des Tieres am jeweiligen Farbsignal ablesen zu können. Das jedoch gelingt nur sehr ungenau; man kann generelle Trends erkennen (ob ein Individuum überhaupt kämpfen wird, ob es ein Revier besitzt, ob es in Balzstimmung ist oder Junge führt); aber es gelang bisher bei keiner Art, aus dem Farbmuster die jeweils nächste zu erwartende Kampfhandlung vorauszusagen. Das aber ist, wie wir eben erörtert haben, auch gar nicht zu erwarten: Das Tier sollte seine Absichten gar nicht vorher bekanntwerden lassen; man kann also höchstens eine statistische Zuordnung von Farbmustern und Verhaltensweisen herstellen.

Warum aber hat das Tier dann nicht einfach eine unveränderliche Färbung, warum zeigt es nicht ein konstantes Pokergesicht? Das ist leicht zu erklären: Die Tiere konkurrieren ja nicht nur, sondern kooperieren auch, ein Männchen zum Beispiel mit seinem Weibchen. Und bei Kooperation ist es sehr nützlich, wenn die Individuen ihre Handlungen aufeinander abstimmen können; dazu aber müssen sie möglichst genau vorhersagen können, was der Partner gleich tun wird. Unvorteilhaft ist nur, wenn ein Konkurrent diese Signale auch auswerten kann. So wird es also zunächst einen Kompromiß geben zwischen zwei Tendenzen: dem Konkurrenten keine Voraussagen, dem Partner aber möglichst genaue Voraussagen zu ermöglichen. Das führt zwangsläufig zu Signalen, die nur der Partner versteht, die also individuell verschieden sind und vom Partner gelernt werden müssen; dann wiederum wird es vorteilhaft sein, daß die so aufeinander eingespielten Partner dauerhaft beisammen bleiben.

Die wartenden Dungfliegen

Ein Beispiel für eine einfach zu analysierende evolutions-stabile Misch-Strategie hat G. Parker auf einer Kuhweide bei Bristol untersucht, und zwar an der gelben Dungfliege *Scatophaga stercoraria.* Sie legt ihre Eier auf die Oberfläche von Kuhfladen (auch von offenliegendem menschlichen Kot). Die Larven entwickeln sich im Kot. Je größer der Kuhfladen, desto mehr Fliegen finden sich ein. Die Männchen kommen zuerst; im Mittel findet man 23 von ihnen pro 500 cm^2 Dung-Oberfläche. Männchen gibt es am Dung stets etwa viermal so viele wie Weibchen; dadurch entsteht eine ständige Konkurrenzsituation unter den Männchen. Die Weibchen ihrerseits wählen nicht unter den Männchen, sondern akzeptieren jedes, das sich zur Begattung auf sie setzt.

Eine Hauptmethode für Männchen, Rivalen auszubooten, besteht in der Hartnäckigkeit, mit der sie auf einem einmal gefundenen Fladen ausharren. Die Wartezeit, die sie einsetzen, ist das Kampfmittel in diesem Durchhalte-Wettkampf. Welchen Wert die Zeit für sie hat, kann man folgendermaßen bestimmen: Ein Männchen muß im Durchschnitt 140 Minuten warten, bis es ein Weibchen bekommt. Nach der Begattung bleibt es auf dem Weibchen sitzen, bis dieses fertig ist mit Eierlegen. Das Weibchen legt im Mittel 43 Eier pro Gelege und braucht dazu rund 50 Minuten. Das Männchen besamt also 43 Eier in durchschnittlich 140 + 50 Minuten; folglich entspricht jede Minute einem Gegenwert von 0,23 Eiern. Ein Männchen, das einen neuen Kuhfladen sucht, braucht dafür etwa 4 Minuten, das ist in etwa der Gegenwert von einem besamten Ei. Die meisten paarungsbereiten Weibchen kommen, solange der Dung noch frisch ist; mit der Zeit, d. h. mit zunehmendem Alter des Kuhfladens, kommen immer weniger.

Für die Männchen gibt es nun zwei Strategien, zu Weibchen zu kommen: Entweder sie bleiben bei einem einmal gefundenen Kuhfladen, bis er ganz eingetrocknet ist, oder sie fliegen nach einiger Zeit weg und suchen einen frischen Kuhfladen. Man kann leicht zeigen, daß keine dieser beiden Strategien stabil ist. In einer Population, in der alle Männchen auf einem gefundenen Fladen bleiben, wird derjenige einen Vorteil haben, der als erster auf die Idee kommt, einen frischen Fladen zu suchen und die dort ankommenden Weibchen zu begatten. Andererseits, wenn sämtliche Männchen dieser Strategie folgen, dann ist wiederum derjenige im Vorteil, der auf dem alten Fladen weiterwartet, weil er dann die dort noch ankommenden Weibchen für sich allein hat. Die günstigste Strategie für ein Männchen hängt also davon ab, was die anderen Männchen tun.

Die Chance eines Männchens, zu einem Weibchen zu kommen, hängt ab von der Anzahl ankommender Weibchen und von der Zahl anwesender Männchen. Die Zahl der auf dem alten Fladen ankommenden Weibchen wird mit der Zeit geringer; je mehr Männchen wegfliegen, desto geringer wird aber auch die Konkurrenz. Ebenso ist zwar auf einem frischen Fladen die Anzahl der ankommenden Weibchen größer, aber wenn mehr Männchen dorthin kommen, wird auch ihre Konkurrenz größer. Man kann nun berechnen, bei welchem Mischungsverhältnis von bleibenden

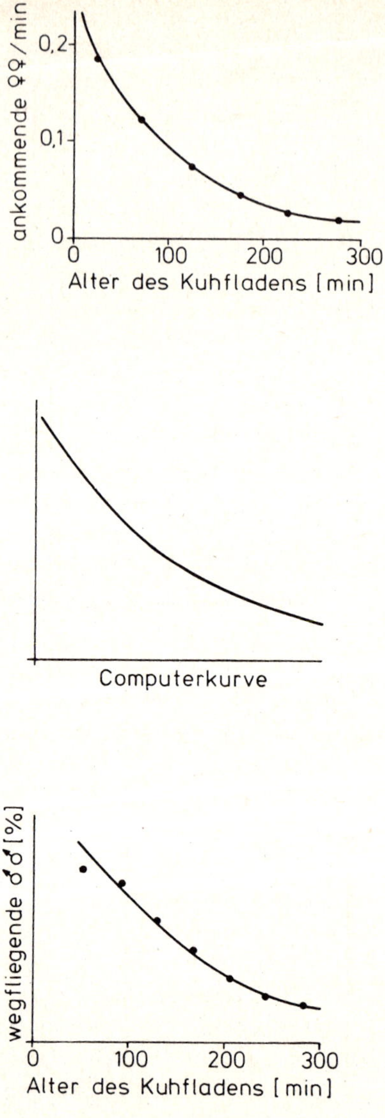

5. Oben: die abnehmende Attraktivität eines Kuhfladens für weibliche Dungfliegen. Mitte: die errechnete Chancen-Kurve für die Männchen. Unten: der Prozentsatz anwesender Männchen, die wegfliegen, um Weibchen zu suchen. (nach PARKER)

und wegfliegenden Männchen die Chancen, ein Weibchen zu begatten, für alle Männchen gleich groß sind, auf einem alten wie auf einem frischen Fladen. Dieses Mischungsverhältnis der beiden Strategien Bleiben und Wegfliegen kennzeichnet eine evolutions-stabile Misch-Strategie.
Die realen Zahlenwerte zur Berechnung der Begattungs-Chancen sind in diesem Fall bekannt. Dabei ist einzurechnen, daß die Zahl der verfügbaren Weibchen sich mit dem Alter jedes Fladens ständig ändert (Abb. 5 oben). Die theoretischen Berechnungen führen zu der in Abb. 5 Mitte gezeigten Kurve. Sie gibt an, welcher Prozentsatz der Männchen mit zunehmendem Alter des Kuhfladens wegfliegen müßte, wenn die Tiere der errechneten stabilen Mischstrategie folgen. Die unterste Kurve (Abb. 5 unten) zeigt, wie groß der Prozentsatz der Männchen ist, die tatsächlich zu den verschiedenen Zeiten, nachdem die Kuh den Kot fallen ließ, wegfliegen. Man sieht, wie gut die Tiere der errechneten Strategie folgen.
Unklar ist allerdings bislang, wie dieser Effekt zustandekommt. Eine statistische Unruhe entsprechender Größe in den Männchen, die zu einer Abnahme der Population am Kuhfladen wie in Abb. 5 unten führt, würde ausreichen – nur wurde solche statistische Unruhe bisher nicht beobachtet. Komplizierter wäre es, wenn jedes Männchen ständig die Entscheidung treffen müßte, zu bleiben oder wegzufliegen; dann müßte es das Alter des Fladens und die Dichte der Männchenpopulation bestimmen können. Daß es ersteres kann, ist wahrscheinlich, z. B. mit Hilfe des Geruchs oder der Feuchtigkeit; das zweite könnte es an der Häufigkeit messen, mit der es anderen Männchen begegnet, oder es könnte beim Darüberfliegen aus der Luft die Dichte ersehen. Aber auch darüber weiß man bislang noch nichts.

Das Gemeinwohl

Einige Dungfliegen warten, andere fliegen weg. Im Beispiel davor waren einige Rivalen Beschädigungskämpfer, andere Kommentkämpfer. Später werden wir sehen, daß bei monogamen Tieren einige Individuen partnertreu sind, andere nicht. Es ist zu erwarten, daß die Selektion diese Alternativen jeweils so aufeinander abstimmt, daß sie gleichwertig sind. Das heißt: eine evolutions-stabile Misch-Strategie stellt sich so ein, daß alle Individuen gleiche Erfolgs-Chancen haben, selbst wenn sie Verschiedenes tun. Obwohl es für das Individuum nicht gleichgültig ist, welches

Verhalten es wählt, werden wir also nicht finden, daß die eine Verhaltensweise den Individuen größeren Vorteil bringt als die andere. Das muß man beachten, wenn man nach dem Anpassungswert von Verhaltensmerkmalen fragt.

Eine evolutions-stabile Strategie entspricht einem genetisch balancierten Polymorphismus, wie z. B. – als geläufigsten Fall – dem Dimorphismus der Geschlechter. Darauf gehen wir noch genauer ein. Man kann die Frage, welches Verhalten vorteilhafter ist, nur beantworten, wenn man klar sagt: vorteilhaft für wen. Was für das Individuum vorteilhaft ist, braucht es nicht auch für die Gemeinschaft zu sein.

Wir hatten auf Seite 57 ausgerechnet, daß in einer reinen Beschädigungskämpfer-Population jeder die Punkterwartung −25 hatte, in einer reinen Kommentkämpfer-Population hingegen jeder die Punkterwartung +15. In der 7 : 5 gemischten Population hatte schließlich jeder, ob K oder B, die Erwartung +6,25. Wir erinnern uns, daß diese Punkte die Fortpflanzungs-Chancen angeben. Diese sind also für eine reine Kommentkampf-Strategie höher als für die von der Selektion stabilisierte Misch-Strategie. Woran liegt das?

In einer reinen Kommentkämpfer-Population, in der jeder die Punkterwartung +15 hat, kann ein auftretender Beschädigungskämpfer mühelos +50 Punkte für sich gewinnen. Er hat also einen deutlichen Fortpflanzungsvorteil, der sich in entsprechender Nachkommenzahl niederschlägt. Leider werden es dadurch immer mehr Beschädigungskämpfer, die bei Begegnung miteinander durchaus nicht mehr die erfreuliche Erwartung von +15, sondern die weit weniger erfreuliche von −25 haben. Auf lange Sicht ist es also unvorteilhaft, die Beschädigungsstrategie einzuführen, denn schließlich wird auch für ihre Vertreter die Fortpflanzungserwartung (vielleicht sogar die Lebenserwartung) geringer, als sie in der ursprünglichen Kommentkampf-Population war. Für derartige Spätfolgen in nachfolgenden Generationen aber ist die Selektion blind; sie reagiert nur auf den großen Anfangsvorteil. Sie schafft höchstens die stabilste, aber nicht die beste aller Welten.

Wäre überhaupt – immer unter den auf S. 55 angegebenen Bedingungen – eine reine Kommentkämpfer-Population die anzustrebende beste Lösung? Unter dem Aspekt des Gemeinwohls nicht. Dafür wäre eine Mischung B : K = 1 : 5 günstiger. Dann träfe nämlich B einmal auf B (Punkterwartung −25) und 5mal auf K (Punkterwartung +50), könnte also im Durchschnitt mit

$$\frac{1 \cdot (-25) + 5 \cdot 50}{6} = 37{,}5 \text{ Punkten rechnen.}$$

K träfe ebenfalls einmal auf B (Punkterwartung 0) und 5mal auf K (Punkterwartung +15), könnte also im Durchschnitt mit

$$\frac{1 \cdot 0 + 5 \cdot 15}{6} = 12{,}5 \text{ Punkten rechnen.}$$

Über diese ganze Population gemittelt ergibt das pro Individuum einen Durchschnittswert von

$$\frac{1 \cdot 37{,}5 + 5 \cdot 12{,}5}{6} = 16{,}6$$

also mehr als die +15 Punkte in der reinen Kommentkämpfer-Population.

Durfte man hoffen, daß die reine Kommentkämpfer-Population wenigstens solange Bestand hatte und sich ihres hohen Erwartungs-Standards erfreuen konnte, wie der Beschädigungskampf nicht erfunden wurde, so besteht hier unter dem Wirken der natürlichen Selektion keine Hoffnung: Beschädigungskämpfer werden ja sogar benötigt. Nur eben nicht in der Menge, wie sie sich unter der Wirkung der Selektion schließlich einstellen müssen. Hier wird der Unterschied zwischen individuellem Vorteil und Gemeinwohl ganz deutlich. Das gilt genauso auch für den Fall, daß Beschädigungs- und Kommentkampfweisen allen Individuen zur Verfügung stehen und bei jedem Individuum gemischt vorkommen. Wieder wäre eine Mischung von 1 : 5 für das Gemeinwohl besser, das Ergebnis der natürlichen Selektion hingegen ist die Mischung 7 : 5.

Die Selektion ist zukunftsblind, zumindest wir Menschen aber sind es nicht und sollten deshalb in der Lage sein, die natürliche Selektion zu übertrumpfen. Nehmen wir noch einmal unser Zahlenbeispiel, um uns klarzumachen, welche Voraussetzungen dazu erfüllt sein müssen. Bei einem Mischungsverhältnis B : K = 7 : 5 war die Punkterwartung (also der Fortpflanzungserfolg) aller Individuen in dieser Population gleich hoch; eine Gruppe aus 7 B und 5 K könnte z. B. pro Individuum einen Nachkommen, also insgesamt 12 Nachkommen haben.

Bei einem Mischungsverhältnis B : K = 1 : 5 haben die B-Vertreter eine besonders hohe Punkterwartung, d. h. einen besonders hohen Fortpflanzungserfolg. Er ist mit 37,5 genau dreimal so groß wie der der K-Vertreter, der 12,5 beträgt. Eine wiederum 12 Individuen zählende Gruppe enthielte in diesem Falle 2 B und 10 K. Wenn die 10 K wieder je

einen, zusammen also 10 Nachkommen erzeugen, hätten die B jeder 3, zusammen also 6, die Gruppe insgesamt also 16 Nachkommen. Das sind mehr als die 12 in der Vergleichsgruppe; aber unserer bisherigen Definition nach werden die Nachkommen der B auch selber wieder B, und dann entsteht schon in der nächsten Generation ein Verhältnis von 6 : 10 oder 3 : 5 anstatt des gewünschten 1 : 5. Würden die überzähligen B – also 4 von den 6 – ausgemerzt, so bliebe eine Gesamtzahl von 2 + 10 = 12 wie in der Vergleichsgruppe; damit wäre also nichts gewonnen. Ein Vorteil ergibt sich erst, wenn die höhere Fortpflanzungs-Chance für B nicht zu einer Zunahme der Häufigkeit von B führt.
Ein Festhalten am Verhältnis 1 : 5 ist nur möglich, wenn B und K Eigenschaften sind, die nicht genetisch bestimmt werden. Die Gruppe würde also 16 neutrale Nachkommen erzeugen und müßte dafür sorgen, daß $\frac{1}{6}$ davon B und $\frac{5}{6}$ K werden und es auch bleiben. Das heißt, die Mitglieder dieser Gruppe müßten im Interesse ihres Gemeinwohls eine solche Rollenaufteilung untereinander verabreden. Oder, was vielleicht einfacher erscheint, sie müßten übereinkommen, daß jedes Individuum sich zu $\frac{1}{6}$ wie B und zu $\frac{5}{6}$ wie K verhält. Wer eine solche Übereinkunft fordert, weiß, was sie leistet (sonst wäre er nicht darauf gekommen); dann weiß er aber auch, daß er sich einen persönlichen Vorteil auf Kosten der anderen verschaffen kann, wenn er selbst B häufiger anwendet. Schon dadurch aber tritt das Verhalten B in der Gruppe zu häufig auf; macht dies Beispiel Schule, sinkt der Gesamtvorteil für die Gruppe immer mehr, z. B auf den Wert 15,7 bei einem Verhältnis B : K = 2 : 5, und schließlich auf 6,25 bei einem stabilen Verhältnis B : K = 7 : 5, von dem abzuweichen keinen individuellen Vorteil mehr bringt. Verabredungen über die Häufigkeit der Anwendung nicht genetisch festgelegter Verhaltensweisen können zwar der Gruppe insgesamt mehr Nutzen bringen, als durch Wettbewerb zwischen allen Einzelindividuen entsteht; dann aber muß die Konkurrenz zwischen den Einzelindividuen ausgeschaltet und jedes Gruppenmitglied auf das Einhalten der Verabredung festgelegt werden.

So wie wir die Möglichkeit zur Förderung des Gemeinwohls jetzt geschildert haben, braucht sie die Fähigkeit, die Zukunft einzuplanen. Sie wäre also für den Menschen anwendbar. Gemeinschaften entstehen aber schon unter dem Wirken der natürlichen Selektion, und zwar ohne daß das Gemeinwohl oberster Maßstab der Selektion ist. Es geht dann im Prinzip um den Eigenvorteil oder den Eigennutz – nur muß man beachten, auf welche Einheit sich das Eigen- bezieht, wenn die natürliche Selektion am Werke ist. Diese Einheit ist nämlich weder das Individuum, was vor allem der Sozialdarwinist geglaubt hat, noch die Art, was immer noch viele Biologen glauben, sondern das Gen, wie wir gleich zeigen werden.

Soziobiologie

Im Jahre 1948 – am 12. und 13. November – kamen in New York Verhaltensforscher zusammen, die es zwar mit ganz verschiedenen Tierarten, aber alle mit demselben Problem zu tun hatten: Um die Zusammensetzung der tierischen Sozietäten und ihr Sozialverhalten zu verstehen, brauchten sie Brücken zu den Erkenntnissen der Ökologie und der Physiologie; denn Ökologen untersuchen den Einfluß der Umweltgegebenheiten auf das Leben der Tiere, und in der Physiologie der Tiere liegen die Wurzeln für ihre Bedürfnisse, die mit dem Verhalten befriedigt werden. Weitere Brücken wurden gesucht zu den Soziologen, die etwas von den Gesetzmäßigkeiten in Sozietäten verstehen, und zu den speziell in Amerika verbreiteten vergleichenden Psychologen, die Leistungen niederer und höherer Tiere vergleichend untersuchen. So wurde auf diesem Treffen eine neue interdisziplinäre Wissenschaft gegründet, die »Soziobiologie«, mit dem Ziel, durch vergleichend zoologisch-soziologische Arbeiten auf allgemein gültige Gesetzmäßigkeiten zu stoßen, die für den Menschen ebenso wie für die anderen Lebewesen gültig sind. Ähnlich hatten rund 100 Jahre früher die ersten Soziologen auf eine »Sozialphysik« abgezielt (s. S. 303). Die Gründer der Soziobiologie betonten, daß man die Ausformung des sozialen Verhaltens und den Aufbau von Sozietäten nicht verstehen kann, wenn man nicht auf die Evolutionsprinzipien zurückgreift und das Wirken der Selektion untersucht. Eine »Allgemeine Einführung in die Soziobiologie« erschien 1950 in den Annalen der New York Academy of Sciences.
Dann stagnierte diese Forschungsrichtung 25 Jahre lang. Erst 1975 wurde sie weitergeführt, mit dem Buch »Soziobiologie« von E. O. Wilson. Er erwähnt zwar seine Vorgänger mit keinem Wort, will aber wie sie mit Hilfe der Evolutionsgesetze ein Verständnis für alle Formen von sozialen Verhaltensäußerungen schaffen, einschließlich der des Menschen. Wilson und die in seinen Fußstapfen gehenden modernen Soziobiolo-

gen gründen ihre Argumentation auf die Erkenntnisse der Populationsgenetik und zeigen auf, wie soziales, auch sogenannt altruistisches Verhalten sich zwangsläufig aus den Evolutionsgesetzen ergibt. Sie müssen dazu annehmen, daß dieses Verhalten von Genen gesteuert wird und müssen die Auswirkungen des Verhaltens auf Überleben und Ausbreitung der Gene beziehen. Das ist korrekt und führt mitunter zu recht überraschenden Folgerungen, wie wir in den nächsten Kapiteln vorführen werden. Wie so oft beim Aufbruch einer neuen Erkenntnis möchte man sie im ersten Überschwang zum Stein der Weisen ernennen. Wir weisen deshalb schon hier darauf hin, daß die angebotenen Folgerungen nur dann zwingend sind, wenn Gene das untersuchte Verhalten bestimmen und wenn es sich dabei um solche Gene handelt, die bei der zweigeschlechtlichen Fortpflanzung auf Chromosomen in den Keimzellen weitergegeben werden. Wir kommen auf S. 143 auf diese Einschränkung und auf Alternativen zurück, die sich bisher dem theoretischen Rüstzeug der Soziobiologie entziehen.

Kapitel III

Die Verwandtschaft

Art-Erhaltung und Arten-Wandel

Darwin hat über Art-Entstehung und den Arten-Wandel geschrieben, nicht über die heute fast als Schlagwort gebrauchte Art-Erhaltung. Er betont, daß die Art etwas Veränderliches, Fließendes und in ständiger Entwicklung begriffen ist. Es sieht zunächst so aus, als sei Art-Erhaltung damit nicht vereinbar, so wie man überhaupt schwer irgend etwas zugleich erhalten und verändern kann. Wir müssen diesen Widerspruch kurz besprechen.

Die Art ist eine Einheit, die durch Zusammenfassung von Individuen entsteht. Diese Zusammenfassung nehmen wir nach bestimmten Gesichtspunkten vor. Das entscheidende Kriterium ist die fruchtbare Paarung zwischen den Individuen. So legte man zunächst fest: Individuen gehören dann zur gleichen Art, wenn sie sich fruchtbar miteinander paaren. Das ist jedoch keine gute Definition; denn es gibt Individuen, die zweifelsfrei zur selben Art gehören, sich aber nicht paaren, weil sie soweit voneinander entfernt leben, daß sie sich nie begegnen. Also müßte man vorsichtiger sagen, Individuen gehören dann zur gleichen Art, wenn sie sich bei einer Begegnung fruchtbar paaren können.

Natürlicherweise begegnen sich Individuen, die in bestimmtem Umkreis voneinander, also im gleichen Gebiet leben. Man nennt die zur gleichen Zeit im gleichen Gebiet lebenden Individuen, die sich miteinander paaren können und also zur gleichen Art gehören, eine Population. Die Art umfaßt viele solcher Populationen; ob Angehörige verschiedener Populationen sich noch paaren können, läßt sich oft nur im Experiment prüfen. Unter natürlichen Bedingungen läßt sich aber leicht feststellen, daß zur gleichen Zeit und im gleichen Gebiet auch Individuen zusammenleben, die sich nicht paaren, etwa Kohlmeisen, Kreuzspinnen und Hunde. Die Kohlmeisen untereinander, ebenso wie die Kreuzspinnen untereinander und die Hunde untereinander, paaren sich und bilden getrennte Populationen. Deshalb kann man nach Mayr leichter die Grenze zwischen Arten als den genauen Inhalt einer Art bestimmen. Von daher gesehen ist Art-Erhaltung gleichbedeutend mit Erhaltung der Grenzen, also der Barrieren oder Mechanismen, welche Kreuzungen zwischen artverschiedenen Individuen verhindern.

Die Definition »Zur gleichen Art gehört, was sich miteinander paaren kann«, ist jedoch auch aus einem anderen Grund nicht ausreichend. Denn zwei Männchen oder zwei noch nicht geschlechtsreife Jungtiere können sich selbst dann nicht miteinander paaren, wenn sie zweifelsfrei zur gleichen Art gehören. Daß sie zur gleichen Art gehören, kann man meist an ihren äußeren Merkmalen erkennen (wenn auch Junge zuweilen recht verschieden von den Erwachsenen aussehen). Die entscheidenden und unterscheidenden Merkmale beruhen auf Erbfaktoren. Und letztlich entscheidet die Übereinstimmung in den Erbfaktoren, ob zwei Individuen zur gleichen Art gehören oder nicht. Die biologische Art ist also eine genetisch begründete Einheit; sie umfaßt einen großen Genbestand oder Gen-Pool. Jedes Individuum ist für seine kurze Lebenszeit Gefäß für einen kleinen Anteil dieses Genpools. Und durch Mutation und Rekombination von Genen bei der geschlechtlichen Fortpflanzung entstehen immer wieder andere Kombinationen von Genen aus diesem Gen-Pool. Da die einzelnen Elternpaare verschieden viele Nachkommen aufziehen und da diese Nachkommen auch später verschieden lebenstüchtig sind, findet man in jeder Population (und damit auch in jeder Art) unterschiedlich viele Vertreter der verschiedenen Genkombinationen. In dem gesamten Genbestand der Art sind also die einzelnen Genkombinationen mit unterschiedlicher Häufigkeit enthalten; und auch diese Häufigkeitsverteilung ist ein Kennzeichen der betreffenden Art. Art-Erhaltung könnte also auch bedeuten, Erhaltung dieser bestimmten Häufigkeitsverteilung von Gen-Kombinationen. Darin stecken aber sowohl solche mit hoher Lebenseignung wie solche mit geringerer Lebenseignung. Letztere werden – wie Darwin betonte – der Selektion zum Opfer fallen, während diejenigen Kombinationen, die die größte Lebenseignung haben, erhalten bleiben. Also wird sich das Bild der Art wandeln und nicht so erhalten bleiben, wie es sich als status quo zu irgendeinem Zeitpunkt gerade darbietet.

Erhalten bleiben die bestehenden Abgrenzungen zwischen Arten, wandeln müssen sich – über kürzere oder längere Zeiträume – die Arten selbst. An diesem Wandel sind Umweltbedingungen beteiligt, die ja viele der Auslesefaktoren bilden. Uns aber interessiert hier mehr die Frage, welche

Rolle das Verhalten der Individuen innerhalb einer Art dabei spielt. Ist es so beschaffen, daß das Bild der Art möglichst erhalten bleibt, ist es arterhaltend sinnvoll? Oder führt es zu einer ungleich starken Vermehrung verschiedener Genkombinationen und ist dann eher »evolutiv wirksam«? Mit dieser Frage und ihren Konsequenzen werden wir uns in den folgenden Kapiteln sehr intensiv beschäftigen.
Zweierlei wollen wir hier schon vorwegnehmen:

1. Die Antwort auf die Frage, ob das Verhalten der Individuen auf Arterhaltung zielt, sagt zugleich Entscheidendes aus über die basalsten Ursachen und Ausrichtungen individuellen Verhaltens und sozialer Interaktionen.
2. In den meisten Verhaltensbeschreibungen wird die Angepaßtheit der Tiere, also letztlich die Wirksamkeit der von DARWIN betonten Selektion, unterschätzt. Das hängt damit zusammen, daß man das in der jeweiligen Situation am häufigsten auftretende Verhalten als Normalverhalten bezeichnet. Infolgedessen bekommt selten auftretendes Verhalten leicht den Stempel des Abnormen, des Fehlverhaltens. Wir werden sehen, daß es für unseren Erkenntniszuwachs besser ist, von der Voraussetzung auszugehen, auch das seltenere Verhalten sei wohlangepaßt.

Soziobiologie des Löwen

Beobachtungen an freilebenden Löwen haben gezeigt, daß ihr Verhalten nicht immer so abläuft, wie man es erwartet. Löwen, die aus verschiedenen Richtungen kommend aufeinandertreffen, können sich freundlich begrüßen, andere, die lange Zeit auf Sichtweite voneinander ruhten, beginnen plötzlich zu kämpfen. Manchmal ließen Mütter ihre Kinder im Stich, Babys fielen erwachsenen Männchen zum Opfer – kurz, es passierte so viel Unerwartetes, daß man zu überprüfen beschloß, ob die aufgestellte Theorie des Verhaltens unzulänglich war oder ob der Löwe, vielleicht weil er ja als Erwachsener kaum noch Feinde hat, sich soziale Unzulänglichkeiten leisten kann. Die dazu nötigen Untersuchungen mußten natürlich im Freiland angestellt werden; ein besonders günstiges Arbeitsgebiet bot sich in Ostafrika in der Serengeti-Steppe. Wichtig war, die Situation genau zu beschreiben, in denen bestimmte Verhaltensweisen auftreten, sowie anschließend die Auswirkungen zu erfassen, die das betreffende Verhalten zeitigte. Da man an den evolutiv bedeutsamen

Verhaltenskonsequenzen interessiert war, galt es, die Fortpflanzungserfolge und den Fortbestand der Population zu erfassen. Das macht Langzeituntersuchungen an immer denselben Individuen und Rudeln nötig. So wurden seit 1966 die Serengetilöwen sehr genau beobachtet; die wichtigsten Veröffentlichungen verdanken wir G. Schaller und B. Bertram. Der nicht unerhebliche Arbeitsaufwand wurde durch die Resultate glänzend gerechtfertigt, die wir hier im wesentlichen zusammenfassen wollen.

Der Einzellöwe und das Rudel

In der Busch- und Grassteppen-Landschaft leben die Löwen in Rudeln von 3 bis 12 geschlechtsreifen Weibchen und 1 bis 6 (meist 2) ausgewachsenen Männchen. Jedes Rudel hat ein Revier von mehreren Kilometern Durchmesser, aus dem fremde Löwen – meist durch die Männchen – vertrieben werden. Das Revier ist ein Jagdrevier, in dem die Löwen vor allem Zebras und Gnus erbeuten, daneben aber auch Büffel, Gazellen, Kongonis, Impalas, Warzenschweine und andere Tiere. Das Leben im Rudel ist wichtig, weil die Löwen zu mehreren jagen. Sie können nicht so schnell und ausdauernd laufen wie ihre Beute und schleichen sich deshalb zu mehreren von verschiedenen Seiten an und suchen die Beute zu umzingeln. Dennoch schlagen die meisten Versuche fehl, selbst im Dunkeln, wenn Löwen am ehesten Jagd-Erfolg haben.
Von der geschlagenen Beute fressen alle Mitglieder der Jagdgruppe; das muß aber nicht das ganze Rudel sein, denn zuweilen teilt es sich in kleinere Gruppen. In der Regel jagen die Weibchen, die dabei schon deshalb im Vorteil sind, weil sie keine auffällige Mähne haben und nur etwa 120 kg wiegen. Männchen wiegen etwa 180 kg und haben wenig Schwierigkeiten, sich Zugang zur geschlagenen Beute zu verschaffen, selbst wenn sie nicht mitgejagt haben. Warum die Weibchen sich das gefallen lassen, wird später klar werden.
Im Rudel heranwachsende Männchen werden etwa im Alter von 3 Jahren aus der Familie ausgestoßen, wenn sie nicht freiwillig gehen. Sie ziehen in Gruppen bis zu 6 Männchen davon. Zunächst streifen diese Ausgestoßenen umher, denn es gibt kaum ein zur Jagd geeignetes Revier, das nicht schon besetzt wäre. Mitunter trifft man auch umherstreifende Weibchen. Etwa 15 % der Population leben so als Nomaden. Sie werden aus allen Revieren vertrieben, sind ständig unterwegs und haben kaum einen

nennenswerten Fortpflanzungserfolg. Die Nomadenpopulation rekrutiert sich also jeweils aus dem Überschuß der ansässigen Population und sorgt nicht selbst für ihren Fortbestand.

Aus den jahrelangen Beobachtungen der Rudel ergaben sich zwei wichtige Tatsachen:

1. Niemals wurde ein fremdes Weibchen in ein Rudel aufgenommen; Jungweibchen bleiben im Rudel, solange es dadurch nicht zu groß wird.
2. Niemals starb ein Rudel aus, und niemals entstand irgendwo ein neues Rudel. Wenn also Rudel über mindestens ein Jahrzehnt bestehen bleiben, müssen alle Weibchen darin miteinander als Schwestern, Mütter, Großmütter, Halbschwestern, Cousinen usw. verwandt sein. Dieser Clan von Weibchen verschiedenen Alters bildet also den Kern des Rudels.

Ein Weibchen, das im Rudel bleibt, bekommt mit etwa 4 Jahren ihre ersten Jungen, bleibt 13 Jahre fruchtbar und stirbt ungefähr im Alter von 18 Jahren.

Ganz anders die Männchen: Mit 3 Jahren verlassen sie ihr Geburtsrudel. Während der folgenden zwei nomadischen Jahre wachsen sie völlig heran und bekommen eine Mähne. Während ihrer Wanderjahre müssen sie selbst jagen, nehmen aber auch Aas, das sie finden, und versuchen, anderen Raubtieren (z. B. Hyänen), die erfolgreicher waren, die Beute streitig zu machen. Im Alter von 5 oder 6 Jahren versuchen die in der Blüte ihrer Jahre stehenden Jungmännchen, ein Rudel zu übernehmen. Das geht einfach, falls aus einem Rudel ein oder mehrere Männchen gestorben sind. Sie können aber auch Haremsbesitzer aus einem Revier vertreiben – entweder in kurzem heftigen Kampf, oder einschleichend, indem sie hartnäckig nahe bei einem Rudel bleiben und langsam die bisherigen Besitzer verdrängen. Niemals vertragen sich die neuen mit bereits vorhandenen Männchen. Auch das ist ein wichtiger Punkt, den wir noch einmal aufgreifen werden.

Es ist sehr unwahrscheinlich, daß die Eroberer in ihren Geburtsharem zurückkommen; sie übernehmen irgendeinen Harem in ihrem Wandergebiet. Im Durchschnitt können sie diesen Harem nur 2 oder 3 Jahre behalten, dann werden auch sie von Rivalen vertrieben, die jünger und ihnen an Kraft oder an Zahl überlegen sind. Haremsbesitzer verschleißen nämlich ihre Kräfte rasch im Streit mit den vielen Konkurrenten; sie erleiden Verletzungen und Verluste und werden deshalb so bald verdrängt. Danach haben sie kaum eine Chance, noch einmal Haremsbesitzer zu werden. Sie sind außerdem recht schwer geworden, so daß ihnen

die Jagd Schwierigkeiten macht, zumal sie ihr vertrautes Revier verlassen müssen. Darum geht es mit ihnen immer mehr bergab. Im Gegensatz zu den Weibchen haben die Löwenmännchen also nur eine Spanne von 2 bis 3 Jahren, um sich fortzupflanzen.
Männchen sollten sich also zusammenschließen, weil sie so bessere Chancen haben, einen Harem zu erobern. Und Weibchen schließen sich zusammen, weil sie dann bessere Jagderfolge haben. Aber je mehr Individuen ein Rudel zählt, desto mehr Beutetiere braucht es. Die Beutetierdichte im Wohngebiet der Löwen setzt daher der Rudelgröße eine Grenze. Und zwar dadurch, daß die Reviergröße begrenzt ist, weil die jagenden Weibchen nur eine beschränkte Reichweite haben, wenn sie zum Säugen immer wieder zu ihren Jungen zurückkommen sollen. Tatsächlich scheinen viele Rudel an ihrer oberen Größengrenze angekommen zu sein. Denn 80 % der Jungen sterben; ein Viertel davon verhungert, ein weiteres Viertel verunglückt oder fällt Büffeln, Hyänen und anderen Feinden oder Unfällen zum Opfer.

Die Vermehrung

Die Löwenweibchen haben weder eine bestimmte Fortpflanzungszeit im Jahr, noch haben sie regelmäßige Östrus-Zyklen. Sie werden in unregelmäßigen Abständen von 3 Wochen bis mehreren Monaten brünstig, und zwar jeweils für einige Tage. Weibchen im gleichen Rudel werden oft gleichzeitig brünstig, nicht jedoch zugleich mit den Weibchen anderer Rudel; also hängt diese Synchronisation wohl nicht von Umweltfaktoren, sondern von – noch unbekannten – Faktoren aus dem Rudel selbst ab. Auch von anderen Tieren und sogar vom Menschen weiß man, daß weibliche Individuen, die auf engem Raum zusammenleben, ihre Östrus-Zyklen synchronisieren; der Löwe ist also darin keine Ausnahmeerscheinung. Man kann vermuten, daß Geruchssignale dabei eine Rolle spielen, aber das muß noch experimentell überprüft werden.
Kein brünstiges Löwenweibchen, das in einem Rudel lebt, bleibt unbegattet. Dennoch führen die wenigsten Brunstperioden schließlich zur Geburt von Jungen. Auch hierfür kennt man die Ursachen noch nicht; vielleicht zeigt sich darin schon, daß die Weibchen mit anderen Aufgaben überlastet sind. Wenn Weibchen gebären, dann in der Regel 2 – 3 Junge. Die Trächtigkeit dauert 14 – 15 Wochen; das ist wenig für ein

so großes Tier. Entsprechend sind die Jungen bei der Geburt recht klein; sie müssen 6 bis 8 Monate gesäugt werden. Bereits im Alter von 2 oder 3 Monaten beginnen sie damit, auch Fleisch zu fressen, sind aber mindestens 2 Jahre noch völlig von den Erwachsenen abhängig. Deswegen wird ein Weibchen erst wieder trächtig, wenn die vorhergehenden Jungen 20 oder gar 30 Monate alt sind. Wenn allerdings diese Jungen vorher sterben, werden 6 bis 12 Monate danach die nächsten Jungen geboren. Das ist ein für unsere weiteren Überlegungen wichtiger Gesichtspunkt.

Wenn ein Weibchen 12 Jahre lang in Abständen von 30 Monaten durchschnittlich 2,5 Junge bekäme, wären das insgesamt 12 Junge; überleben davon 20 %, sind das 2,4 Junge. Das ist gerade genug, um die beiden Elterntiere nach deren Tod zu ersetzen, also die Population konstant zu halten, sofern die Sterblichkeit nach dem Selbständigwerden unter 16 % bleibt. Es scheint also, daß Löwen nicht gerade Nachkommen im Übermaß produzieren, sondern – wenigstens unter den speziellen Bedingungen in der ostafrikanischen Steppe – gerade ihre Zahl konstant halten können.

Die Frage nach der Arterhaltung

Wenn Arterhaltung ein Grundprinzip im Verhalten der Löwen ist, müßte es sich in ihrem Sozialverhalten zeigen; sie sollten alles tun, das geeignet ist, das Leben eines Artgenossen zu erhalten. Das läßt sich am besten in Situationen prüfen, in denen es wirklich um das Leben geht oder die wenigstens das soziale System durch besondere Belastungen stark fordern.

Eine solche, regelmäßig wiederkehrende Situation ist der Männchenwechsel im Rudel, die Entthronung des Harems-Männchens durch Rivalen. So wie allgemein das Verhalten der Löwen beschrieben wird, haben sie eine Tötungshemmung, die sie hindert, Artgenossen zu beschädigen oder gar umzubringen, und sind, Männchen wie Weibchen, besonders fürsorglich zu den Jungen, die auch von den herrschenden Männchen geradezu bemuttert werden. Deshalb erwarten wir, daß auch die neuen Männchen allen Rudelmitgliedern freundlich begegnen und besonders solche beschützen, die Schutz besonders nötig haben. Das sind vor allem die Jüngsten.

Freilich – wenn neue Männchen einen Harem von 6 Weibchen übernehmen und einige dieser Weibchen sind gerade trächtig oder haben neugeborene Junge, so sind sie für weitere 2 bis 3 Jahre mit diesen beschäftigt. Sie fallen also für die zu erwartende Zeit der Herrschaft dieser Männchen als Fortpflanzungspartner aus. Da es keine jahreszeitlich festgelegte Fortpflanzungszeit gibt, müssen die Männchen jederzeit mit dieser Einschränkung rechnen. Werden sie sie hinnehmen? Werden sie altruistisch genug sein, die Strategie der Arterhaltung zu verfolgen? Um diese Fragen zu beantworten, muß man beobachten, was sich normalerweise bei der Übernahme eines Harems durch neue Männchen abspielt.

Die Fortpflanzungsstrategie der Männchen

Die folgenschwerste Beobachtung war: Wenn Löwenmännchen einen Harem übernehmen und darin Babys vorfinden, so bringen sie diese um (ohne sie aufzufressen – also nicht etwa aus Hunger)! Es ist also nicht richtig, daß Löwen eine generelle Hemmung hätten, Artgenossen zu töten; und die Männchen »bemuttern« auch nicht Babys schlechthin. Allerdings sind sie auch nicht generell Baby-Killer: Denn gegen ihre eigenen Jungen sind sie durchaus freundlich. Auch Junge aus einem Nachbarrudel sind vor ihnen sicher; also kann man auch nicht sagen, sie wären allergisch gegen fremde Babys. Sie wenden sich aber gegen solche Babys, die eigenem Nachwuchs im Wege stehen.
Welche Konsequenzen hat das? Fortpflanzen können sich nur die Männchen, die Weibchen haben; da Weibchen nur in Gruppen vorkommen, müssen die Männchen einen Harem besitzen. Um den Harem wird rivalisiert – und schon das zeigt, daß es den Männchen nicht nur um die Arterhaltung zu gehen scheint. Sonst könnten sie ja zufrieden sein, wenn andere Männchen im Harem für den Fortbestand der Art sorgen. Offensichtlich strebt aber jedes Männchen danach, sich selbst fortzupflanzen, und versucht darum, Rivalen, die im Besitz eines Harems sind, zu verdrängen. Das ist aber nicht so einfach, zumal sich bei den Löwen eingespielt hat, daß jeweils mehrere Männchen gemeinsam einen Harem besitzen und verteidigen. Also müssen auch mehrere Männchen zusammenarbeiten, um die Haremsbesitzer zu vertreiben.
Nehmen wir an, zwei Männchen seien erfolgreich gewesen und haben einen Harem von 6 Weibchen erobert. Sie haben nun nach den

Beobachtungen im Mittel 2,5 Jahre Zeit, sich fortzupflanzen, ehe sie wieder von Rivalen verdrängt werden. Wenn jedes der 6 Weibchen in 2,5 Jahren im Mittel 2,5 Junge gebiert, sind das insgesamt 15 Junge. Wenn von diesen nur 20 % am Leben bleiben, sind das 3. Aber nur die Hälfte davon werden Männchen sein. Erst wenn das Rudel 8 gebärende Weibchen enthält, können die Männchen einigermaßen sicher sein, daß sie wenigstens 2 Söhne zeugen.

Ein normaler Harem hat aber nur 6 Weibchen. Und wenn von diesen auch noch einige trächtig oder mit Babys beschäftigt sind, kommen sie vorerst nicht in Brunst. Die neuen Männchen müssen also warten, und zwar länger, als sie es sich leisten können, wenn sie eigene Söhne produzieren wollen. Dann stehen die Chancen für die neuen Männchen so schlecht, daß sie auf die Eroberung des Harems gleich hätten verzichten können. Darum ist es durchaus folgerichtig, wenn sie gleich zu Beginn ihrer Herrschaft alle Muttertiere in den Brunstzustand versetzen; und um das zu erreichen, müssen sie deren Kinder töten. Dann kommen die Mütter – wie immer, wenn die Jungen sterben oder selbständig geworden sind – in wenigen Wochen in Brunst.

Das hat auch Konsequenzen für die Jungen. Die Sterblichkeit der Löwenkinder hängt von der sozialen Situation im Rudel ab; vor allem für die 3 Monate, die auf einen Männchenwechsel folgen, steigt sie stark an. Das ist aber noch nicht alles. In den ersten 6 Monaten nach einem Männchenwechsel sinkt nämlich auch die Geburtenzahl deutlich ab; dann steigt sie steil über den Durchschnittswert an. Die genauen Ursachen für den Abfall in der ersten Zeit sind noch unbekannt; es muß aber ein Einfluß sein, den die Männchen auf die Weibchen ausüben – sei es, daß die Weibchen in der Zeit der Umstellung nicht konzipieren oder die Jungen durch Abortus verlieren. Jedenfalls setzt auch das wieder die Wartezeit der Männchen herab und macht es noch unwahrscheinlicher, daß sie Junge großziehen helfen, deren Väter sie nicht sind.

Auf die Jungen wirkt noch ein anderer sozialer Effekt. Wie genaue Beobachtungen ergaben, haben Löwenkinder bessere Überlebensaussichten, wenn mehrere Würfe gleichzeitig zur Welt kommen. Das wird dadurch begünstigt, daß die Weibchen dazu neigen, ihre Brunstzeiten zu synchronisieren. Sind deutlich ältere Löwenjunge im Rudel, so ziehen die Neugeborenen im Wettbewerb um Futter oft den kürzeren. Synchronisierte Würfe erhöhen damit auch die Fortpflanzungserfolge der Männchen.

Es gibt aber noch einen wichtigen Beobachtungsbefund, den wir schon erwähnt haben: Geschwister-Männchen, die aus einem Rudel weggehen, bleiben zusammen und erobern später gemeinsam einen Harem. Sie verteidigen auch den Harem gemeinsam. Das heißt, Brüder halten fester zusammen und machen sich weniger Konkurrenz als einander fremde Männchen. Wäre das nicht so, dann könnten auch einzelne Männchen versuchen, einen der Haremsmänner zu vertreiben und sich als Kompagnon neben dem anderen einzunisten. Brüder haben mehr Erbgut gemeinsam als einander fremde Männchen. Die beobachtete Fortpflanzungsstrategie muß also dazu führen, daß sich ein Erbgut, das Zusammenarbeit unter Brüdern bewerkstelligt, besonders erfolgreich vervielfältigt.

Die Fortpflanzungsstrategie der Weibchen

Wie nimmt sich all das nun vom Gesichtspunkt der Weibchen her aus? Die Mutter hat sich mit jedem Jungen, das sie gebiert, fortgepflanzt, gleichgültig, wer der Vater war. Sie gewinnt nichts dabei, wenn neue Männchen die vorhandenen Jungen töten. Also sollten die Mütter den Tötungsabsichten neuer Männchen Widerstand entgegensetzen. Und das tun sie auch. Manche Mütter mit kleinen Kindern gehen den neuen Männchen aus dem Wege, verteidigen ihre Kinder. Nur haben sie gegen die stärkeren Männchen wenig Erfolgsaussichten. Hinzu kommt, daß die von den Männchen verfolgten Jungen dauernd Schutz und Verteidigung brauchen, die Mutter also teurer zu stehen kommen als den Männchen genehme Junge. Unter diesem Gesichtspunkt kann es für eine Mutter rentabler sein, auf die bereits vorhandenen Jungen zu verzichten und lieber mit einem den Männchen genehmen Wurf neu anzufangen. Das gilt natürlich nur, wenn dieser Wurf größere Chancen hat, erwachsen zu werden. Dazu darf während dieser Zeit die Männchen-Herrschaft nicht noch einmal wechseln.

Die Weibchen müssen also ein Interesse daran haben, dieselben Männchen möglichst lange zu behalten. Dafür müssen diese Männchen stark für Rivalenkämpfe bleiben. So wird verständlich, warum die Weibchen für das ganze Rudel einschließlich der Männchen jagen, d. h. den Lebensunterhalt für die Männchen mit bestreiten. Auch alle Streitigkeiten zwischen den Männchen eines Rudels laufen den Interessen der Weibchen zuwider; denn geschwächte und verletzte Männchen können leicht von fremden

Männchen verdrängt werden, und das führt dann zu erhöhter Jugendsterblichkeit und bringt die Weibchen um den Lohn ihrer Mühen. Es ist deshalb funktionell durchaus verständlich, wenn die Weibchen ihre Brunstphasen synchronisieren und damit die Konkurrenz zwischen den Männchen mildern.

Und noch etwas kommt hinzu. Wenn sich Brüder untereinander auch weniger Konkurrenz machen als gegen Fremde, etwas Konkurrenz bleibt immer übrig. Erwachsene Männchen konkurrieren normalerweise um die Weibchen, und das könnte auch zwischen Brüdern passieren. Nun wird jedes Weibchen in der Brunst meist nur von einem Männchen begattet; aber selbst wenn die Brüder abwechseln, geht das ohne Streit vor sich. Hier scheint die Zahl der Kopulationen eine Rolle zu spielen; denn während der Brunsttage wird das Weibchen etwa alle Viertelstunde begattet. Bertram hat dazu folgende Rechnung aufgemacht:

Da sich Löwen pro Brunst drei Tage lang alle 15 Minuten paaren; da nur $\frac{1}{5}$ aller Brunstperioden fruchtbar werden und zur Geburt von durchschnittlich 2,5 Jungen führen; da schließlich 80 % der Jungen sterben – muß ein Männchen 3 000 mal kopulieren, um ein einziges Junges in die nächste Generation zu bringen. Jeder Paarung entspricht also nur $\frac{1}{3000}$ Nachkommen – es lohnt nicht, darum mit dem eigenen Bruder zu streiten.

Antwort auf die Frage nach der Arterhaltung

Löwen verhalten sich nicht so, daß sie keine Artgenossen in Gefahr oder ums Leben bringen. Sie verhalten sich vielmehr so, daß sie selbst möglichst viele Nachkommen haben, auch wenn das auf Kosten der Nachkommen anderer Löwen geht.

Weil hier Männchen die kürzere Fortpflanzungszeit haben, geben sie den Ausschlag bei der Fortpflanzungs-Strategie. Offensichtlich bilden sich bei den Erwachsenen sowohl unter den Weibchen wie unter den Männchen Gruppen aus jeweils nächst verwandten Individuen, die kooperieren und sich deutlich weniger Konkurrenz machen, als man unter nicht-verwandten Individuen beobachtet. Weibliche Geschwister bleiben oft im Harem mit ihren Müttern, Tanten und Großmüttern. Männliche Geschwister gehen zwar fort, bleiben aber ebenfalls zusammen; je mehr Brüder zusammen auftreten, desto größer sind ihre Erfolgsaussichten bei der Übernahme eines Harems. Also wäre es vorteilhaft, wenn in einem

Harem möglichst viele Söhne aufwüchsen, die dann als Bruder-Gruppe davongehen könnten. Da Männchen bei der Übernahme eines Harems die Jungen ihrer Vorgänger (geborene wie ungeborene) schädigen, werden die Söhne, die heranwachsen, gleiche Väter haben.
Es scheint also, als läge dem Verhalten der Löwen das Prinzip zugrunde, möglichst das eigene Erbgut fortzupflanzen, wobei die Hilfe naher Verwandter, die ja ähnliches Erbgut haben, in Anspruch genommen wird. Bei dieser Fortpflanzungsstrategie sterben die Löwen zwar nicht aus, das heißt die Art bleibt erhalten. Dennoch ist die Erhaltung der Art nur eine Folgeerscheinung; die Erhaltung und Fortpflanzung des eigenen Erbgutes hat Priorität vor der Erhaltung von Artgenossen ganz allgemein. Das zeigt sich darin, daß Artgenossen geopfert werden, wenn das der Ausbreitung des eigenen Erbgutes dienlich ist.

Ein neuer Gesichtspunkt und zwei neue Begriffe: Gen-Selektion und Gesamt-Eignung

Darwin und viele nach ihm sprachen vom Überleben des Geeignetsten. Das Überleben vollzieht sich danach in den Nachkommen, die Eignung oder Tauglichkeit zeigt sich in der Anzahl der Nachkommen. Diese Nachkommen tragen das Erbgut der Eltern weiter. In den Keimzellen werden die Gene lückenlos von Generation zu Generation weitergereicht. Dieses Kontinuum nannte August Weismann (1834 – 1914) Keimbahn: Keimzellen entstehen immer nur aus Keimzellen. Die Gene werden in der Regel genau kopiert oder, wie man auch sagt, redupliziert. Aus den Keimzellen gehen ferner die Körper- oder Somazellen hervor, die den höheren Organismus mit seinen verschiedenen Organen aufbauen. Dieser komplizierte Organismus dient dazu, Baumaterial und Energie für die Vervielfältigung der Gene zu beschaffen, neue Keimzellen zusammenzuführen und Gefahren für den Weiterbestand der Keimbahn abzuwenden. Der Organismus dient also dazu, in der Zeit seines Bestehens seine Gene zu vervielfältigen und ihnen ein Weiterleben in neuen Organismen zu ermöglichen. Wenn das nicht gelingt, stirbt dieser Zweig am Stammbaum der Evolution aus. Wenn man diese Erkenntnisse konsequent in das Evolutionsschema von Darwin einbaut, kommt man zu einigen sehr wichtigen Folgerungen: Insofern die Organismen notwendig sind für den Fortbestand und die Vermehrung der in ihnen enthaltenen Gene, muß man erwarten, daß die Gene, die den Organismus in ihrem eigenen Interesse aufgebaut haben, ihn auch in ihrem eigenen Interesse betreiben, also auch sein Verhalten so steuern, daß vordringlich ihre eigene Vervielfältigung gesichert wird. Das ist im Grunde genommen keine neue Erkenntnis. Man hat immer wieder betont, daß Brutpflege nicht direkt den Elternindividuen nützt, sondern nur dem Erhaltenbleiben ihres Erbgutes, das in den Nachkommen weiterlebt. Gene, die das Elternindividuum veranlassen, sein Leben für seine Nachkommen zu opfern, haben Aussicht, in diesen Nachkommen weiterzubestehen. Andere Gene, die das Elternindividuum veranlassen würden, die Nachkommen zu opfern und die eigene Haut zu retten, gingen wahrscheinlich am Lebensende mit dieser geretteten Haut zugrunde. Wenn es sich also für den Fortbestand der Gene schon lohnt, selbst das Leben eines Trägers zu opfern, dann wird es sich erst recht lohnen, kleinere Opfer für die Nachkommen zu bringen, zum Beispiel ihnen Wärme oder Futter zu geben.

Was man inkonsequenterweise bei dieser Argumentation bisher übersah, ist die Tatsache, daß gleiche Gene ja nicht nur in Eltern und ihren Nachkommen stecken, sondern zum Beispiel auch in Geschwistern. Es könnte also dem Erhaltenbleiben und der Ausbreitung eines Gens sehr wohl förderlich sein, wenn ein Individuum einem seiner Geschwister das Leben rettet oder erleichtert. Gegenseitige Hilfe ist also nicht nur zwischen Eltern und Kindern, sondern zwischen Verwandten generell vorteilhaft. Einem anderen Individuum zu helfen, nutzt den eigenen Genen um so eher, je wahrscheinlicher dieses andere Individuum Repräsentant der eigenen Gene ist. Repräsentant der eigenen Gene ist es durch gemeinsame Abstammung; die Wahrscheinlichkeit, mit der zwei Individuen Gene gemeinsam haben, nennen wir ihren Verwandtschaftsgrad. Je näher verwandt zwei Individuen sind, desto mehr kommt gegenseitige Hilfe ihren gemeinsamen Genen zugute und desto nachteiliger wäre es für das Erhaltenbleiben dieser Gene, wenn sich ihre Träger gegenseitig Konkurrenz machten.

Das ist der Grundgedanke der von W. HAMILTON 1964 aufgestellten genetischen Theorie des sozialen Verhaltens. Bis dahin hatte man den Selektionswert oder Evolutionserfolg eines Gens an der Anzahl der Nachkommen des betreffenden Individuums abgelesen und bezeichnete das als individuelle Eignung (englisch = *individual fitness*). HAMILTON wies nun zunächst darauf hin, daß man dabei auch die Anzahl der Nachkommen aller jener Individuen berücksichtigen muß, die ebenfalls dieses Gen tragen, weil sie es von einem gemeinsamen Vorfahren mitbekommen haben. Allerdings darf man nicht einfach die Gesamtzahl der von all diesen Individuen produzierten Nachkommen nehmen. Ein bestimmtes Gen wird nämlich nur in der Hälfte der Kinder dieses Individuums und nur noch in einem Viertel seiner Enkel zu finden sein. Ebenso ist es in der Hälfte der Geschwister dieses Individuums und in einem Achtel seiner Vettern zu finden.

Wenn man also den Fortpflanzungserfolg eines Gens in der Evolution dadurch bestimmen will, daß man zum Fortpflanzungserfolg eines Trägers dieses Gens noch den Fortpflanzungserfolg der mit diesem Träger verwandten Individuen hinzuzählt, so muß man dabei den Verwandtschaftsgrad berücksichtigen, der angibt, wie wahrscheinlich diese Individuen das betreffende Gen besitzen. Was man zur Zahl der Nachkommen eines bestimmten Individuums hinzuaddieren muß, sind also die jeweils mit dem Verwandtschaftsgrad multiplizierten Nachkommenzahlen der Verwandten. Was dadurch ermittelt wird, nennt HAMILTON Gesamt-Eignung (englisch = *inclusive fitness*). Wir werden das gleich genauer vorführen, wollen aber erst die Theorie von HAMILTON vollständig angeben, damit klar wird, warum die folgende Rechnerei so wichtig ist.

HAMILTON geht von der einfachen Feststellung aus, es sei wenig sinnvoll, Träger der eigenen Gene zu zerstören, wenn es darum geht, in der Fortpflanzung Träger der eigenen Gene zu produzieren. Je näher verwandt zwei Individuen sind, desto mehr Gene haben sie gemeinsam (das ist ja die Definition von Verwandtschaft), desto wahrscheinlicher also auch ein bestimmtes Gen; desto schädlicher für dieses Gen wäre Konkurrenz zwischen diesen Individuen und desto nützlicher wäre ihre Zusammenarbeit. Das heißt kurz gesagt, Individuen sollten sich um so intensiver fördern, je näher sie miteinander verwandt sind.

Diese verwandtschaftsabhängige gegenseitige Hilfe (zu der eine mit abnehmender Verwandtschaft steigende Tendenz zum Konkurrieren gehört) ist also selektionsbegünstigt und sollte entsprechend weit verbreitet sein. Voraussetzung dafür ist, daß die Organismen die Möglichkeit und die Fähigkeit haben, die zwischen ihnen bestehenden Verwandtschaftsgrade abzuschätzen.

Statt – wie DARWIN es noch tat – von Selektion auf der Ebene des Individuums, spricht man deshalb von Gen-Selektion oder Sippen-Selektion (englisch = *kin selection*). Wir werden die verschiedenen Teilprobleme, die damit verbunden sind, nun der Reihe nach behandeln. Wir beginnen damit, Verwandtschaft und Verwandtschaftsgrad so zu beschreiben, daß sich Verwandtschaftsabstufungen in Zahlen ausdrücken lassen.

Der Verwandtschaftsgrad

Der Verwandtschaftsgrad zwischen zwei Individuen gibt an, wie wahrscheinlich es ist, ein bestimmtes Gen aus einem Individuum auch in einem anderen Individuum anzutreffen, weil beide Individuen einen oder mehrere Vorfahren gemeinsam haben. Man bezeichnet diesen Verwandtschaftsgrad mit r. Jedes Individuum ist in höchstmöglichem Grade mit sich selbst verwandt; die Wahrscheinlichkeit, ein bestimmtes Gen dieses Individuums in ihm selbst anzutreffen, ist maximal, nämlich 1. Dasselbe gilt für eineiige Zwillinge, die ebenfalls untereinander den Verwandtschaftsgrad $r = 1$ haben.
Jedes Individuum entsteht aus der Verschmelzung zweier Keimzellen, die jede einen einfachen Chromosomensatz tragen. Von der befruchteten Eizelle an hat das Individuum zwei Chromosomensätze, einen von der Mutter, einen vom Vater. Jedes Individuum hat also $\frac{1}{2}$ seines Erbgutes mit dem Vater und $\frac{1}{2}$ mit der Mutter gemeinsam. Der Verwandtschaftsgrad zwischen Eltern und Kindern ist daher $\frac{1}{2}$.
Der Verwandtschaftsgrad zwischen Geschwistern errechnet sich folgendermaßen (Abb. 6–8): In jedem setzt sich das Erbgut zusammen aus $\frac{1}{2}$ vom Vater und $\frac{1}{2}$ von der Mutter. Die Wahrscheinlichkeit, daß zwei Geschwister denselben Chromosomensatz von der Mutter bekommen haben, beträgt 0,5 (denn die Mutter hatte ja zwei Sätze zu vergeben); ebenso ist die vom Vater stammende Hälfte mit der Wahrscheinlichkeit 0,5 dieselbe (da er auch 2 Sätze zu vergeben hatte). Die insgesamt zu erwartende Übereinstimmung zwischen Geschwistern beträgt also

$$\frac{1}{2} \cdot 0{,}5 + \frac{1}{2} \cdot 0{,}5 = \frac{1}{2}$$

Das gilt für den Fall, daß beide Geschwister den gleichen Vater und die gleiche Mutter haben. Wenn sie nur einen Elternteil gemeinsam haben, z. B. die Mutter, und im übrigen von zwei nicht miteinander verwandten Vätern stammen, so ist die Wahrscheinlichkeit, von den Vätern her

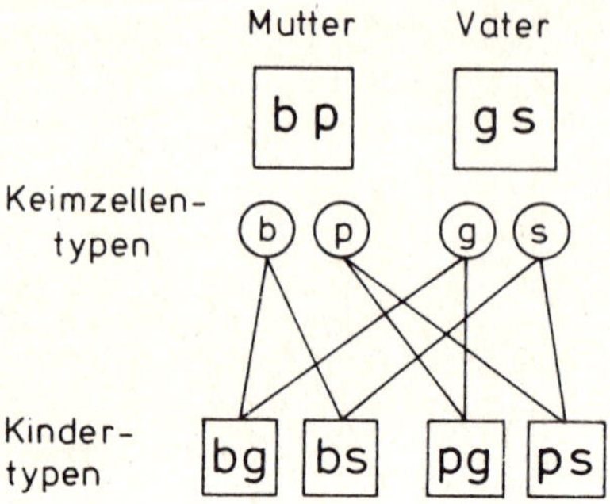

Mögliche Verwandtschaften (r) zwischen den Kindertypen

	bg	bs	pg	ps
bg	1	$\frac{1}{2}$	$\frac{1}{2}$	0
bs	$\frac{1}{2}$	1	0	$\frac{1}{2}$
pg	$\frac{1}{2}$	0	1	$\frac{1}{2}$
ps	0	$\frac{1}{2}$	$\frac{1}{2}$	1

$$\bar{r} = \frac{\text{Summe der } r}{\text{Anzahl der Felder}} = \frac{8}{16} = \frac{1}{2}$$

6. Tatsächliche Geschwister-Verwandtschaften und der das Verhalten bestimmende mittlere Verwandtschaftsgrad $\bar{r}$. Kleine Buchstaben stehen für parallele Gene auf den beiden Chromosomensätzen.
Dauermonogamie: Geschwister können zufällig von Vater und Mutter denselben Chromosomensatz bekommen haben; dann haben sie ein bestimmtes Gen mit der Wahrscheinlichkeit $r = 1$ gemeinsam. Wenn sie keinen Chromosomensatz gemeinsam haben, dann ist $r = 0$. Haben sie nur vom Vater oder nur von der Mutter her denselben Chromosomensatz, ist $r = \frac{1}{2}$. Da ungewiß ist, welchen Chromosomensatz Geschwister von jedem der Eltern bekommen haben, können sie ihr Sozialverhalten nur auf den wahrscheinlichen mittleren Verwandtschaftsgrad $\bar{r} = \frac{1}{2}$ einstellen.

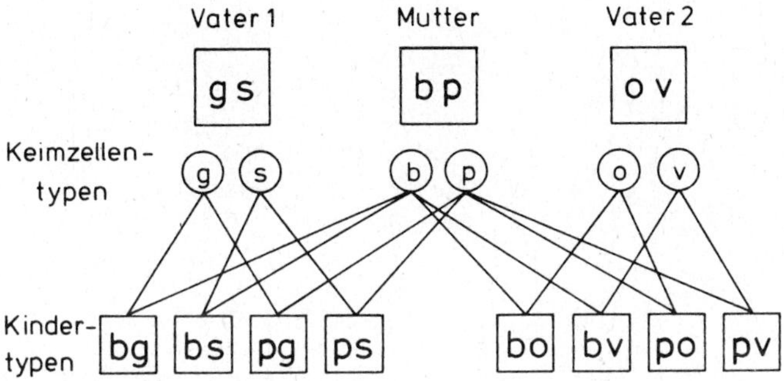

Mögliche Verwandtschaften (r) zwischen Kindern verschiedener Väter

	bo	bv	po	pv
bg	$\frac{1}{2}$	$\frac{1}{2}$	0	0
bs	$\frac{1}{2}$	$\frac{1}{2}$	0	0
pg	0	0	$\frac{1}{2}$	$\frac{1}{2}$
ps	0	0	$\frac{1}{2}$	$\frac{1}{2}$

$$\bar{r} = \frac{\text{Summe der } r}{\text{Anzahl der Felder}} = \frac{4}{16} = \frac{1}{4}$$

7. Tatsächliche Geschwister-Verwandtschaften und der das Verhalten bestimmende mittlere Verwandtschaftsgrad $\bar{r}$. Kleine Buchstaben stehen für parallele Gene auf den beiden Chromosomensätzen.
Häufig haben Geschwister dieselbe Mutter, aber verschiedene Väter. Wenn ihnen bekannt ist, daß sie nur einen Elternteil gemeinsam haben, werden sie sich auf einen mittleren Verwandtschaftsgrad von $\bar{r} = \frac{1}{4}$ einstellen.

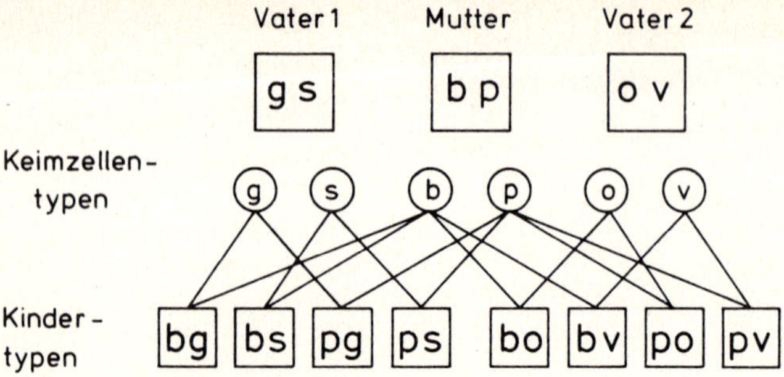

Mögliche Verwandtschaften (r) zwischen den Kindertypen

	bg	bs	pg	ps	bo	bv	po	pv
bg	1	$\frac{1}{2}$	$\frac{1}{2}$	0	$\frac{1}{2}$	$\frac{1}{2}$	0	0
bs	$\frac{1}{2}$	1	0	$\frac{1}{2}$	$\frac{1}{2}$	$\frac{1}{2}$	0	0
pg	$\frac{1}{2}$	0	1	$\frac{1}{2}$	0	0	$\frac{1}{2}$	$\frac{1}{2}$
ps	0	$\frac{1}{2}$	$\frac{1}{2}$	1	0	0	$\frac{1}{2}$	$\frac{1}{2}$
bo	$\frac{1}{2}$	$\frac{1}{2}$	0	0	1	$\frac{1}{2}$	$\frac{1}{2}$	0
bv	$\frac{1}{2}$	$\frac{1}{2}$	0	0	$\frac{1}{2}$	1	0	$\frac{1}{2}$
po	0	0	$\frac{1}{2}$	$\frac{1}{2}$	$\frac{1}{2}$	0	1	$\frac{1}{2}$
pv	0	0	$\frac{1}{2}$	$\frac{1}{2}$	0	$\frac{1}{2}$	$\frac{1}{2}$	1

$$\bar{r} = \frac{\text{Summe der r}}{\text{Anzahl der Felder}} = \frac{24}{64} = \frac{3}{8}$$

8. Tatsächliche Geschwister-Verwandtschaften und der das Verhalten bestimmende mittlere Verwandtschaftsgrad $\bar{r}$. Kleine Buchstaben stehen für parallele Gene auf den beiden Chromosomensätzen.

Wenn Geschwister mit Sicherheit dieselbe Mutter haben, ihnen aber unbekannt ist, ob sie den gleichen Vater (weiße Felder) oder verschiedene Väter (graue Felder) haben, dann werden sie ihr Verhalten auf den Durchschnittswert aus $\frac{1}{2}$ und $\frac{1}{4}$, nämlich $\bar{r} = \frac{3}{8}$ einstellen.

gemeinsames Erbgut zu bekommen, gleich 0. Deshalb beträgt der Verwandtschaftsgrad r für Halbgeschwister

$$\frac{1}{2} \cdot 0{,}5 + \frac{1}{2} \cdot 0 = \frac{1}{4}.$$

Nach diesem Verfahren wollen wir jetzt versuchen, die Verwandtschaften im Löwenrudel auszurechnen; das liefert uns Gesichtspunkte, mit denen sich die vorhin beschriebenen Verhaltensbesonderheiten der Löwen besser verstehen lassen.

Verwandtschaftsgrad und soziale Hilfeleistung im Löwenrudel

Die Verwandtschaftsbeziehungen

Wenn wir prüfen wollen, ob die vorn beschriebenen sozialen Verhaltensweisen freilebender Löwen durch die HAMILTONsche Theorie erklärt werden können, müssen wir zunächst die Verwandtschaftsbeziehungen zwischen den Mitgliedern eines Löwenrudels bestimmen. Wir übernehmen hier die Berechnungen, die BERTRAM jüngst veröffentlicht hat. Die Ergebnisse sind über den speziellen Fall hinaus von grundsätzlicher Bedeutung, wie ja überhaupt der Löwe hier nicht als Einzelfall, sondern als Beispielfall stehen soll. Verlangt ist bei diesen Rechnungen nur das kleine Einmaleins und etwas Mitdenken, um die Übersicht zu behalten. Das erste setzen wir beim Leser voraus, das zweite wollen wir ihm so leicht wie möglich machen.

Wir gehen von folgenden Annahmen aus, die auf den ausgedehnten Freilandbeobachtungen BERTRAMS beruhen:

1. Wir nehmen eine Löwengruppe an, wie sie besonders häufig auftritt; sie hat 2 erwachsene Männchen und 7 Weibchen. Von diesen Weibchen sind 4 voll erwachsen, haben nahezu gleichzeitig Junge und ziehen sie zusammen auf.
2. Wir nehmen der Einfachheit halber an, jedes Weibchen habe 3 Junge.
3. Wir nehmen außerdem an, daß sich die Vaterschaft an den Würfen gleichmäßig auf die beiden Männchen verteilt, jeder also Vater zweier Würfe ist und keine weiteren Nachkommen in dieser Gruppe zeugt.
4. Wir nehmen weiter an, daß sich die Gruppe generationenlang so

fortpflanzt und immer gleich groß bleibt, weil je 3 gestorbene oder auf andere Weise ausgeschiedene Weibchen durch 3 Jungweibchen aus der Gruppe ersetzt werden. Die anderen Jungweibchen wandern ab.

5. Wir nehmen schließlich an, daß alle Jungmännchen die Gruppe verlassen und daß später 2 dieser Brüder einen Weibchenharem übernehmen, mit dem sie nicht verwandt sind.

Wir fragen nun nach folgenden Verwandtschaftsgraden innerhalb eines solchen Rudels:

der Jungtiere untereinander

der Männchen untereinander; wir bezeichnen ihn vorläufig mit x

der Weibchen untereinander; wir bezeichnen ihn vorläufig mit y

zwischen den erwachsenen Männchen und den Jungen

zwischen den erwachsenen Weibchen und den Jungen.

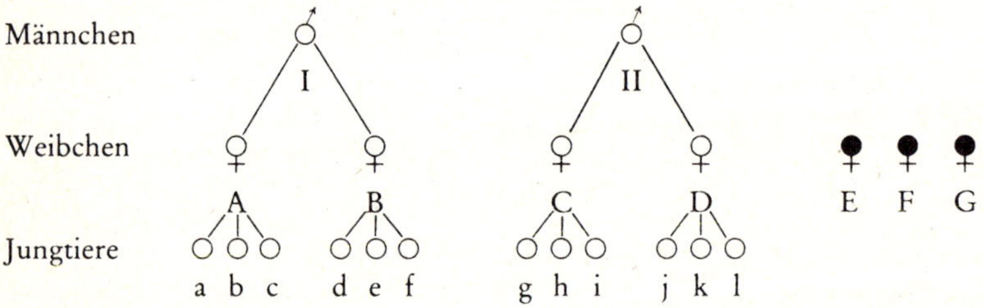

1. *Der Verwandtschaftsgrad der Jungtiere:* Der Verwandtschaftsgrad muß zwischen jeweils zwei Tieren bestimmt werden, also für alle Zweierkombinationen, die möglich sind.

1. Es gibt folgende Zweierkombinationen zwischen Jungtieren, die jeweils den gleichen Vater und die gleiche Mutter haben:

a–b, b–c, a–c; d–e, e–f, d–f; g–h, g–i, h–i; j–k, j–l, k–l. Insgesamt 12

2. Denselben Vater, aber verschiedene Mütter haben:

a–d, a–e, a–f; b–d, b–e, b–f; c–d, c–e, c–f; . . . Insgesamt 18

3. Verschiedene Väter und verschiedene Mütter haben:

a–g, a–h, a–i, a–j, a–k, a–l; b–g, b–h, b–i; . . . Insgesamt 36

Summe 66

1. Junge, die den gleichen Vater und die gleiche Mutter haben, sind Vollgeschwister und haben den Verwandtschaftsgrad $r = \frac{1}{2}$. Das kommt 12mal vor.

2. Wenn Junge den gleichen Vater, aber verschiedene Mütter haben und

wenn diese Mütter untereinander im Verwandtschaftsgrad y stehen, haben die Jungen untereinander den Verwandtschaftsgrad

$$r = \frac{1}{2} \cdot 0{,}5 \cdot y + \frac{1}{2} \cdot 0{,}5 = \frac{1}{4} y + \frac{1}{4}.$$

Das kommt 18mal vor.
3. Haben Junge verschiedene Mütter (die miteinander y verwandt sind) und verschiedene Väter (die miteinander x verwandt sind), dann stehen sie untereinander im Verwandtschaftsgrad

$$r = \frac{1}{2} \cdot 0{,}5 \cdot y + \frac{1}{2} \cdot 0{,}5 \cdot x = \frac{1}{4} y + \frac{1}{4} x.$$

Das kommt 36mal vor.
Aus diesen verschiedenen Verwandtschaftsgraden errechnen wir für die 12 Jungen der Einfachheit halber einen Durchschnitts-Verwandtschaftsgrad. Er beträgt

$$\bar{r} = \frac{12 \cdot \frac{1}{2} + 18\left(\frac{1}{4} + \frac{1}{4} y\right) + 36\left(\frac{1}{4} y + \frac{1}{4} x\right)}{66}$$

Wegen der beiden Unbekannten x und y können wir hier zunächst nicht weiterrechnen.

2. *Der Verwandtschaftsgrad der erwachsenen Männchen untereinander:* Da wir nach den Feldbeobachtungen davon ausgehen müssen, daß Brüder, die in einem Rudel zusammen als Geschwister aufwuchsen, auch später zusammenbleiben und schließlich zusammen einen Harem übernehmen, ist der Verwandtschaftsgrad dieser Brüder-Männchen zueinander, den wir vorläufig x genannt hatten, derselbe wie jener durchschnittliche Verwandtschaftsgrad r für Jungtiere, den wir soeben ausgerechnet haben. Also ist auch

$$x = \frac{12 \cdot \frac{1}{2} + 18\left(\frac{1}{4} + \frac{1}{4} y\right) + 36\left(\frac{1}{4} y + \frac{1}{4} x\right)}{66}$$

Daraus folgt $x = \frac{7 + 9y}{38}$
Weitere Angaben, um diese Gleichung zu lösen, entnehmen wir den Angaben über die Weibchen.

3. *Der Verwandtschaftsgrad der Weibchen untereinander:* Wenn genera-

tionenlang jeweils drei erwachsene Weibchen durch Jungweibchen ersetzt werden, die als Geschwister in dieser Gruppe aufwuchsen, dann spielt sich allmählich ein annähernd konstanter Verwandtschaftsgrad zwischen diesen Weibchen ein. (Er wird jedoch nie gleich dem Verwandtschaftsgrad zwischen Geschwistern, weil immer die Mütter ganz andere Väter als die nachrückenden Töchter haben.) Die 7 Haremsweibchen setzen sich zusammen aus 4 erwachsenen Weibchen A B C D, deren Verwandtschaftsgrad wir vorläufig y nannten, und den 3 nachgerückten Geschwistern E F G, die im Rudel aufwuchsen.

1. Diese 3 nachgerückten Weibchen haben untereinander den vorhin für Geschwister errechneten mittleren Verwandtschaftsgrad $\bar{r}$. Das ist aber derselbe wie für männliche Geschwister und, da männliche Geschwister ja die Haremsmännchen stellen, auch derselbe wie zwischen Haremsmännchen, den wir x nannten. Es gibt folgende Zweierkombinationen aus nachgerückten Weibchen: E–F, F–G, E–G, also 3mal den Verwandtschaftsgrad x.

2. Sechs Zweierkombinationen bestehen aus erwachsenen Weibchen, die der Definition nach den Verwandtschaftsgrad y aufweisen (A–B, A–C, A–D, B–C, B–D, C–D); also gibt es 6mal den Verwandtschaftsgrad y.

3. Zwölf Zweierkombinationen lassen sich aus je einem alten und einem nachgerückten Weibchen bilden (A–E, B–F, C–G . . .). Diese Kombinationen lassen sich in 2 Gruppen unterteilen: In $\frac{1}{7}$ aller Fälle werden wir dabei eine Mutter mit ihrer Tochter kombinieren, und die beiden stehen im Verwandtschaftsgrad $\frac{1}{2}$. In $\frac{6}{7}$ der Fälle werden wir ein Weibchen mit einer Tochter eines anderen Weibchens kombinieren; in diesen Fällen müssen wir den Verwandtschaftsgrad $\frac{1}{2}$ noch mit dem Verwandtschaftsgrad y multiplizieren, der für die Haremsweibchen untereinander gilt. Der mittlere Verwandtschaftsgrad in diesen 12 Zweierkombinationen beträgt also $\frac{1}{7} \cdot \frac{1}{2} + \frac{6}{7} \cdot \frac{1}{2} \cdot y$.

Aus den insgesamt 21 in 1., 2. und 3. genannten Kombinationen ergibt sich dann der durchschnittliche Verwandtschaftsgrad für Weibchen, den wir y nannten:

$$y = \frac{3 \cdot x + 6 \cdot y + 12\left(\frac{1}{7} \cdot \frac{1}{2} + \frac{6}{7} \cdot \frac{1}{2} \cdot y\right)}{21}$$

Daraus folgt $y = \frac{7x + 2}{23}$. Aus dieser und der vorher gewonnenen Gleichung mit zwei Unbekannten lassen sich nun die Größen x und y leicht ausrechnen:

$$x = 0{,}22 \qquad y = 0{,}15.$$

4. *Ergebnisse:* Der Verwandtschaftsgrad zwischen den Haremsweibchen im Löwenrudel beträgt r = 0,15. Sie sind also etwas näher miteinander verwandt als normale Cousinen (für die der Wert $\frac{1}{8}$ oder 0,13 gilt).
Der Verwandtschaftsgrad zwischen den erwachsenen Rudelmännchen, den Haremsbesitzern, beträgt r = 0,22, das ist fast soviel wie zwischen Halbbrüdern (für die der Wert $\frac{1}{4}$ oder 0,25 gilt).
Der Verwandtschaftsgrad zwischen den im Rudel aufwachsenden Jungen ist derselbe wie zwischen den erwachsenen Männchen (weil die ja Rudelgeschwister sind), also auch r = 0,22.
Auf jeden Fall sind die erwachsenen Männchen im Rudel näher miteinander verwandt als die erwachsenen Weibchen untereinander. Das kommt daher, daß die Männchen stets aus der gleichen Geschwistergeneration stammen, während die Weibchen verschiedenen Generationen angehören. Man kann weiterhin ausrechnen (was wir hier nicht tun wollen), daß der Verwandtschaftsgrad zwischen den Rudelweibchen mit der Anzahl erwachsener Weibchen abnimmt, wenn auch dann stets nur 3 ausscheidende durch 3 Geschwisterweibchen ersetzt werden. (Zählte unser Muster-Rudel 12 erwachsene Weibchen, so ergäbe sich ein Verwandtschaftsgrad von 0,1 zwischen ihnen). Umgekehrt nimmt ihr Verwandtschaftsgrad zu, wenn mehr als 3 Jungweibchen der gleichen Generation in die Weibchengruppe eingehen. (Wären es 6 statt der hier angenommenen 3, so betrüge der mittlere Verwandtschaftsgrad zwischen allen Rudelweibchen annähernd 0,2 wie bei den Männchen).
Man beachte, daß es sich hier um Durchschnittswerte handelt, in die alle überhaupt möglichen Werte eingehen, sowohl die für Vollgeschwister (nämlich 0,5) wie für geringere Verwandtschaftsgrade. Diese Durchschnittswerte zu berechnen hat dann Sinn, wenn man, ohne die genauen Abstammungsbeziehungen in der Gruppe zu kennen, blind abschätzen will, wie wahrscheinlich ein Individuum im Partner seine eigenen Gene wiederfindet. Vermutlich werden die Tiere selbst auch nicht genau wissen, wer wessen Vater und Mutter waren und ob zwei gleichaltrige Junge nun Vollgeschwister, Halbgeschwister oder noch weniger verwandt sind. Deshalb vermuten wir, daß das Sozialsystem, das über die Zeit hinweg gleich bleibt, sich – wenn überhaupt – auf solche mittleren Werte eingestellt hat. Schon diese mittleren Werte sind deutlich genug voneinander verschieden, daß man entsprechend unterschiedliches Verhalten der Tiere zueinander erwarten kann.
Wir wenden uns nun den Verwandtschaftsbeziehungen zwischen erwach-

senen Männchen und Jungen sowie zwischen erwachsenen Weibchen und Jungen zu. Da es weniger Väter als Mütter im Rudel gibt, tragen mehr Nachkommen das Erbgut eines bestimmten Männchens als das eines bestimmten Weibchens; also sind die Jungen mit den Männchen im Durchschnitt näher verwandt als mit den Weibchen.

5. *Der Verwandtschaftsgrad zwischen erwachsenen Männchen und Jungen:* Begegnet eins der beiden erwachsenen Männchen einem Jungen im Rudel, so ist es entweder sein eigenes und dann $\frac{1}{2}$ mit ihm verwandt; oder es ist das Kind des anderen Männchens, dann ist es mit ihm $\frac{1}{2} \cdot 0{,}22$ verwandt. Sind beide Sorten von Kindern gleich häufig und nicht zu unterscheiden, sollten sich die Männchen auf eine mittlere Verwandtschaft zu den Jungen von

$$\frac{\frac{1}{2} + \frac{1}{2} \cdot 0{,}22}{2} = 0{,}31 \text{ einstellen.}$$

6. *Der Verwandtschaftsgrad zwischen erwachsenen Weibchen und Jungen:* Begegnet eins der 7 Weibchen einem Jungen, so wird es in $\frac{1}{7}$ der Fälle die Mutter sein, die auf ihr Kind trifft, mit dem sie $\frac{1}{2}$ verwandt ist. In $\frac{6}{7}$ der Fälle wird ein Weibchen auf ein Junges treffen, das von einem anderen Weibchen stammt; mit dem ist sie dann $\frac{1}{2} \cdot 0{,}15$ verwandt. Der mittlere Verwandtschaftsgrad ist demnach

$$\frac{1 \cdot \frac{1}{2} + 6 \cdot \frac{1}{2} \cdot 0{,}15}{7} = 0{,}14$$

Selbst wenn man voraussetzt, daß jede Mutter ihre eigenen Kinder erkennt, treffen die Weibchen doch häufiger mit deutlich weniger verwandten Jungen zusammen (r minimal $= 0{,}15 \cdot \frac{1}{2} = 0{,}08$) als die Männchen (r minimal $= 0{,}11$). Da die Männchen mit den Jungen im Durchschnitt doppelt so nah verwandt sind wie die Weibchen, kann man erwarten, daß sich das im Verhalten ausdrückt, wenn tatsächlich der Verwandtschaftsgrad einen Einfluß auf das Verhalten hat.

Die sozialen Hilfeleistungen

1. *Väterliches Verhalten:* Wenn tatsächlich, wie die Theorie von Hamilton voraussagt, die Bereitschaft zu sozialer Hilfeleistung mit dem Verwandt-

schaftsgrad wächst, dann sollten – vergleichbare Situationen vorausgesetzt – Löwenmännchen hilfsbereiter zu den Rudeljungen sein als die Weibchen. Geeignete Situationen, in denen sich das überprüfen läßt, entstehen, wenn das Futter knapp wird. An jeder Beute fauchen sich dann auch Rudelmitglieder an, drängen einander zur Seite, und jeder versucht, dem anderen einen Bissen wegzunehmen. Auffällig ist jedoch, wie SCHALLER in seinen jahrelangen Beobachtungen feststellte, daß in dieser Situation die Männchen eher als die Weibchen bereit sind, Junge an ihrem Fleischstück mitfressen zu lassen. Es gibt also zwischen Männchen und Jungen tatsächlich weniger Futterneid als zwischen Weibchen und Jungen.

Daß Männchen in solchen kritischen Situationen bessere Eltern sind als die Weibchen, ist nach den klassischen Gesichtspunkten der Verhaltensforschung überraschend. Denn danach würde man vermuten, daß die Weibchen, denen ja bei Säugetieren gleich zu Anfang der Hauptteil der Brutpflege zufällt, auch den stärkeren Brutpflegetrieb haben und daß sie sich dementsprechend insgesamt mehr für die Jungen einsetzen. Offensichtlich kommt es aber nicht in erster Linie auf den Mutterinstinkt an, sondern mehr auf die der genetischen Übereinstimmung entsprechende Kooperationsbereitschaft der Individuen.

Das macht nun auch verständlich, warum die Männchen einmal Junge umbringen, ein andermal aber besonders fürsorglich behandeln: Sie bringen Junge um, die ihnen genetisch fremd sind, bewerten jedoch Junge, mit denen sie verwandt sind, entsprechend höher als Weibchen.

Daß Männchen den Jungen gegenüber so besonders fürsorglich sind und daß – wie man es manchmal populär ausgedrückt findet – die Jungen sich den Männchen gegenüber ziemlich viel erlauben dürfen, könnte auch noch einen anderen Grund haben: Die effektive Fortpflanzungsphase der Männchen dauert nur 2 – 3 Jahre, die der Weibchen dagegen 12 Jahre. Ebenso viele Kinder wie ein Weibchen kann ein männlicher Löwe also nur haben, wenn er allein 4 Weibchen begattet. Da er aber den Harem mit einem Bruder teilen muß und da nicht einmal alle Weibchen dieses Harems mit diesen Männchen Junge bekommen, hat ein Männchen im Schnitt weniger Nachkommen als ein Weibchen. Jedes einzelne Junge repräsentiert deshalb mehr von der Gesamtnachkommenschaft eines Männchens als von der eines Weibchens; ein Junges ist also für ein Männchen wertvoller als für ein Weibchen und sollte auch deswegen vom Männchen fürsorglicher behandelt werden.

Dieses Argument führt nun allerdings zu der weiteren Frage, warum Männchen dann überhaupt den Harem mit anderen Männchen teilen. Die Beantwortung dieser Frage wird uns noch einmal etwas Kopfrechnen kosten.

2. *Rivalität zwischen Männchen:* Da ein männlicher Löwe offensichtlich weniger Nachkommen hat, wenn er sich den Harem mit einem oder gar mehreren Männchen teilt, warum rivalisiert er dann nicht und versucht, seinen Kompagnon loszuwerden und den Harem allein zu besitzen? Um diese Frage zu beantworten, sollten wir wissen, wieviel ein Männchen bei diesem Versuch zu gewinnen hätte. Solche Gewinn-Überlegungen werden uns in einem späteren Kapitel (s. S. 197) noch ausführlich beschäftigen. Hier wollen wir nur mit der Gegenüberstellung von individueller Eignung und Gesamt-Eignung arbeiten. Wir legen die Zahlenangaben zugrunde, die Bertram über ein etwas außergewöhnliches Löwenrudel mit 6 erwachsenen Männchen macht. Bertram hat in aufwendigen Dauerbeobachtungen im Feld ausgezählt, wie oft jedes der Männchen mit einem brünstigen Weibchen des Harems getroffen wurde. Das Weitere hat er dann zu Hause berechnen können.
In der folgenden Übersicht sind die Männchen I bis VI nach abnehmender Kopulationshäufigkeit angeordnet; jede spätere Zahlenzeile zeigt die diesen Männchen zugeordneten Werte in derselben Reihenfolge.
Die insgesamt 52 Fälle, in denen die Männchen mit einem brünstigen Weibchen zusammen angetroffen wurden, verteilen sich wie folgt auf die sechs Männchen

I	II	III	IV	V	VI	
14	10	9	9	6	4	(1)

Das sind von 52 Fällen in Prozenten ausgedrückt:

I	II	III	IV	V	VI	
26,9	19,2	17,3	17,3	11,6	7,7	(2)

Wenn die Anzahl der Jungen pro Wurf etwa gleich bleibt, kann man annehmen, daß diese Zahlen zugleich angeben, wieviel Prozent der insgesamt entstandenen Nachkommen von jedem der Männchen gezeugt wurden. Dann war Männchen I mit 26,9 Nachkommen $3\frac{1}{2}$mal so erfolgreich wie Männchen VI mit nur 7,7 Nachkommen. Wir erinnern daran, daß diese Zahlen die individuelle Eignung betreffen, nämlich die Zahl der Nachkommen jedes Männchens. Wenn wir die Gesamt-Eignung erfassen wollen, müssen wir ausrechnen, wie viele Gene eines Männchens auch durch seine Brüder übertragen werden. Von ihm selbst gezeugte Junge enthalten je $\frac{1}{2}$ seines Genbestandes. Halbieren wir also die Werte in Zeile 2, so bekommen wir die prozentualen Häufigkeiten, mit der ein bestimmter Gensatz von den zwei Sätzen, die der Vater hat, in den Nachkommen weitergetragen wird:

I	II	III	IV	V	VI	
13,5	9,6	8,7	8,7	5,8	3,9	(3)

Aus Zeile 2 geht auch hervor, wieviel Prozent der insgesamt erzeugten Nachkommen nicht von dem betreffenden Männchen, sondern von seinen Gefährten gezeugt wurden (nämlich jeweils die Differenz zu 100 %):

73,1	80,8	82,7	82,7	88,4	92,3	(4)

Der Verwandtschaftsgrad zwischen den Männchen ist aber r = 0,22 (wenn sie aus einem Rudel mit 2 Vätern stammen). Also ist jedes Männchen mit 0,22 seines eigenen Genbestandes an jedem Jungen seiner Gefährten beteiligt. Deshalb kann man durch Multiplizieren der Werte in Zeile 4 mit $\frac{1}{2} \cdot 0{,}22$ ($= \frac{1}{9}$) die prozentualen Häufigkeiten berechnen, mit denen Gene eines bestimmten Männchens über seine Gefährten in den Nachkommen vertreten sein müssen; das sind:

8,1	9,0	9,2	9,2	9,8	10,3	(5)

Durch Addieren der Werte in den Zeilen 3 und 5 bekommen wir den Gesamtanteil der Gene jedes Männchens an der folgenden Generation, nämlich

21,6	18,6	17,9	17,9	15,6	14,2	(6)

Danach ist Männchen I mit 21,6 % nur mehr $1\frac{1}{2}$ mal so erfolgreich wie Männchen VI mit 14,2 %. Ein Männchen aus dieser Gruppe könnte also seine Erfolgsaussichten in bezug auf Nachkommen, die seine Gene tragen, höchstens um das $1\frac{1}{2}$fache verbessern, wenn er seine Mit-Männchen zu vertreiben sucht, und nicht etwa um das $3\frac{1}{2}$fache, wie man annehmen möchte, wenn man einfach die Nachkommen abzählt.

Wieder zeigt sich der Unterschied zwischen individueller Eignung, also der Anzahl der selbstgezeugten Nachkommen, und der Gesamt-Eignung, also der Anzahl neuer Träger der eigenen Gene. Verdeutlichen läßt sich der Unterschied, wenn wir einmal annehmen, ein Männchen aus der

Gruppe kopulierte überhaupt nicht. Dann hätte er Null eigene Nachkommen; aber seine Gene wären in den zu 100 % von seinen Mit-Männchen gezeugten Jungen immer noch mit einem Anteil von $100 \cdot \frac{1}{9}$, also rund 11 % vertreten.

Ein Männchen, das versuchte, sein(e) Mit-Männchen zu vertreiben, hätte also nicht gar soviel zu gewinnen, wie es auf den ersten Blick schien. Es würde andererseits bei diesem Versuch viel aufs Spiel setzen und wahrscheinlich verlieren. Denn da vermutlich jedes Männchen danach trachten würde, den Harem zu besitzen, würden sich alle zur Wehr setzen und es würde zu Kämpfen kommen. Wie wir schon früher besprochen haben, sind Kämpfe aber riskant, weil sie durch Erschöpfung und Verwundungen die Männchen im Kampf gegen fremde Männchen schwächen. Selbst wenn der Sieger, der den Harem bekäme, unverletzt bliebe, würde er sich ohne Mit-Streiter gegen mehrere fremde Männchen, die den Harem für sich erobern wollen, nicht behaupten können. Und wird er von diesen vertrieben, so riskiert er auch noch das Leben der bereits von ihm gezeugten Nachkommen, die noch bei den Müttern sind, aber wahrscheinlich von den neuen Männchen umgebracht werden. Eigene Fortpflanzungschancen hat er kaum noch, denn ein altes Männchen, das seinen Harem verlor, hat keine Aussichten, noch einmal einen neuen zu erkämpfen.

Der erfolgreiche Zusammenschluß mehrerer Männchen muß deshalb, einmal begonnen, dazu führen, daß auch kleinste Verwandtschaftsvorteile ausgenutzt werden und daß Rudelbrüder (die nicht unbedingt Vollgeschwister sind) die Tendenz entwickeln, immer beisammen zu bleiben.

Man könnte spekulieren, daß Einzelmännchen, die keine Brüder und keinen Harem haben, sich vielleicht doch zusammenrotten sollten, weil sie sonst überhaupt keine Fortpflanzungsaussichten haben. Doch scheint auch das nicht sehr erfolgversprechend, denn gegen eine Gruppe untereinander verwandter Männchen werden sie den kürzeren ziehen, weil die Tendenz, einander beizustehen, um so größer sein muß, je näher die Tiere verwandt sind, also insgesamt in der Gruppe verwandter Männchen stärker sein wird als zwischen den Fremden.

Dazu gibt es jedoch bislang keine Beobachtungen an den Löwen, und deshalb wollen wir darüber nicht weiter spekulieren. Die Frage, unter welchen Bedingungen nicht miteinander verwandte Individuen dennoch intensiv kooperieren, werden wir später wieder aufgreifen. Sie steht – was ein aufmerksamer Leser sicher bemerkt haben wird – schon zwischen den

Zeilen, seit wir darauf hinwiesen, daß die Löwenmännchen mit den erwachsenen Weibchen ihres Harems nicht verwandt sind.

3. *Ergebnis der Untersuchung:* Die Beobachtungen an Löwen unter natürlichen Bedingungen haben klar gezeigt, daß sich ihr Verhalten mit dem bloßen Prinzip der Arterhaltung nicht in Einklang bringen läßt. Wohl aber paßt es zur Erhaltung des Erbgutes derjenigen Individuen, die sich durchsetzen konnten – und zwar mit gegenseitiger Hilfe und mit rigorosem Vorgehen gegen Konkurrenten, die ein anderes Erbgut tragen. Von dieser Annahme ging ja letztlich auch DARWIN aus, der den Artenwandel als Ergebnis der Selektion begriff, die jeweils die weniger Tüchtigen durch die im Konkurrenzkampf Tauglicheren ersetzt.
Das Löwenbeispiel sollte zeigen, welche Selektionsfaktoren man mindestens berücksichtigen muß, wenn man die heutige Form und die mutmaßliche Evolution von sozialem Verhalten und sozialen Systemen untersuchen und verstehen will.

Regel oder Einzelfall?

So wie wir das Verhalten der Löwen zu erklären versuchten, scheint es bis in feine Schattierungen hinein den besonderen Gesetzmäßigkeiten ihrer Harems-Familienstruktur zu folgen. Auffällig und nach herkömmlicher Lehre der Ethologie unerwartet war das Töten von Artgenossen in Form von Babymord beim Wechsel der Harems-Männchen; unter dem Gesichtspunkt der Gen-Selektion freilich wurde auch dieses Verhalten sofort verständlich.
Nun leben aber zahlreiche andere Tiere ebenso in Harems, bestehend aus vielen erwachsenen Weibchen und weniger oder sogar nur einem erwachsenen Männchen. Die Probleme, die von der Gen-Selektion her anfallen, sind dann dieselben:
1. Rivalität unter den Männchen;
2. Bevorzugen der jeweils eigenen Nachkommen;
3. Interessenkonflikt zwischen den Müttern und den neuen Haremsbesitzern, die nicht die Väter der Jungen sind.
Wie werden sie bei diesen Tieren gelöst?
Soweit bisher Untersuchungen dazu vorliegen, ist die Antwort einfach: Genauso! Wie wir schon wissen, muß man zur Beantwortung derartiger

Fragen viele Jahre lang soziobiologische Daten im natürlichen Lebensraum sammeln. Das hat man, von anderer Fragestellung ausgehend, vor allem für Affen getan.
Die Weißnasen-Meerkatze (*Cercopithecus ascanius schmidti*) bildet in Uganda Gruppen zu etwa 35 Tieren. Eine Gruppe enthält außer den heranwachsenden Jugendlichen ca. 10 erwachsene Weibchen und in der Regel ein erwachsenes Männchen. Jede Gruppe bewohnt ein Revier, das gegen Nachbargruppen verteidigt wird, und zwar besonders von den Weibchen und Jungtieren, die in diesem Revier ortsansässig bleiben. Das erwachsene Männchen muß aus dem Revier weichen, wenn es von einem Rivalen besiegt wird. T. Struhsaker, der diese Tiere seit Jahren beobachtet, schildert, was geschah, als ein neues Männchen den alten Haremsbesitzer verdrängt hatte: Der Neue griff sofort eine Mutter an, die ein neugeborenes Junges trug. Neugeborene Weißnasen haben eine rosafarbene Nase und einen beige-farbenen Schwanz (der bei den Erwachsenen rostrot wird), sind also leicht zu erkennen. Vier Tage lang konnte die Mutter das Männchen abwehren; es bekam Wunden an den Armen und wurde von verschiedenen, auch jugendlichen Gruppenmitgliedern verfolgt. Am Nachmittag des vierten Tages trug das Männchen dann nach einer wilden Jagd durch die Bäume das tote Neugeborene im Maul davon. Es setzte sich in einiger Entfernung von der Gruppe nieder und begann das Junge aufzufressen, wurde wieder von mehreren Weibchen angegriffen und rannte, das Junge im Maul, weiter, bis es abseits Ruhe fand und weiterfraß. Ein knapp drei Monate altes Junges dagegen, das zwar noch den beige-farbenen Schwanz aber schon die weiße Nase der Erwachsenen hatte, wurde von dem neuen Männchen nicht belästigt.
Vier Wochen danach wurde in der Gruppe ein weiteres Junges geboren. Zuerst nahm das Männchen keine Notiz davon. Stunden später jedoch griff er es plötzlich an und tötete es; wieder trug er es, verfolgt von der heftig kreischenden Mutter, im Maul davon und begann dann, abseits von der Gruppe, das Kind aufzufressen, zuerst die Innereien und dann, vom Hinterkopf aus, das Hirn.
Der Neue begann gleich, nachdem er den Harem übernommen hatte, mit mehreren Weibchen zu kopulieren. Als vier Monate später zwei weitere Junge geboren wurden, zeigte er keinerlei Aggressionen gegen sie. Die Tragzeit bei Weißnasen-Meerkatzen ist nicht genau bekannt, müßte aber – was man von verwandten Arten schließen darf – ungefähr 5 Monate betragen. Dann hätten es gerade schon seine eigenen Kinder gewesen sein

können, vor allem dann, wenn Frühgeburten vorkommen. So lange nach der Haremsübernahme wäre es für das Männchen also wahrscheinlich riskant, noch Neugeborene zu töten.

Der Babymord ist hier wie bei den Löwen durchaus verständlich: Die Stillzeit beträgt 18 Monate – so lange müßte ein Männchen warten, bis eine Mutter, die gerade geboren hat, wieder brünstig wird. Da jedoch im Harem etwa 10 erwachsene Weibchen auf ein Männchen kommen, muß die Konkurrenz unter den Männchen um den Besitz der Weibchen sehr stark sein. Das zeigt sich auch bei anderen Gelegenheiten, wenn Männchen einander begegnen. Deshalb sind die Aussichten, lange Zeit Besitzer eines Harems zu bleiben, ziemlich gering; dementsprechend drängt auch hier – wie bei den Löwen – die Zeit. (Das Männchen, von dem oben berichtet wurde, ist schon 6 Monate später von anderen Männchen heftig angegriffen worden.)

Viele Affen haben eine spezielle Babyfärbung, so z. B. alle Meerkatzen-Arten; Pavianbabys sind in den ersten Lebensmonaten ganz schwarz mit rosigem Gesicht; ebenso schwarz sind die Babys der Indischen Hulmane (*Presbytis entellus*), während die Erwachsenen einfarbig graues Fell haben; beim nahe verwandten Brillenlanguren (*Presbytis obscurus*) sind die Babys sogar goldgelb oder fast weiß; der prächtig schwarz-weiß gezeichnete afrikanische Berg-Guereza (*Colobus guereza*) hat weiße Babys. Diese Kind-Färbung mag für die Brutpflegereaktionen der älteren Gruppenmitglieder wichtig sein; aus STRUHSAKER's Beobachtungen geht aber auch hervor, daß sie für das Kind lebensgefährlich wird, wenn der Vater durch einen Rivalen vertrieben wird.

Den Berg-Guereza hat J. OATES genauer beobachtet. Auch dieser ziemlich große Affe lebt in Haremsgruppen mit einem erwachsenen Männchen; und wenn dieses Männchen im Kampf mit einem Rivalen unterliegt, übernimmt der Sieger den Harem und tötet die vorhandenen Babys. Verschiedene Autoren berichten dasselbe vom Indischen Hulman; die ausführlichsten Angaben verdanken wir Frau S. HRDY. Auch Hulmane leben in größeren Trupps mit nur einem erwachsenen Männchen. Besiegt und vertrieben wird es nach 3 bis 5 Jahren Herrschaft entweder von einem einzelnen trupp-fremden Männchen oder von einer Gruppe eindringender jüngerer Männchen, von denen dann eines versucht, die Führung zu übernehmen und seine Kumpane fortzutreiben. Die damit verbundenen Streitereien und Kämpfe hinterlassen Narben und andere Blessuren, an denen man die Individuen im Feld leicht identifizieren kann. Der neue

Sieger geht alsbald daran, alle Babys im Trupp umzubringen. Das dauert viele Tage und braucht oft wiederholte Angriffe auf dasselbe Kind. Kurz danach kopuliert er mit den Mutter-Weibchen, die zwischen 6 und 8 Monaten später erneut gebären. Auch hier sind Männchen nicht etwa grundsätzlich babyfeindlich; im Gegenteil: Hat ein Männchen einmal einen Harem übernommen, so entwickelt er sich bald zu einem mächtigen Beschützer der Jüngsten und stürzt sich geradezu heroisch auf jeden, der ein Kind angreift. Das ist auch von verschiedenen Meerkatzen bekannt; es ist selbst für einen Menschen nicht ungefährlich, einen solchen jungen Affen zu bedrängen oder gar zu fangen.

Weibliche Affen mit neugeborenen Jungen gehen fremden Männchen sorgfältig aus dem Wege oder greifen sie heftig an; brünstige Weibchen ohne Junge hingegen fordern auch fremde Männchen zur Begattung auf. Weibliche Tiere sind also nicht generell feindlich gegen fremde Männchen eingestellt; es sind nur die Mütter, die ihre Jungen zu verteidigen suchen. Zuweilen schließen sich mehrere Mütter zusammen und wehren gemeinschaftlich die Angriffe des Männchens ab. Andere Mütter, in erster Linie ältere Tiere, verlassen mit ihren Babys für einige Zeit ihren Trupp.

Aus diesen gut erfaßten Historien, soziologischen Grundstrukturen und Umschichtungen wird klar, daß Sippen- oder Gen-Selektion hier in der Tat ein wichtiger Evolutionsfaktor ist: Die Individuen fördern die Erhaltung und Ausbreitung ihres eigenen Erbgutes, aber nicht primär die Erhaltung der Art. Das zeigt sich besonders eindringlich an den Situationen, in denen es zum Baby-Mord (englisch = *infantizid*) kommt. Wichtig bei unserer Interpretation ist, daß wir die Situation genau genug kennen; Einzelfälle, in denen erwachsene Affenmänner Kinder umbrachten, sind viele bekannt geworden: Von Weißbartlanguren, Rhesusaffen, Javaneraffen, Bärenmakaken, Mantelpavianen, Bärenpavianen und Schimpansen. Die Vermutung liegt nahe, daß es regelmäßig Männchen sind, die einen Rivalen aus der Fortpflanzungsgruppe verdrängten und den von ihm hinterlassenen Nachwuchs beseitigten, soweit er ihrem eigenen Nachwuchs im Wege war.

Töten von Artgenossen kommt also jedenfalls regelmäßig vor. Dennoch ist es selten, weil die Bedingungen, die dazu führen, selten sind. Und nicht immer verläuft es so dramatisch, wie in den bisher geschilderten Fällen; es gibt auch indirekte subtilere Methoden, die dann auch für den Beobachter schwerer zu durchschauen sind. Wir wollen auch dafür ein typisches Beispiel anführen.

Der Bruce-Effekt

Im Jahre 1959 fand H. Bruce bei Haus-Mäusen einen merkwürdigen Einfluß der Männchen auf die Weibchen, der zu einem Schwangerschafts-Block führt: Wenn ein Mäuseweibchen begattet wird, aber dann in den folgenden zwei oder drei Tagen nur mit einem anderen Männchen und nicht mehr mit dem zusammentrifft, das sie begattet hatte, dann wird die beginnende Schwangerschaft abgebrochen und das Weibchen wird nach wenigen Tagen wieder brünstig. Man hat nachgewiesen, daß diese Wirkung über Geruchsstoffe aus dem männlichen Urin entsteht; es genügt schon, dem Weibchen Streu aus dem Käfig eines fremden Männchens zu geben. Notwendig ist auch, daß gleichzeitig der Geruch des ersten Männchens verschwindet, das neue Männchen also nicht nur hinzukommt, sondern das erste ersetzt. Man weiß, welche Hormonsysteme des Weibchens darauf reagieren und wie man durch gezielte Hormongaben den Bruce-Effekt verhindern kann. Das ist ein höchst interessantes Arbeitsfeld für Physiologen.

Uns interessiert hier jedoch in erster Linie die bislang kaum untersuchte Frage, worin eigentlich der biologische Nutzen dieser Erscheinung liegt. Mäuse leben in Harems, ein erwachsenes Männchen hat also mehrere Weibchen bei sich. Wie lange ein Männchen einen Harem besitzt, wie stark der Konkurrenzdruck von Rivalen ist, weiß man nicht. Wäre er hoch, dann hätten wir eine vergleichbare Situation wie bei den soeben beschriebenen Tieren: Das Männchen müßte versuchen, in kurzer Zeit viele Nachkommen mit den Weibchen zu zeugen. Es würde ihm hier aber keinen Zeitgewinn einbringen, wenn er wie die Löwen oder Affen die neugeborenen Jungen umbrächte; denn Mäuseweibchen werden nicht erst am Ende der Brutpflege, sondern sofort nach der Geburt brünstig. Das neue Männchen muß nicht warten, bis das Weibchen mit der Brutpflege fertig ist, sondern nur, bis ihre Schwangerschaft zu Ende ist. Zeit gewinnen läßt sich also nur durch Schwangerschaftsabbruch. Und genau das passiert, wenn ein neues Männchen den Harem übernimmt, ein Weibchen also dem alten Männchen nicht mehr begegnet. Vom Männchen her gesehen ist der Bruce-Effekt demnach biologisch nützlich.

Jedoch entsteht in diesem Fall die für das Männchen nützliche Wirkung durch eine Reaktion des Weibchens. Warum aber spielt das Weibchen überhaupt mit? Welchen Vorteil hat es davon? Das ist bislang unbekannt. Hingegen weiß man durch viele Vergleichsuntersuchungen, daß der

Bruce-Effekt besonders deutlich, das heißt in einem besonders hohen Prozentsatz der Fälle auftritt, wenn das erste und das zweite Männchen genetisch sehr verschieden sind. Mäuse werden ja zu medizinischen Zwecken in vielerlei genetisch bekannten Stämmen gezüchtet. Je ähnlicher nun die Männchen genetisch sind, desto mehr verschwindet der Bruce-Effekt. Das ist nach der Gen-Selektion vom Gesichtspunkt der Männchen her zu erwarten; denn in reinen Stämmen sind die Tiere auch genetisch identisch.

Das gibt übrigens einen Hinweis auf die zu erwartende Konsequenz bei der Haustierzüchtung im Hinblick auf das soziale Verhalten der Tiere: Was wir als hochentwickeltes Sozialverhalten bezeichnen, ist ja weitgehend eine Abstufung sozialer Hilfeleistungen und Konkurrenzen gemäß der unterschiedlichen genetischen Verwandtschaft zwischen den Individuen. Wenn solche genetischen Verwandtschafts-Unterschiede nun nivelliert werden, dann müßten auch die verwandtschafts-spezifischen sozialen Beziehungen nivelliert werden. Denn es kommt ja im Grunde nicht auf die Kooperation mit einem Individuum an, sondern auf die Kooperation zwischen Genen in verschiedenen Individuen. Je mehr Individuen mit gleichen Genen in einer Sozietät vorhanden sind, desto unerheblicher wird eine Auswahl zwischen diesen Individuen. Man kann deshalb vermuten, daß der von manchen Autoren beklagte Verfall sozialer Ordnungen, der im Zuge der sogenannten Verhaustierung auftritt, zum großen Teil auf das Konto der Gen-Selektion geht und, so betrachtet, kein Verfall, sondern eine gute Strategie ist.

Soziobiologie von Bienen und Ameisen

Die Berechnung der Verwandtschaft zwischen Individuen und ihre Anwendung auf das Sozialverhalten, die wir jetzt an mehreren Fällen besprochen haben, hat Hamilton ursprünglich für eine ganz andere Tiergruppe entwickelt, nämlich für die staatenbildenden Bienen, Ameisen und andere soziale Hautflügler. Diese Insekten haben sterile Arbeiterinnen und Soldaten als eigene Kasten. Das ließ sich bisher im Rahmen der Selektionstheorie schwer erklären. Wie kann die Selektion Kinderlosigkeit begünstigen, wenn sie Nachkommenzahlen bewertet?

Darwin hat dieses Problem natürlich auch gesehen. Ihm schien die Entstehung der Sterilität ein geringeres Problem, das er in seinem Buch über »Die Entstehung der Arten« mit wenigen Zeilen abtut. Auch in seiner »Abstammung des Menschen« weist er auf die sozialen Tugenden Mut und Selbstaufopferung hin, die er mit seiner Theorie nicht erklären konnte. Als großes Problem dagegen wertete er die Frage, wie die besonderen Eigenschaften der Insekten-Arbeiterinnen durch ihre fruchtbaren Geschwister offenbar in latenter Form – also ohne direkt dem Zugriff der Selektion ausgesetzt zu sein – an die nächste Generation weitergegeben werden. Er und die meisten Biologen, die seinen Ideen folgten, umgingen das Problem, indem sie den Insektenstaat insgesamt als eine Fortpflanzungseinheit betrachteten. Es ist einleuchtend, daß im Wettbewerb zwischen Kolonien oder Gruppen diejenige im Vorteil ist, die mehr zur Selbstaufopferung bereite Soldaten besitzt. Eine Zwischen-Gruppen-Selektion (englisch = *intergroup selection*) würde den Einsatz des Lebens prämiieren; aber im Wettbewerb zwischen den Individuen innerhalb einer Gruppe (englisch = *intragroup selection*) wären die opferbereiten Individuen im Nachteil. Das heißt: Es ist ein Vorteil, Soldaten zu haben, aber nicht, Soldat zu sein. DARWIN konnte dieses Problem nicht lösen. Immerhin sah er, daß Selbstaufopferung und andere Eigenschaften der sterilen Arbeiterkaste auf jeden Fall für LAMARCK's Theorie eine noch größere Schwierigkeit bieten. LAMARCK nahm eine Vererbung erworbener Eigenschaften an, und die Individuen, um deren Eigenschaften es hier ging, hätten sie zwar erwerben, aber bestimmt nicht weitergeben können.

Schon 10 Jahre nach DARWIN's Buch nahm WEISMANN das Problem auf und schrieb: »Offensichtlich fördert es die Evolution der Arbeiter, wenn alle im Stock von einer Königin stammen, d. h. wenn sie alle gleich oder fast gleich sind«.

Die Verwandtschaftsgrade

Bienen, Ameisen, Hummeln und Wespen haben außer ihrem Staatsleben noch eine weitere biologische Besonderheit, durch die sie sich von den übrigen Insekten und den meisten anderen Tieren überhaupt unterscheiden: Bei ihnen stammen die Weibchen aus befruchteten Eiern, die Männchen aber aus unbefruchteten. Deswegen haben die Weibchen zwei Chromosomensätze, sie sind diploid, die Männchen aber haben nur einen Chromosomensatz, sie sind haploid. Weibliche Tiere haben zwei Eltern,

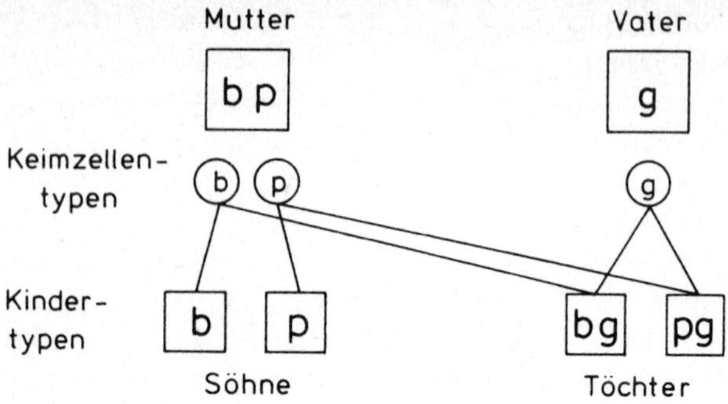

Mögliche Verwandtschaften (r) zwischen Söhnen

	b	p
b	1	0
p	0	1

$\bar{r} = \frac{2}{4} = \frac{1}{2}$

Mögliche Verwandtschaften (r) zwischen Töchtern

	bg	pg
bg	1	$\frac{1}{2}$
pg	$\frac{1}{2}$	1

$\bar{r} = \frac{3}{4}$

Mögliche Verwandtschaften (r) der Brüder mit Schwestern

	b	p
bg	1	0
pg	0	1

$\bar{r} = \frac{2}{4} = \frac{1}{2}$

Mögliche Verwandtschaften (r) der Schwestern mit Brüdern

	bg	pg
b	$\frac{1}{2}$	0
p	0	$\frac{1}{2}$

$\bar{r} = \frac{1}{4}$

9. Bei Bienen, Ameisen und anderen sozialen Hautflüglern entstehen Männchen aus unbefruchteten Eiern, haben also nur einen Chromosomensatz weiterzugeben. Die Übersicht zeigt die im Text erläuterten möglichen und mittleren Verwandtschaftsgrade unter Brüdern und unter Schwestern sowie die unsymmetrische Verwandtschaft zwischen Schwestern und Brüdern.

männliche haben keinen Vater und folglich auch keine Söhne.
Das führt nun zu einigen Merkwürdigkeiten in den Verwandtschaftsbeziehungen zwischen Geschwistern sowie zwischen Eltern und Kindern. Wir können die Verwandtschaftsgrade leicht nach dem früher schon angewendeten Schema ausrechnen (Abb. 9):
Weibchen bekommen je eine Hälfte ihres Erbgutes von der Mutter, die andere vom Vater. Die Wahrscheinlichkeit, daß zwei Schwestern denselben Chromosomensatz von der Mutter haben, beträgt 0,5, denn die Mutter besitzt zwei Chromosomensätze. Der Vater aber hat nur einen Satz; die Wahrscheinlichkeit, daß zwei Schwestern vom Vater denselben Chromosomensatz bekommen, ist also = 1. Es ergibt sich ein Verwandtschaftsgrad zwischen Schwestern von

$$\tfrac{1}{2} \cdot 0{,}5 + \tfrac{1}{2} \cdot 1 = \tfrac{3}{4}.$$

Da die Mutter nur einen ihrer beiden Chromosomensätze an jede Tochter weitergeben kann, beträgt die Verwandtschaft zwischen Mutter und Tochter $\frac{1}{2}$. Demnach sind also Schwestern untereinander näher verwandt als Mutter und Tochter.
Männchen dagegen bekommen ihr ganzes Erbgut ($\frac{1}{1}$) von der Mutter. Die Wahrscheinlichkeit, daß zwei Brüder denselben Chromosomensatz von der Mutter bekommen, ist 0,5; die Verwandtschaft zwischen Brüdern beträgt also $1 \cdot 0{,}5 = \frac{1}{2}$.
Kompliziert liegen die Verhältnisse zwischen Geschwistern verschiedenen Geschlechts. Die Brüder haben genetisch entweder alles oder nichts mit einer Schwester gemeinsam; der mittlere Verwandtschaftsgrad zwischen Bruder und Schwester beträgt also vom Bruder aus gesehen $\frac{1+0}{2} = \frac{1}{2}$ (wie zwischen Brüdern).
Anders sieht das vom Standpunkt der Schwester her aus: Sie kann mit einem Bruder nur jene Hälfte ihres Erbgutes ($\frac{1}{2}$) gemeinsam haben, die sie von der Mutter bekam (für die vom Vater stammende gibt es beim Bruder keine Entsprechung); und die Wahrscheinlichkeit, daß beide denselben Chromosomensatz von der Mutter bekamen, ist 0,5. Also beträgt die Verwandtschaft zwischen Schwester und Bruder von der Schwester her gesehen $\frac{1}{2} \cdot 0{,}5 = \frac{1}{4}$. Das heißt, ein Bruder ist mit seiner Schwester näher verwandt als sie mit ihm, wenn der Verwandtschaftsgrad – wie hier definiert – die Wahrscheinlichkeit kennzeichnet, eins der eigenen Gene auch im Partner zu finden.

Eine weitere verwandtschaftliche Unsymmetrie besteht zwischen Vater und Tochter: Töchter haben die Hälfte ihres Erbgutes vom Vater bekommen, sind mit ihm also $\frac{1}{2}$ verwandt (d. h. ein bestimmtes Gen, das sie in sich finden, kann ebensogut von der Mutter wie vom Vater stammen). Aber das ganze Erbgut des Vaters steckt auch in der Tochter, Väter stehen mit Töchtern also im Verwandtschaftsgrad 1.

Wenn nun ein Individuum für soziale Hilfeleistungen jeweils die ihm nächst verwandten Individuen bevorzugt, weil es damit seinem eigenen Erbgut den größten Vorteil verschafft, dann müßten hier weibliche Tiere bevorzugt für ihre Schwestern sorgen, mit denen sie $\frac{3}{4}$ verwandt sind, anstatt für eigene Junge, mit denen sie ja nur $\frac{1}{2}$ verwandt wären. Und genau das geschieht tatsächlich: Die Staaten der Bienen, Ameisen und anderen Hautflügler bilden sich ja gerade dadurch, daß die weiblichen Nachkommen einer Königin auf eigene Nachkommen verzichten und als sterile Arbeiterinnen die weiteren Eier und Larven ihrer Mutter pflegen, aus denen wieder Schwestern schlüpfen. Die bislang nie richtig beantwortete Frage, wie eine Selektion, die Nachkommen zählt, zur Sterilität von Individuen führen kann, ist damit erstmals befriedigend gelöst.

Die Arbeiterinnen pflegen und füttern aber nicht nur ihre Schwestern, sondern auch die Mutter (Königin), obwohl sie mit dieser nur $\frac{1}{2}$ verwandt sind. Das ist sozusagen Mittel zum Zweck, denn nur über die Mutter können sie ja zu weiteren Schwestern kommen. Man hat begonnen, verschiedene Begriffe zu prägen, um die an verschiedene Adressaten gerichteten sozialen Hilfen zu unterscheiden. So spricht man von eusozialem (= echt sozialem) Verhalten, wenn Kinder den eigenen Eltern bei weiterer Fortpflanzung helfen, und von semisozialem (= halb-sozialem) Verhalten, wenn Geschwister einander helfen.

Nun könnte man fragen, warum gerade die Weibchen brutpflegen; die Männchen wären doch mit ihren Töchtern sogar $\frac{1}{1}$ verwandt. Doch können Männchen erst dann Töchter pflegen, wenn sie welche haben, also erst nach ihrer eigenen Geschlechtsreife; Geschwister hingegen wachsen in der gleichen Generation nebeneinander auf. Außerdem dürften Männchen keine Söhne pflegen, da sie mit ihnen gar nicht verwandt sind; da auch Schwestern ihre Brüder benachteiligen werden, sind Männchen insgesamt schlechter dran. Väter wie Schwestern sollten weibliche Tiere so deutlich bevorzugen, daß zu wenig Männchen für eine effektive Brutpflege da wären. Bei Bienen kommt noch hinzu, daß das Männchen die Kopula mit dem Leben bezahlt, da ein Teil seines Genitalapparates am

Weibchen verankert bleibt; es erlebt also seine Töchter gar nicht mehr.

Verwandtschaft auf der Waage

Wenn ein Tier vor der Entscheidung steht, einem nahen Verwandten oder einem entfernteren Verwandten zu helfen, sollte es sich der HAMILTONschen Theorie zufolge für den näheren Verwandten entscheiden. Das gilt, wie gesagt für den Fall, daß es nur einem von beiden helfen kann. Oft sieht es aber anders aus: Das Tier kann durchaus mehreren anderen helfen, z. B. Futter geben, und dann wäre zu erwarten, daß es seine Hilfe entsprechend dem Verwandtschaftsgrad aufteilt, also dem nächsten Verwandten mehr hilft (ihm mehr Futter bringt) als dem entfernteren Verwandten.

Durch diesen Gedankengang sind R. TRIVERS und H. HARE auf eine bestechende Idee gekommen: Wenn die brutpflegenden Arbeiterinnen mit ihren Schwestern $\frac{3}{4}$, mit ihren Brüdern aber $\frac{1}{4}$ verwandt sind, dann müßte man erwarten, daß sie ihre Brutpflegeaktivität im Verhältnis 3:1 zwischen Schwestern und Brüdern aufteilen. Da diese Brutpflegeaktivität vorwiegend im Füttern besteht und da die Gefütterten dadurch wachsen, sollte sich eigentlich an der heranwachsenden Menge von Schwestern und Brüdern ablesen lassen, wie die Arbeiterinnen ihre Brutpflegeaktivität aufgeteilt haben. Man könnte versuchen, einfach die weiblichen und männlichen Geschwister abzuzählen; aber da sie verschieden groß sind und deshalb pro Kopf verschieden viel Futter brauchen, und da außerdem ihre Körper verschieden viel Wasser enthalten, ist es korrekter, nicht die Individuen-Anzahlen, sondern die im Staat vorhandene Trockenmasse an Männchen und Weibchen durch Abwiegen zu bestimmen. Auf diese Weise haben TRIVERS und HARE nun 20 Ameisenarten überprüft und tatsächlich ein Massenverhältnis zwischen Weibchen und Männchen von 3:1 gefunden. Bei 5 Hummelarten war das Ergebnis nicht ganz so klar; hier gab es Verhältnisse sogar von 3,1:1 neben anderen von nur 1,2:1, doch waren die Untersuchungsbedingungen noch nicht ideal, so daß man diese Werte als vorläufig ansehen muß. Außerdem werden wir im nächsten Kapitel sehen, daß das Geschlechtsverhältnis davon abhängt, woher die Männchen stammen.

Dieses Ergebnis, so hübsch es ist, besagt jedoch für den Forscher noch nicht viel. Denn ein solches verschobenes Geschlechtsverhältnis könnte ja auch durch irgendwelche andere Faktoren als gerade durch die Brutpflege der Arbeiterinnen zustande gebracht werden. Solche Zweifel lassen sich beseitigen, wenn man Vergleichswerte für Situationen findet, in denen der Einfluß der Arbeiterinnen auf ihre Geschwister ausgeschaltet ist. Zwei Wege dazu boten sich an:

Erstens gibt es nicht-sozial lebende Bienen und Wespen. Hier legt das befruchtete Weibchen allein das Nest an, legt Eier in die Waben und versorgt sie mit Pollen, Nektar oder – falls es sich um Raubwespen handelt – mit Beute. Aus diesen Nestern solitärer Bienen und Wespen gehen tatsächlich Weibchen und Männchen im Verhältnis 1:1 hervor.

Zweitens gibt es die berühmten Sklavenhalter-Ameisen. Sie unternehmen Raubzüge in die Nester anderer Ameisen, rauben dort Puppen, schleppen sie heim und lassen ihre eigenen Jungen von den ausgeschlüpften geraubten Arbeiterinnen aufziehen. Diese versklavten Arbeiterinnen sind mit ihren Pflegekindern überhaupt nicht verwandt; wohl aber sind sie, wenn sie nicht geraubt wurden, im eigenen Staat mit den dort aufwachsenden Geschwistern wie üblich verwandt, das heißt mit Schwestern $\frac{3}{4}$, mit Brüdern $\frac{1}{4}$. Eine solche häufig versklavte Ameise ist *Leptothorax curvispinosus.* Sie zieht im eigenen Staat Weibchen und Männchen im Verhältnis 3:1 auf. Im fremden Staat jedoch (meist bei der Ameisenart *Leptothorax duloticus*), wohin die Arbeiterinnen entführt wurden, gibt es diesen Unterschied nicht; hier wachsen unter ihrer Pflege Weibchen und Männchen im Verhältnis 1:1 auf. Die Königin legt also auch hier gleich viele befruchtete wie unbefruchtete Eier. Ferner lehrt das Beispiel, daß Ameisen die vorhandene oder fehlende Verwandtschaft nicht direkt erkennen, sondern sich auf Indizien verlassen; z. B. darauf, daß die Kolonie, in der sie schlüpfen, ihrer Mutter gehört.

Interessenkonflikte und Sozialstruktur

Bei den staatenbildenden Bienen und Ameisen ist das Erbgut eines bestimmten Individuums verschieden weit unter den Angehörigen dieser Großfamilie verbreitet. Wir geben noch einmal eine Übersicht in tabellarischer Form und stellen die Verwandtschaftsgrade, die zwischen einem Weibchen und den anderen Familienangehörigen bestehen, den entsprechenden Verwandtschaftsgraden gegenüber, die vom Männchen aus gesehen zu den anderen Familienangehörigen bestehen.

Es ist klar, daß ein Männchen nur Interesse an befruchteten Eiern hat,

	Verwandtschaftsgrad vom Weibchen	Männchen
mit: Mutter	$\frac{1}{2}$	1
Vater	$\frac{1}{2}$	0
Schwester	$\frac{3}{4}$	$\frac{1}{2}$
Bruder	$\frac{1}{4}$	$\frac{1}{2}$
Tochter	$\frac{1}{2}$	1
Sohn	$\frac{1}{2}$	0
Neffe	$\frac{3}{8}$	$\frac{1}{4}$
Enkel	$\frac{1}{4}$	$\frac{1}{2}$

denn unbefruchtete tragen sein Erbgut überhaupt nicht. Also sollten die Spermien dieses Männchens kein Ei unbefruchtet lassen. Allerdings ist nicht zu erwarten, daß Spermien einen großen Einfluß geltend machen können, wenn das Weibchen durch einen Muskelverschluß den Spermavorrat, den sie in einer Tasche im Körper trägt, absperren und Eier auch unbefruchtet ablegen kann.

Das befruchtete Weibchen (also die Königin) ist mit Töchtern und Söhnen gleich verwandt und wird ein ausgewogenes Geschlechtsverhältnis unter ihren Kindern herstellen.

Für ein unbefruchtetes Weibchen, also eine Arbeiterin (Tochter der Königin) gibt es immerhin die Möglichkeit, unbefruchtete Eier zu legen, aus denen dann natürlich nur Männchen entstehen können. Mit einem solchen Sohn ist die Arbeiterin, die das Ei produzierte, $\frac{1}{2}$ verwandt, also viel mehr als mit einem Bruder. Wenn sie nun vor der Wahl steht, Sohn oder Bruder zu pflegen, müßte sie sich für den Sohn entscheiden. Selbst eine Schwester derjenigen Arbeiterin, die das Ei legte, ist mit dem daraus hervorgehenden Sohn (also ihrem Neffen) $\frac{1}{2} \cdot \frac{3}{4} = \frac{3}{8}$ verwandt, also immer noch mehr als mit einem ihrer Brüder. Auch sie würde also lieber Neffen als Brüder aufziehen. Deshalb werden alle Arbeiterinnen lieber ihre Söhne als Söhne ihrer Mutter pflegen. Tatsächlich stammen die Männchen der Papierwespen, der Hummeln, der stachellosen *Trigona*-Bienen sowie der Ameisenarten der Gattungen *Oecophylla* und *Myrmica* aus Arbeiterinnen-Eiern und nicht etwa aus unbefruchteten Eiern der Königin. Das

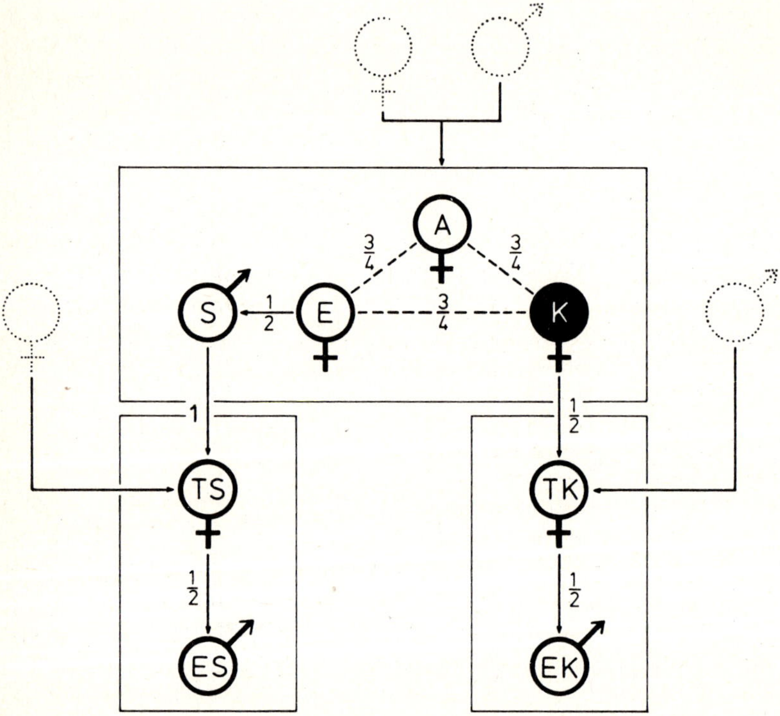

10. Genfluß-Diagramm für sozial lebende Hautflügler (Ameisen, Bienen). Die Arbeiterin A hat eine Schwester E, welche unbefruchtete Eier legt, aus denen Söhne (S) hervorgehen. Diese Söhne begatten Weibchen (punktiert) und zeugen so Töchter (TS), deren männliche Nachkommen Enkel der Söhne (ES) sind. Eine andere Schwester von A und E wird Königin (K); begattet von einem Männchen (punktiert) legt sie Eier, aus denen Töchter der Königin (TK) hervorgehen. Nachkommen dieser Töchter sind die Enkel der Königin (EK). – Der Verwandtschaftsgrad r steht als Zahl an den Verbindungslinien und Pfeilen zwischen den betreffenden Individuen. Durch Multiplizieren dieser Zahlen erhält man weitere Verwandtschaftsgrade: A ist mit ES $\frac{3}{4} \cdot \frac{1}{2} \cdot 1 \cdot \frac{1}{2} = \frac{3}{16}$ verwandt.

weiß man seit langem, konnte sich aber bisher keinen Reim darauf machen.

Wenn allerdings regelmäßig die weiblichen Tiere im Stock von der Königin stammen, die männlichen aber aus Eiern der Arbeiterinnen, dann sollten die nicht-legenden Arbeiterinnen Weibchen und Männchen – in diesem Fall also Schwestern und Neffen – im Verhältnis 1:1 aufziehen. Um das zu verstehen, muß man sich klarmachen, auf welchen Wegen das Erbgut eines Individuums in die nächste Generation gelangt (Abb. 10). Das Erbgut einer nicht-legenden Arbeiterin kann nur auf dem Umweg über eine eierlegende Schwester weitergegeben werden, und das, entsprechend dem Verwandtschaftsgrad, nur mit der Wahrscheinlichkeit $\frac{3}{4}$. Wenn diese Schwester zur Königin wird (also befruchtet wurde) und Eier legt, gibt sie mit der Wahrscheinlichkeit $\frac{3}{4}$ Erbgut ihrer Arbeiterin-Schwester weiter; und zwar nun wieder mit der Wahrscheinlichkeit $\frac{1}{2}$ an jede Tochter. Eigene Söhne hat die Königin in diesem System nicht; Männchen treten erst aus Eiern einer ihrer Töchter wieder auf, und mit denen ist die Königin $\frac{1}{4}$ verwandt. Eine nicht-legende Arbeiterin findet also ihr Erbgut durch eine Schwester, die Königin wurde, insgesamt mit der Wahrscheinlichkeit

$$\frac{3}{4} \cdot \frac{1}{2} + \frac{3}{4} \cdot \frac{1}{4} = \frac{9}{16}$$

in deren Nachkommen wieder.

Außerdem geht ihr Erbgut noch direkt über die Söhne einer nichtbefruchteten eierlegenden Schwester-Arbeiterin an die nächste Generation weiter. Mit einem Sohn ihrer Schwester, also ihrem Neffen, ist sie $\frac{3}{8}$ verwandt. Dieser Neffe wiederum gibt das Erbgut mit der Wahrscheinlichkeit 1 an seine Töchter und mit der Wahrscheinlichkeit $\frac{1}{2}$ an Söhne seiner Töchter weiter; insgesamt geht das Erbgut seiner Tante also zu

$$\frac{3}{8} \cdot 1 + \frac{3}{8} \cdot \frac{1}{2} = \frac{9}{16}$$

an seine Nachkommen über. Wie man sieht, stehen die Chancen genau gleich: beide Male $\frac{9}{16}$. Für die Ausbreitung ihres eigenen Erbgutes ist einer Arbeiterin, die selbst keine Eier legt, eine Schwester so wertvoll wie ein Neffe, also jedes aufzuziehende Weibchen im Stock so wertvoll wie jedes Männchen; sie würde also kein Geschlecht benachteiligen oder bevorteilen.

Die selbst Eier legenden Arbeiterinnen hingegen geben ihr Erbgut direkt über ihre Söhne weiter. Mit einem Sohn sind sie $\frac{1}{2}$ verwandt. Er gibt es mit der Wahrscheinlichkeit 1 an seine Töchter und mit der Wahrscheinlichkeit $\frac{1}{2}$ an einen Sohn dieser Töchter weiter. Also geht das Erbgut einer solchen eierlegenden Arbeiterin insgesamt mit der Wahrscheinlichkeit

$$\frac{1}{2} \cdot 1 + \frac{1}{2} \cdot \frac{1}{2} = \frac{12}{16}$$

an Nachkommen ihres Sohnes weiter. Über eine Schwester wird ihr Erbgut wie oben angegeben mit der Wahrscheinlichkeit $\frac{9}{16}$ weitergegeben. Selbstlegende Arbeiterinnen werden also ein Geschlechtsverhältnis anstreben von

$$\frac{9}{16} : \frac{12}{16} \quad \text{also } 3 : 4.$$

Deshalb sind andere Geschlechtsverhältnisse als 3 : 1 zu erwarten, wenn Männchen nicht nur von der Königin stammen und wenn sowohl die selbst Eier legenden wie die nicht-legenden Arbeiterinnen an der Aufzucht beteiligt sind. TRIVERS und HARE haben die Kurven für alle möglichen daraus sich ergebenden Mischungsverhältnisse errechnet. Uns mag hier genügen, daß Unterschiede in der Zahl eierlegender und brutpflegender Arbeiterinnen sich sofort auf das Geschlechtsverhältnis und damit auf die soziale Struktur und das soziale Verhalten dieser Tiere auswirken.

Ein Arbeiterinnen-Sohn trägt nur $\frac{1}{4}$ des Erbgutes seiner Großmutter (der Königin) in den nächsten Staat, den er durch Befruchten eines Weibchens gründen hilft. Ein Sohn der Königin jedoch trüge $\frac{1}{2}$ ihres Erbgutes in sich. Für die Königin wäre es also vorteilhafter, wenn ihre Söhne und nicht ihre Enkel (also die Söhne einer Arbeiterin) aufgezogen würden. Das bedeutet, daß die Mutter und ihre Töchter entgegengesetzte Interessen in bezug auf die großzuziehenden Männchen haben. Da die Arbeiterinnen die Pflege ausüben und nicht die Königin, werden die Arbeiterinnen auch die Entscheidung treffen, wen sie pflegen. Will die Königin dennoch ihre eigenen Söhne bevorteilen, muß sie die Arbeiterinnen an der Entscheidung hindern, z. B. sie vor vollendete Tatsachen stellen. Bei den Feldwespen (*Polistes*) gelingt das der Königin: Sie schaltet die Konkurrenz der Enkel aus, indem sie die von Arbeiterinnen gelegten Eier zerstört.

Das setzt wiederum voraus, daß sie diese Arbeiterinnen-Eier von eigenen unterscheiden kann. Diese Fähigkeit erwirbt die *Polistes*-Königin früh in ihrem Leben durch einen prägungsähnlichen Vorgang: Sie berührt die ersten selbstgelegten Eier mit den Antennen und frißt auch eins oder zwei davon. Wenn man sie daran hindert, diese ersten Erfahrungen zu machen, kann sie später eigene Eier nicht von denen ihrer Töchter unterscheiden. Außerdem zerstört sie kein Ei mehr, wenn es älter als 3 Stunden ist; wenn Arbeiterinnen es also schaffen, ihr Ei 3 Stunden lang geheim zu halten, ist es gerettet. Das gelingt um so eher, je größer ein Nest ist, denn desto weniger leicht kann die Königin ständig das ganze Nest überwachen.

Statt die gelegten Arbeiterinnen-Eier zu entdecken, kann die Königin auch versuchen, die Arbeiterin zu finden, die solche Eier legt. Da ein eierlegendes Weibchen mehr Nahrung braucht, wäre es daran zu erkennen, daß es intensiver bettelt aber weniger leicht andere füttert. Die Königin sollte solche unsozialen Weibchen umbringen. Umgekehrt werden die Arbeiterinnen danach trachten, die Königin umzubringen, sollte diese gegen Ende ihres Lebens keine Spermien mehr in sich tragen und dann nur noch unbefruchtete Eier legen, aus denen Männchen werden. Denn weitere Arbeiterinnen produziert die Königin dann sowieso nicht mehr, und Männchen können die Arbeiterinnen selbst erzeugen, mit denen sie außerdem näher verwandt sind. Wenn zudem noch eine der Arbeiterinnen befruchtet wird (was bei einigen Arten vorkommt, sobald die Königin ausfällt), kann die Kolonie über den Tod der alten Königin hinaus fortbestehen, wenn auch mit veränderten Verwandtschaftsverhältnissen.

Bisher vorliegende Beobachtungen zeigen, daß alle diese genannten Möglichkeiten, das eigene Erbgut auszubreiten und das Geschlechterverhältnis zu beeinflussen, tatsächlich vorkommen. Die Königin kann Arbeiterinnen-Eier zerstören, die Arbeiterinnen können unbefruchtete Eier der Königin zerstören. Bei der Ameise *Myrmica rubra* beißen die Arbeiterinnen Larven tot, um die Entwicklung von Geschlechtstieren zu steuern. Adulte Tiere umzubringen ist jedoch schwieriger; dementsprechend lassen die Arbeiterinnen vieler Ameisen erwachsene Männchen langsam verhungern.

Wir wollen hier nicht weiter auf andere Formen sozialen Lebens eingehen, die sich bei den Hautflüglern auch noch finden. Es gibt Kolonien mit mehreren Königinnen; es gibt einjährige und mehrere Jahre überdauernde Kolonien – alles das beeinflußt die bisher schon vorgeführten sozialen Beziehungen. Wir müssen uns begnügen, die allgemeinen Gesichtspunkte herauszustellen, die zum Verständnis solcher Sozietäten unerläßlich sind. Eine letzte Frage allerdings, die Bienenkenner jetzt wohl stellen werden, müssen wir noch zu beantworten suchen.

Wie viele Väter hat ein Bien?

Der Bien ist eine alte Imkerbezeichnung für den ganzen Stock, ein ganzes Bienenvolk. Dieser Name drückt aus, wie sehr das Volk als Einheit gesehen wird, als Super-Organismus, in dem die Einzelindividuen wie Organe zusammenarbeiten. Die Voraussetzung für diese Zusammenarbeit scheint in den besonderen Verwandtschaftsverhältnissen zwischen den Mitgliedern der verschiedenen Kasten gegeben, wie im vorigen Kapitel besprochen.

Wie wir an den Löwen sahen, hängen die Verwandtschaftsverhältnisse in der Familiengruppe davon ab, wie viele Elterntiere an ihr beteiligt sind. Und wir haben bisher vereinfachend angenommen, daß ein Bienenstaat nur eine Mutter und nur einen Vater hat. Richtig ist, daß nur eine Mutter vorhanden ist, die Königin. Begattet wird die Königin nur auf ihrem Hochzeitsflug; aber von wie vielen Männchen wird sie begattet? Manche Autoren nehmen die Begattung durch ein Männchen an. Die Königin als Stockmutter legt aber im Laufe eines Jahres 100 000 bis 150 000 Eier; während ihres vier- bis fünfjährigen Lebens produziert sie also 400 000 bis 750 000 Eier, und man hat sich gefragt, ob denn die von einem einzigen Männchen übertragene Spermamenge dafür ausreichen kann. Tatsächlich vereinigt sich nach neueren Beobachtungen die Königin auf ihrem Hochzeitsflug mit 6 bis 8 Männchen. Der Bien hat also eine Mutter und mehrere Väter. Wie aber sehen dann die Verwandtschaftsverhältnisse unter den Stockmitgliedern aus?

Von der Anzahl der Väter unbeeinflußt bleibt der Verwandtschaftsgrad $\frac{1}{2}$ zwischen der Mutter und ihren Kindern, gleich welchen Geschlechts. Ebenso unbeeinflußt bleibt der Verwandtschaftsgrad $\frac{1}{4}$ der Schwestern gegenüber ihren Brüdern (bzw. $\frac{1}{2}$ der Brüder gegenüber ihren Schwestern, weil Bruder und Schwester ja nur über die Mutter miteinander verwandt sind; Söhne stammen aus unbefruchteten Eiern und haben keinen Vater). Beeinflußt wird aber der Verwandtschaftsgrad der Schwestern untereinander. Haben alle denselben Vater, sind sie $\frac{3}{4}$ verwandt. Das andere Extrem wäre, daß keine zwei Schwestern denselben Vater haben (jedes Ei also von einem anderen Männchen besamt worden wäre); dann sind auch sie nur über die Mutter verwandt, also $\frac{1}{4}$. Da dieser Extremfall sicher nicht eintritt, werden Schwestern untereinander also immer etwas näher verwandt sein als Schwestern mit Brüdern.

Je mehr Männchen die Königin begatten, desto mehr bewegt sich der Verwandtschaftsgrad unter den Töchtern von $\frac{3}{4}$ weg auf $\frac{1}{4}$ zu. Die genauen Werte kann man sich leicht ausrechnen. Die Schwestern haben ein halbes Genom von der Mutter; da diese zwei Chromosomensätze zu vergeben hat, ist die Wahrscheinlichkeit, daß zwei Schwestern denselben Satz bekamen, gleich $\frac{1}{2}$. Solange nur ein Vater vorhanden ist, der zudem nur einen Chromosomensatz hat, ist die Wahrscheinlichkeit, daß zwei Schwestern denselben Chromosomensatz vom Vater bezogen, gleich $\frac{1}{1}$; sind es mehrere Väter, so steht von jedem ein Satz zur Verfügung, insgesamt also so viele, wie es Väter sind. Entsprechend sinkt die Wahrscheinlichkeit, daß zwei Schwestern denselben väterlichen Satz tragen: bei 2 Vätern auf $\frac{1}{2}$, bei 3 Vätern auf $\frac{1}{3}$ usw., bei n Vätern auf $\frac{1}{n}$. Die Verwandtschaft zwischen Schwestern beträgt also mütterlicherseits $\frac{1}{2} \cdot \frac{1}{2}$, väterlicherseits $\frac{1}{2} \cdot \frac{1}{n}$, zusammen also $\frac{1}{2} \cdot \frac{1}{2} + \frac{1}{2} \cdot \frac{1}{n}$. Daraus ergibt sich:

n Väter	Verwandtschaftsgrad unter den Schwestern
1	0,75
2	0,50
3	0,42
4	0,38
5	0,35
6	0,33
7	0,32
8	0,31
9	0,31
10	0,30

Das heißt, je mehr Väter es werden, desto weniger ändert sich am Verwandtschaftsgrad zwischen den Schwestern; paarten sich 8 statt 5 Männchen mit der Königin, so beträgt der Verwandtschaftsgrad der weiblichen Nachkommen untereinander 0,31 statt 0,35.

Wird die Mutter statt von einem von 2 Männchen begattet, so sinkt der Verwandtschaftsgrad zwischen Schwestern von $\frac{3}{4}$ auf $\frac{1}{2}$; das ist derselbe wie zwischen Mutter und Kind. Die Voraussetzung für die Staatenbildung bei diesen Insekten lautete aber, zwischen Schwestern bestünde ein größerer Verwandtschaftsgrad als zwischen Mutter und Kind, weshalb denn diese Schwestern bevorzugt in weitere Schwestern als in eigene Kinder investieren. Für dieses Argument scheinen schon 2 Väter fatal, denn dann schwindet eben dieser Verwandtschaftsvorteil zwischen Schwestern.

Nun haben wir aber bei unserer Wahrscheinlichkeitsrechnung angenommen, alle Spermien hätten stets die gleiche Chance, an ein Ei heranzukommen, auch die von verschiedenen Männchen stammenden. Wenn aber, was wahrscheinlicher ist, erst die Spermien von einem Männchen in Aktion treten, dann die vom nächsten usw., so hätten jeweils solange, bis eine Spermiensorte aufgebraucht ist, alle Schwestern denselben Vater und wieder den Verwandtschaftsgrad $\frac{3}{4}$. Beim Übergang zur nächsten Spermiensorte würde dieser Verwandtschaftsgrad vorübergehend auf $\frac{1}{2}$ absinken, dann aber wieder auf $\frac{3}{4}$ ansteigen.

Außerdem wissen wir nicht, wie nah verwandt die Männchen untereinander sind, die sich mit der Königin paaren. Wären es Brüder, so wären sie miteinander $\frac{1}{2}$ verwandt, d. h. die Spermien des einen trügen mit der Wahrscheinlichkeit 0,5 die Gene des anderen Bruders. Die Anzahl der Männchen, die mit dem Weibchen kopulierten, muß man dann mit diesem Verwandtschaftsgrad zwischen ihnen multiplizieren; ist diese Anzahl n, müssen wir also schreiben: $n \cdot 0{,}5$. In der Verwandtschaftsformel für die Schwestern steht dann also

$$\frac{1}{2} \cdot \frac{1}{2} + \frac{1}{2} \cdot \frac{1}{n \cdot 0{,}5} = \frac{1}{4} + \frac{1}{n}$$

Da die Hälfte der Brüder gleiches Genom tragen, kann man auch einfach mit nur der halben Anzahl kopulierender Männchen rechnen. Für den Verwandtschaftsgrad der Schwestern untereinander bringt das erst dann einen nennenswerten Unterschied, wenn es sich um nur wenige Männchen gehandelt hat. (4 statt 8 Männchen beispielsweise ändern den Verwandtschaftsgrad kaum). Für unsere Überlegungen, ob Staatenbildung auch dann noch zu erwarten ist, wenn der Verwandtschaftsgrad kleiner als $\frac{3}{4}$ oder gar kleiner als $\frac{1}{2}$ ist, sollten wir außerdem wissen, ob ein Weibchen gleich viel für die Aufzucht eines eigenen Kindes wie für die einer Schwester aufwendet.

Vorerst können wir festhalten, daß die genetische Theorie des Sozialverhaltens bisher die einzige stichhaltige und in der allgemeinen Evolutionstheorie verwurzelte Erklärung für die Staatenbildung der sozialen Hautflügler liefert. Sicher kommen zu der einfachen Abhängigkeit vom Verwandtschaftsgrad noch andere Faktoren hinzu, und erst weitere Forschungsarbeit wird das Zusammenwirken aller dieser Faktoren erhellen können.

Geschlechtsgebundene soziale Hilfe

Gen-Selektion und Gesamt-Eignung sind die Gesichtspunkte, die uns das hochentwickelte Sozialsystem von Ameisen, Bienen und anderen Hautflüglern verständlich machen. Die Grundlage dafür bietet der typische genetische Unterschied der Geschlechter bei diesen Tieren: Weil die Männchen haploid, die Weibchen aber diploid sind, ist die Verwandtschaft zwischen Schwestern größer als zwischen Mutter und Kind, und deswegen versuchen die Arbeiterinnen, mehr Schwestern anstatt eigene Nachkommen zu haben, so daß der Mutter-Staat immer mehr anwächst. Bei den Wirbeltieren sind beide Geschlechter diploid, und eine größere Verwandtschaft als zwischen Eltern und Kindern kommt (außer bei eineiigen Zwillingen) nirgends vor. Deshalb besteht von genetischer Seite her kein Grund, größere Sozietäten innerhalb derselben Generation auf Kosten eigener Nachkommen zu bilden. Wenn allerdings, wie etwa bei den Löwen, aus irgendwelchen anderen Gründen Gruppen gebildet werden, dann hilft der Gesichtspunkt der Gen-Selektion, uns verständlich zu machen, warum bestimmte Individuen (nämlich Verwandte) anderen vorgezogen werden, warum also einige Individuen untereinander weniger konkurrieren als mit anderen.

Die Geschlechtschromosomen

Genaugenommen ist es aber gar nicht wahr, daß bei den Wirbeltieren beide Geschlechter völlig diploid sind. Denn wie vielleicht noch aus dem Biologieunterricht erinnerlich, unterscheiden sich die Geschlechter in einem bestimmten Chromosomenpaar. Dieses besteht entweder aus zwei gestaltgleichen Chromosomen, die man X-Chromosomen nennt, oder aus zwei gestaltverschiedenen Chromosomen, von denen eins ein X-Chromosom ist; das andere und kleinere nennt man Y-Chromosom.

Bei Säugetieren ist es wie bei der Taufliege *Drosophila*, an der Th. Morgan (1866 – 1945) diese Geschlechtschromosomen zuerst entdeckte: Das Weibchen besitzt zwei X-Chromosomen, das Männchen je ein X- und ein Y-Chromosom. Entsprechend diesen Chromosomenpaaren bezeichnet man die Weibchen als XX, die Männchen als XY.
Auf diesen Chromosomen liegen nun auch einige andere Gene, die nicht direkt das Geschlecht betreffen. Beim Menschen kennt man etwa 60 Gene, die auf dem X-Chromosom liegen; eines ist für die rot-grün-Farbenblindheit verantwortlich, ein anderes für Vorhandensein oder Fehlen von Schweißdrüsen in der Haut, ein weiteres bestimmt die X_g-Blutgruppe. Insgesamt trägt das X-Chromosom bei Säugern etwa 5 % aller Gene. Das Y-Chromosom ist kleiner, trägt also noch weniger Gene. Auf ihm sitzt zum Beispiel beim Menschen das Gen, das für haarige Ohren verantwortlich ist, die dementsprechend nur bei Männern vorkommen.

Geschlechts-Verwandtschaft

Wichtig ist, daß selbst bei gleichem Verwandtschaftsgrad zwischen mehreren Männchen und Weibchen (so wie wir ihn immer wieder berechnet haben) es in bezug auf X und Y noch eine Geschlechtsverwandtschaft gibt. Nur Männchen untereinander sind Y-verwandt; und die Weibchen sind untereinander enger X-verwandt als mit den Männchen oder als die Männchen untereinander. Wir könnten auch sagen, die Weibchen sind X-diploid, die Männchen X-haploid und Y-haploid. Es wäre nun immerhin möglich, daß auch ein Gen, das auf einem der Geschlechtschromosomen liegt, das Sozialverhalten beeinflußt. Wenn es auf dem Y-Chromosom läge, käme das entsprechende Verhalten nur bei Männchen vor; läge es auf dem X-Chromosom, wäre es bei Weibchen doppelt so wahrscheinlich zu erwarten wie bei Männchen. Auch darauf hat Hamilton bereits 1972 hingewiesen.
Und nun läuft das Argument wie bei den haplo-diploiden Insekten. Beginnen wir mit den Männchen. Eine Säugetiermutter kann nur X-Chromosomen weitergeben; ein Y-Chromosom hat sie ja nicht. Alle Eizellen tragen also ein X. Über das Geschlecht des Kindes entscheidet der Anteil vom Vater, denn Spermien tragen entweder ein X oder ein Y. Wer vom Vater X erhält, wird ein Weibchen, wer Y bekommt, wird ein Männchen. Y-Chromosomen haben also keine Mutter, alle darauf

liegenden Gene können nur vom Vater stammen und können auch nie in einer Tochter, sondern nur in einem Sohn landen. Alle Söhne dieses Vaters sind untereinander und mit ihm in bezug auf diese Gene identisch, haben also den Y-Verwandtschaftsgrad 1.

Was uns nun interessiert ist, welche Chancen des Fortbestehens ein bestimmtes Gen hat, das auf einem Geschlechts-Chromosom liegt und soziale Verhaltenstendenzen verstärkt. Statt ein bestimmtes Gen sollten wir genauer sagen ein Allel; denn *Allele* sind *Genzustände,* die durch Mutation ineinander übergehen. Eine Tochter, die ein bestimmtes, z. B. durch ein bestimmtes Allel ausgezeichnetes X-Chromosom hat, kann es sowohl von der Mutter wie vom Vater bekommen haben. Die Wahrscheinlichkeit, daß ein Duplikat des Allels in der Mutter steckt, beträgt also $\frac{1}{2}$; ebenso groß ist die Wahrscheinlichkeit, daß es im Vater steckt. Und ebenso groß ist auch die Wahrscheinlichkeit, daß diese Tochter es in einem ihrer Kinder wiederfinden wird. (Denn da sie ja an jedes Kind nur eines ihrer beiden X-Chromosomen weitergibt, werden Duplikate des einen Allels nur in etwa der Hälfte ihrer Kinder wiederzufinden sein.) Die Wahrscheinlichkeit jedoch, ein Duplikat dieses Allels in ihrer Schwester zu finden, ist höher. Denn: wenn es von der Mutter kam, hat es die Schwester mit der Wahrscheinlichkeit 0,5; wenn es vom Vater kam, hat es die Schwester ganz sicher, d. h. mit der Wahrscheinlichkeit 1; denn der Vater hat ja nur ein X-Chromosom. Solange nicht feststeht, von welchem Elternteil dieses besondere Chromosom stammte, kann eine Tochter dieser Eltern es also in ihrer Schwester im Mittel mit der Wahrscheinlichkeit $\frac{0{,}5 + 1}{2} = \frac{3}{4}$ erwarten. Für die Erhaltung des Allels ist also mehr getan, d. h. die Gesamt-Eignung ist höher, wenn ein Weibchen ihre Schwester am Leben erhält, als wenn sie ein eigenes Kind in die Welt setzt.

Wenn Gene das Verhalten eines Individuums in ihrem eigenen Interesse steuern und wenn das mutierte Gen, das auf einem X-Chromosom sitzt, das besonders gut kann, sollte es dafür sorgen, daß Weibchen ihre Schwestern höher bewerten als eigene Kinder. Insofern gilt dasselbe wie bei den sozialen Bienen und Ameisen. Und genau wie dort ist die Wahrscheinlichkeit für ein Weibchen, ihr X-Gen in einem Bruder zu finden, nur $\frac{1}{4}$.

Zu welchen Erwartungen über das Verhalten führen diese Betrachtungen? Die Geschlechts-Verwandtschaft würde dazu führen, daß Weibchen enger mit Weibchen zusammenhalten und Männchen enger mit Männchen; auf jeden Fall sollte der Zusammenhang zwischen den Geschlechtern lockerer sein als zwischen Individuen gleichen Geschlechts.

Man könnte erwarten, daß Weibchen – wie bei den Bienen – bei der Mutter bleiben und ihr bei der Aufzucht weiterer Kinder helfen; das allerdings würde sich für die Töchter nur rentieren, wenn sie mehr weibliche als männliche Geschwister bekämen. Anderenfalls würde nämlich der Vorteil, $\frac{3}{4}$ geschlechtsverwandte Schwestern aufzuziehen, durch den Nachteil wieder ausgeglichen, auch die nur $\frac{1}{4}$ geschlechtsverwandten Brüder in Kauf nehmen zu müssen; das gäbe im Mittel $\frac{1}{2}$, also denselben Wert wie für eigene Kinder.

Man könnte ferner erwarten, daß der Zusammenhalt zwischen Weibchen auf Mitglieder der gleichen Generation zielt (zwischen denen allein die Geschlechtsverwandtschaft $\frac{3}{4}$ auftreten kann); hinzu käme (sozusagen als Mittel zum Zweck) ein Zusammenhalt der Töchter mit der Mutter, die weitere Schwestern liefern müßte. Im Unterschied dazu sollte der Zusammenhalt zwischen Brüdern ebenso stark sein wie zwischen ihnen und dem Vater und ihren Söhnen (da die Geschlechtsverwandtschaft über das eine vorhandene Y-Chromosom immer 1 bleibt); der männliche Zusammenhalt würde also sogar Generationen übergreifen.

Es gibt bisher kaum Beobachtungen, die individuelle Beziehungen genau genug aufschlüsseln, um zu prüfen, ob diese Denkmodelle in der Natur verwirklicht sind. Die einzige ganz allgemeine Beobachtung, die dazu paßt, ist die häufige Bildung von Männchenrudeln einerseits und Weibchenrudeln andererseits, während gemischtgeschlechtliche Verbände außer zur Fortpflanzung selten vorkommen. Der jeweils engere Zusammenhang zwischen Brüdern untereinander und Schwestern untereinander könnte außerdem zur Verhinderung von Geschwister-Inzest beitragen. Doch muß man, wie gesagt, erst sehr viel genauere Beobachtungen anstellen, ehe man abschätzen kann, welche Rolle geschlechtsgebundene soziale Hilfe, die auf Gen-Selektion beruht, im Tierreich spielt. Voraussetzung dafür ist ja, daß entsprechende Gene tatsächlich auf den Geschlechtschromosomen liegen. Da das Y-Chromosom viel kleiner als das X-Chromosom ist, mag entsprechend auch die Wahrscheinlichkeit für das Auftreten Y-gebundener sozialer Hilfeleistungen kleiner sein.

Das Reizvolle an diesen Überlegungen, von denen einige kürzlich auch von G. Whitney veröffentlicht wurden, besteht nun darin, daß die Geschlechtsbestimmung bei den Tieren nicht einheitlich ist. Bei den Säugetieren ist das Weibchen XX und das Männchen XY. Bei Vögeln und bei den Schmetterlingen, bei einigen Amphibien und Reptilien und manchen Fischen aber ist es gerade umgekehrt: das Männchen ist XX, das Weibchen XY. Y-gebunden ist beispielsweise beim brutparasitischen Kuckuck die auf das Weibchen beschränkte Vererbung der Eier-Färbung. Wenn nun die unter XX-Individuen derselben Generation mögliche Geschlechtsverwandtschaft von $\frac{3}{4}$ im Verhalten sichtbar würde, müßte das bei Säugetieren die Weibchen, bei Vögeln aber die Männchen betreffen. Entsprechend könnte die unter XY-Individuen, und zwar auch solcher aus aufeinanderfolgenden Generationen, mögliche Geschlechtsverwandtschaft von 1 sich bei Säugetieren nur an Männchen, bei Vögeln nur an Weibchen zeigen. Besondere Formen von sozialem Verhalten, die sich damit möglicherweise erklären lassen, wären z. B.:

1. Die häufige Mithilfe von Tanten an der Brutpflege vieler Säugetierarten. Die soziale Kerngruppe mehrerer Nagetierarten, Raubtiere, Huftiere, des Elefanten und einiger Primaten besteht aus Weibchen, während die Männchen loser umherziehen und nur gelegentlich Gruppen bilden, die sich leicht wieder auflösen. Unter den Weibchen kommt es dann vor, daß sie sich gelegentlich in der Brutpflege der Jungen vertreten. Das kann jedoch auch andere Gründe haben.
2. Die Helfer am Nest bei vielen Vogelarten. Hier sind es – nach den bisher vorliegenden Daten – bevorzugt die Männchen, die den Eltern helfen, weitere Junge (also eigene Geschwister) großzufüttern. Auch hierfür kann es aber andere Gründe als die Geschlechtsverwandtschaft geben, wie wir später noch (s. S. 218) erörtern werden.

Selbst und Nicht-Selbst

Löwen, Affen, Mäuse, Bienen, Ameisen und andere Tiere lassen in ihrem Verhalten erkennen, was die Evolutionstheorie voraussagt, nämlich, daß die Zusammenarbeit zwischen Individuen unter anderem von ihrem Verwandtschaftsgrad abhängig ist. Was aber ist denn ein Individuum? In den bisher erwähnten Beispielen handelte es sich stets um kompliziert gebaute, vielzellige Organismen. Diese aber bestehen ihrerseits aus Zellen, und auch diese Zellen arbeiten zusammen. Viele vermehren sich durch Teilung, aber nur die Keimzellen im Organismus überleben eine Generation; die anderen Zellen, die das Individuum aufbauen, gehen zugrunde. Aber auch sie tragen Gene in sich. Wenn die Theorie der

Gen-Selektion richtig ist, müßte sie sich auch auf derartige Zellverbände anwenden lassen. Und dann wäre zu fordern, daß die Körperzellen durch ihre Zusammenarbeit ihren Genen eine besonders hohe Ausbreitungs-Chance verschaffen. Ganz offensichtlich ist das so. Denn alle Körperzellen werden ja von einer befruchteten Keimzelle gebildet und tragen deshalb alle dasselbe Erbgut in sich, sind also untereinander so verwandt wie eineiige Zwillinge. Wenn Körperzellen durch ihre Zusammenarbeit den eigenen Keimzellen helfen (z. B. sie ernähren und beschützen), dann arbeiten sie für die Ausbreitung ihrer eigenen Gene.

Immun-Reaktionen

Da das unbestreitbar richtig ist, müßte man erwarten, daß Körperzellen eine Zusammenarbeit mit fremden Keimzellen verweigern. Nun ist auch das längst bekannt: Organverpflanzungen, bei denen Teile von einem Individuum auf ein anderes übertragen werden, gelingen ohne medizinische Tricks nicht, und zwar weil die Zellen, die verschiedene Genome tragen, nicht zusammenarbeiten. Bei Wirbeltieren ist dieser Protest der Zellen als Immunreaktion bekannt. Die gleiche Unverträglichkeit zwischen Geweben verschiedener Herkunft besteht bei Wirbellosen, unterscheidet sich aber in einigen Feinheiten von der Immunreaktion der Wirbeltiere. Obwohl also durch Organüberpflanzung ein Individuum zu retten wäre, arbeitet die Gen-Selektion dagegen; ein weiteres Beispiel dafür, daß die Selektion primär an den Genen angreift und nicht an höheren Einheiten wie Individuen oder gar Arten.
Schon Zellen können also offensichtlich Verwandtschaft erkennen. Und die Mediziner, die Organverpflanzungen dennoch bewerkstelligen, müssen mit Tricks dieses Erkennungssystem unterlaufen. Daß es sich wirklich um ein Erkennen der Verwandtschaft auf Zell-Ebene handelt, wird daraus klar, daß Organverpflanzungen (etwa von Nieren) um so leichter gelingen, je näher miteinander verwandt Spender und Empfänger sind. Das ist von der Gen-Selektion her verständlich, denn je näher verwandt zwei Individuen sind, desto mehr Gene haben sie gemeinsam. Man würde dann erwarten, daß Organübertragungen zwischen eineiigen Zwillingen ohne weiteres möglich sind – das sind sie tatsächlich: In diesem Fall tritt keine Immunreaktion auf. Man kann diese wechselseitige Gewebeverträglichkeit sogar benutzen, um damit den Nachweis engster

Verwandtschaft zwischen zwei Individuen zu erbringen.
Allerdings ist bei derartigen Reaktionen auf körperfremde Gewebe noch ein anderer Gesichtspunkt zu berücksichtigen. Im Körper jedes Individuums versuchen sich fremde Organismen einzunisten. Dadurch werden die fein abgestimmten Funktionen zwischen den körpereigenen Organen gestört, das Individuum wird krank. Deshalb ist es für die Körperzellen wichtig, Krankheitserreger zu erkennen und abzuwehren. Diese sind aber völlig andere Organismen, die das Problem engster oder weniger enger Verwandtschaft nicht aufwerfen.
Hingegen können in den Körperzellen auch Mutationen vorkommen. Solche somatischen Mutationen haben zur Folge, daß die betroffenen Zellen sich nun genetisch von den übrigen Körperzellen unterscheiden. Darunter leidet oft ihre kooperative Abstimmung auf die übrigen Zellen. Wieder ist es für die Körperzellen wichtig, derartige unkooperative Mitarbeiter zu erkennen und abzustoßen. Und in diesem Fall sind die Verwandtschaftsabweichungen, die es zu erkennen gilt, sehr klein. Hier ist es vorteilhaft, kleinste Verwandtschaftsunterschiede zu erkennen. Für lebendgebärende Tiere besteht außerdem das Problem, wenigstens zeitweise im Körper der Mutter neue Individuen heranwachsen zu lassen, deren Gewebezellen zu denen der Mutter nur im Verwandtschaftsgrad $\frac{1}{2}$ stehen.
Diese Aufgaben werden alle gemeistert. Vom Funktionieren des ganzen Individuums her betrachtet ist aber nicht einzusehen, warum zwei Artgenossen nicht Gewebetransplantate voneinander annehmen, schreibt F. Burnet 1969. Von der natürlichen Selektion her, der die Gene unterliegen, ist das jedoch durchaus einzusehen.

Tierstöcke

Gewebezellen sind also in der Lage zu unterscheiden, ob Nachbarzellen aus derselben Zygote stammen wie sie selbst; sie unterscheiden zwischen Selbst und Nicht-Selbst (englisch = *self and not-self*). Das Unterscheiden ist ein Problem der Reizaufnahme und der entsprechenden Reiz-Beantwortung – also strenggenommen ein Problem der Verhaltensforschung. Aber bislang hat sie sich auf die Untersuchung höherer Tiere beschränkt; und ginge es nach den Ratschlägen mancher Journalisten, sollte sie sogar schon die Insekten beiseitelassen, und erst recht noch einfacher organi-

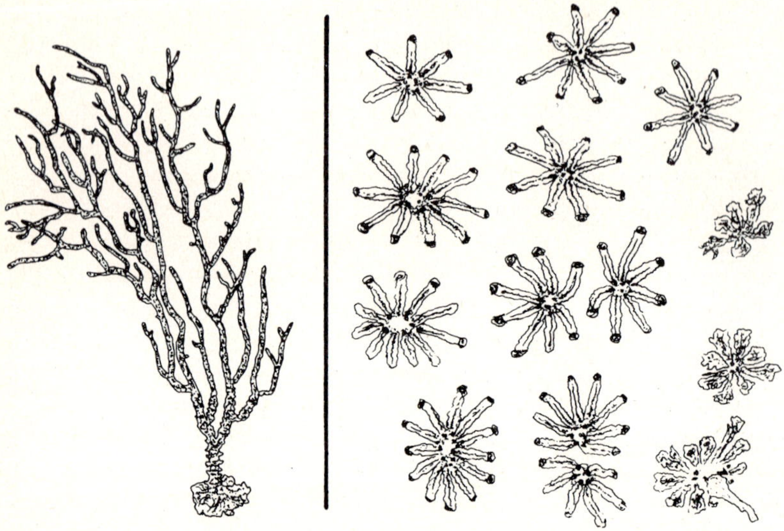

11. Links: Die Hornkoralle *Eunicella.* Das Achsenskelett trägt eine verkalkte Rinde, in die sich die einzelnen Polypen zurückziehen können. – Rechts: Die koloniebildende Seescheide *Botryllus.* Die zwittrigen Einzeltiere sitzen rings um eine gemeinsame Ausfuhröffnung, die Kolonie-Kloake. Die Kolonie entsteht durch Knospung.

sierte Lebewesen wie etwa Einzeller. Doch selbst der Mensch ist aus Einzelzellen aufgebaut und sein Hauptabwehrsystem gegen Krankheitserreger besteht aus frei lebenden Amöben, nämlich den weißen Blutkörperchen. Das Verhalten solcher Zellen und Zellverbände ist also vermutlich nicht nur für den Verhaltensforscher von Interesse. Wir wissen noch nicht, wie das Verwandtschaftserkennen bei diesen Zellen funktioniert. Aber wir wissen, daß es auch bei einfachen Lebewesen weit verbreitet ist. Dafür ein paar Beispiele (mehr darüber findet man bei F. Burnet und J. Theodor):

An den europäischen Küsten findet man oft große Mengen der strauchigen Hornkorallen oder Seefächer (*Eunicella*, Abb. 11), die – wie die Seerosen – zu den Blumentieren oder Hohltieren gehören. Kleine Gewebestücke, die man auf demselben Individuum verpflanzt, wachsen ohne Komplikationen an der neuen Stelle weiter. Verpflanzt man sie aber von einem Individuum auf ein anderes, so stirbt das verpflanzte Stück ab. Und das nicht etwa, weil das Empfänger-Individuum das Fremdstück umbringt, sondern dieses Stück begeht (wie THEODOR es nennt) einen induzierten Selbstmord, es weigert sich sozusagen, an der neuen Stelle mitzuarbeiten.

Zahlreiche Lebewesen bilden Tierstöcke, in denen nicht nur viele Zellen ein Individuum aufbauen, sondern viele gleichartige Individuen einen zusammenhängenden Individuenstock bilden. Selbstverständlich könnte man auch den ganzen Stock als ein Individuum auffassen. Aber darauf kommt es hier nicht an. Wichtiger ist uns, was geschieht, wenn man einen solchen Stock zerteilt und die Stücke dann wieder zusammenbringt, z. B. bei der ebenfalls an Meeresküsten lebenden Stern-Ascidie *Botryllus*, die zu den koloniebildenden Seescheiden zählt (Abb. 11). Handelt es sich um Stücke von der gleichen Kolonie, die durch Verzweigung aus einem Individuum entstand, so vereinigen sich diese Stücke wieder. Bringt man aber Stücke von verschiedenen Kolonien zusammen, so sterben die Zellen an den Kontaktflächen ab und die Teile leben, durch totes Gewebe voneinander getrennt, jedes für sich weiter.

In der Nord- und Ostsee findet man auf Schneckenhäusern, die von Einsiedlerkrebsen bewohnt sind, häufig einen chitinigen Überzug, der aus vielen kleinen, an der Basis miteinander verwachsenen Polypen besteht. Es sind Kolonien der Anthomeduse *Hydractinia echinata*, die – wie der Seefächer – zu den Hohltieren gehört. Verschiedene Stränge derselben Kolonie, die auch hier wieder aus einem Individuum entsteht, wachsen eng und friedlich zusammen. Stoßen aber verschiedene Kolonien mit den Rändern aneinander, so bekämpfen sie sich, indem sie um die Wette wachsen, bis eine die andere überwächst und zerstört. Bringt man aber Eltern- und Kinder-Kolonie oder Geschwisterkolonien miteinander in Kontakt, so wachsen sie nebeneinander entlang: Sie fusionieren nicht, aber sie bekämpfen sich auch nicht. Wir finden also schon hier auf der Stufe der Hohltiere soziale Reaktionen, die, wenn auch grob, nach dem Verwandtschaftsgrad abgestuft sind.

Vom Verhalten dieser Organismen wissen wir sehr wenig; ihre Verhaltensweisen passen auch nicht in die bisher geschaffenen Verhaltenskategorien, die auf höhere Organismen zugeschnitten sind. Das erscheint uns als eine besondere Herausforderung an die Verhaltensforschung.

Gelegenheiten, soziale Verhaltensweisen unter extremen Verwandtschaftsbeziehungen zu studieren, bieten sich bei zunehmend höher organisierten Tieren immer wieder; man kann also, wenn man die Fragestellung aufgreifen will, auch mit den üblichen Methoden der Verhaltensforschung arbeiten. Der extreme Verwandtschaftsgrad 1 kommt bei eineiigen Mehrlingen vor; und wenn solche bei einer Art regelmäßig auftreten, dann kann man am ehesten damit rechnen, daß sich im Verhalten dieser Tiere Anpassungen daran finden lassen. Ein Beispiel mag zeigen, wie solches Verhalten aussehen könnte:

Der Lanzett-Egel *(Dicrocoelium dentriticum)* ist ein Saugwurm, der in den Gallengängen der Leber von Schafen und Rindern parasitiert. Die vom erwachsenen Wurm produzierten Eier geraten mit dem Kot des Wirtstieres nach außen. Dort werden sie von kleinen Landschnecken *(Zebrina, Helicella)* aufgenommen, die am Kot fressen. Die Schnecke dient als erster Zwischenwirt; in ihr entwickeln sich aus den Egel-Eiern *Miracidien*-Larven. Nun haben solche Parasiten auf dem Weg von einem Wirt zum nächsten immer große Verluste, besonders wenn ihre Eier mit dem Kot des Wirtstieres abgegeben werden; denn am arteigenen Kot fressen Tiere normalerweise nicht. Viel eher kommt der Parasit zunächst in einen sogenannten Überträger- oder Zwischenwirt, hier also in Schnecken. Von da ist es aber immer noch ein weiter Weg bis in ein neues Rind oder Schaf. Deshalb schiebt der Parasit im Larvenstadium einige Vermehrungsschritte ein, er erhöht seine Individuenzahl: Die Larve entwickelt sich zur sogenannten *Sporozyste*, in ihr entstehen Tochter-Sporozysten, und in jeder von diesen zahlreiche *Zerkarien* – das sind immer noch Larvenstadien des Lanzett-Egels. Diese Zerkarien scheiden eine schleimige Hülle ab, in der sie – zu mehreren Hundert nebeneinander verpackt – die Schnecke durch deren Atemhöhle verlassen.

Nun liegen sie im Gras und werden leicht von Ameisen gefunden, die den Schleim und mit ihm einige Zerkarien fressen, etwa 50 Stück pro Mahlzeit. In der Ameise werden die Zerkarien aber nicht verdaut, sondern sie beißen sich durch die Wand des Magens und wandern ins Körperinnere der Ameise. Die Körperwand der Ameisen besteht aus Chitin, und Chitin heilt nicht. Damit die Ameise weiterleben kann, verschließt jede Zerkarie ihr Loch mit einem dunkelbraunen Chitinkleber – der einzige bisher bekannte Parasit, der seinen Wirt flickt. Die so reparierte Ameise kann über ein Jahr weiterleben. Für W. Hohorst und G. Graefe, die den Lebenszyklus dieses Parasiten so eingehend untersucht haben, waren die dunklen Punkte im hellen Chitin ein bequemes Hilfsmittel, um abzuzählen, von wie vielen Zerkarien eine Ameise befallen war. Die Zerkarien wachsen in der Ameise – ihrem zweiten Zwischenwirt – bis zu einem Zystenstadium heran und warten dann, bis sie wieder in ein Rind oder Schaf kommen. Und erst an dieser Stelle wird diese Lebensgeschichte für unsere Fragestellung interessant:

So sehr man auch suchte, man fand im Körper jeder befallenen Ameise eine Zyste weniger als die Magenwand Punkte aufwies. Endlich fand man sie aber doch, und zwar an einer ganz unerwarteten Stelle im Unterschlundganglion (also dem Hirn) der Ameise. Dieser Hirnwurm, wie man ihn nannte, hat nun zwei Besonderheiten: Erstens verändert er von dieser Stelle aus das Verhalten der Ameise. Sie geht abends, wenn es kühl wird, nicht heim ins Nest, sondern erklettert einen Grashalm und beißt sich an dessen Spitze fest. Die am Grashalm schlafende Ameise kann nun am nächsten Morgen – noch ehe sie aufgewärmt ist – vom grasenden Vieh verschluckt werden – und damit sind auch die Parasiten wieder bei ihrem Endwirt angekommen, wo sie sich zu fertigen Lanzett-Egeln entwickeln.

Aber – und das ist die zweite Besonderheit – der Hirnwurm selbst stirbt. Er kann keinen Wirt mehr infizieren. Er opfert sich für die anderen Zerkarien. Versuche haben gezeigt, daß jede Zerkarie dieses Opfer bringen, also zum Hirnwurm werden kann. Eine solche Selbstaufopferung kann aber unter der Gen-Selektion nur entstehen, wenn der Geopferte und seine Nutznießer nah verwandt sind. Das ist hier sehr wahrscheinlich, da ja viele Zerkarien aus einer Sporozyste stammen, also eineiige Mehrlinge sind; man weiß allerdings bisher nicht, ob sich immer so nah Verwandte zusammen in einen Schleimballen einschließen.

Wenn viele Jungtiere aus einem Ei entstehen, nennt man das *Polyembryonie*. Sie kommt bei Parasiten häufig vor, zum Beispiel auch bei einigen Krebsen und Insekten. Das Verhalten dieser Tiere ist jedoch ebenfalls noch unbekannt. Das gilt sogar für das amerikanische Gürteltier *(Dasypus)*, von dem lange bekannt ist, daß aus jeder befruchteten Eizelle mehrere Embryonen hervorgehen, es also regelmäßig eineiige (und gleichgeschlechtliche) Geschwister gibt. Hier sollte man ebenfalls mit einem besonderen Sozialverhalten rechnen.

Die erkannte Verwandtschaft

In allen unseren Überlegungen spielt der Verwandtschaftsgrad zwischen den sozial interagierenden Individuen eine große Rolle. Der menschliche Beobachter kann ihn durch geeignete Methoden genau messen und kann für jede Gruppe von Individuen die Verwandtschafts-Koeffizienten berechnen. Unsere Erwartung, daß sich die Tiere gemäß der so bestimmten Verwandtschaft verhalten, setzt aber voraus, daß auch sie die Verwandtschaftsbeziehungen feststellen können. Für die Evolution sozialen Verhaltens ist die von den handelnden Individuen richtig erkannte Verwandtschaft entscheidend. Das heißt: Bestehende Verwandtschaftsunterschiede, die von den Individuen nicht erkannt werden, wirken sich im Sozialleben nicht aus.

Welches Hilfsmittel zum Erkennen der Verwandtschaft benutzt wird, ist dabei weitgehend gleichgültig. Das besonders hochentwickelte Sozialleben der afrikanischen Wüstenassel *Hemilepistus reaumuri* beruht beispielsweise nach den Untersuchungen von K. Linsenmair auf genetisch determinierten Familiendüften; hier wird ein chemisches Verwandtschaftskennzeichen offenbar direkt von den Genen gesteuert. In anderen Fällen benutzen die Tiere »Bekanntschaftsgrade«, also ein indirektes Anzeichen, um Verwandtschaftsgrade abzuschätzen: In bestimmten Prägungsphasen lernen Eltern ihre Kinder und Kinder ihre Eltern kennen; ebenso können Individuen die Tatsache, daß sie miteinander aufwachsen, als Anzeichen dafür nehmen, daß sie miteinander nah verwandt sind (vgl. Reader/K. Immelmann). Durchsetzen wird sich unter der Selektion ein Sozialverhalten, das auf erkannten Verwandtschafts-Unterschieden beruht, nur dann, wenn die tatsächliche Verwandtschaft der erkannten entspricht.

Andererseits gibt es sehr feine Verwandtschaftsabstufungen, die zwar zu berechnen sind, aber für das Individuum kaum erkennbar sein dürften. Die Lebewesen werden sehr wahrscheinlich mehrere Verwandtschaftsgrade zu gröberen Verwandtschaftsklassen zusammenfassen müssen und werden nur durchschnittliche Verwandtschaften erkennen. Das haben wir im eingangs geschilderten Löwenbeispiel schon vorausgesetzt. Enthält die Gruppe, aus der der durchschnittliche Verwandtschaftsgrad ermittelt wird, auch einige Individuen, die untereinander nur wenig näher verwandt sind als mit gruppen-fremden Individuen, dann ist es notwendig, daß die Gruppe gut abgegrenzt ist. Denn da es in der Regel mehr nicht-verwandte als miteinander nah-verwandte Individuen gibt, wird bei offenen Grenzen leicht der Anteil der nicht-verwandten Individuen zu groß, und das würde den mittleren Verwandtschaftsgrad kaum nennenswert über die Nicht-Verwandtschaft erheben. Entsprechend gering wird dann die Bevorzugung der verwandten Gruppenmitglieder ausfallen. Folglich werden Tiere, die in großen Scharen oder Herden leben, in denen eine Gruppenabgrenzung kaum möglich ist, auch kein auf Gen-Selektion gründendes differenziertes Sozialverhalten zeigen; und Tiere, die nur zeitweilig in solchen Herden und Schwärmen leben, werden differenziertes Sozialverhalten während dieser Zeit nicht zeigen, selbst wenn es ihnen sonst eigen ist. Das liegt nicht etwa daran, daß im Schwarm keine nahen Verwandtschaftsbeziehungen existieren, sondern daran, daß die Individuen ihre Verwandten von den übrigen nicht unterscheiden können.

Die methodische Einseitigkeit der Soziobiologie

Wo eine überprüfbare Theorie besteht, schreitet die Wissenschaft fort. Die Soziobiologie verdankt ihren Aufschwung dem Verfahren, aus der Evolutionstheorie Erwartungswerte für soziales Verhalten abzuleiten und diese Erwartungen mit dem tatsächlichen Verhalten der Tiere zu vergleichen. Ihre theoretischen Erwartungswerte bezieht die Soziobiologie aus der Populationsgenetik, aus den Regeln, nach denen einzelne Gene (oder Allele) in einer Population sich ausbreiten, erhalten oder auch verschwinden. Um der methodischen (auch mathematischen) Schwierigkeiten Herr zu werden, arbeiten Soziobiologen vorerst mit der Annahme, es sei nur ein einziger Gen-Ort für die Ausprägung des gewählten Verhaltens entscheidend; wahrscheinlich ist diese Vereinfachung nur selten zulässig. Ernster zu nehmen ist aber eine Einseitigkeit, die die Populationsgenetik mit sich bringt, und auf die wir hier hinweisen, um aufzuzeigen, wo weitere Forschungsarbeit wird ansetzen müssen:

Es gibt Gene, die das Verhalten der Individuen beeinflussen, sich aber nicht nach den Regeln ausbreiten, die der Populationsgenetik zugrunde liegen. Ein Beispiel dafür sind die Viren. Schnupfen-Viren zwingen zum Niesen; »zum Wohlsein!« nicht des Niesenden sondern der Viren, die in den verstäubten Spray-Tröpfchen zu neuen Wirten reisen. Solche Viren bewegen – wie auch der Hirnwurm (S. 140) – ihre Wirte zu Verhaltens-

weisen, die nicht der Ausbreitung der Wirtsgene förderlich sind. Daneben gibt es auch Viren, die dem Wirt nützen, die also Symbionten sind. Wie wir noch sehen werden (S. 157), sind die tierischen Individuen sowieso grandiose Symbiose-Komplexe aus verschiedenen lebendigen Einheiten. Wie sich genetisch gesteuerte Verhaltensweisen durchsetzen, kann man voraussagen, wenn man berechnen kann, wie sich die betreffenden Gene durchsetzen. Das geht mit den chromosomalen Genen; denn die werden bei zweigeschlechtlicher Fortpflanzung stets von Eltern auf ihre Kinder weitergegeben, und jeder der Eltern gibt genau die Hälfte seiner Gene an jedes Kind, das sich dagegen nicht wehren kann. »Freie Gene« wie die Viren aber werden vom Wirt nicht nur auf seine Kinder übertragen, es wird auch keineswegs ein konstanter Anteil weitergegeben, und der Empfänger kann sich gegen die Übernahme wehren. Wie sich nützliche oder schädliche Folgen einer Virenbesiedlung in der Wirtspopulation ausbreiten, läßt sich deshalb nicht vorausberechnen.
Ebensowenig möglich sind exakte Voraussagen für die Ausbreitung und die Auswirkungen nicht-genetischer tradierter Verhaltensprogramme. Ein Beispiel dafür sind diejenigen Vogelgesänge, die nicht genetisch programmiert sind, sondern die ein Vogel (meist der Jungvogel) von anderen lernt. Es kann dann zur Ausbildung von Dialekten kommen, und diese wiederum können die Partnerwahl und damit die Ausbreitung der chromosomalen Gene beeinflussen. Traditionen werden erst bei höheren Lebewesen wichtig, blieben aber ebenfalls in der Soziobiologie bisher außer Betracht, weil sie sich dem theoretischen Zugriff vorerst entziehen. In diesem Buch gehen wir darauf nur auf den letzten Seiten ein. Es mag merkwürdig klingen, aber eine von Virologen oder Kulturforschern oder von beiden entwickelte Theorie, aus denen sich überprüfbare Voraussagen über die Ausbreitung von Krankheiten oder von Innovationen ableiten lassen, könnte der Soziobiologie einen ebenso wesentlichen Auftrieb geben wie es die Theorie der Populationsgenetik tat.

Kapitel IV

Die Gegenseitigkeit

Die bisher besprochene Zusammenarbeit zwischen Individuen betraf Träger identischer Gene und geschah zum Vorteil von einem Gen und seinen Replikaten. Ebenso häufig ist jedoch eine Zusammenarbeit zum beiderseitigen Vorteil genetisch verschiedener Individuen, die also ganz verschiedenen Genen Vorteile einbringt.

Dem von DARWIN betonten Kampf ums Dasein und dem damit zusammenhängenden Rivalitätsprinzip hielt im Jahre 1880 auf einem russischen Naturforscherkongreß der Zoologe Professor KESSLER sein Gesetz der gegenseitigen Hilfe entgegen. Für ebenso wichtig und so verbreitet wie das Rivalisieren hielt er die Zuneigung unter Tieren. Sie entsprang seiner Meinung nach dem Elterngefühl und der Sorge für die Nachkommenschaft. Und damit hatte er gar nicht so unrecht. Denn unter der Gen-Selektion stellt sich, wie wir sahen, tatsächlich eine gegenseitige Hilfe ein, und zwar bevorzugt unter nah verwandten Individuen; Sorge für die Nachkommenschaft ist allerdings nur ein Spezialfall davon. Einer der bedeutendsten Vertreter des kommunistischen Anarchismus, Fürst Peter KROPOTKIN, übernahm KESSLER's Idee und veröffentlichte 1904 ein Buch »Gegenseitige Hilfe in der Entwickelung«, auch das als Gegenthese zu DARWIN, wie er einleitend feststellt. Er knüpft lange Betrachtungen und vermenschlichende Wertungen an allerlei Beispiele von Herdenbildung und gegenseitiger Warnung vor Feinden, die ja unter Tieren unbestreitbar vorkommen, und zwar recht häufig. Freilich ist es mit heutigem Wissen nicht schwer zu zeigen, daß auch hinter diesen Verhaltensweisen nicht eine Tendenz zu gegenseitiger Hilfe steckt, sondern wieder der Eigennutz der Gene. Das Aufregende an der Evolutionstheorie ist ja gerade, daß sie eine einheitliche Erklärung für Kooperation und Konkurrenz anbietet. Das haben auch Forscher wie GEDDES, THOMPSON, ALLEE und MONTAGU nicht gesehen, die sich seit KROPOTKIN bis in neuere Zeit immer wieder mit den Ursachen tierischer (und menschlicher) sozialer Hilfeleistungen beschäftigt haben.

Eigennutz in der Masse

Schwärme und Herden

Viele Tiere leben in ständiger Gefahr vor Raubfeind-Angriffen, können sich aber nicht immer versteckt halten, sondern müssen der Nahrungssuche nachgehen. Über halbwilde Rinder in Südafrika erschien 1871 ein Essay von F. GALTON. Er war ursprünglich Geograph, erfand die Galton-Pfeife, wandte sich aber nach dem Erscheinen von DARWIN's Abstammungslehre der Biologie und speziell der Vererbungslehre zu. In besagtem Essay steckt nun folgender Erklärungsansatz für die Herden- und Schwarmbildung aus purem Eigennutz der Individuen, den genau 100 Jahre später HAMILTON präziser gefaßt hat:
Grasende Rinder haben sich unregelmäßig auf der Steppe verteilt. Es gibt in der Gegend Löwen, die sich zuweilen in hohem Gras versteckt anzuschleichen versuchen. Gefährdet ist dann jeweils das Rind, das dem Löwen am nächsten ist. Wenn es nun nach Gefahr riecht, d. h. wenn die Rinder alarmiert sind, aber nicht wissen, wo der Feind ist – was werden sie dann tun? Sie können einfach davonlaufen; aber da sie ja nicht wissen, wo ein Löwe lauert, könnten sie dabei geradewegs auf ihn zulaufen. Ebensogut könnten sie dann auch stehen bleiben, wo sie sind. Jedes einzelne Rind kann aber noch eine andere Strategie verfolgen, die sich so beschreiben läßt:
Um jedes Rind herum gibt es eine individuelle Gefahrenzone; hält sich der Löwe darin auf, dann greift er dieses Rind an, weil es ihm am nächsten ist. Diese individuellen Gefahrenzonen kann man auf einem Plan einzeichnen (Abb. 12), indem man jeweils die Abstände zwischen zwei Rindern genau halbiert. Diesseits jeder Linie droht dem Rind in der betreffenden Zone Gefahr; jenseits der Linie ist die Gefahr für das Nachbar-Rind größer. Wenn nun jedes Rind bestrebt ist, die eigene Haut zu retten, müßte es seine individuelle Gefahrenzone verkleinern. Das kann es tun, indem es sich auf seinen nächsten Nachbarn zu bewegt (Abb. 12). Wenn sich alle so verhalten, entsteht eine geschlossenere Herde, und zwar allein dadurch, daß jedes Rind versucht, auf Kosten eines anderen zu überleben. Dasselbe gilt natürlich für andere von Raubfeinden gefährdete Tiere. Sie werden stets so dicht aneinanderrücken, bis sie sicher sein können, daß zwischen ihnen kein Feind lauert.
Gefährdet sind dann nur noch die Individuen am Rand. Aber auch für sie

ist die Gefahr wesentlich kleiner geworden, denn ein Räuber greift nur ungern eine geschlossene Gruppe an. Nicht weil sie sich geschlossen verteidigt – das tut sie oft gar nicht; aber wenn die Tiere erschreckt durcheinander laufen, wird der Räuber verwirrt und kann sich nicht mehr

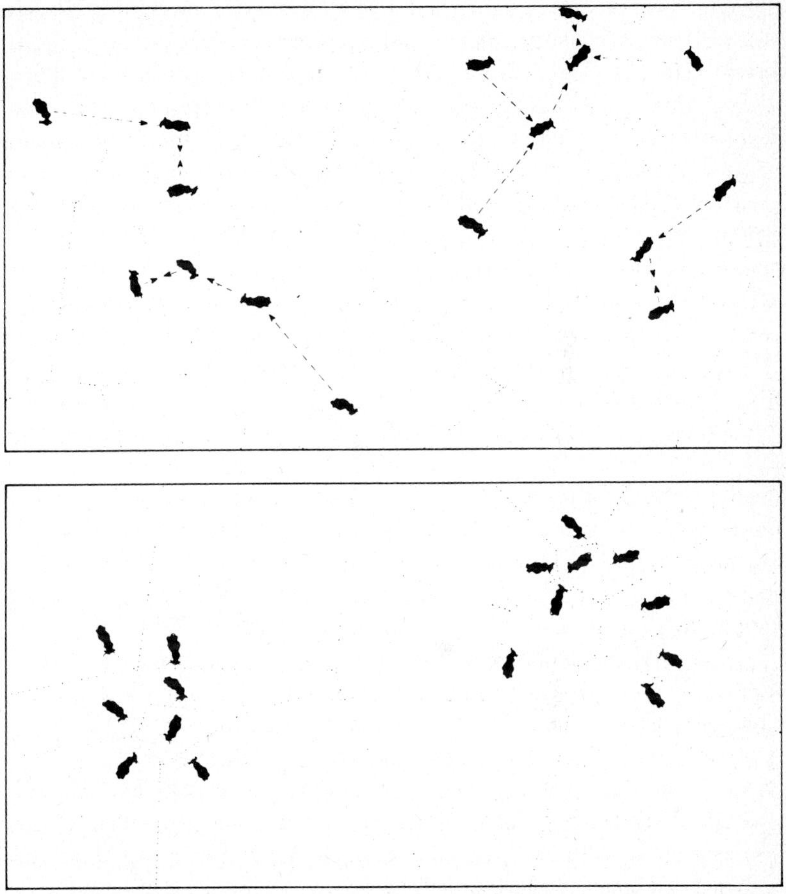

12. Geometrie einer Herde aus eigennützigen Tieren, am Beispiel einer Rinderherde. Jedes grasende Rind ist von einer Gefahrenzone umgeben (punktierte Felder). Ist ein Feind darin, so wird er dieses Rind, nicht aber ein weiter entferntes angreifen. Droht Gefahr, ohne daß die Tiere wissen, wo der Feind ist, werden sie zueinander streben (unten) und dadurch ihre individuelle Gefahrenzone verkleinern. (nach Hamilton)

auf ein Ziel-Individuum konzentrieren. Das gelingt ihm besser, wenn ein Individuum besonders auffällig ist, sei es in der Größe (Jungtier), im Verhalten (Kranke) oder in der Färbung. Letzteres wirkt als Selektion gegen Färbungen oder Farbmuster, die von der Mehrheit abweichen; Freilandforscher, die bei Herdentieren dasselbe Problem mit der Identifizierung von Individuen haben und sich einige davon mit bunten Flecken oder Halsbinden kennzeichnen, mußten ebenfalls erfahren, daß die so markierten Individuen besonders rasch Raubtieren zum Opfer fielen. Damit hängt auch zusammen, daß sich gemischte Herden nur bilden, wenn viele Individuen von jeder Art vorhanden sind, und das wiederum setzt voraus, daß sie sowieso am gleichen Ort weilen, also etwa im gleichen Areal Nahrung suchen, wie zum Beispiel Gnus und Zebras. Wenn jedes Individuum zum eigenen Schutz die anderen sozusagen vorschiebt, ist es ja gleichgültig, zu welcher Art sie gehören; nur darf sich eben ein Individuum nicht so deutlich von den anderen abheben, daß es selbst einen leichten Zielpunkt bildet.

Warnrufe

Viele Vögel, die in Gruppen oder Schwärmen leben, stoßen beim Anblick eines Feindes erstaunlicherweise einen lauten Warnruf aus. Dieser Warnruf hat die Evolutionsforscher viel beschäftigt; sie fanden ihn merkwürdig, weil der Rufer dadurch erst recht auffällig wird und den Feind vielleicht sogar erst auf sich aufmerksam macht. Zwar haben seine Genossen, die den Feind noch nicht bemerkt hatten, einen Vorteil davon, weil sie sich in Sicherheit bringen können. Aber welchen Vorteil hat der Warner selbst? Bei einigem Nachdenken gibt es sogar mehrere mögliche Vorteile für ihn. Wir wollen hier nur zwei anführen.

Wenn viele Tiere einen Schwarm bilden und wir annehmen, daß jeder einmal als erster den Feind entdeckt und warnt, dann wird jeder häufiger gewarnt als er selbst warnen muß. Solange der Nachteil, der durch das Warnen entsteht, geringer ist als der Vorteil aus dem häufigeren Gewarnt-Werden, lohnt sich das Verhalten. Das funktioniert, wenn die Chance für den Rufer, vom Feind erwischt zu werden, klein bleibt.

Daß das Rufen für ihn gefährlich ist, kann man aus den typischen Eigenschaften der Rufe selbst ableiten. Sie sind bei erstaunlich vielen Kleinvögeln gleich gestaltet, helfen also auch über die Artgrenzen hinweg, obwohl das nicht der Grund ihrer Ähnlichkeit sein wird. Die Rufe sind vielmehr in Frequenzumfang und Zeitverlauf so beschaffen, daß die Schallquelle besonders schwer zu lokalisieren ist; und allein aus diesen Anforderungen erwächst schon ihre Übereinstimmung. Offenbar besteht also die Gefahr, erwischt zu werden, und sie muß durch geeignete Rufformen klein gehalten werden. Je aufmerksamer ein Vogel aber ist, desto häufiger wird er als erster einen Feind entdecken und warnen müssen; und wenn er häufiger warnt, als er gewarnt wird, ergibt sich für ihn kein Vorteil mehr. Vorteilhaft ist es, sich möglichst nur von den anderen warnen zu lassen. Wenn Feinde bei einem Schwarm mit Warner weniger Erfolg haben als bei einem ohne Warner, dann würde sich das Warnen durch Selektion ausbreiten, bis im Durchschnitt auf jeden Schwarm ein Warner entfällt, selbst wenn der Warner ein hohes Risiko eingeht. Das haben E. Charnov und J. Krebs durchgerechnet. Sie haben aber auch darauf hingewiesen, daß der Warner auf folgende Weise direkt profitieren könnte: Solange ein Vogelschwarm im offenen Gelände Nahrung sucht, ist es ungünstig für den, der als erster einen Feind sieht, einfach rasch davonzufliegen. Denn damit bildet er einen idealen Zielpunkt für den Feind. Selbst wenn er andere mitreißt, wird er einen kleinen Vorsprung haben und an der Spitze fliegen – das ist auch wieder auffällig. Er könnte natürlich auch einfach bleiben, wo er ist, und hoffen, daß ihm nichts passiert. Doch kann er etwas zur eigenen Sicherheit tun: Er sollte tatsächlich ins Gebüsch oder in den Wald fliegen, sollte aber dafür sorgen, daß die anderen es auch tun, und zwar nicht erst hinter ihm her. Das Beste ist, sie durch einen Warnruf aufzuscheuchen und dann mitzufliegen. Dabei hat der Rufer noch einen Vorteil: Er weiß, wo der Feind ist, denn er hat ihn ja gesehen; die anderen aber wissen es noch nicht. Er kann sich also auf der Flucht an die dem Feind abgewandte Seite der Gruppe begeben und dadurch sogar seine eigene Sicherheit erhöhen.

Koalitionen unter Pavian-Männern

Das Prinzip »Eine Hand wäscht die andere« ist uns aus dem menschlichen Verhalten vertraut. Es könnte, wie wir sahen, in den Warnrufen der Vögel enthalten sein. Ein deutlicheres Beispiel dafür fand kürzlich C. Packer bei Steppenpavianen:

Der am Tanganyika-See lebende Anubis-Pavian (*Papio anubis*) bildet geschlossene Trupps, die mehrere erwachsene Männchen enthalten. Diese Männchen, die sexuell aktiv sind, stammen in keinem Fall aus diesem Trupp, sondern wandern von anderen Trupps zu. Alle Männchen verlassen mit eintretender Geschlechtsreife ihren Geburtstrupp. Das weiß man aus sorgfältigen Registrierungen, die inzwischen über 10 Jahre hinweg gemacht wurden. Man weiß auch, daß die Männchen einzeln zuwandern und in vielen Fällen aus verschiedenen Nachbartrupps stammen. Wenn auch ihr genauer Verwandtschaftsgrad unbekannt ist, so sind sie doch sicher nicht nah verwandt oder gar Brüder.

Diese Männchen bilden nun oft untereinander Zweier-Koalitionen und stehen einander bei, wenn es darum geht, einen Konkurrenten zu verdrängen; häufig dann, wenn sich bei einem brünstigen Weibchen ein anderes Männchen aufhält. In den genauer analysierten Fällen passiert dann regelmäßig folgendes: Ein Männchen, das gern zu dem brünstigen Weibchen möchte, aber allein den derzeitigen »Besitzer« nicht vertreiben kann, holt sich Hilfe bei seinem Koalitionspartner. Indem es diesen mehrere Male nacheinander anblickt und dann den Kopf schnell von ihm weg zu dem mißliebigen Rivalen hinwendet, hetzt es seinen Partner auf, wie wenn es sagte: »Komm, hilf mir, den da zu vertreiben«. Dann gehen beide zusammen auf den Rivalen los, der allein gegen die beiden nichts ausrichten kann und so sein Weibchen verliert. Dasjenige Männchen, das seinen Kumpan um Hilfe gebeten hat, paart sich daraufhin mit dem eroberten Weibchen, während sein Kampfpartner sich weiter mit dem verdrängten Rivalen beschäftigt. Das heißt, der Hilfeleistende wendet Zeit und Energie auf und geht außerdem noch ein Risiko ein, denn bei solchen Kämpfen kommt es gewöhnlich zu Verwundungen; er hat aber keinen unmittelbaren Vorteil davon, denn zur Paarung kommt ja der andere.

Die Dauerbeobachtungen an den genau bekannten Individuen haben nun gezeigt, daß diese Kumpanei auf Gegenseitigkeit beruht; derjenige, der heute von seinem Partner Hilfe bekommt, gibt sie ihm ein andermal in derselben Weise, wenn er von ihm dazu aufgefordert wird. Wir haben es hier also mit einer Koalition zum beiderseitigen Vorteil zu tun, die nicht auf Verwandtschaft, also auf dem Vorteil für immer dasselbe Gen in verschiedenen Trägern beruht, sondern darauf, daß jeder seinen eigenen Vorteil mit Hilfe des anderen erhöht, so wie wir es bei typischen Symbiosen finden, die wir im nächsten Kapitel besprechen werden.

Symbiosen

Mit dem Namen Symbiose belegte A. De Bary 1879 jedes Zusammenleben ungleichnamiger Organismen. Ungleichnamig besagt, daß diese Organismen von den Systematikern verschieden benannt, also zu verschiedenen Arten (oft sogar zu verschiedenen Klassen, Ordnungen und Stämmen) gerechnet werden. »Die bekannteste und exquisiteste Erscheinung der Symbiose ist der vollständige Parasitismus«, sagt De Bary. Damit hatte er den Parasitismus in die Symbiose einbezogen, während er heute gewöhnlich als ihr Gegenteil angesehen wird: Symbiose dient dem Vorteil beider Beteiligten, während der Parasit seinen Wirt zu dessen Schaden ausbeutet. Selbstverständlich gibt es aber vielerlei Zwischenformen: Ungleich große Vorteile für beide, abwechselnde Vor- und Nachteile für einen usw. Eindeutig klar ist nur, daß nicht beide nur Nachteile von dem Zusammenleben haben können.

Die vielfältigen Erscheinungsformen solchen symbiotischen Lebens von ganz verschiedenen Organismen haben immer wieder das Interesse der Wissenschaftler gefunden. In einem zweibändigen Werk hat S. Henry eine Übersicht gegeben, wie ungemein verbreitet Symbiosen sind: zwischen Bakterien und Pflanzen, zwischen verschiedenen wirbellosen Tieren im Meer (Farbtafeln 11 und 12), zwischen Einzellern und Wirbeltieren und zwischen Wirbeltieren zu Land und zu Wasser; es gibt Ernährungssymbiosen, Wohnsymbiosen, Putzsymbiosen und vieles andere. Dabei kommen zuweilen auch mehr als zwei Organismenformen ineinandergeschachtelt vor. Dafür nur ein Beispiel:

Australische Termiten beherbergen in ihrem Darm einen Einzeller, *Myxotricha paradoxa*, der Holzspäne verdauen kann; mit seiner Hilfe können Termiten sich von Holz ernähren (Abb. 13). Zunächst hatte man diesen Flagellaten als eine Art Wimpertierchen angesehen, das ringsum am Körper viele kleine Geißeln trägt, mit deren Hilfe es in der Darmflüssigkeit schwimmt. Bei näherer Betrachtung fanden dann aber Wissenschaftler an den Universitäten Cambridge und Georgia, daß die vermeintlichen Wimpern in Wirklichkeit Spirochaeten sind, also sehr bewegliche Bakterien, die wie eine Rudermannschaft als Symbionten auf der Oberfläche des großen Einzellers leben und ihn mit ganz gleichmäßiger Geschwindigkeit voranbewegen. Jedes dieser Ruderbakterien hat noch ein anderes kleines symbiontisches Bakterium bei sich, und in der *Myxotricha* lebt als weiterer Symbiont eine dritte Bakterienform. Bislang ist es freilich noch nicht gelungen, die Vor- und Nachteile für jeden dieser Symbionten genau anzugeben. Hier wie auch in anderen Fällen greift man darum heute gern auf die weniger strenge Definition der Symbiose von De Bary zurück.

Flechten – das Ergebnis evolutions-stabiler Strategien

Flechten finden wir an Bäumen, Steinen, Zaunpfählen, Felswänden, frischen Erdhängen, aber auch auf Zeitungspapier, Glas, Filz, Porzellan,

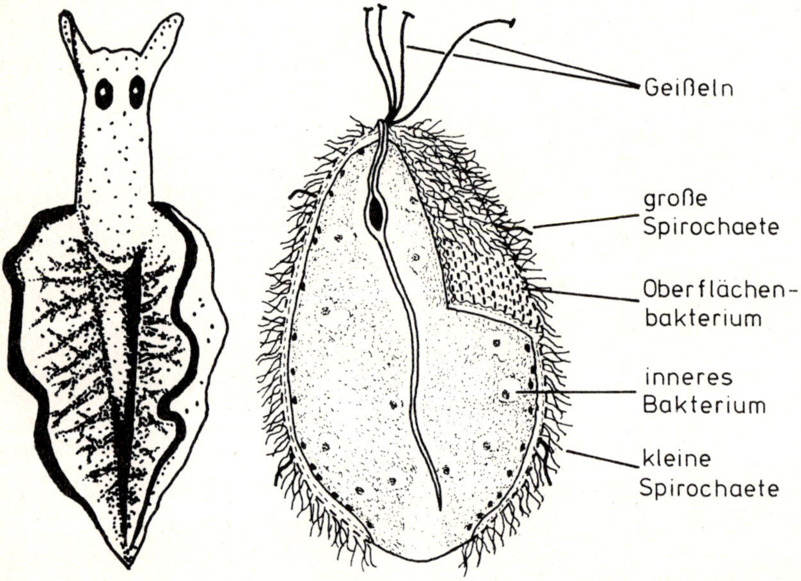

13. Links: Die im Atlantik lebende, etwa 2,5 cm lange Nacktschnecke *Elysia viridis* nimmt aus ihrer Futterpflanze, der Grünalge *Codium tomentosum,* Chloroplasten in die eigenen Körperzellen auf, ohne sie zu verdauen. Dort sind sie weiterhin photosynthetisch aktiv und erzeugen Aminosäuren sowie verschiedene einfache Zucker, die sie an die Schnecke abgeben.
Rechts: Dieser Komplex aus vielen symbiontischen Lebewesen ist kein bewimperter Ciliat: Große und kleine Spirochaeten, äußere und innere Bakterien bilden mit der großen Flagellaten-Zelle zusammen ein Lebewesen, das seinerseits wieder symbiontisch im Darm von Termiten lebt. (nach Margulis)

Erz, Leder und anderen Unterlagen. Es sind höchst merkwürdige Lebewesen: Sie bestehen nämlich aus dem Zusammenschluß je eines Pilzes mit einer Algenart. Von diesem Zusammenleben gibt es zahlreiche Variationen, die kürzlich A. Henssen und H. Jahns übersichtlich dargestellt haben. Eine typische Flechte entsteht durch die dauerhafte Lebensgemeinschaft zwischen Pilz und Alge, wobei der Pilz vorwiegend die äußere Form des Gebildes bestimmt und die Algen in seinem Gewebe einbettet. Grünalgen bieten dem Flechtenkörper durch ihre Photosynthese Kohlehydrate an, Blaualgen ermöglichen der Flechte den Zugang zu Luftstickstoff, die der Pilz für sich verbraucht, selbst aber nicht in organischen Stufen herstellen kann. Da er die Alge von der Außenwelt abschneidet, muß er Wasser und Nährsalze für sie herbeischaffen. Außerdem bietet der Pilz den Algen Schutz vor zu starkem Licht und ermöglicht ihnen dadurch an Orten zu leben, die sie sonst gar nicht besiedeln könnten.

Der Pilz ist also kein reiner Ausbeuter oder Parasit, sondern eher einem Hausbesitzer zu vergleichen, der Miete kassiert (O. Stocker). Allerdings schreitet er in der Not zur Pfändung: Bei den weniger hoch entwickelten Flechten kann der Pilz die Algen mit besonderen Zellfäden, den Haustorien aussaugen. In höher organisierten Flechten herrscht jedoch ein besser ausgewogenes Gleichgewicht der Interessen, der Kontakt zwischen beiden Lebewesen ist freier und für die Alge nicht mehr bedrohlich.

Flechten sind in der Regel mit Bakterien bewachsen; ob die Flechte davon einen Vorteil hat, ist unbekannt. Ferner gibt es Pilze, die auf Flechten parasitieren (zum Teil sind es Pilze, die ehemals selbst mit Algen zusammen Flechten bildeten). Komplizierte physiologische Beziehungen stellen sich ein, wenn eine Flechte mit einer weiteren Flechte zusammenwächst.

Die Symbiose von Alge und Pilz als Flechte bewährt sich besonders an Stellen, wo keins der beiden Lebewesen allein existieren könnte; Flechten sind oft Pioniere bei Neubesiedelungen auf frischen Lavafeldern und die äußersten Vorposten des Lebens, etwa in 4700 m Höhe, in der Antarktis oder in extremen Wüsten und Halbwüsten. Sobald aber die Umweltbedingungen einem der Partner optimale Lebensbedingungen bieten und er nicht auf die Symbiose angewiesen ist, gibt er sie auf und lebt allein weiter. Flechten gedeihen nur dann, wenn keiner der Partner allein optimal leben kann; sie bilden also eine Notgemeinschaft mit einem labilen Gleichgewicht zwischen den Partnern, das durch äußere Faktoren leicht zu stören ist. Einige Algenformen gedeihen im Pilzgewebe besser als allein, andere aber werden im Pilz an stärkerer Fortpflanzung gehindert, und zwar schon dadurch, daß der Pilz ihnen den größten Teil des erzeugten organischen Materials sofort entzieht. Viele dieser Flechten-Algen sehen etwas anders aus, wenn sie allein weiterwachsen, werden also vom Pilz für die Dauer des Zusammenlebens umgeformt.

Diese Symbiose ist ein gutes Beispiel für eine evolutions-stabile Misch-Strategie zweier Lebewesen. Wir hatten solche Strategien früher an verschiedenen Kampfformen innerhalb einer Tierart erläutert (s. S. 59), wo von verschiedenen Individuen der gleichen Art jedes seinen Gen-Anteil an kommenden Generationen zu erhöhen trachtet. Dieselben Probleme treten aber auch beim Zusammentreffen verschiedenartiger Lebewesen auf: Hier versuchen Alge und Pilz unter den gegebenen Bedingungen jeder für sich möglichst viel herauszuholen. Sie zahlen dem Partner solange Tribut, wie sie zum Überleben auf ihn angewiesen sind, und verzichten auf den Partner, sobald sie es sich nach den Umweltbedingungen leisten können; sie leben eigenständig weiter – wie die Alge – oder von fremdem organischen Material – wie der Pilz, der dann parasitiert oder saprophytisch lebt.

Unter diesem Gesichtspunkt kann man alle Lebensgemeinschaften betrachten, seien es nun Fälle von Symbiose, Parasitismus, Räuber-Beute-Beziehungen usw. Immer wird sich ein Gleichgewicht einstellen zwischen den miteinander in Beziehung tretenden Arten; und dieses Gleichgewicht wird stabil sein, solange sich weder die Lebewesen noch die ökologischen Bedingungen ändern.

J. Roughgarden hat kürzlich einen Nutzen-Kosten-Vergleich für die Entstehung von Symbiosen unter Meerestieren angestellt. Eine Vergesellschaftung zwischen Lebewesen kann entstehen, wenn die Fortpflanzungs-Chancen von mindestens einem Beteiligten dadurch höher liegen, als wenn er allein oder eigenständig lebt. Er muß ferner hinreichend große Aussichten haben, auf Vertreter der Partner-Art zu stoßen. Je nach den Bedingungen wird sich das Zusammenleben weiter spezialisieren: Es kann zu gelegentlichem oder obligatorischem Zusammenleben kommen, die zuerst bevorteilte Art kann auch ihrem Wirt Vorteile bringen und ihm physiologische und Verhaltens-Hilfen leisten. Roughgarden folgert, daß seltene Arten und solche mit kurzer Lebensdauer ihrer Individuen nur

wenige spezialisierte parasitische oder symbiontische Partner aufweisen werden und daß unschmackhafte oder anders vor Freßfeinden geschützte Arten mehr unter einem gelegentlichen Parasitenbefall leiden werden als weniger geschützte Arten. Wichtig ist, daß sich Parasiten durch Selektion so entwickeln können, daß sie ihren Wirt nicht umbringen (daß sie also den Ast schonen, auf dem sie sitzen). Manche Krankheitserreger schädigen ihren Wirt nicht so sehr, wie sie eigentlich könnten, und entwickeln durch verringerte Virulenz eine Koexistenz mit ihrem Wirt. Ein bekanntes Beispiel dafür ist der Myxomatose-Virus in den australischen Kaninchen. Ein ausschließlich in der Keimbahn seines Wirtes weitergegebener Parasit (z. B. ein Virus) wird sich zu einem Symbionten entwickeln und schließlich Teil des Wirtes werden. Auch Krebs erzeugende Viren, die genetisch übertragen werden, haben ihre Nachkommen in allen Nachkommen ihres Wirtes und sollten ihn solange nicht schädigen, wie er noch für die Ausbreitung seines Erbgutes arbeitet. Tatsächlich brechen die von ihnen verursachten Krankheiten oft erst im hohen Alter aus, wenn das Individuum mehr soziale Hilfe empfängt als spendet (s. dazu ORLOVE 1977).
Dieses Arbeitsfeld ist für den Ökologen so interessant wie für den Ethologen das Zusammenleben verschiedener Individuen, das den gleichen Grundregeln folgt. Wir wollen das an zwei weiteren Beispielen erläutern, die zeigen, wie offen die Grenzen der Verhaltensforschung zu benachbarten Disziplinen sein können.

Wir sind Symbiose

Symbiose im engeren Sinne bedeutet Zusammenleben von verschiedenen Organismen zum Vorteil aller Beteiligten. Das typische Schul-Beispiel für Symbiose ist der Einsiedlerkrebs mit der See-Anemone, die auf seinem Haus sitzt. Bei der Fortpflanzung des Krebses entstehen immer nur Krebse, nie Anemonen; ebenso produziert die Anemone nur ihresgleichen, nie einen Krebs. Aber nicht immer sind die Verhältnisse so übersichtlich. Unter den Pflanzen beherbergen die Schmetterlingsblütler in besonderen Wurzelknöllchen die sogenannten Knöllchenbakterien. Die Pflanze kann ohne die Bakterien, und die Bakterien können ohne die Pflanze leben. Wenn sich aber die Bakterien im Pflanzengewebe aufhalten, dann gelingt es ihnen, den Stickstoff der Luft aufzunehmen und zu verdauen; sie produzieren zusammen mit dem Wurzelgewebe der Wirtspflanze einen Eiweißstoff, den keiner der Partner allein herstellen kann. In Symbiose leben beide Partner also besser als getrennt.

Ähnliche Symbiosen mit Bakterien gibt es auch bei anderen Pflanzen, beispielsweise bei vielen Orchideen. In der Regel muß jeder Keimling, der aus einem Samen wächst, sich die Bakterien aus dem Boden neu beschaffen. Die Pflanze *Psychotria bacteriophila* jedoch verpackt die symbiontischen Bakterien sogar im Samen. Die neu entstehende Pflanze bekommt also von den Eltern nicht nur Nährstoffe und Chromosomen, sondern auch Bakterien mit auf den Lebensweg. Lebt ein Symbiont im Wirt, so sprechen wir von Endosymbiose; wird er – wie bei *Psychotria* – direkt an die Nachkommen vererbt, spricht man von erblicher Endosymbiose. Um zu erkennen, daß hier zwei Organismen beteiligt sind, muß man schon sehr genau die Zellteilungen, Keimzellenbildung und überhaupt die Fortpflanzung untersuchen. Denn: Selbständige Organismen pflanzen sich selbständig fort.

Nun waren vor allem den Botanikern bei immer genauerer Untersuchung pflanzlicher Zellen und ihrer Inhaltskörper zunächst die Grünkörper oder Chloroplasten aufgefallen, die sich selbständig vermehrten. Enfernt man sie vollständig, so wächst und teilt sich die Pflanzenzelle zwar mitunter weiter, aber sie bleibt frei von den grünen Chloroplasten: Offensichtlich kann sie diese nicht herstellen. Sind also die Chloroplasten eigene Organismen? Das schien zunächst ein wissenschaftlicher Formalismus – warum sollte es nicht Ausnahmen von der Regel geben. Eine Pflanze war eben eine Pflanze und hatte nun mal Chloroplasten.

Allerdings haben gar nicht alle Pflanzen Chloroplasten; sie fehlen zum Beispiel den Pilzen. Aber wie gesagt, warum sollte es nicht auch da Ausnahmen geben. Mindestens sind Pflanzen aus Zellen aufgebaut, und diese Zellen haben einen Zellkern. Leider haben aber Blaualgen keinen Zellkern. Und anstatt sich nun mit immer weiteren Ausnahmen zu behelfen, begannen die Zellforscher, sich den Zellkern, die Chloroplasten und andere typische Zellenbestandteile genauer anzusehen. Und dabei kamen erstaunliche Dinge zutage, die schließlich dazu führten, daß das ganze Reich der Lebewesen neu klassifiziert wurde.

Wieder ist die Idee durchaus nicht so neu, wie sie heute noch vielen erscheint. Bereits Ende des vorigen Jahrhunderts tauchte der Gedanke auf, daß die Beziehung zwischen den Chloroplasten und der Zelle, in der sie leben, an eine Symbiose erinnert. A. Schimper vermutete schon 1883, die grünen Pflanzen könnten aus dem Zusammenschluß eines farblosen und eines grün gefärbten Organismus hervorgegangen sein. Unabhängig von ihm kam R. ALTMANN 1890 zu demselben Schluß, daß sich verschiedene *Bioplasten* zu den höheren Pflanzen vereinigt hätten. Obwohl zunächst erst wenige Argumente dafür sprachen, übernahm 1905 C. MERESCHKOWSKY diese Endosymbiontentheorie schon als gesicherte Tatsache. Erbost über die damals übliche tendenziöse Gegenüberstellung von friedlichen Pflanzen und räuberischen Tieren betonte er, die Pflanzen seien in Wahrheit schlimmer als Tiere, denn sie hielten sich in ihren Zellen viele kleine grüne Sklaven, die für sie arbeiten müßten.

Die typischen Zellinhalts-Körper, die man immer genauer untersuchte, erfüllen in den einzelnen Zellen ähnliche Aufgaben wie in unserem Körper die Organe. Da sie aber nicht aus Zellen aufgebaut, sondern vielmehr Bestandteile der Zellen sind, nennt man sie Organellen. Neben den Chloroplasten und ihren nichtgrünen Vettern, den Plastiden, beherbergen die Zellen aller höheren Lebewesen die Mitochondrien. Auch sie haben eine eigene Fortpflanzung. Mitochondrien und Plastiden (einschließlich Chloroplasten) sind durch eine doppelte Membran völlig vom umgebenden Plasma der Zelle abgeschlossen. Sie haben ihre eigenen Gene, entstehen niemals neu, sondern nur durch Teilung und sind ganz unbezweifelbar Lebewesen für sich – allerdings so spezialisiert, daß sie isoliert nicht mehr zu bestehen vermögen. Noch speziellere Untersuchungen – auf die wir hier nicht eingehen können, die aber von J. REINERT und H. URSPRUNG zusammengefaßt sind – ließen bald erkennen, wer die nächsten Verwandten dieser Zellorgane sind: Für die Mitochondrien sind es die Bakterien, für die Plastiden die Blaualgen. Wir können heute ungefähr rekonstruieren, wie diese Verbundsysteme aus verschiedenen Lebewesen zustandegekommen sind. Am klarsten formuliert hat es Frau L. MARGULIS:

Vor etwa 600 Millionen Jahren kam unter den ersten Lebewesen die Fähigkeit auf, die Sonnenenergie zur Photosynthese zu verwenden und damit aus Kohlendioxyd und Wasser Zucker herzustellen. Dabei entsteht freier Sauerstoff. Der ist aber bis dahin nur in geringen Mengen vorhanden gewesen und war für die meisten damaligen Lebewesen gefährlich (für einige Bakterien ist er es heute noch). Etliche Bakterien allerdings konnten ihn aufnehmen und im Stoffwechsel verbrauchen, wir würden heute sagen veratmen. Solche Sauerstoff veratmenden Bakterien heißen *aerobe* Bakterien. Wo sie vorkamen, konnten sich auch solche (immer noch einzelligen) Lebewesen aufhalten, die sonst durch den Sauerstoff gefährdet waren, der sich in der Nähe von photosynthetisch aktiven Zellen anhäufte. Zum eigenen Vorteil haben offenbar einige Ur-Einzeller aerobe Bakterien in sich aufgenommen und als Endosymbionten in sich behalten. Dort spezialisierten sich diese Bakterien ganz auf das Verarbeiten von Sauerstoff, und das tun heute noch ihre Nachfahren, die Mitochondrien in allen Zellen, auch in unseren Körperzellen. Im übrigen führen sie dort ein eigenes Bakterienleben, paaren sich und tauschen Gene aus wie in uralter Zeit, und wie es primitive Bakterien heute noch tun.

Damit aber nicht genug. Es hat sich wahrscheinlich ein weiterer Zusammenschluß mit wieder anderen Lebewesen abgespielt. Zu den ältesten Mikroorganismen gehören die Spirochaeten, die sich schlängelnd fortbewegen, so wie es heute noch beispielsweise *Spirochaeta pallida* tut, der Erreger der Syphilis. Frau MARGULIS hat gute Argumente dafür, daß sich die Zellen, die bereits aerobe Bakterien in sich trugen, nun auch noch mit Spirochaeten verschiedener Größe zusammenschlossen. Einige pflanzten sich in der Außenmenbran ein, andere drangen ins Zellinnere vor. Die außen sitzenden trieben durch ihre Bewegungen nun den ganzen Zellkörper durchs Wasser und spezialisierten sich dort zu den heutigen größeren Geißeln und kleinen Wimpern der Mikroorganismen, aber auch begeißelter Zellen in Organen der Vielzeller. Im vorigen Abschnitt haben wir am *Myxotricha paradoxa* im Termitendarm einen solchen Zusammenschluß verschiedener Mikroben zu einem Komplex-Organismus kennengelernt.

Für die Zellforschung wird es nun eine spannende Aufgabe, zu untersuchen, ob sich weitere Anhaltspunkte dafür finden lassen, daß die Geißeln und Flagellen der Flagellaten, aber auch die Wimperzellenauskleidung unserer Luftröhre und Nase sowie die Antriebsgeißel der Spermien ursprünglich von Spirochaeten-Bakterien abstammen. Die ersten Übereinstimmungen im Aufbau sind schon gefunden worden. Auf Spirochaeten-Ahnen, die in die Urzellen hineindrangen, gehen nach Ansicht von Frau MARGULIS die Centriolen und Spindeln zurück, die heute bei der Zellteilung die Chromosomen ordnen und auseinanderziehen.

Vieles spricht dafür, daß die modernen Zellen, deren Gene nun in einem Zellkern verpackt liegen, in der Tat ein Symbiosesystem aus Ur-Zellen, aeroben Bakterien und Spirochaeten sind. Das träfe jedenfalls auf tierische Zellen zu. Die typischen Pflanzenzellen aber haben noch einen weiteren Symbiosepartner hinzugenommen, nämlich urtümliche Blaualgen, die

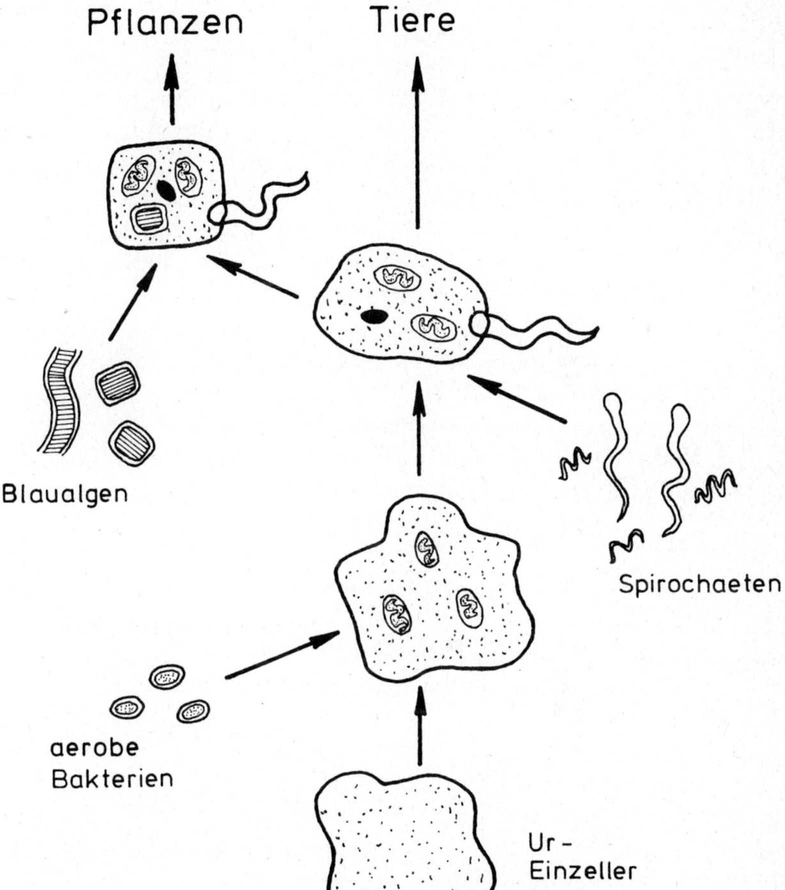

14. Aus einem symbiontischen Zusammenschluß von Ur-Einzellern, Bakterien und Spirochaeten entstanden nach MARGULIS die Zellen, aus denen Tiere aufgebaut sind. Durch Aufnahme von Blaualgen entstanden die Zellen von Pflanzen.

zur Photosynthese fähig waren. Aus ihnen entwickelten sich die Chloroplasten. Das Schema in Abb. 14 zeigt diese möglichen Entwicklungswege von Pflanzen- und Tierzellen.

Zusammen mit neueren Befunden aus der Genetik und Molekularbiologie stützt die hier kurz skizzierte Endosymbionten-Theorie eine Einteilung der Lebewesen in fünf Reiche, statt bisher in zwei (nämlich Pflanzen und Tiere):

1. Bakterien und Blaualgen (*Monera*). Sie haben noch keinen Zellkern, keine Differenzierung von Zellen zu Geweben mit verschiedenen Aufgaben. Geschlechtliche Prozesse fehlen; es wird höchstens Genmaterial von einer Zelle in die andere übertragen. Aus ihnen entstanden die Organellen in den Zellen der höheren Lebewesen.

2. Protozoen, Grün-, Braun- und Rotalgen (*Protista*). Sie haben – wie auch alle folgenden Lebewesen – einen Zellkern, bilden schon Keimzellen und Zygoten und haben erstmals Plasmabewegung innerhalb jeder Zelle.

3. Pilze (*Fungi*). Sie sind haploid, d. h. ihre vielzelligen Individuen entstehen aus Zellen mit nur einem Gen-Satz (s. S. 168 u. Abb. 15).

4. Pflanzen (*Plantae*). Sie haben Individuen aus haploiden wie auch aus diploiden Zellen, also Zellen mit doppeltem Gen-Satz.

5. Vielzellige Tiere (*Animalia*). Alle bestehen aus diploiden Zellen, die Reifeteilung erfolgt vor der Gametenbildung (s. S. 168).

Manche Theorien über die Entstehung des Lebens klingen so einfach, daß man sich fragt, ob denn das Leben nicht auch heute noch ab und zu neu entstehen könnte. Die Antwort heißt ziemlich bestimmt: Nein. Und zwar deswegen, weil jede organische Vorstufe des Lebens von den vorhandenen Lebewesen sofort als Nahrung aufgenommen und zersetzt werden wird. »Es wird oft gesagt, alle Bedingungen für die Erst-Entstehung eines lebenden Organismus, die es je gegeben haben kann, seien heute gegeben. Aber wenn (und welch großes Wenn ist das!) wir uns vorstellen, daß in irgend einem warmen kleinen Gewässer alle Stoffe, Licht, Hitze, Elektrizität usw. gegeben sind und eine Proteinverbindung sich chemisch gebildet hat, die nun an der Schwelle zu komplexeren Veränderungen steht, dann würde heutzutage solch Stoff sofort verschluckt oder absorbiert; dieses konnte nicht geschehen, ehe sich Lebewesen gebildet hatten«, schreibt DARWIN in einem Brief aus dem Jahre 1871.

Anders ist es mit dem Vereinigen vorhandener Lebewesen zu Symbiosegemeinschaften: Das kommt offenbar immer wieder vor. B. KREMER hat kürzlich zusammengestellt, welche Tiere als Endosymbionten Algen oder sogar Plastiden enthalten. Eine Amöbe, *Pelomyxa palustris*, hat überhaupt keine Mitochondrien, sondern endosymbiontische Bakterien, welche die Zellatmung besorgen; so könnte z. B. die Ursymbiose ausgesehen haben, in der Bakterien zu Mitochondrien domestiziert wurden.

Verschiedene Blaualgen, aber auch Grünalgen, Kieselalgen und andere leben im Körpergewebe wirbelloser Tiere; wir finden sie in Wimpertierchen *(Paramaecium)*, Schwämmen, Süßwasserpolypen, Korallen, Strudelwürmern, Muscheln und Schnecken. Auffallend ist, daß diese Tiere nur in geringem Maße arteigene von artfremden Zellen unterscheiden; so entfallen bestimmte Immunschranken, von denen wir auf S. 136 berichteten. Einige Korallen können nur dann rasch wachsen und Riffe bilden, wenn die in ihnen enthaltenen Algen-Symbionten genügend Sonnenlicht erhalten; das Wachstum der Korallentiere hängt unmittelbar mit dem Wohlergehen ihrer pflanzlichen Symbionten zusammen. Vorteile hat der tierische Wirt von den Symbionten immer; einige Strudelwürmer *(Turbellarien)* und andere Tiere mit sexueller Fortpflanzung reichen die symbiontischen Algen in der Eizelle an die Nachkommen weiter. Die Schnecke *Aeolidiella* frißt auf der Algen enthaltenden Seeanemone *Heliacis* und übernimmt aus ihr die Symbionten in den eigenen Körper. Der Strudelwurm *Convoluta roscoffensis* kann offenbar ohne seine Algensymbionten gar nicht leben. Die berühmte Mördermuschel *Tridacna* verdaut gerade so viele Zellen ihres Symbionten, wie dieser durch Teilung produziert; hier stabilisiert sich also ein Gleichgewicht zwischen den beiden Organismen. Vergleichbar ist das den Blutkörperchen, die auch in der Menge verbraucht werden, wie sie in bestimmten Körpergeweben (z. B. dem Knochenmark) entstehen.

Einige im Meer lebende Nacktschnecken haben nicht nur Algenzellen in ihrem Körper zwischen oder sogar in den eigenen Körperzellen; ihre Körperzellen enthalten sogar freie Chloroplasten aus Grünalgen. Diese Chloroplasten tun hier dasselbe, was sie sonst in einer Pflanzenzelle tun – sie produzieren im Sonnenlicht für den Wirt wichtige Aminosäuren und Zucker und setzen dabei Sauerstoff frei; für das Assimilieren übernehmen sie das vom Wirt durch Atmung erzeugte Kohlendioxyd und verarbeiten es wieder in der Photosynthese. Hält man solche Schnecken im Dunkeln, so nimmt ihr Gewicht um soviel ab, wie die Chloroplasten normalerweise im Licht durch Photosynthese an Assimilationsprodukten herstellen. Jede Schnecke nimmt die Chloroplasten mit der Nahrung auf und beherbergt sie dann einige Monate lang in ihrem Körper.

Endosymbionten leben also in Zellen (zum Teil als Zell-Organelle, d. h. schon als typische Zellbestandteile), sie leben zwischen Zellen im Körpergewebe, oder sie leben im Darmkanal. Alle diese Beispiele zeigen, daß ursprünglich eigenständige Lebewesen sich zu komplexen Lebewesen zusammenschließen können und das auch heute noch tun. Das heißt aber, daß die in jedem dieser Lebewesen enthaltenen Gene einen Ausbreitungsvorteil haben, wenn die Organismen, in denen sie sitzen, sich zusammenschließen. In diesen Fällen ist nicht die Verwandtschaft entscheidend, sondern die Gegenseitigkeit; die Zusammenarbeit beruht nicht darauf, daß Replikate des gleichen Gens in mehreren Individuen stecken und allein in die eigene Tasche wirtschaften, sondern darauf, daß verschiedene Gene je für sich Vorteile aus der Zusammenarbeit ziehen.
So können wir uns auch vorstellen, wie es überhaupt zum Zusammenschluß von einzelnen Genen zu Genkomplexen gekommen ist. Jedes Gen fährt im Verband mit mehreren anderen besser als allein. Gewinnen alle Gene durch diesen Zusammenschluß, dann ist es vorteilhaft, wenn sie zusammenbleiben und komplexe Gengruppen bilden, so wie es Zellgruppen, Organgruppen und Individuengruppen gibt. Dann entstehen Abhängigkeiten, wie wir sie zum Beispiel bei den Mitochondrien finden können: Sie pflanzen sich noch eigenständig in unseren Zellen fort, brauchen aber dazu schon die Mitwirkung der Gene im Zellkern der »Wirts«-Zelle. Hier ist aus zwei getrennten Lebewesen ein Mixtum entstanden, in dem wir zwar die ursprünglichen Komponenten noch erkennen können, die jedoch selbst nicht mehr unabhängig voneinander leben können.
Dieses Forschungsgebiet revidiert unsere gewohnte Vorstellung von der Zelle als dem Urbaustein der höheren Lebewesen. Es illustriert ferner erneut, wie das »Prinzip Eigennutz« auf der Ebene der Gene wirkt und wieviel bisher Unverständliches damit befriedigend erklärt werden kann. Aber das alles liegt noch fernab vom Arbeitsgebiet der Verhaltensforschung. Die vielen Übergänge, die wir hier im Symbiose-Kapitel vorgeführt haben, deuten jedoch an, wie ein Ausweiten der Verhaltensforschung auf Insekten, Schnecken, Würmer, vielleicht später auch einmal auf höhere und niedere Pflanzen, Einzeller (und Bakterien?) Verbindungen herstellen könnte zu einer »Biologie der Minimal-Organismen« wie P. Sitte es genannt hat; dadurch würden unter anderem Probleme zugängig, die das Verhalten der Organe, Gewebe und Zellen auch unseres eigenen Körpers betreffen.

Auf die Frage, wie die Selektion das soziale Verhalten der Lebewesen formt, können wir nun folgende allgemeine Antwort geben: Je komplexer die Gengruppen und je höher spezialisiert die von ihnen gesteuerten Lebewesen sind, desto weniger wahrscheinlich ist es, daß ein Gen aus einer solchen Gruppe in einer ganz anders zusammengesetzten Gengruppe größere Überlebenschancen hat. So vorteilhaft das Umgruppieren von Genen und ihren Mutanten innerhalb eines Gen-Komplexes ist, solange die erzeugten Variationen verbesserte Ausbreitungsmöglichkeiten bieten, so unvorteilhaft ist das Durchmischen von Genen aus sehr verschiedenen Komplexen, weil ihre Zusammenarbeit nicht mehr klappt. Man kann das damit vergleichen, wenn Menschen aus verschiedenen Sprachbereichen zusammengebracht werden. Jeder ist in seiner Heimat ein voll funktionsfähiges Mitglied einer komplexen Gesellschaft; und es hat auch Vorteile, die Individuen durch Umgruppieren zu besonders effektiven Arbeitsgruppen zusammenzustellen. Es hat aber keinen Sinn, Individuen in eine Gesellschaft zu verpflanzen, in der sie sich nicht verständigen können. Sie bleiben dort Außenseiter und können weder im eigenen noch im Interesse dieser Wirts-Gesellschaft tätig werden. Kooperationen zwischen in sich funktionsfähigen Gruppen ist jedoch zu beiderseitigem Vorteil möglich; Anpassungs- wie Verständigungsschwierigkeiten lassen sich – wie in den Symbiosebeispielen – in den Grenz- und Austauschzonen regeln.
An das Verhalten der Lebewesen, das von den Genen gesteuert wird, stellt die Selektion demnach folgende Anforderungen:
1. Die Gene müssen innerhalb ihrer funktionsfähigen Komplexe durchmischt werden. Das geschieht besonders effektiv in der geschlechtlichen Fortpflanzung.
2. Geschlechtliche Prozesse zwischen Individuen mit zu ähnlichen (oder gar völlig gleichen) Gen-Sätzen erbringen keine neuen Variationen. Der Geschlechtspartner sollte also nicht aus der nächsten Verwandtschaft stammen. Hierauf gründet die Inzestschranke, auch im Tierreich. (vgl. Reader/N. Bischof.)
3. Geschlechtliche Prozesse zwischen Individuen mit völlig verschiedenen Gensätzen erbringen funktionsunfähige Varianten. Der Geschlechtspartner sollte also kein allzu andersartiges Lebewesen sein. Hierauf gründen sich die Artgrenzen, die dadurch definiert sind, daß Verpaarungen über diese Grenzen hinweg keine lebensfähigen oder wenigstens keine fortpflanzungsfähigen Nachkommen ergeben.
4. Verschieden spezialisierte Lebewesen sollten sich zu komplexen

Lebewesen oder zu Sozietäten zusammenschließen, wenn dabei Lebens- und Vermehrungs-Vorteile für die Beteiligten entstehen. Hierauf gründen sich die Symbiosen, aber auch die verschiedenen Zusammenschlüsse von Individuen zu sozialen Gruppen, angefangen von der Vereinigung der Geschlechter zur Fortpflanzung bis zu komplizierten Sozietäten mit Arbeitsteilung, auf die wir im Kapitel VIII näher eingehen werden.

Das Entstehen der Geschlechter

Man nimmt es gewöhnlich als gegeben hin, daß Tiere wie Menschen in zwei Typen auftreten, nämlich als Weibchen und Männchen. Das Zusammenwirken beider Geschlechtspartner von der sexuellen Anziehung über Balz und Kopula bis hin zur Brutpflege dient scheinbar der Erhaltung der Art. Diese Deutung beruht allerdings wieder auf der Annahme einer Selektion, die nicht auf das Individuum, sondern auf das Paar hinwirkt. Ein Paar bildet die kleinstmögliche Gruppe, man würde mit dem arterhaltend sinnvollen Zusammenwirken der Geschlechter also wieder einmal eine Gruppenselektion postulieren. Getreu unserem zu Beginn dieses Buches gefaßten Vorsatz, neue Erklärungsweisen nur dann zuzulassen, wenn die bisherigen nicht mehr ausreichen, müssen wir fragen, ob denn nicht auch die natürliche Selektion das Entstehen von verschiedenen Geschlechtern und ihre Kooperation zuwege bringen kann. Sie kann es. Das wollen wir im Folgenden erklären. Es eröffnet zugleich eine neue Sicht auf wichtige Phänomene, die unmittelbar Gegenstand der Verhaltensforschung sind. Wir beginnen mit der Entstehung der Geschlechter, so wie sie sich durch Vergleichen der heutigen Lebewesen rekonstruieren läßt.

Ungeschlechtliche und geschlechtliche Vermehrung

Wenn wir von einer Pflanze Stecklinge aussetzen oder wenn von einem zertrennten Regenwurm jedes Teil zu einem ganzen Wurm regeneriert, sind aus einem Individuum mehrere geworden. Diese Form der Vermehrung durch Teilung ist bei niederen Organismen weit verbreitet. Charakteristisch dabei ist, daß alle aus Teilung entstandenen Individuen genetisch dem Ausgangsindividuum gleichen. Im Grunde genommen ist es ein Wachstumsvorgang, nur daß die durch Zellteilungen herangewachsenen Teile hier nicht zusammenbleiben und ein immer größeres Individuum bilden, sondern sich abspalten und als eigenständige Individuen weiterleben. Man nennt das ungeschlechtliche Vermehrung.

Die Vielfalt der Lebewesen entsteht zunächst dadurch, daß an Genen Mutationen auftreten, die etwas veränderte Eigenschaften der betreffenden Individuen, der Mutanten verursachen; unter bestimmten Umweltbedingungen kann eine Mutante der ursprünglichen Form gegenüber im Vorteil sein. (Man sollte sich klar machen, daß keine Eigenschaft, kein Merkmal an sich vorteilhaft oder nachteilig ist; lange Beine sind für ein Pferd vorteilhaft, für einen Maulwurf nicht.) Immer neue Variationen können sich auf verschiedene Umweltbedingungen und Lebensräume spezialisieren, indem verschiedene Variationen miteinander konkurrieren und die besser angepaßte Variante sich rascher vermehrt.

Bei einfach gebauten einzelligen Organismen kommt es vor, daß während der Berührung zweier Individuen Teile des Genbestandes aus einer in die andere Zelle gelangen. Da die Gene die Information über Aufbau und Funktionsweise des Individuums tragen, entspricht ein solcher Vorgang einer Informationsübertragung (falls es wechselseitig geschieht: einem Informationsaustausch). Das Ergebnis ist dasselbe wie nach einer Mutation: an der Genzusammensetzung der Individuen hat sich etwas geändert; sie haben aber nicht darauf warten müssen, daß bei der Reduplikation der Gene einmal eine Abweichung (= Mutation) auftrat, sondern sie haben begonnen, aktiv ihre Gene neu zu kombinieren. Sie erhöhen damit die Anzahl der auftretenden genetischen Variationen: dadurch werden Selektionsvorgänge und Evolutionsabläufe beschleunigt. Ein ganzer Satz von Genen, der notwendig ist, ein Individuum aufzubauen, heißt ein *Genom.* Die eben geschilderte einseitige oder wechselseitige Übertragung von Teilen des Genoms nennt man einen parasexuellen Prozeß.

Das Erhöhen der Variationsbreite hat offensichtlich große Vorteile, denn Verfahren zur Neukombination von Genen finden wir überall, am häufigsten in Form echter sexueller Prozesse. Wir wissen nicht, welche Austauschverfahren von Genom-Teilen es einmal gegeben hat. Bei den heute lebenden höheren Organismen – ob Pflanzen oder Tiere – verschmelzen bei der Befruchtung zwei Geschlechts-Zellen miteinander, die jede einen einfachen Satz von Genen (also ein Genom) tragen; man nennt sie deshalb haploid. Das entstandene Verschmelzungsprodukt heißt

Zygote. Sie trägt dann zwei Genome, ist diploid. Würden nun zwei solche diploide Zellen miteinander verschmelzen, so entstünde eine tetraploide Zelle mit 4 Genomen usw. Tatsächlich aber halbiert die diploide Zelle ihre beiden Gensätze vor der nächsten Befruchtung und teilt sich dann. Diese Teilung nennt man Reifeteilung. Nach der Reifeteilung haben wir also haploide Zellen, nach der Befruchtung diploide Zellen vor uns. Beide Zelltypen können sich durch normale Teilung vermehren, so daß aus diploiden Zellen weitere diploide Tochterzellen, aus haploiden Zellen haploide Tochterzellen entstehen.
Bei den Einzellern ist jede Zelle gleichbedeutend mit einem Individuum, also führt die Befruchtung – die Verschmelzung zweier Zellen – zu einer Verminderung der Individuenzahl, nicht aber zu einer Vermehrung. Geschlechtliche Vorgänge dienen ursprünglich nicht der Vermehrung der Individuen, sondern der Neukombination von Genen, also der Erhöhung der Variationsbreite zwischen den Individuen!
Zur sexuellen Fortpflanzung müssen Befruchtung (= haploide Zellen vereinigen sich zu diploiden) und Reifeteilung (= diploide Zellen teilen sich in haploide) miteinander regelmäßig abwechseln. Die Zeitspanne zwischen einem Fortpflanzungsprozeß und dem nächsten, also von Befruchtung über Reifeteilung bis zur nächsten Befruchtung, nennt man eine *Generation.* Wenn sich die durch Teilung entstehenden Tochterzellen nicht voneinander trennen, entsteht ein vielzelliger Organismus. Er kann aus den haploiden oder aus den diploiden Zellen bestehen (entsprechend heißt er *Haplont* oder *Diplont*). Haplonten entstehen, wenn die Reifeteilung unmittelbar auf die Zygotenbildung folgt; das finden wir bei einigen Pilzen und Algen (z. B. der Schraubenalge *Spirogyra*): Die haploiden Zellen bilden zunächst einen vielzelligen Algenfaden, aus dem haploide Geschlechtszellen hervorgehen; diese lösen sich ab und verschmelzen mit anderen haploiden Geschlechtszellen zur diploiden Zygote, die sich aber sofort wieder in haploide Zellen teilt, aus denen dann neue Algenfäden wachsen (Abb. 15). Bei den höheren Pflanzen ist es komplizierter, denn sie haben sowohl haploide wie diploide Individuen. Am einfachsten zu sehen ist das bei vielen Moosen, z. B. an einem Polster des Frauenhaars: aus den haploiden Zellen entsteht das grüne Moosstämmchen, das die Polster bildet. Es erzeugt haploide Geschlechtszellen, die zueinanderschwimmen und in einer Befruchtung zur Zygote verschmelzen. Aus ihr wächst ein diploides Individuum, nämlich das gelbliche Stielchen mit einem Zipfel oder Becher an der

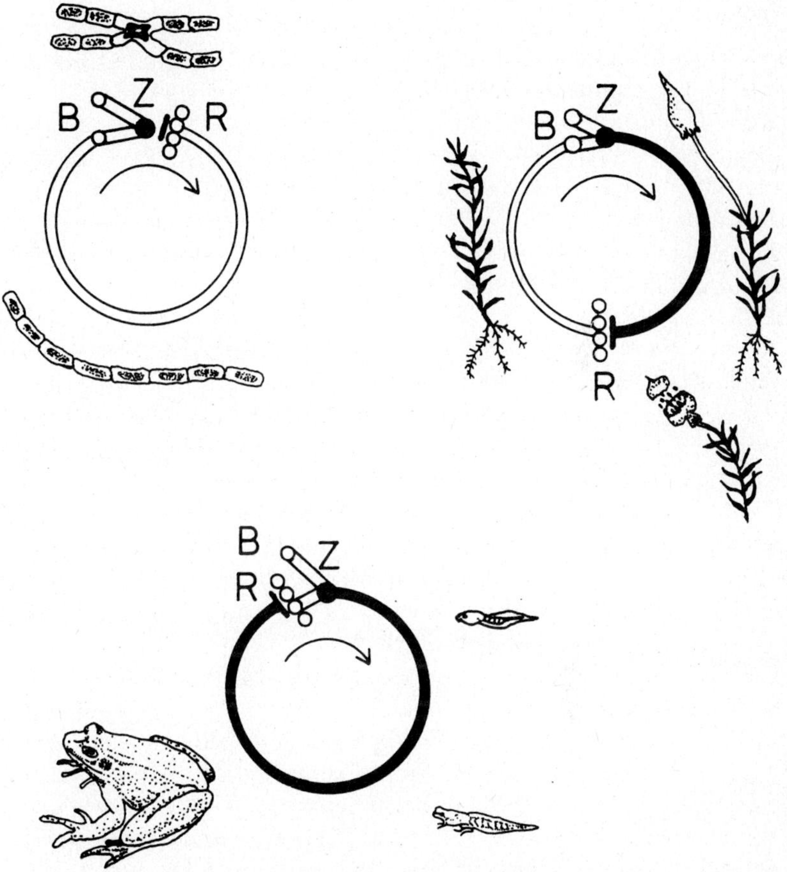

15. Haploide (weiß) und diploide (schwarz) Organismen. Bei der Schraubenalge entsteht nach der Befruchtung (B) eine Zygote (Z), die sofort in der Reduktionsteilung (R) wieder in haploide Zellen zerfällt, die je einen Algenfaden bauen (oben links). Beim Frauenhaar-Moos ist das grüne Stämmchen ein haploider, das gelbe Stielchen darauf ein diploider Organismus (rechts). Beim Frosch sind nur mehr die Keimzellen haploid. (nach Simpson)

Spitze. Seine Geschlechtszellen vollziehen die Reifeteilung und entlassen haploide Zellen, die Sporen, die zu haploiden grünen Moospflänzchen auswachsen (Abb. 15). Das diploide Individuum wächst oben auf dem grünen haploiden Moosstämmchen; wie man sieht, kann die Anwendung des Begriffs »Individuum« problematisch werden.

Die höheren Tiere bestehen regelmäßig aus diploiden Zellen; haploid sind ihre Geschlechtszellen, die sich zur Zygote vereinigen, aus der wieder ein diploides Individuum hervorgeht (Abb. 15). Wir haben aber schon erwähnt, daß es auch Ausnahmen gibt; z. B. entstehen die Bienenmännchen aus einer unbefruchteten Eizelle, sind also haploid.

Ursprünglich waren alle Lebewesen haploid; jede Mutation prägte sich sofort aus und unterlag der Selektion. Die Mutationsrate eines Gens pro Generation hat man mit 10^{-8} geschätzt; d. h. die Wahrscheinlichkeit für ein Gen, in einer Generation zu mutieren, beträgt 1:100 000 000. Leben also 100 000 000 Individuen gleichzeitig, dann ist wahrscheinlich eine Mutante eines bestimmten Gens darunter. Man kann auch sagen, die anderen Gene haben dann Aussichten zu überleben, wenn sie in einhundert Millionen Individuen als Replikate stecken, weil vielleicht eins dieser Individuen wegen eines mutierten Gens eine Milieuveränderung überlebt. So viele Individuen gleichzeitig kann es aber nur geben, wenn sie winzig klein sind. Wohl deswegen hat sich rein haploides Leben nur bei den Mikroorganismen erhalten. Die größeren Vielzeller hingegen sind diploid, alle Gene sind in zwei Exemplaren vorhanden, die durch Mutation voneinander verschieden sein können. Meist ist von diesen Mutationsformen der Gene eine stärker (dominant) und überdeckt die schwächere (rezessive) in ihrer Wirkung. Rezessive Mutationen prägen sich also nicht sofort aus und unterliegen darum nicht sofort der Selektion. Da jedes Gen seine Mit-Gene in zwei Ausfertigungen vorfindet, die etwas voneinander verschieden sind, könnte es sich (in seinen Replikaten) abwechselnd mit der einen und der anderen Variante zusammentun. Das geschieht beim sogenannten *Crossing-over.* Dabei werden vor der Reifeteilung Stücke zwischen zwei einander entsprechenden Chromosomen ausgetauscht, das heißt, die auf diesen Stücken sitzenden Gene steigen zur anderen Gruppe von Mit-Genen um. Damit erhöhen sich ihre Aussichten, in der einen oder anderen Kombination zu überleben.

In den haploiden Geschlechtszellen freilich ist jedes Gen wieder nur einmal vertreten, jede Mutation prägt sich sofort aus, und entsprechend unmittelbar wirkt die Selektion. Bemerkenswerterweise werden die Geschlechtszellen tatsächlich wieder in ungeheurer Anzahl produziert – wie die haploiden Mikroorganismen –, und zwar um so mehr, je stärker sie unterschiedlichen Milieufaktoren ausgesetzt sind. Die Samenzellen, die am weitesten wandern müssen, gibt es in viel größerer Anzahl als die Eizellen; und Eizellen werden in um so kleinerer Zahl produziert, je weniger sie Milieuänderungen ausgesetzt werden. Ein Karpfenweibchen, das seine Eier ins Wasser entläßt, produziert viel mehr Eizellen als irgendein Wirbeltier, dessen Eizellen im Inneren des Weibchens befruchtet werden.

Die Verhaltensforschung hat sich bisher nicht viel um das Verhalten der Einzeller gekümmert, obwohl auch Geschlechtszellen einzellige Lebewesen sind, deren Verhalten darüber entscheidet, ob sie einander finden und zur Zygote verschmelzen können. Wenn sich die Geschlechtszellen (auch *Gameten* genannt) falsch verhalten, entsteht keine Zygote und auch kein neues Individuum. Schon auf diesem Stadium, das von allen höheren Organismen – Pflanzen und Tieren wie Menschen – durchlaufen wird, spielen sich Selektionsprozesse ab, sind Kooperation und Konkurrenz von Bedeutung, z. B. unter den vielen Spermien, die sich nach einer Begattung auf die weibliche Eizelle zu bewegen. Sowohl bei der Gehäuseschnecke *Turritella*, wie bei verschiedenen Wasserkäfern (u. a. dem Gelbrandkäfer *Dytiscus*) oder dem Amerikanischen Opossum (*Didelphis*) heften sich jeweils mehrere männliche Spermien zusammen und streben mit vereinten Kräften rascher und gradliniger zur Eizelle als solche Spermien, die sich allein auf den Weg machen. Aber nur ein Spermium vollzieht die Befruchtung, die anderen gehen zugrunde. Da es aber zwei verschiedene Sorten von Spermien gibt, nämlich solche, die ein Y-, und solche, die ein X-Chromosom tragen, taucht die bisher nie gestellte Frage auf, ob am Ende gleichartige Spermien bevorzugt kooperieren.

Andererseits fördert auch die Eizelle das Zusammentreffen mit den Spermien und gibt Lockstoffe ab. Das alles geschieht entweder im Körper des Weibchens, wenn wir es mit einer Tierart zu tun haben, bei der die Weibchen begattet werden; oder es spielt sich im Freien ab, wenn Eizellen und Samenzellen von den Eltern – meist ins Wasser – entlassen werden. (Weitere Einzelheiten über die vielerlei sexuellen Prozesse und Fortpflanzungsweisen bei Tieren und Pflanzen findet man 1976 in dem Lehrbuch von G. Czihak, H. Langer und H. Ziegler [Hrsg.] »Biologie«.)

Verschiedene Entwicklungsrichtungen der Keimzellen

Wir haben im letzten Abschnitt vorgegriffen, als wir schon von Eizellen und Samenzellen sprachen. Erklärt haben wir den Überlebensvorteil, den die Gene gewinnen, wenn sie in geschlechtlichen Prozessen ausgetauscht und zu immer neuen Kombinationen zusammengeführt werden. Die bei solchen Prozessen miteinander verschmelzenden und sich wieder teilenden Zellen waren aber ursprünglich einander weitgehend gleich. Noch heute haben viele Pilze nur eine Sorte von Geschlechtszellen, die alle gleich sind (daher *Isogameten* genannt); jede kann mit jeder anderen verschmelzen und steuert einen Gen-Satz und etwas Nährstoff-Vorrat zum neuen Individuum bei.

Allerdings können die Lebewesen auch Isogameten nicht völlig gleich produzieren, zumindest Größenabweichungen kommen vor (auch von Hühnern gibt es kleinere und größere Eier). Größere Keimzellen enthalten nicht mehr Gene, sondern mehr Nährstoff. Und mehr Nährstoff verhilft dem neuen Individuum zu einem Wachstumsvorsprung vor anderen Individuen aus kleineren Eiern. So kann ein Entwicklungstrend zu größeren Geschlechtszellen entstehen, deren Nährstoffvorrat für eine längere Entwicklungszeit ausreicht. Andererseits lassen sich kleinere Zellen in größerer Zahl herstellen als große; und da die Zahl der Geschlechtszellen die Zahl der möglichen Nachkommen bestimmt, ist ebensogut ein Entwicklungstrend in Richtung auf immer mehr Keimzellen hin denkbar. Um die Ausstattung der Nachkommen zu verbessern, müssen die Keimzellen groß werden; um die Anzahl der Nachkommen zu erhöhen, müssen die Keimzellen zahlreicher werden. Da eins das andere ausschließt, liegt vielleicht die optimale Lösung in der Mitte?

Wir wollen uns einen Überblick verschaffen, welche Konsequenzen für den Fortpflanzungserfolg eines Individuums sich aus den beiden Möglichkeiten ergeben und was die natürliche Selektion bewirken wird. Wir vereinfachen hier das komplizierte mathematische Verfahren, das G. Parker, R. Baker und V. Smith angewendet haben und gehen von folgenden plausiblen Annahmen aus:

1. Größenunterschiede in den Keimzellen entstehen leicht dadurch, daß sich die Ausgangszelle verschieden oft teilt. Wir nehmen deshalb 5 Individuentypen an: Typ A erzeugt jeweils eine große Keimzelle; Typ B erzeugt zwei halb so große, Typ C vier $\frac{1}{4}$ so große, Typ D acht $\frac{1}{8}$ so

große, Typ E sechszehn $\frac{1}{16}$ so große Keimzellen wie A. (Größe ist etwa gleichbedeutend mit dem Gewicht des Nährstoffvorrates.)

2. Wir nehmen an, daß diese Unterschiede durch Abweichungen von einer mittleren Größe entstehen, und daß dann wie bei einer Normalverteilung die mittlere normale Größe (vom Typ C) am häufigsten vorkommt und die Abweichungen nach beiden Seiten um so seltener werden, je extremer sie sind. Setzen wir also voraus, auf je ein Individuum vom Typ A und E kommen zwei vom Typ B und D und drei Individuen vom Typ C.

1 Individuum	vom Typ A	erzeugt also	=	1 Zelle	der Größe	1
2 Individuen	vom Typ B	erzeugen je 2	=	4 Zellen	der Größe	0,5
3 Individuen	vom Typ C	erzeugen je 4	=	12 Zellen	der Größe	0,25
2 Individuen	vom Typ D	erzeugen je 8	=	16 Zellen	der Größe	0,125
1 Individuum	vom Typ E	erzeugt also	=	16 Zellen	der Größe	0,063

Wenn diese Zellen gleichzeitig freigesetzt werden und zufällig aufeinandertreffen, dann hängt es nur von den Anzahlen der Keimzellen ab, wie wahrscheinlich die einzelnen Kombinationen auftreten. Das zeigt Abb. 16W. (Da es viermal so viele B-Zellen wie A-Zellen gibt, wird die Kombination A-B viermal so wahrscheinlich sein wie die Kombination A-A usw.)

Durch Verschmelzen von je zwei zusammentreffenden Keimzellen ensteht eine Zygote; ihre Größe wird durch Addition der beiden Keimzellen-Größen bestimmt. Das zeigt Abb. 16G. (Die durch die Kombination A-C entstehende Zygote hat die Größe $1 + \frac{1}{4} = 1{,}25$ usw.)

Von der Größe der Zygote hängt die Überlebenschance des neuen Individuums ab; und zwar sicher nicht linear, sondern die Chancen steigen immer mehr, je größer die Zygote ist. Wir rechnen in unserm Beispiel damit, daß die Chancen mit dem Quadrat der Zygotengröße wachsen (also mit G^2).

Die Fortpflanzungschancen eines Eltern-Individuums errechnet man aus der Summe der Überlebens-Chancen aller von ihm miterzeugten Zygoten (G^2), jeweils multipliziert mit der Wahrscheinlichkeit, mit der diese Zygoten auftreten. Die entsprechenden Zahlen zeigt Abb. 16 WG^2. Die Zahlen in der Summenreihe müssen wir noch jeweils durch die Zahl der beteiligten Individuen dividieren, um den Fortpflanzungserfolg zu erfahren, den ein Individuum vom jeweiligen Typ mit seinen Keim-

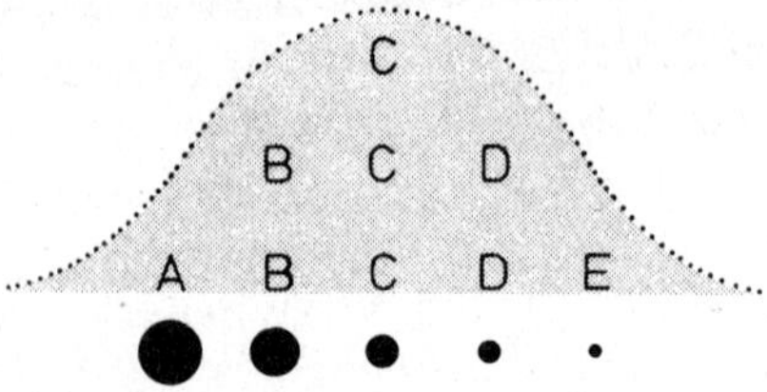

W

	A	B	C	D	E
A	1	4	12	16	16
B	4	16	48	64	64
C	12	48	144	192	192
D	16	64	192	256	256
E	16	64	192	256	256

G

		A 1	B 0,5	C 0,25	D 0,125	E 0,063
A	1	2	1,5	1,25	1,125	1,063
B	0,5	1,5	1	0,75	0,625	0,563
C	0,25	1,25	0,75	0,5	0,375	0,313
D	0,125	1,125	0,625	0,375	0,25	0,188
E	0,063	1,063	0,563	0,313	0,188	0,126

$W \cdot G^2$

	A	B	C	D	E
A	4	9	18,75	20,25	18,08
B	9	16	27	25	20,29
C	18,75	27	36	27	18,81
D	20,25	25	27	27	9,05
E	18,08	20,29	18,81	9,05	4,06
Summe	70,08	97,29	127,56	108,3	70,29
Erfolg pro Individuum	70,08	48,63	42,52	54,15	70,29

16. A, B, C, D, E sind unterschiedlich große Keimzellen, die verschieden häufig auftreten (oben). Die Matrix W zeigt, wie häufig man die möglichen Zweierkombinationen erwarten kann; Matrix G nennt die jeweils resultierende Zygotengröße.

zellen beim gemeinsamen Ausstoßen aller Keimzellen erzielen wird. Dieses Zahlenbeispiel zeigt folgendes: Obwohl A-Zellen produzierende Individuen nur $\frac{1}{3}$ so häufig sind wie C-Zellen produzierende und halb so häufig wie B- und D-Produzenten, haben sie doch einen weit höheren Fortpflanzungserfolg als diese zu erwarten, werden sich also ihnen gegenüber durchsetzen. Dasselbe gilt für die E-Produzenten, deren Fortpflanzungserfolg ebenso hoch ist. Auch sie werden sich gegenüber B-, C-, und D-Produzenten durchsetzen. So läßt sich zeigen, daß die natürliche Selektion nicht den goldenen Mittelweg, also einen Kompromiß aus der Größe und Anzahl der Keimzellen begünstigen wird, vielmehr werden zwei Extremtypen von Individuen enstehen: Typ A, der wenige große Keimzellen erzeugt und den Nachkommen möglichst viel Vorrat auf den Entwicklungsweg mitgibt, und Typ E, der viele kleine Keimzellen erzeugt und möglichst viele Nachkommen anstrebt. Da es zwei unvereinbare Vorteile gibt, sich aber auch immer zwei Zellen vereinigen müssen, bewirkt die Selektion extrem ungleiche Keimzellen oder *Anisogameten.* (Selbstverständlich haben beide Entwicklungswege ihre Grenzen; Zellen können weder beliebig groß noch beliebig klein werden.)

G. Parker und seine Mitarbeiter haben dieses Modell mit verschiedenen Zahlen durchgerechnet: z. B. andere Größenverhältnisse der Keimzellentypen (1:2:3:4:5) eingesetzt, sie haben 10 Typen angenommen, sind von einer nicht-normalen Häufigkeitsverteilung dieser Typen ausgegangen, haben zum Vergleich die Überlebens-Chance der Zygote mit G^3 statt mit G^2 wachsen lassen, und sie haben mehrere Generationsschritte durchgerechnet, nicht nur einen, wie wir es hier taten. An der Grundaussage ändert sich dabei nichts: Die mittelgroßen Keimzellen sind in der Selektion benachteiligt.

Voraussetzung dafür ist allerdings, daß jeweils zwei Keimzellen miteinander verschmelzen; und die E-Zellen müssen eine A-Zelle als Partner finden, um auf deren Vorräten zu schmarotzen. Deswegen kann auch der Erfolg der E-Individuen nicht größer werden als der der A-Individuen. Die Kombination E-E, die sich besonders häufig einstellen würde, ergibt eine Zygotengröße von 0,126 mit einer Überlebenswahrscheinlichkeit von $0{,}126^2 = 0{,}02$. Die E-Zellen sind demnach gezwungen, einander zu meiden und A-Zellen aufzusuchen; dazu müssen sie aber die Keimzellentypen unterscheiden können.

Außerdem wird bei dem angenommenen Größenunterschied das Zusam-

mentreffen nicht lange dem Zufall überlassen bleiben. Schon Wasserströmungen werden die kleinen Zellen weiter transportieren als die großen. Kommt aktive Beweglichkeit hinzu, dann sind die kleinen Zellen den großen im Aufsuchen eines Partners überlegen. Zwar haben auch A-Zellen einen Vorteil, wenn sie auf A- statt auf E-Zellen treffen; bei ihnen ist der Unterschied aber nicht so extrem groß: Die Zygote A-A hat die Größe 2, die Überlebenschance 4; die Zygote A-E hat die Größe 1,063, die Überlebenswahrscheinlichkeit 1,13. Außerdem ist die Wahrscheinlichkeit, eine A-Zelle zu finden viel geringer. Also würde für sie die Suche länger dauern. Da sie sich dazu bewegen müssen, würde das bei den großen Zellen sehr viel Energie verschlingen, die vom Nährstoff-Vorrat der Zygote abginge. Und schließlich würden sie doch vorher von einer der vielen kleinen, beweglichen E-Zellen eingeholt. Denn die sind in der Überzahl, haben vermutlich eine höhere mutative Variationsbreite, erfinden also schneller neue Tricks als die A-Zellen; und da sie in der Überzahl sind, untereinander also um A-Zellen stark konkurrieren, zählt jeder Vorteil im Auffinden von A-Zellen und setzt sich rasch durch.
Die einzelnen Individuen sollten sich also auf die Produktion entweder von A-Zellen oder von E-Zellen spezialisieren; sie sollten entweder große, nährstoffreiche oder kleine, bewegliche Keimzellen erzeugen. Anstatt die kleinen Zellen irgendwo abzusetzen und sie den Weg zu den A-Zellen suchen zu lassen, wird sich dann mit größerem Effekt ein E-Zellen-Produzent selbst auf den Weg zu einem A-Zellen-Produzenten machen. Diese Produzenten sind Individuen, die eine bestimmte Sorte von Keimzellen erzeugen. Wir könnten sie weiterhin A-Individuen und E-Individuen nennen. Eingebürgert haben sich aber die Bezeichnungen Weibchen für die Produzenten der großen Ei-Zellen und Männchen für die der kleinen Samen-Zellen oder Spermien. Als Symbol für Weibchen benutzt man das Zeichen ♀, für Männchen das Zeichen ♂.
Samenzellen entstehen in einem Männchen in sehr viel größerer Zahl als Eizellen in einem Weibchen; also würden eigentlich weniger Männchen als Weibchen gebraucht. Wir finden aber in den meisten Arten ebenso viele Männchen wie Weibchen. Warum?

Zu viele Männchen?

Wenn ein Männchen genügend Keimzellen erzeugt, um die Eizellen von

z. B. 10 Weibchen zu befruchten, würde ein Geschlechtsverhältnis von Männchen zu Weibchen wie 1:10 ausreichen. Beim See-Elefanten hat man ausgezählt, daß nur 4 % der Männchen 88 % aller Kopulationen ausführen, die meisten Männchen also wahrscheinlich in ihrem ganzen Leben nie zu einer Kopulation kommen. Sie sind aber vorhanden, leben weitgehend wie die anderen, brauchen Nahrung und sind, wenn man vom Besten der Art ausgeht, überflüssige Fresser. Eine auf den größten Vorteil der Art zielende Selektion (also eine Gruppenselektion) hätte daher ein anderes als das vorhandene Geschlechtsverhältnis hervorbringen müssen. Die natürliche Selektion aber, welche die Ausbreitung der Gene fördert, erzwingt ein ausgewogenes Geschlechtsverhältnis 1:1, und zwar nicht unbedingt zum Besten der Art. Die Ursache dafür liegt in der Geschlechtsbestimmung durch X- und Y-Chromosomen:

Bei Säugetieren können aus allen Eizellen sowohl Männchen wie Weibchen entstehen; festgelegt wird das Geschlecht des Nachkommen durch die Samenzelle, die entweder ein X- oder ein Y-Chromosom trägt. Bei Säugetieren erzeugt das Y-Chromosom ein Männchen (bei Vögeln und Schmetterlingen gerade umgekehrt ein Weibchen). Theoretisch gibt es zwei Wege, wie die Elternindividuen das Geschlechtsverhältnis ihrer Nachkommen beeinflussen könnten: Das Männchen könnte X-Spermien oder Y-Spermien in größerer Anzahl herstellen oder auf den Weg schicken, und das Weibchen könnte die eine oder die andere Spermiensorte bevorzugt aufnehmen oder an die Eizellen gelangen lassen. Wenn die Eltern diese Möglichkeit haben – welche Strategie der Individuen würde von der Selektion begünstigt werden?

Wenn Männchen derart in der Überzahl sind, daß ein einzelnes Männchen wenig Aussichten hat, sich fortzupflanzen, dann sollten die Eltern bevorzugt Töchter produzieren, die sich bestimmt unter diesen Bedingungen fortpflanzen. Diese Strategie könnten sie solange verfolgen, bis schließlich einige Töchter keinen Partner mehr finden und dann auch ohne Nachkommen bleiben.

Begattet ein Männchen mehrere Weibchen, dann hat es mehr Nachkommen als ein einzelnes Weibchen. Für die Ausbreitung der eigenen Gene wären dann aber für jedes Eltern-Individuum Söhne vorteilhafter als Töchter.

Wieder soll uns ein Zahlenbeispiel helfen (Abb. 17). Nehmen wir an, jedes Männchen kann viele Weibchen erfolgreich begatten, und nehmen wir weiter an, jedes Weibchen bringt 3 Junge zur Welt. Dann könnten von

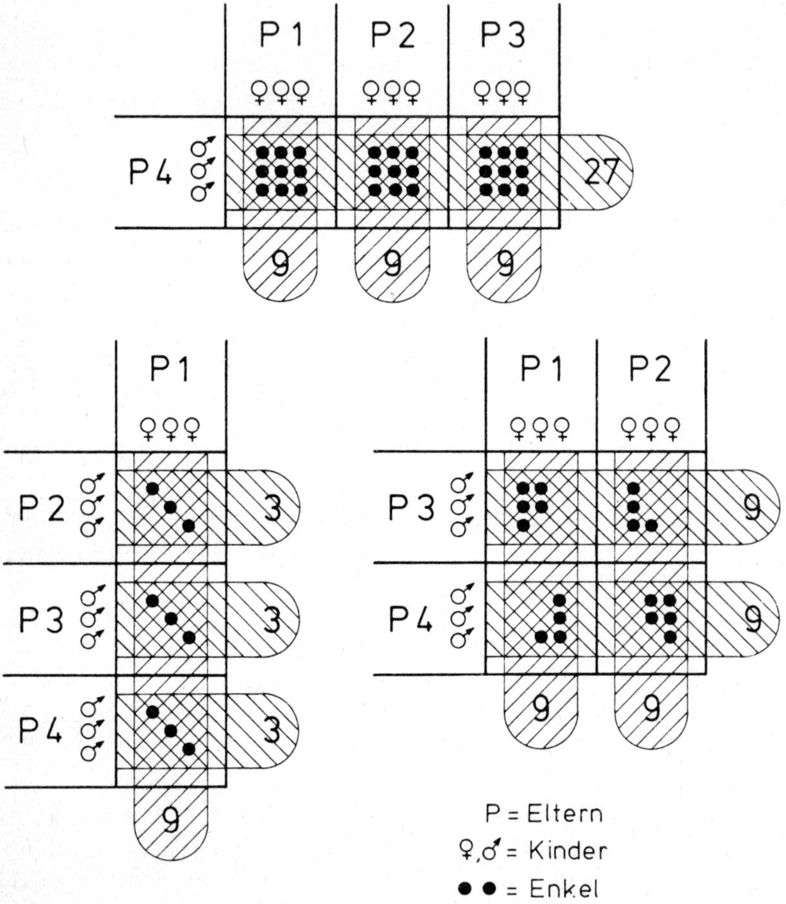

17. Das Schema illustriert, warum Männchen und Weibchen gleich häufig auftreten müssen.

jeweils 4 Elternpaaren (P_1, P_2, P_3, P_4.) 3 Paare Töchter (dreimal ♀ ♀ ♀) produzieren, ein Paar sollte sich auf Söhne (♂♂♂) spezialisieren. Wenn jede der Töchter wieder 3 Junge bekommt, hat jedes zugehörige Großelternpaar 9 Enkel. Die Söhne jedoch, die jeder mit 3 Töchtern Nachkommen zeugten, bringen ihren eigenen Eltern 27 Enkel ein. Eltern von Söhnen haben also ihre Gene in mehr Nachkommen untergebracht als Eltern von Töchtern. (Abb. 17 oben.)

Also werden Eltern gut daran tun, sich mehr auf die Produktion von Söhnen zu verlegen. Angenommen, das tun zwei weitere von unseren Elternpaaren, dann produziert nur mehr ein Paar Töchter. (Abb. 17 unten links.) Dieses Elternpaar bekommt von seinen drei Töchtern 9 Enkel; und mehr Enkel gibt es nicht. Wenn sich die von den anderen 3 Elternpaaren erzeugten Söhne gleichmäßig auf die vorhandenen 3 Töchter aufteilten, wird jedes Elternpaar $\frac{1}{3}$ der Enkelanzahl, also 3 für sich beanspruchen können. Jetzt schneiden die Eltern von Töchter deutlich besser ab. Produzieren zwei Elternpaare Töchter und zwei Elternpaare Söhne, so gibt es für die Eltern von Töchtern jeweils 9 Enkel. Wenn die vorhandenen Söhne die Töchter gleichmäßig unter sich aufteilten, entfallen auf jedes der beiden Elternpaare von Söhnen die Hälfte der insgesamt 18 Enkel, also ebenfalls 9. (Abb. 17 unten rechts.)

Ob nun nur Söhne oder nur Töchter erzeugende Elternpaare zu gleichen Teilen in einer Population gemischt sind, oder ob jedes Elternpaar zu gleichen Teilen Söhne und Töchter erzeugt, kommt auf dasselbe hinaus. Auf diese Weise hat R. Fisher schon 1930 gezeigt, daß der einzige evolutions-stabile Zustand für beide Geschlechter darin besteht, gleich viele weibliche wie männliche Nachkommen zu haben. Männchen müssen also gleich viele X- wie Y-Spermien erzeugen, und Weibchen sollen beide Spermiensorten gleich gut aufnehmen. Vorausgesetzt ist dabei, daß Söhne und Töchter für die Eltern gleich viel Aufwand erfordern. Müssen Eltern in einen Sohn mehr als in eine Tochter investieren, werden sie entsprechend weniger Söhne erzeugen. Dann haben Söhne einen größeren Fortpflanzungserfolg, und jedes männchenbestimmende Gen wird sich zunächst schneller ausbreiten, also den Anteil der Männchen wieder anheben. Den Kompromiß, der sich schließlich einstellen wird, kann man berechnen, wenn die Verwandtschaftsgrade bekannt sind. Wir müssen hier auf die Veröffentlichungen von Trivers verweisen. Der Aufwand der Eltern für ihre Nachkommen wird aber auch davon beeinflußt, wieviel die Nachkommen an die Eltern zurückzahlen,

z. B. indem sie bei der Aufzucht weiterer Geschwister helfen. Wenn solche Hilfe nur von einem Geschlecht kommt, etwa nur von den Töchtern, dann ist deren Aufzucht für die Eltern weniger aufwendig und sie werden mehr Töchter als Söhne erzeugen.

Auch diese Überlegung macht wieder deutlich, daß der evolutions-stabile Zustand nicht derjenige ist, bei dem die Population oder Art die meisten Nachkommen hat. Denn beim stabilen Geschlechtsverhältnis von 1:1 haben 4 Großelternpaare 18 Enkel; bei einem Geschlechtsverhältnis von 3:1 könnten sie aber 27 Enkel haben. Dieses Argument ist für jene, die von der Selektion ein Wirken zum Besten der Art erwarten, besonders schwer zu verdauen. Wer aber annimmt, die Selektion begünstige allein die Vervielfältigung individueller Gene, hat keine Schwierigkeiten, das in der Natur verwirklichte Geschlechtsverhältnis zu verstehen. Er versteht ferner, daß es nun unter den Männchen zu einer Konkurrenz um die Weibchen kommt. Denn da ja tatsächlich ein Männchen die Eier mehrerer Weibchen befruchten kann, wird jedes Männchen danach trachten, mehrere Weibchen zu bekommen, und wird gleichzeitig andere Männchen daran zu hindern suchen. Wir wollen nun noch einmal in Erinnerung rufen, daß die Konkurrenz unter den Männchen vom Verwandtschaftsgrad beeinflußt wird. Wenn die Gene eines Männchens zur Hälfte auch in seinem Bruder stecken, sind zwei vom Bruder gezeugte Kinder als Gen-Vervielfältiger ebenso wertvoll wie ein eigenes. Damit führen unsere Argumente wieder zu den Beispielen sozialer Zusammenarbeit zwischen Brüdern, mit denen wir das Buch begonnen haben.

Kapitel V

Die Ökonomie

Als eine zusätzliche Rechtfertigung für seine Annahme, verwandte Arten und Gattungen seien aus je einer gemeinsamen Ahnenform entstanden, nennt DARWIN in seinem Urmanuskript von 1842 die »Allgemeine Ökonomie der Natur«. Auch Nikolaus KOPERNIKUS hatte in seinem Hauptwerk »De revolutionibus orbium coelestium« im Jahre 1540 die Einfachheit seiner Theorie als Argument dafür angeführt, daß diese Theorie wahrscheinlich richtig sei. Ebenso argumentierte Galileo GALILEI: Die Natur tut nichts umsonst; sie sucht ihr Ziel auf kürzestem Wege zu erreichen; sie ist in ihren Anordnungen einfach. Das betonte auch D. CAMETTI, ein Nachfolger GALILEI's, in der »Mechanica Pisis«, einem Lehrbuch der Mechanik aus dem Jahre 1768. Immer wieder begegnen wir dem Gedanken von der *Oeconomica universi*, der Ökonomie des Universums.

Weniger als Beschreibung der Realität denn aus methodischen Gründen hatte der scholastische Franziskaner William OCKHAM (1285 – 1349) das »Prinzip der sparsamsten Erklärung« in der Wissenschaft heimisch gemacht. Es stammte zwar von einem französischen Dominikaner, Durand de SAINT-POURCAIN (1270 – 1334), aber erst OCKHAM verfocht es so scharf, daß es als OCKHAM's Rasiermesser bekannt wurde. Seine Forderung *non sunt multiplicanda entia praeter necessitatem* (man darf nicht mehr Einheiten annehmen als unbedingt nötig sind) richtete sich vor allem gegen viele von den scholastischen Philosophen aufgestellten Versuche, die Wirklichkeit zu erklären. Gegen die Annahme, im Geiste des Schöpfers gäbe es Ideen, denen die Geschöpfe mehr oder weniger entsprechen, setzte er die sparsamere These, diese Ideen seien die Geschöpfe selbst.

Der französische Arzt Nicole d'ORESME nahm im 14. Jahrhundert das Prinzip der sparsamsten Erklärung in der Medizin auf. In neuerer Zeit formulierte der französische Astronom Pierre de MAUPERTIUS

(1698 – 1759) mathematisch ein Grundprinzip des kleinsten Aufwandes. Ernst MACH (1838 – 1916) betrachtete es als Ziel aller Wissenschaft, natürliche Fakten in möglichst einfachen und ökonomischen Konzepten zu formulieren.

Im Jahre 1900 erschien in London das Buch »Animal Behaviour« des englischen vergleichenden Psychologen C. Lloyd MORGAN (1852 – 1936). Er forderte, auch bei der Deutung des Verhaltens keine höheren Fähigkeiten anzunehmen, als zum Zustandekommen der beobachteten Leistung unbedingt erforderlich sind. Verhaltensweisen eines Tieres dürfen nicht in anthropomorphen Begriffen beschrieben werden, die höhere psychische Aktivitäten einschließen (wie z. B. Liebe, Höflichkeit, Betrug), sondern müssen mit den einfachst möglichen Mechanismen erklärt werden, die dazu noch ausreichen. Das wurde im englischen Sprachbereich der Verhaltensforschung als *Morgan's Canon* bekannt. Im Jahre 1966 schließlich hat G. WILLIAMS dieselbe Forderung für den Bereich der Anpassung erhoben (was zuweilen als *»William's Canon«* zitiert wird): Das anspruchsvolle Konzept Anpassung darf nur benutzt werden, wo es unumgänglich ist; um Anpassung zu erklären, sollte man zunächst die einfachst mögliche Form natürlicher Auslese bemühen. Das richtete sich gegen das Buch von V. WYNNE-EDWARDS »Animal dispersion in relation to social behaviour«, in dem er einen neuen Evolutionsfaktor forderte (s. S. 52).

»Was man mit wenigen Prinzipien erklären kann, darf nicht durch viele erklärt werden!« Dieser wissenschaftliche Grundsatz ist heute allgemein anerkannt. Er ist methodisch unumgänglich, weil man sich selbstverständlich immer umständlichere und noch kompliziertere Erklärungen für irgendeinen Tatbestand oder Vorgang ausdenken könnte. Das wäre beliebig fortzusetzen, weil die Komplikationen sich bis ins Unendliche steigern lassen. Hingegen kommt man beim Versuch, immer weiter zu vereinfachen, notwendig an eine vorgegebene Grenze. Diese zu suchen, hat ebenso für die Wissenschaft einen Sinn wie für die Technik, die Erkenntnisse anwenden will.

Der einfachst möglichen Erklärung für ein biologisches Phänomen entspricht aber wahrscheinlich sogar ein sparsamster Weg, auf dem das Phänomen natürlicherweise zustandekommt. Denn der Vorgang, den DARWIN als Natürliche Selektion bezeichnete, muß in der zu erforschenden Natur selbst den Ökonomie-Gesichtspunkt durchsetzen. Unökonomische Vorgänge sind zwar nicht an sich zum Aussterben verurteilt,

Verschwendung wird nicht automatisch bestraft, solange die benötigten Hilfsmittel zur Verfügung stehen. Aussterben wird ein unökonomisches Verfahren jedoch dann, wenn sich eine ökonomischer arbeitende Konkurrenz einstellt. Nach den Evolutionsgesetzen heißt das: Selektionsbegünstigt ist derjenige Organismus, der weniger Aufwand treibt, um mindestens die gleiche Anzahl Träger seines Erbgutes wie sein nächster Verwandter zu erzeugen. Ebenso setzt sich im Organismus jeweils das sparsamste Verhalten durch. Auch erlernte Verhaltensweisen verändert das Lebewesen, und zwar – wie D. ADAMS betont – in der Weise, daß es schließlich das gestellte Problem mit geringstem Aufwand meistert. Aufwand ist hier ein pauschaler Begriff, in den vor allem drei Größen eingehen: Die Zeit, die Energie und das Risiko.

Wir zählen diese drei Größen getrennt auf, obwohl sich oft eine in die andere umrechnen ließe. Es ist klar, daß ein Lebewesen selektionsbegünstigt sein muß, wenn es zur Erzeugung von Nachkommen weniger Zeit braucht als die Konkurrenz. Das könnte zum Beispiel dadurch geschehen, daß die Entwicklungszeit abgekürzt wird. Manche Meeresfische, die ein Revier am Boden brauchen, um sich fortzupflanzen, kürzen die Larvenzeit immer mehr ab und haben dann Aussichten, vor der etwas langsameren Konkurrenz eines der wenig verfügbaren Gebiete am Boden zu besetzen und zu besitzen. Jedoch läßt sich auch durch Verlängerung der Entwicklungszeit ein Vorteil gewinnen: Bei vielen Fischen hat im Laufe der Evolution die Eigröße zugenommen; größere Eier brauchen länger zur Entwicklung, entlassen aber auch größere Larven; diese wiederum können einen Vorteil haben, weil sie nicht mit den zur gleichen Zeit jagenden kleineren Larven vieler verwandter Arten um die dadurch besonders rar werdende Beute konkurrieren müssen. Außerdem bekommen sie von der Mutter eine größere Menge Dottermaterial – also Baumaterial und Energie – mit auf den Weg und brauchen nicht so früh selbst Nahrung zu suchen, was mancherlei Risiken spart (sie brauchen sich Feinden nicht auszusetzen, sondern können in einer geborgenen Ecke still vor sich hin wachsen).

Wie schon an diesen Beispielen ersichtlich ist, wird es von vielerlei Bedingungen abhängen, wie die aufzuwendenden Zeiten, Energien und Risiken gegeneinander abzuwägen und zu einem optimalen Gesamtaufwand zusammenzusetzen sind. Es ist unmöglich, das im einzelnen hier zufriedenstellend durchzurechnen. Wir wollen aber einige generelle Gesichtspunkte anführen, die für das Verständnis größerer Evolutionsrichtungen nützlich sind. Dabei deuten wir mit nur einem Beispiel an, wie Ökonomie im Materialverbrauch das Verhalten beeinflussen kann. Die weiteren Beispiele zielen direkter auf das Hauptthema des Buches. Wie wichtig Ökonomie-Gesichtspunkte bei der Verständigung zwischen Lebewesen sind, wird in Kapitel VI eingehend erörtert werden.

Die Achtertour

Viele Insektenlarven verpuppen sich in einem schützenden Gespinst, das sie selbst anlegen. Das Spinnsekret wird in verschiedenen Drüsen des Körpers erzeugt und tritt oft am Kopfende zwischen den Mundgliedmaßen aus. Beim Spinnen wird das Vorderende dann seitlich hin und her geschwenkt, und gleichzeitig bewegt sich die Larve voran. Beide Bewegungen zusammengenommen bewirken, daß der Faden in Achterschlingen gelegt wird. Dieses Bewegungsmuster, bei dem die Spinnöffnung die Figur einer Acht beschreibt, heißt Achtertour. Man sieht sie an Schmetterlingsraupen, den Larven von Ameisen, Schlupfwespen, einigen Köcherfliegen, Käfern und anderen Insekten.

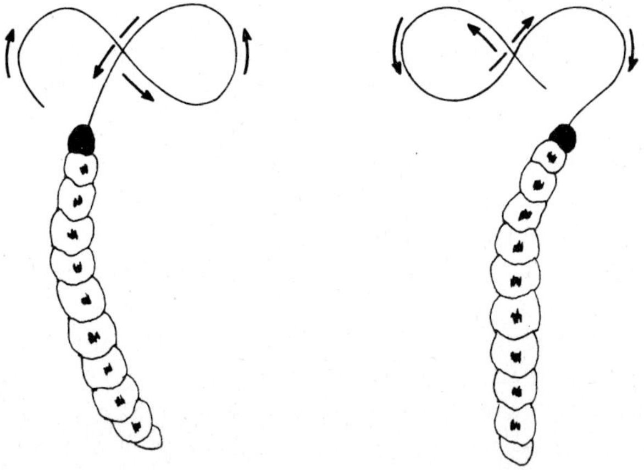

18. Schematische Darstellung der beiden Spinnrichtungen, die eine Insektenlarve benutzen kann, um den Spinnfaden in 8er Schlingen zu legen. Links legt sie den Faden an den Außenseiten der 8 in Kriechrichtung, rechts entgegen der Kriechrichtung.

Eine 8 kann man auf zweierlei Weise schreiben: Entweder beginnt man mit einem S oder umgekehrt wie beim Fragezeichen ?. Der fertigen 8 ist nicht mehr anzusehen, wie sie entstand. Merkwürdigerweise legen aber alle genannten Insektenlarven beim Spinnen ihre Achterschlingen in derselben Richtung an, nämlich in derjenigen, die auch wir bevorzugen, bei der wir mit einem S beginnen. Woran könnte das liegen?
Zieht man während des Schreibens unter der Schreibspitze das Papier langsam und gleichmäßig seitlich weg, entstehen verschiedene Figuren-Typen. Um den einen Typ zu erzielen, muß man beim fortlaufenden Schreiben von S-Achten das Papier nach links ziehen oder es beim fortlaufenden Schreiben von ?-Achten nach rechts ziehen; der andere Figuren-Typ entsteht, wenn man entweder beim Schreiben von S-Achten das Papier nach rechts oder beim Schreiben von ?-Achten nach links zieht. Je nachdem wie schnell man schreibt und wie rasch das Papier bewegt wird, werden sich die Schlingen verschieden weit überlagern und Maschen bilden.
Was bisher unbeachtet blieb und erst R. Streng von der Universität Regensburg auffiel, ist die Unsymmetrie im Ergebnis, die schon aus der Beschreibung hervorgeht: Behält man eine Schreibweise bei und ändert nur die Bewegungsrichtung des Papiers, so entstehen verschiedene Figuren; dieselbe Figur bekommt man nur wieder, wenn man Schreibweise und Bewegungsrichtung des Papiers ändert.
Die Bewegungsrichtung des Papiers entspricht dem Vorwärtskriechen der spinnenden Larve; da sie seitlich hin und herschwingend ihre Achtertouren beschreibt, liegen die Achten quer zur Fortbewegungsrichtung. Man kann nun versuchen, das mit einem Schreibstift auf Papier nachzuvollziehen, indem man erst die eine, dann die andere Version der Achtertour schreibend langsam mit dem Stift vorrückt. (Das ist übrigens gar nicht so einfach, wie es sich liest.) Man kann sich aber auch in Gedanken folgendes ausmalen:
Durchfährt man die Achtertour in der Schreibrichtung eines S und rückt langsam voran, so bewegt sich der Stift in den Außenkurven zurück, also entgegen der Fortbewegungsrichtung; dafür durchfährt er die Mittelstrecken in gleicher Richtung, in der man sowieso vorrückt. Durchfährt man hingegen die Achtertour in der Schreibrichtung eines Fragezeichens, so bewegt sich der Stift in den Außenkurven in der gleichen Richtung, in der man sowieso vorrückt, dafür auf den Mittelstrecken dieser Richtung entgegen.

Für die spinnenden Larven sind nun zwei Fakten entscheidend:
1. Das Fadenmaterial tritt gleichmäßig schnell aus.
2. Die spinnende Larve bewegt sich vorwärts (nicht rückwärts). Sie hat also zwei Möglichkeiten: Entweder sie bewegt den Kopf an den Außenrändern der ∞ in Kriechrichtung, dann muß sie ihn beim Durchfahren der längeren Mittelstrecken entgegen ihrer Fortbewegungsrichtung, also zurück führen. Dementsprechend wird vergleichsweise mehr Fadenmaterial dem Randbereich aufliegen und weniger Faden von der Gesamtschlinge zum Zuspinnen der Lücke verwendet werden. Oder, als zweite Möglichkeit, die Larve bewegt den Kopf beim Durchfahren der längeren Mittelstrecke in Kriechrichtung und führt ihn an den Außenrändern der ∞ zurück. Dann steht mehr Spinnfaden für das Zuspinnen und weniger fürs Anheften zur Verfügung (Abb. 19). Je langsamer die Larve beim Spinnen vorwärtsrückt, desto mehr überschneiden sich die Schlingen, desto dichter wird das Gewebe.
Streng hat nun in der Großrechenanlage des Universitäts-Rechenzentrums Heidelberg einen Computer spinnen lassen. Entsprechend programmiert, fertigte er Achterschlingen, die sich verschieden weit überschnitten. Außerdem ließ er programmierte Löcher in einem lockeren Gewebe durch Achterschlingen schließen sowie ein solches Gewebe zwischen ungleichmäßig gezackten und unterbrochenen Rändern ausspannen. Dabei wurde mathematisch auch berücksichtigt, daß die Larve keine runde Figur anlegt; denn da der Faden stets unter Zugspannung austritt, ist er zwischen Anheftungspunkten gerade gestreckt. Anheftungspunkte gibt es nicht nur am Rand, sondern auch in der Mitte, wo sich die Fäden kreuzen und miteinander verkleben. So entsteht ein eher unregelmäßiges Achter-Muster. Zwei Computer-Insekten spannen jeweils unter genau gleichen Bedingungen, nur mit entgegengesetzten Drehrichtungen der Achtertour (Abb. 19). Das Ergebnis war in allen Fällen das gleiche: Der Fadenverbrauch pro Zeit ist zwar bei Achtertouren in S-Richtung und in ƨ-Richtung derselbe. Aber unter allen geprüften Bedingungen war die S-Richtung vorteilhafter: Die Überlagerung der Touren liefert mehr Maschen, es wird vergleichsweise mehr Faden in einem schrägeren Winkel über die zu verschließende Lücke gespannt, und die von den Maschen umschlossenen Flächen zeigen weniger starke Größenunterschiede; das Gewebe wird also gleichmäßiger, dichter und fester. Die darin sitzende Larve oder Puppe ist demnach besser vor Witterung, Fremdkörpern, Räubern und Parasiten geschützt.

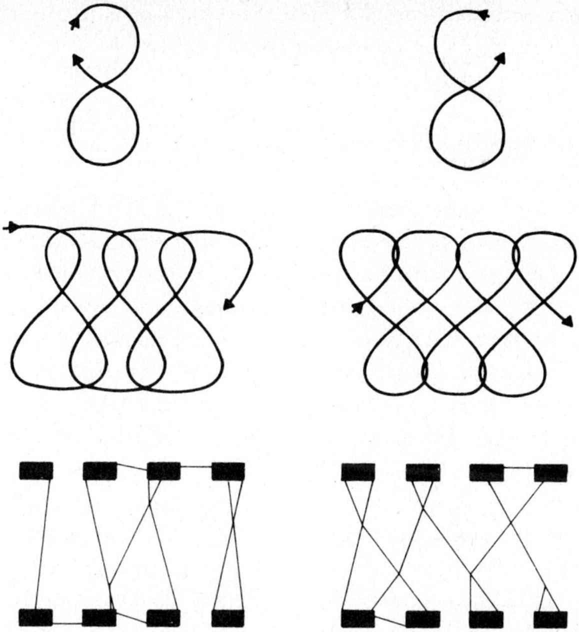

19. Vom Computer simulierte Gespinste. Die Larve würde in Leserichtung von links nach rechts kriechen. Oben: Fadenschlingen in beiden Spinnrichtungen; Mitte: die rechte Gespinstfläche ist bei gleicher Fadenmenge dichter als die linke. Unten: Ein Spalt mit gezacktem Rand ist rechts gleichmäßiger zugesponnen als links. (nach Streng)

Wenn die verfügbare Fadenmenge begrenzt ist und möglichst wirkungsvoll eingesetzt werden muß, kann der zunächst gering erscheinende Vorteil der einen Spinnrichtung gegenüber der anderen schon einen Selektionsvorteil bedeuten und verständlich machen, warum sich die eine auf Kosten der anderen durchgesetzt hat. Das macht zugleich verständlich, warum in so verschiedenen Insektengruppen wie Schmetterlingen, Ameisen oder Käfern dieselbe Spinnmethode zu beobachten ist.
Dieses Argument der Sparsamkeit ist übrigens auch für die Handschrift von Bedeutung. Für einen Rechtshänder, der von links nach rechts schreibt, ist es wegen der Richtung der gekreuzten Linien bequemer, eine S-Acht als eine ʔ-Acht zu schreiben. Da einige Buchstaben dennoch unbequeme Schreibrichtung fordern, ist es nicht verwunderlich, daß individuelle Tendenzen des Schreibers – z. B. die Tendenz zur Sparsam-

keit – sich in der individuellen Formung der handgeschriebenen Buchstaben, also in der Handschrift, ausdrücken können.

Die soziale Grundformel $\frac{Z}{E} > \frac{1}{r}$

Die Formel $\frac{Z}{E} > \frac{1}{r}$ gibt die Grenzen an, die sozialer Hilfeleistung von der natürlichen Selektion gesetzt sind. Wie man sieht, enthält sie nur drei Größen. Eine davon, nämlich den Verwandtschaftsgrad r, kennen wir bereits. Z und E stehen für Zuwachs und Einbuße an Ausbreitungs-Chance der Gene, beziehen sich also auf den Fortpflanzungserfolg. Einbußen erleiden die Gene in einem Individuum dann, wenn es zum Beispiel Zeit aufwendet, um andere Individuen zu pflegen, anstatt selbst Nachkommen zu erzeugen; oder wenn es sein eigenes Weiterleben dadurch gefährdet, daß es andere beschützt; oder wenn es Nahrung an andere weitergibt, statt sie für sich und seine Nachkommenproduktion zu verwenden. Zuwachs an Ausbreitungs-Chancen verzeichnen die Gene dann, wenn eine Handlung die Fortpflanzungs-Aussichten derjenigen Individuen erhöht, in denen diese Gene stecken. In welchem Verhältnis müssen nun Z und E zueinander stehen?

Die Formel $\frac{Z}{E} > \frac{1}{r}$ bedeutet: Der Zuwachs an Fortpflanzungs-Chance bei den Empfängern einer Hilfeleistung, dividiert durch die Einbuße an Fortpflanzungs-Chance des hilfeleistenden Individuums muß eine Zahl ergeben, die größer ist als der Kehrwert des Verwandtschaftsgrades zwischen Spender und Empfänger der Hilfeleistung, wenn sich eine solche Hilfeleistung für das Gen lohnen soll, das mit der Wahrscheinlichkeit r auch im Empfänger steckt. Dieser Sachverhalt ist einfacher als er klingt:

Tut ein Tier etwas für sich selbst, so sind Spender und Empfänger der Wohltat identisch, r ist 1. Dann muß $\frac{Z}{E}$ größer als 1, oder $Z > 1 \cdot E$ sein; was nicht mehr besagt als die jedem Kaufmann geläufige Tatsache, daß sich ein Geschäft nur lohnt, wenn die Einnahmen größer sind als die Ausgaben. Tut ein Tier etwas für eins seiner Kinder, so ist $r = \frac{1}{2}$; das ist die Wahrscheinlichkeit, mit der dieselben Gene, die den Spender der Wohltat bewegen, im Empfänger vorhanden sind und dort von der Wohltat profitieren. Dann muß $\frac{Z}{E}$ größer als $\frac{1}{1/2}$ Z, also größer als $2 \cdot E$ sein. Anstatt $\frac{Z}{E} > \frac{1}{r}$ kann man auch schreiben $Z \cdot r > E$; das heißt: Der Zuwachs, den die Handlung für die Fortpflanzung bringt, multipliziert mit der

Wahrscheinlichkeit, daß er wirklich denselben Genen zugute kommt, muß die Einbuße übertreffen, die den Genen im Hilfespender durch das Ausführen der Handlung entsteht.

Aus dieser Beziehung ergeben sich nun einige wichtige Konsequenzen für das Sozialverhalten, die vor allem Frau M. West Eberhard näher ausgeführt hat. Wir wollen wieder die streng mathematische Formulierung umgehen und in Worten ausdrücken, worauf es ankommt. Wir behalten dabei im Gedächtnis, daß über jede Handlung der Vorteil entscheidet, der identischen Genen in mehreren Individuen insgesamt erwächst; dieser Gesamtvorteil besteht aus dem individuellen Vorteil für das handelnde Individuum plus allen den Vorteilen, die sich nach abgestuften Verwandtschaftsgraden auch noch auf seine Verwandten (als Träger der gleichen Gene) erstrecken. Ein Vater, der einen Feind aus der Nähe der Familie vertreibt, rettet nicht nur seine eigenen Gene, sondern auch die Replikate seiner Gene in den Kindern und anderen Verwandten, die sich bei ihm aufhalten. Der Gesamtvorteil hat also, auf das Individuum bezogen, einen Eigenanteil und einen Verwandtenanteil. Handlungen, die den Eigenanteil erhöhen, können wir als direkt-eigennützig bezeichnen (englisch = *selfish*), solche, die den Verwandtenanteil erhöhen, als indirekt-eigennützig (englisch = *altruistic*). In vielen Fällen wird beides zusammenspielen.

Die Bedeutung von r haben wir bereits ausführlich behandelt: Uneigennütziges Verhalten lohnt sich um so mehr, je näher verwandte Individuen davon profitieren. Wichtig sind aber auch Z und E. Diese Größen hängen vom Alter ab, genauer gesagt von dem noch vorhandenen Fortpflanzungs-Potential der beteiligten Individuen. Ein Beispiel aus dem menschlichen Bereich mag das verdeutlichen:

Ein erfahrener Erwachsener, der ein ertrinkendes Kind rettet, geht dabei selber ein nur geringes Risiko ein und wendet auch nur wenig Zeit und Energie auf – erleidet also kaum nennenswerte Einbußen an Fortpflanzungs-Chancen. Für das Kind hingegen bringt die Rettung einen sehr großen Zuwachs an Fortpflanzungs-Chance, denn ohne Hilfe wäre es verloren, seine Fortpflanzungs-Chance also Null gewesen. Wenn aber Z sehr groß und E sehr klein sind, darf auch r sehr klein werden, und die Hilfe lohnt sich immer noch. Der ideale Lebensretter wäre (1.) ein gesundes und körperlich starkes Individuum, das (2.) steril oder über das zeugungsfähige Alter hinaus ist (so daß keine Einbußen an eigener Fortpflanzungs-Chance eintreten können, selbst wenn ihm etwas passier-

Farbtafel 1

Der monogam lebende Buntbarsch *Etroplus maculatus* bewohnt Teiche und brackige Gewässer Südindiens und Ceylons. 7–10 Tage vor der Eiablage beginnt die Balz. Die Eier werden dann auf einen Stein geheftet und 70 Stunden lang befächelt und saubergehalten. Die Larven können anfangs noch nicht schwimmen und werden von den Eltern im Maul zu kleinen Sandgruben transportiert und dort bewacht. Nach einer Woche schwimmen dann die Jungen und werden nun von beiden Eltern weitere 3–4 Wochen geführt (wie das Aquarienfoto zeigt). Dann verlassen die Eltern die Jungen und können einen neuen Brutzyklus beginnen. *Etroplus* ist als »Säugefisch« berühmt geworden: Die Eltern beschützen ihre Jungen nämlich nicht nur, sondern ernähren sie auch und zwar mit einem Schleimsekret ihrer Körperseiten, das die Jungen im schnellen Entlangstreifen an den Eltern abpicken. Dieses Sekret wird in der Brutpflegephase besonders reichlich erzeugt. Es ist vergleichbar mit der Kropfmilch der Tauben und der Milch der Säugetiere. Das kindliche Verhalten, das der Ernährung dient, tritt später unter Erwachsenen in anderem Zusammenhang wieder auf: Ebenso wie die Kinder an den Eltern, streifen die 10 cm großen erwachsenen *Etroplus* während der Balz an den Körperseiten des Partners entlang.

Farbtafel 2

Das Brüten der Vögel dient dazu, den Eiern die rechte Entwicklungs-Temperatur zu sichern. Diese Temperatur liegt bei vielen Arten zwischen 37 und 38° C, also nahe der oberen Letal-Temperatur (etwa 40°), bei der der Embryo abstirbt. Vögel, deren Nester offen liegen, müssen deshalb in heißen, sonnigen Zonen tagsüber ständig am Nest sein, um die Eier vor direkter Sonneneinstrahlung zu schützen. Das tut auch der Maskentölpel *Sula dactylatra* von der Galapagos-Insel Espanola auf unserem Bild. Der Vogel hat sich aber nicht deswegen aufgerichtet, um dem Ei Schatten zu spenden; denn auch wenn er fest darauf säße, stiege die Eitemperatur ja nicht über die Körpertemperatur des brütenden Vogels an. Diese Haltung ist vielmehr für ihn selbst wichtig, damit nicht sein eigener Temperatur-Haushalt zusammenbricht: Durch Aufrichten legt der Vogel seine großen Füße bloß, die Wärme abstrahlen, wenn sie im Schatten liegen. Dabei wendet das Tier seinen verhältnismäßig schmalen Rücken der Sonne zu, und so ist das Gesicht mit dem hechelnden Schnabel der Sonne abgewandt. Da die Sonne wandert, dreht sich das Tier tagsüber wie der Stundenzeiger einer Uhr auf seinem Nest.

Farbtafel 3

Die kleinen, etwa 20 cm langen Glattkopfleguane leben auf den Antillen-Inseln in offenem Gelände am Boden, wo sie farblich gut getarnt sind. Beide Geschlechter können den Schwanz zu einer auffälligen Spirale rollen. Diese Geste zeigen sie nur vor Artgenossen: Das Männchen leitet Balz und Kopula so ein, das Weibchen kann in der Balz ebenso antworten; die Männchen drohen einander auch vor dem Kampf mit hochgerolltem Schwanz an. Die Schwanzspirale ist das Kennzeichen des ortsansässigen höchstrangigen Männchens, das in seinem Gebiet allen Besuchern so entgegenläuft. Wenn man den Reviereigentümer entfernt, rollt das im Rang nächste tiefere Männchen seinen Schwanz zur Spirale. Dieses Imponierverhalten entspricht dem Reviergesang, den viele Vogelmännchen äußern (s. Evans.)

Das Bild zeigt *Leiocephalus carinatus coryi* von der Insel Bimini.

Farbtafel 4

Die Meerechsen *Amblyrhynchus cristatus* der Galapagos-Inseln ernähren sich von Meeresalgen der Brandungszone. Die großen Männchen schwimmen sogar hinaus und tauchen bis 5 Meter tief, um Seetang am Meeresgrund abzuweiden. Nach spätestens einer Viertelstunde kommen sie wieder an die Oberfläche, um Luft zu schöpfen.

An Land verteidigen die Männchen Reviere, in denen sie die Weibchen umwerben und begatten. Unser Bild zeigt zwei Männchen der besonders farbigen Echsen der Insel Espanola (Hood) beim Revierkampf: Sie pressen die mit höckrigen Schuppen bedeckten Oberköpfe gegeneinander und versuchen, den Gegner wegzuschieben. Der Schwächere muß weichen und sich mit einem weniger günstigen Uferplatz begnügen.

Viele Arten der afrikanischen Buntbarsch-Gattung *Tilapia* sind Maulbrüter: Ein Elternteil (meist das Weibchen) nimmt die Eier ins Maul. Dort schlüpfen die Larven, die das Elternmaul erst dann verlassen, wenn sie selbständig schwimmen können. Und selbst dann kehren sie bei Gefahr wieder ins Maul zurück. Das Kopfende der Mutter erkennen sie an den Augen und orientieren sich dann an Spalten; sie drängen aber nicht nur zum richtigen Spalt zwischen den Lippen, sondern auch an die Kanten der Kiemendeckel und den Ansatz der Brustflossen. Diese Irrläufer sammelt die Mutter aktiv ein.
Maulbrüten ist vorteilhaft, wo es wenig geeignete Ei-Ablageplätze gibt; ferner brauchen Eltern Brut und Brutplatz nicht gegen Feinde zu verteidigen, sondern können notfalls mitsamt der Brut fliehen. Und da Eier und Junge im Mundraum vor den Kiemen des Elterntieres liegen, werden sie automatisch gut mit sauerstoffhaltigem Wasser versorgt; denn das Elterntier atmet ja erst nach den Jungen und muß deswegen entsprechend mehr Atemwasser einholen.

Farbtafel 5
Eine brutpflegende Mutter von *Tilapia macrochir* im Aquarium.

Farbtafel 6
Tilapia grahami lebt in den stark salzhaltigen Natronseen Ostafrikas. Man sieht einen Teil einer Kolonie revierbesitzender Männchen (kenntlich an den dick weißen Lippen) am Ufer des Magadi-Sees. Links zwei Männchen im Kampf an der gemeinsamen Reviergrenze. Mitten im Bild ein Männchen mit einem (kleineren) Weibchen beim Ablaichen in der flachen Laichgrube im Sand.

Farbtafel 7
Die erwachsenen Männchen eines Löwenrudels haben Vorrang an der Beute, die von den Weibchen geschlagen wurde. Die zwei Jägerinnen (rechts) müssen warten, bis das stärkere Männchen sie wieder an den Riß läßt.

Farbtafel 8
Ist ein Weibchen brünstig, so hält es sich mit einem Männchen für 2–3 Tage abseits vom Rudel. Während dieser Zeit wird das Weibchen in Abständen von 15 Minuten begattet, insgesamt rund 300 mal.

Am Ende einer Begattung packt das Männchen sein Weibchen im Nacken. Dieser sogenannte »Nackenbiß« entspricht dem Tötungsbiß vieler Katzenartiger und gleicht ferner dem Griff, mit dem Raubtiere ihre Jungen tragen.

Alle Fotos zeigen Serengeti-Löwen.

Farbtafel 9

Die Weberameisen der Gattung *Oecophylla* bauen in Bäumen Nester aus Blättern. Zum Zusammenheften nebeneinanderwachsender Blätter benutzen sie einen Seidenfaden, den nur ihre Larven liefern können. Zur Koloniegründung klebt die Königin ihre Eier einfach auf ein Blatt und wartet, bis sie schlüpfen. Die Larven werden später von den Erwachsenen wie Nähspulen benutzt: Sie greifen eine Larve, drücken deren Mund auf einen Blattrand und dann, wenn der Faden haftet, auf den anderen. So spinnen sie hin und her ein dichtes und festes Gewebe. Zum Zusammenziehen von Blättern hängen sich mehrere Erwachsene aneinander und bilden eine Kette oder Brücke über den Spalt. Bei diesen Tieren sind nicht nur die Jungen von den Erwachsenen, sondern auch die Erwachsenen von den Jungen abhängig. Welche Auswirkungen das auf die Sozialstruktur hat, wurde bislang noch nicht untersucht. Eine Weberameisen-Kolonie kann mehrere solche Blattnester haben, in denen die Brut heranwächst.

Unser Bild zeigt die afrikanische *Oecophylla longinoda* auf einem Paternosterbaum.

Farbtafel 10

Die Prachtfregattvögel *Fregata magnificens* erreichen eine Flügelspannweite bis zu 2,40 Metern, wiegen aber nur 1,5 kg. Sie sind sehr ausdauernde und elegante Flieger. Jedes Paar legt pro Saison 1 Ei, das 55 Tage bebrütet wird. Die Eltern lösen sich alle 10 Tage ab. Erst 6 Monate nach dem Schlüpfen ist das Junge flügge, es wird aber noch weitere 6 Monate von den Eltern gefüttert. So dauert ein Brutzyklus bei diesen Vögeln länger als ein Jahr (15–18 Monate). Unser Bild zeigt ein Weibchen vor seinem bettelnden Jungen am Nest auf der Galapagos-Insel Seymour.

Fregattvögel sind Luftpiraten. Da ihr Gefieder nicht wasserfest ist, erbeuten sie Fische (ihre Hauptnahrung), indem sie vom Fischfang heimkehrender Tölpel in der Luft solange attackieren, bis diese den Fang wieder ausspucken. Den hinunterfallenden Fisch fängt der Fregattvogel in der Luft.

Die bekanntesten Symbiosen im Meer sind die zwischen Krebsen und Aktinien. Unsere Bilder wurden im Aquarium aufgenommen.

Farbtafel 11
Die ungefähr 1 cm große Porzellankrabbe *Neopetrolisthes ohshimai* aus dem Indopazifik, die sich von Plankton ernährt und auf großen, ebenfalls Plankton fressenden Seeanemonen der Gattung *Discosoma* lebt. Für Versuchszwecke wurden die Tiere im Aquarium mit kleinen aufgeklebten Nummern individuell markiert. Oberhalb der Mundöffnung der Seeanemone sitzt noch eine kleine Garnele *(Periclimenes affinis),* die ebenfalls auf der Anemone wohnt. Diese Garnelen sind fast durchsichtig; man erkennt nur die weißen Farbflecken am Rücken und auf dem nach links zeigenden Schwanzfächer.

Farbtafel 12
Die ebenso kleine Krabbe *Lybia tessalata* hält in jeder Schere eine ganz winzige Anemone *Bunodeopsis prehensa,* die man bisher noch nicht ohne Krabben gefunden hat. Bei Kämpfen strecken die Krabben einander diese Anemonen wie einen Nesselbusch entgegen. Nach jeder Häutung holen sie ihre Anemonen aus der abgelegten Haut und nehmen sie wieder in die Scheren, stets mit dem Tentakelkranz nach außen. Um den Besitz der Anemonen wird gekämpft; viele Krabben haben nur eine Anemone. Einige Male beobachten wir, daß eine Krabbe, die beide Anemonen verloren hatte, von Artgenossen aufgefressen wurde.
Das Foto zeigt ein Weibchen, das unter sich einen orangeroten Eierballen trägt.

Farbtafel 13

In den Tropen findet man häufig die großen Webspinnen der Gattung *Nephila.* Sie gehören zu den größten Kreuzspinnen; die Weibchen mit den auffälligen Haarbürsten an den Beinen können – ohne Beine – bis 6 cm Körperlänge erreichen. Die Männchen werden selten größer als ½ cm. Die gelblichen Fäden des Radnetzes, das mehrere Meter Durchmesser erreichen kann, werden von Eingeborenen der Südsee-Inseln zum Fischfang benutzt. Der 0,008 mm starke Faden kann mit 4 Gramm belastet werden (der fast doppelt so starke Faden der Seidenraupe trägt höchstens 3,8 Gramm).

Die kleinen Männchen leben parasitisch in den großen Netzen der Weibchen und versuchen, sich zur Paarung heranzupirschen, sobald das Weibchen mit einer Beute – etwa einer großen Zikade – beschäftigt ist.

Unser Bild zeigt ein *Nephila*-Weibchen von der Insel Bimini, das einer Glasscheibe die dichten weißen Fäden für das Eigespinst angeheftet hat. Die Mutter bewacht die Jungen nur kurze Zeit, bis diese an selbstgesponnenen Fäden im Wind davonfliegen. – Der Biß einer sich verteidigenden weiblichen *Nephila* kann für den Menschen unangenehme, wenn auch nicht gefährliche Folgen haben.

Farbtafel 14

Das rehbraune Kongoni *Alcephalus busephalus cokii,* auch Coke's Kuhantilope genannt, ist in Kenia und Tansania weit verbreitet. Es lebt in offenen Grasebenen mit etwas Baumbestand. Die Männchen verteidigen Territorien, in denen sie Weibchen umwerben und begatten. Da die Weibchen danach weiterziehen, beteiligen sich die Väter nicht an der Brutpflege.

Die Söhne aber bleiben besonders lange bei der Mutter und helfen ihr, Gefahren von den jüngsten Geschwistern fernzuhalten, vor allem Feinde zu umgehen oder sie abzuwehren. Junge Männchen beteiligen sich also an der Betreuung ihrer Geschwister und zwar zu einer Zeit, zu der sie noch nicht stark genug sind, daß sie ein eigenes Revier verteidigen und direkt Nachkommen zeugen können. Man sieht häufig, wie auf unserem Bild, eine Mutter mit älterem Sohn und noch ganz jungem Kalb dicht beisammen.

Farbtafel 15

Der afrikanische Schmuckbartvogel *Trachyphonus usambiro* bewohnt Steppengebiete südöstlich des Victoriasees. Die etwa drosselgroßen Tiere sind mit den Spechten nah verwandt. Sie leben in festen Paaren, brüten in 80 cm tiefen Höhlengängen im Erdboden und verteidigen als Paar ihr Revier. Dazu gehört ein lautes, gemeinsam vorgetragenes Ruf-Duett, zu dem jeder Partner einen geschlechtsspezifischen Teil beiträgt (Abb. 37); am Aussehen sind die Geschlechter nicht zu unterscheiden.

Duette gibt es nur zwischen Paar-Partnern, nie zwischen Geschwistern. Der männliche Duett-Ruf entsteht aus dem Bettellaut des Nestjungen, den anfangs auch die Weibchen äußern. Sie rufen den typischen Weibchen-Part erst, wenn sie einem fremden Männchen begegnen.

Das Männchen bringt zur Paarungszeit seinem Weibchen Futter. Eine solche Fütterszene auf einem Termitenhügel zeigt unser Bild: Das Männchen (rechts) hat gerade seinem Weibchen ein Insekt gereicht.

Singen mit Zuhören beim indischen Muskatfinken *Lonchura punctulata*.

Farbtafel 16
Ansammlungen von Geiern am Aas (hier von verschiedenen afrikanischen Geiern an einem toten Zebra) entstehen nicht, weil die Tiere die Nähe der Artgenossen suchen, sondern weil alle Individuen zum gleichen Futter wollen. Dabei gibt es viel Rivalität und Streit. Solche Ansammlungen wird man nicht als Sozietäten bezeichnen.

Farbtafel 17
Die südafrikanischen Erdmännchen *Suricata suricatta* hingegen bilden Familienverbände von 24 und mehr Tieren, die in selbstgegrabenen Erdbauten sandiger Ebenen wohnen. Die mit dem Mungo verwandten Tiere messen mit Schwanz etwa 50 cm, sind tagaktiv und ernähren sich von Insekten, Spinnen, Tausendfüßlern, kleinen Schlangen und Echsen. Sie suchen aber ihre Nahrung immer in nächster Nähe der Wohnung. So wird dieses Gebiet bald unergiebig, und die ganze Kolonie zieht gemeinsam an einen anderen Ort. Junge kommen das ganze Jahr hindurch zur Welt und übernehmen Nahrungsvorlieben und Beutefangtechniken von den Erwachsenen. Da die Tiere sehr zahm werden, hält man sie oft als Haustiere und in Zoos (die abgebildete Gruppe lebt im Frankfurter Zoo).

Kaum ein anderes Horntier bildet so große und dichte Herden wie das Weißbart-Gnu *Connochaetes taurinus.* Etwa 300000 Männchen und Weibchen aller Altersstufen wandern mit den Regenzeiten durch die Serengeti-Steppe, jeweils dorthin, wo frisches Gras wächst. Bleibt die Herde eine Weile am Ort, gründen die adulten Männchen für kurze Zeit Reviere.

In ständig feuchten Gebieten dagegen gibt es seßhafte Populationen. Hier besetzen die Männchen Dauerreviere, die sie ein oder zwei Jahre (ein bekanntes Männchen nachweislich 13 Jahre) behalten. Nur revierbesitzende Männchen kommen zur Fortpflanzung. Sie verbringen täglich mindestens 45 Minuten damit, den Revierbesitz zu demonstrieren. Revierlose Männchen bilden Junggesellenherden; im Alter von 1 Jahr, wenn sie ihre Mutter verlassen, schließen sie sich den Gruppen an, und mit 3 Jahren versuchen sie, ein eigenes Revier zu gründen. Auch besiegte Männchen, die ihr Revier verloren haben, schließen sich wieder den Junggesellen an.

Die Weibchen bilden Mütterherden, die zur Geburtszeit gruppenweise geschützte Gebiete aufsuchen. Denn werden sehr viele Kälber gleichzeitig geboren, so überleben mehr die ersten kritischen Tage, da die Feinde so viele Junge nicht auf einmal fressen können.

Farbtafel 18
Eine dichte Wanderherde in der Steppe. Im Vordergrund eine charakteristische Marschkolonne beim Durchqueren der seichten Stelle eines salzigen Steppensees.

Farbtafel 19
Einzeln stehende Dauerrevier-Besitzer im Ngorongoro-Krater.

Farbtafeln 20, 21
Im berühmten Nakuru-See in Kenia versammeln sich riesige Scharen von Flamingos, um ihre Nahrung aus dem sodahaltigen Wasser zu holen. Dabei kann man das ganze Jahr über beobachten, wie einzelne Gruppen von Flamingos sich durch gleichzeitig ausgeführte, auffällige Bewegungen von den Scharen fressender Tiere abheben. Oben die kleineren *Phoeniconaias minor,* unten die größeren *Phoenicopterus ruber.* An dieser sogenannten Gruppenbalz beteiligen sich Männchen und Weibchen mit den gleichen Verhaltensweisen (Abb. 38). Diese Bewegungen sind kein Paarungsvorspiel und auch nicht an einen Brutplatz gebunden, fördern aber die Synchronisation der Geschlechtspartner und führen ähnlich brutbereite Tiere zu Gruppen innerhalb der großen Scharen zusammen. Diese Gruppen bleiben beieinander und zeichnen sich später in der Brutkolonie durch besonders geringe Nestabstände und genaue Synchronisation der Eiablage aus. Zeitpunkt, Ort und Dauer der Brutaktivitäten sind unregelmäßig und für uns bislang unvorhersagbar. Da gleich alte Junge, die zusammen aufwachsen, bessere Überlebens-Chancen haben, steigern Elternpaare in synchronisierten Gruppen ihren Bruterfolg.
Flamingos füttern übrigens ihre Jungen mit einer Nährflüssigkeit aus dem Kropf, die sehr viele rote Blutkörperchen enthält, ernähren also ihre Jungen tatsächlich mit Blut. Unklar ist, warum man das dem Pelikan nachsagt, der seine Jungen mit Fisch füttert. (Weder Flamingo noch Pelikan reißen sich jedoch die Brust auf!)

Farbtafel 22
Die gelben Webervögel Afrikas der Gattung *Textor* oder *Ploceus* brüten in Kolonien. Jedes Männchen muß zuerst ein hängendes Nest flechten, ehe es mit dem Werben beginnen kann. Zum Balzen hängt sich das Männchen rückenabwärts an das fertige Nest, schlägt mit den Flügeln und singt. Obwohl eine Kolonie von Männchen attraktiver für Weibchen ist, die Männchen also von der Anwesenheit der Nachbarn profitieren, versuchen sie doch, beim Nachbarn Nistmaterial zu stehlen und werfen zuweilen sogar ein Nachbarnest vom Baum.

Farbtafel 23
In einer austrocknenden Schlammfläche am Siutghiol-See an der Schwarzmeerküste Rumäniens haben sich vor der heißen Augustsonne Hunderte von Wechselkröten zusammengedrängt und eingegraben. Die Wechselkröte *Bufo viridis* verträgt besonders viel Trockenheit sowie brackiges Wasser und bewohnt deshalb auch Steppengebiete. Frösche und Kröten sammeln sich an geeigneten Wasserstellen; die Männchen bilden dort zuweilen Rufchöre und locken so die Weibchen an. Solche Ansammlungen sind also zum Teil umweltbedingt, zum Teil sozial bedingt.

Farbtafel 24
Der langschwänzige Riedkormoran *Phalacrocorax africanus* hat eine große Brutkolonie auf abgestorbenen Bäumen am Rande des Nakuru-Sees in Kenia. Das Koloniebrüten bringt ihm wahrscheinlich ähnliche Vorteile wie den Reihern (s. S. 337). Die Kormoran-Alten bringen ihren Jungen nicht nur vorverdauten Fisch, sondern bei großer Hitze auch Trinkwasser zum Nest. Aus dem Schnabel lassen die Eltern dann einen Wasserstrahl in den Rachen der Jungen laufen.

te), und das (3.) nur wenige oder gar keine lebenden Verwandte hat (so daß, wenn ihm etwas passiert, nicht nahe Verwandte darunter leiden). Retten sollte er am vorteilhaftesten eine junge ledige Mutter von vielen, noch unselbständigen Kindern; denn dann erstreckt sich der Vorteil gleich auf mehrere Individuen, ist sehr groß, weil die Kinder ohne die Mutter verloren wären, und der Mutter selbst werden ihre Chancen erhalten, sich erneut fortzupflanzen. In solch einem Fall würde die natürliche Selektion das Rettungsverhalten selbst dann noch fördern, wenn der Verwandtschaftsgrad zwischen Retter und Gerettetem dicht bei Null liegt; ist er größer, so ergibt sich natürlich ein um so größerer Vorteil. Zwischen nur wenig verwandten Individuen werden soziale Hilfeleistungen also dann auftreten, wenn eine kleine Hilfeleistung einen großen Effekt hat (etwa weil der Helfer besonders auf Hilfeleistungen spezialisiert ist, oder der Empfänger sich als besonders dankbar erweist), wenn der Hilfsbedürftige in großer Not ist (d. h. einen großen Chancen-Zuwachs bekommt), und wenn die Hilfeleistung den Helfenden wenig kostet (er geringe Einbußen erleidet). Hier wären als Beispiel die Delphine zu nennen, von denen wiederholt berichtet wurde, daß sie jeden vom Ertrinken bedrohten Artgenossen zur Meeresoberfläche tragen. Vergleichbare Fälle sozialer Hilfeleistung provozierten verschiedene Freilandforscher ganz unabsichtlich, als sie zu Markierungszwecken Einzeltiere aus einer Gruppe – etwa von Zebras oder Elefanten – narkotisierten. Das plötzlich wie krank taumelnde oder sich niederlegende Individuum wird oft von den anderen gestützt und beschützt.
Bei sozial lebenden Tieren wäre zu erwarten, daß in Fällen von Nahrungsknappheit oder Gefahr sich diejenigen Erwachsenen für die gefährdeten Nachkommen aufopfern (sie verteidigen, bewachen oder sich am Futter zurückhalten), die selbst dadurch am wenigsten Einbuße an Fortpflanzungs-Erwartung erleiden – also z. B. die besonders alten oder durch tiefe Rangstellung von der Fortpflanzung ausgeschlossenen Individuen. Man weiß aus Feldbeobachtungen, daß Nasenbären, Antilopen, Elefanten und einige Affen, die in Gruppen leben, eine sehr heftige Gruppenattacke auf jeden Feind richten, der ein noch unselbständiges Junges gefährdet; daran beteiligen sich tatsächlich solche Erwachsenen, die sich sonst um das betreffende Jungtier nicht kümmern: Große Gefahr vergrößert den Vorteil der Hilfe, und das bringt auch entfernte Verwandte (kleines r) ins Spiel. Noch hilfsbedürftige Jungtiere, deren Mutter starb, werden bei Schimpansen, Pavianen, Makaken, Languren, Wildhunden,

Nasenbären und einigen sozialen Insekten von anderen Individuen adoptiert, die wenigstens entfernt mit ihnen verwandt sind und selbst noch zu jung oder zeitweilig unfähig zur Fortpflanzung sind. Gnus, Seelöwen und Flughunde hingegen lassen Waisenkinder umkommen; diese Tiere leben in großen Scharen, in denen verwandte Individuen vermutlich nicht beisammen bleiben und sich nicht erkennen (s. S. 142).

Nur wenn es wenig Einbuße bringt, lohnt es sich, auch entfernten Verwandten zu helfen. Von Schimpansen weiß man, daß sie bei reichlichem Früchteangebot mit lautem Geschrei auch andere Trupps anlocken, wenn sie einen ergiebigen Baum entdeckt haben. In Zeiten von Futterknappheit jedoch fressen sie in solchem Fall schweigend. (Wer das Geschrei als Anzeichen für Zank oder Freude deutet, wird das Gegenteil erwartet haben, denn je seltener man etwas findet, desto eher brechen Streit und Freude aus.) Schimpansen können offenbar auch variable ökologische Bedingungen berücksichtigen wenn sie ihr Verhalten nach einer Strategie ausrichten, in der die Größen Z und E eine Rolle spielen.

Vorteile der Rangordnung

Rangordnungen stellen sich generell ein, wenn unterschiedlich große oder starke Individuen zusammenleben und aus Erfahrung lernen können. Dann wird, wer im Kampf unterlag, dem Sieger in Zukunft ausweichen; Sieger und Verlierer sparen Zeit, Energie und Risiko, wenn sich ein Kampf möglichst früh entscheidet. Unter diesem Gesichtspunkt der Sparsamkeit wäre es allerdings konsequent, das Streiten überhaupt zu unterlassen. Er spielt aber im Gegenteil im Verhalten der Tiere eine große Rolle, und zwar dann, wenn es um den Zugang zu begrenzten Ressourcen geht: Der Sieger hat in jedem Fall irgendein Vorrecht, das seinem Überleben oder seiner Fortpflanzung zugute kommt. Warum aber anerkennt der Unterlegene die Rangordnung und damit das Vorrecht des Siegers? Darauf wird häufig geantwortet: 1. Er verringert die destruktiven Folgen für die Gruppe, die das Kämpfen mit sich bringt; 2. Er hilft, die Populationsdichte zu regulieren, indem er auf Fortpflanzung verzichtet. Beide Argumente operieren mit dem Wohl der Gruppe oder der Population, setzen also Gruppenselektion (s. S. 52) voraus. Die aber brauchen wir auch hier nicht zu bemühen; denn es gibt bessere Argumente, die mit der natürlichen Selektion auf der Ebene des

Individuums bzw. der Gene auskommen. So könnte der Unterlegene z. B. auf bessere Zeiten warten, um dann dominant zu werden. Er gibt sich also mit seiner untergeordneten Stellung vorerst zufrieden, solange das für ihn die vorteilhaftere Strategie ist, weil unter den obwaltenden Umständen jeder Auflehnungsversuch doch aussichtslos wäre. (Aus dem gleichen Grund warten viele Vögel die langen Wintermonate hindurch mit dem Brüten, weil jeder Brutversuch unter diesen Bedingungen reine Energie- und Zeitverschwendung wäre.) Außerdem kann der Unterlegene in dieser Rolle sogar etwas für seine Gesamt-Eignung tun, und zwar über den Verwandtenanteil. In vielen Fällen bleiben Unterlegene nämlich nicht passiv, sondern nehmen Anstrengungen und Gefahren auf sich, womit sie die Fortpflanzungs-Chancen der ranghohen Rivalen verbessern. Das wird sich lohnen, wenn diese Ranghohen mit ihnen verwandt sind und deswegen auch die Gene der Unterlegenen weitergeben.
So verteidigen die im Rivalenkampf unterlegenen Feldwespen-Weibchen ihre ranghohe Schwester und füttern sie und ihre Nachkommen. Unterlegene und im gleichen Jahr von der Fortpflanzung ausgeschlossene männliche Flughunde halten sich am Rande der Kolonie auf und warnen die fortpflanzungsaktiven Tiere vor Feinden. Ebenso verteidigen rangtiefe Pavianmännchen die Weibchen und Kinder der ranghohen Männchen. Von einigen Affen ist bekannt, daß bei Nahrungsknappheit die rangtiefen Männchen den Trupp verlassen, so daß Ein-Männchen-Gruppen entstehen. Daß rangtiefe Männchen weggehen, könnte ihrem persönlichen Vorteil dienen, wenn sie z. B. anderswo eher Futter finden als in der Gruppe; es wird aber auch ihrem Verwandtenvorteil dienen, wenn sie dadurch die Lebensaussichten ihrer Neffen und Nichten und die Fortpflanzungs-Chancen der ranghohen Brüder erhöhen. Je näher verwandt die Tiere in einer Gruppe sind, desto eher werden die Rangtiefen solche Gruppen-Aufgaben übernehmen. Je weniger die Tiere verwandt sind, desto heftiger werden Rangkonflikte ausbrechen.

Brüderlich geteilt

Die wildlebenden Rio-Grande-Truthähne in Texas zeigen besonders klar die Kooperation verschieden ranghoher Brüder. C. Watts und A. Stokes haben diese Tiere jahrelang beobachtet, die Individuen beringt, ihre Einzelschicksale verfolgt und entdeckten dabei folgendes Sozialsystem:

Jedes Jahr im März beginnen die Hennen mit dem Nestbau, jede legt etwa 14 Eier, brütet 28 Tage und zieht dann mit anderen Müttern und deren Kücken umher. Diese Familiengruppen lösen sich erst im Herbst auf. Mit 6 oder 7 Monaten verlassen die Junghähne die Familie, bleiben aber zusammen und bilden eine lebenslange Brüdergemeinschaft. Da die Sterblichkeit der kleinen Kücken besonders hoch ist, kann es vorkommen, daß in einer Geschwisterschar nur ein Männchen übrigbleibt; ein solcher Hahn bildet eine Ein-Bruder-Gruppe, das heißt, er bleibt sein

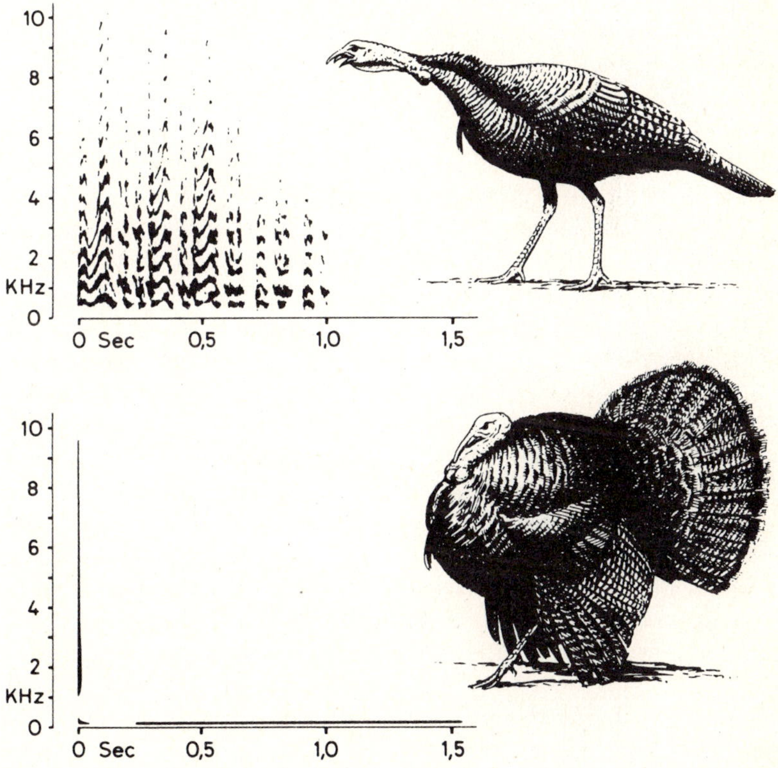

20. Balzende Truthähne *Meleagris gallopavo* äußern ein lautes Kollern (oben) und beim Aufstellen des Schwanzrades mit am Boden schleifenden Flügeln ein dumpfes »Pfumm« (unten). Beide Laute sind im Klangspektrogramm gezeigt. (nach Schleidt)

Leben lang allein und schließt sich nicht anderen Hähnen an. Im Winter vereinigen sich mehrere Brüdergruppen zu größeren Scharen und fechten jetzt zweierlei Rangordnung aus: Erstens wird die Rangordnung innerhalb jeder Brüdergruppe festgelegt. Jeder ringt mit jedem; sie fassen sich an den Schnäbeln und versuchen, den anderen nach unten zu drücken, schlagen mit den Flügeln und den Füßen und hacken auf Kopf und Brust. Ein Kampf kann mehrere Stunden dauern. Der stärkste unter den Brüdern wird ihr Anführer und bleibt es in der Regel, so lange er lebt. Außerdem kämpfen die Gruppen gegeneinander; dabei haben sie um so mehr Gewinn-Chancen, je mehr Brüder eine Gruppe zählt. Hierbei entsteht eine klare und dauerhafte Rangabstufung zwischen den Gruppen.

Den Winter verbringen die Tiere in größeren Gruppen an besonders günstigen Orten, wo sie Schutz und auch zu fressen finden. Sobald im Februar die Weibchen anfangen, diese Gebiete zu verlassen, lösen sich allmählich auch die Männchenscharen auf, und jede Brüdergruppe zieht zu den Balzplätzen, die jedes Jahr wieder besucht werden. An einem Balzplatz treffen sich etwa 12 Brüdergruppen, das sind ungefähr 30 Männchen. Die ranghöchste Brudergruppe (gewöhnlich die zahlenstärkste) balzt auf der zentralen Balzfläche, die anderen halten sich am Rand. Die Weibchen kommen in Trupps zu etwa 50 Tieren zu den Balzplätzen; jedes paarungswillige Weibchen wird dann von den Männchen umworben, manchmal nur von einer, zuweilen aber auch von zwei Brüdergruppen. Zusammengehörige Brüder balzen meistens synchron und verstärken dadurch ihre Wirkung: Sie stellen den Schwanz radförmig auf, schleifen die Flügelkanten über den Boden, plustern sich auf, äußern dumpfe »Pfumm«-Laute und das bekannte laute Gockeln (Abb. 20).

Obwohl nun alle Brüder gemeinsam balzen, ist doch von vornherein klar, wer schließlich die Kopulation ausführt, nämlich der ranghöchste der Brüder. Von 170 Männchen an vier Balzplätzen kopulierten deshalb nur insgesamt 6 Männchen. Jede Kopula dauert mindestens 4 Minuten; sollte einer der rangtiefen Brüder ein Weibchen zu besteigen versuchen, wird er alsbald vom ranghöchsten entdeckt, der dann sofort angelaufen kommt und das Weibchen übernimmt. Wenn aber der ranghöchste Bruder selbst kopuliert, wird er von seinen Brüdern gegen Störungen abgeschirmt. Einzeln balzende Männchen, die keine Brüder haben, haben auch kaum Paarungs-Chancen: Sie sind jeder Brüdergruppe unterlegen und werden darum in die weniger günstigen Zonen der Balzplätze abgedrängt; außerdem macht ein einzelner auf die Weibchen weniger Eindruck und kommt auch deswegen kaum zum Zuge. Das begünstigt eine Zusammenarbeit unter Brüdern, ähnlich wie bei den Löwen; doch hat bei den Truthähnen jeweils der ranghöchste Bruder das Kopulations-Monopol, durch ihn verbreiten sich auch die Gene der rangtiefen Individuen. Und darum kooperieren Rangtiefe nur mit einem Bruder, aber nie mit einem Fremden, mit dem sie genetisch nicht verwandt sind.

Die Sozialstruktur des Tasmanischen Sumpfhuhns

Auf der Insel Tasmanien lebt eine Ralle, *Tribonyx mortierii*, die man auch als Sumpf- oder Pfuhlhuhn bezeichnet, obwohl sie mit den Hühnern gar nichts zu tun hat. Männchen und Weibchen dieser etwa 30 cm großen Vögel schließen sich entweder zu monogamen Paaren zusammen, oder sie bilden Gruppen aus mehr als zwei Erwachsenen. Beides kommt gleich häufig vor. J. Maynard Smith und M. Ridpath haben diese Tiere genauer untersucht; sie haben Gruppen im natürlichen Lebensraum beobachtet und mehrere Jahre lang Daten über beringte und somit individuell kenntlich gemachte Tiere und ihre Nachkommen gesammelt. Von 51 Gruppen bestanden 26 aus Paaren, 19 aus Trios, 5 aus vier und 1 aus fünf Erwachsenen. Jede Gruppe enthielt jedoch nur ein Weibchen. Alle nicht-monogamen Gruppen waren also polyandrisch (*Polyandrie* = Vielmännerei).

Da Paare und Trios etwa gleich häufig vorkommen, ließen sich ihre Fortpflanzungserfolge gut vergleichen:

1. Trios haben größere Gelege als Paare (obwohl stets nur ein Weibchen vorhanden ist).
2. Trios ziehen aus jedem Gelege einen größeren Prozentsatz Junge groß als Paare (d. h., sie haben unabhängig von der Gelegegröße prozentual weniger Verluste). Im Mittel ziehen Trios 6,5 Junge groß, Paare 5,5. Im ersten Brutjahr ziehen Trios 3,1 Junge groß, Paare nur 1,1.
3. Die Weibchen legen im ersten Brutjahr weniger Eier.

Alle Gruppen wie Paare leben in Revieren, in denen auch die Jungen heranwachsen. Wenn sie etwa ein Jahr alt sind, wandern sie ab in andere Reviere und bilden bald mit den andersgeschlechtigen Nachbarjungen neue Gruppen. Wenn es ihnen nicht gelingt, ein unbesetztes Gebiet zwischen den Revieren der Alten zu finden, wandern sie ganz aus der Gegend ab. Finden werden sie ein leeres Revier dann, wenn deren Besitzer gestorben sind. Das Verhältnis von alteingesessenen zu jungen Paaren ist verschieden, es schwankt zwischen 4:1 und 1:1. Im ersten Brutjahr sind Trios den Paaren besonders überlegen, später nimmt der Vorsprung – soweit er die Jungenzahl betrifft – ab. Nehmen wir an, daß alle Gruppen sich 5 Jahre lang fortpflanzen, so würde im Durchschnitt jedes Trio in dieser Zeit einmal 3,1, dann viermal 6,5 Junge aufziehen, zusammen also 29,1; ein Paar zöge im Durchschnitt anfangs 1,1 plus viermal 5,5, zusammen also 23,1 Junge auf. Trios wären also um den Faktor 1,26 erfolgreicher.

Wenn sich nun ein Männchen sein Weibchen mit einem anderen Männchen teilt, und dieses gleichstark an der Fortpflanzung beteiligt ist, werden auch nur die Hälfte der Kinder seine eigenen sein. Damit jeder der beiden Väter im Trio gleich viele Kinder wie ein monogam lebendes Männchen hat, müßten Trios doppelt so viele Kinder aufziehen. Das tun sie aber bei weitem nicht (sie ziehen nur 1,26mal so viele Kinder auf). Dann allerdings erhebt sich die Frage, warum sich ein Männchen mit weniger Kindern abfindet, anstatt zu versuchen, den Kompagnon, der ihn Nachkommen kostet, loszuwerden. Diese Frage ist durchaus sinnvoll, denn Verhaltensbeobachtungen zeigten, daß es einem Männchen sehr wohl gelingen kann, seinen Nebenbuhler zu vertreiben.

Gewitzt durch unsere Berechnungen mit den Löwen, werden wir uns zunächst erkundigen, wie nah die beiden Männchen miteinander verwandt sind. Durch die Beringungen ließ sich die Herkunft der Tiere leicht ermitteln: In den näher untersuchten Trios erwiesen sich die beiden Männchen regelmäßig als Brüder. Aber wie nah miteinander verwandt sind Brüder, die aus einer Trio-Familie stammen? Das läßt sich, genau wie bei den Löwen, leicht berechnen:

Geschwister im Trio haben entweder beide Eltern gemeinsam oder nur die Mutter. Im ersten Fall ist der Verwandtschaftsgrad der Kinder untereinander $\frac{1}{2}$. Im zweiten Fall sind die Geschwister über die Mutter $\frac{1}{2} \cdot 0{,}5 = \frac{1}{4}$ verwandt; hinzu kommt noch die Verwandtschaft über die verschiedenen Väter, die $\frac{1}{2} \cdot 0{,}5 \cdot 0$ wäre, wenn die Väter gar nicht verwandt sind, die aber $\frac{1}{2} \cdot 0{,}5 \cdot x$ beträgt, wenn die Väter im Verwandtschaftsgrad x zueinander stehen (einer also mit der Wahrscheinlichkeit x auch die Gene des anderen trägt [s. S. 109]). Der Verwandtschaftsgrad zwischen Geschwistern im zweiten Fall beträgt also

$$\frac{1}{4} + \frac{1}{4}x.$$

Wenn beide Fälle (Vollgeschwister und Teilgeschwister) gleich häufig sind, beide Väter also gleich viele Kinder zeugen, dann ist die mittlere Verwandtschaft zwischen allen Geschwistern im Trio

$$\bar{r} = \frac{\frac{1}{2} + (\frac{1}{4} + \frac{1}{4}x)}{2}$$

Und das ist zugleich die gesuchte Verwandtschaft zwischen den Männchen, wenn sie Geschwister aus dem Trio sind, also $= x\ (= \bar{r})$. Die Gleichung $x = \frac{3/4 + 1/4\,x}{2}$ ergibt $x = \frac{3}{7} = 0{,}43$.

Das also ist der gesuchte Verwandtschaftsgrad zwischen den Vätern im Trio. Das heißt, jedes Männchen kann noch 0,43 der Nachkommen seines Bruders genetisch als seine eigenen verbuchen. Das ist weniger als er von einem Bruder aus monogamer Ehe hätte (nämlich 0,5). Warum gibt er sich mit diesem Anteil von $\frac{3}{7}$ zufrieden, wenn er doch durch Vertreiben seines Bruders die Kinder ganz sein eigen nennen könnte?

Das Gewinn-Verlust-Risiko im Rivalenkampf

Wenn ein Männchen versucht, seinen Bruder zu vertreiben, kann er im Kampf unterliegen oder gewinnen. Und wir müssen nun, wie es die genannten Autoren getan haben, seine Gesamt-Eignung für den einen wie für den anderen Fall ausrechnen, um die Bedingungen angeben zu können, unter denen sich der Bruderkampf lohnt.

Wenn ein Männchen im Trio bleibt, stammen von den durchschnittlich in einem Trio aufwachsenden 29,1 Jungen die Hälfte direkt von ihm; hinzu kommen $\frac{3}{7}$ von der Hälfte seines Bruders, da dieser ja zu $\frac{3}{7}$ das gleiche Genom trägt wie er. Insgesamt tragen also $\frac{29{,}1}{2} + \frac{29{,}1}{2} \cdot \frac{3}{7} = 20{,}81$ Kinder die Erbanlagen desselben Männchens.

Wenn ein Männchen vertrieben wird, kann es entweder versuchen, allein ein Weibchen zu erobern, als dritter zu einem Paar zu stoßen, oder kann unverpaart bleiben. Die aus diesen Möglichkeiten im Mittel zu erwartende Fortpflanzungs-Chance für sein Erbgut nennen wir N. Sie liegt zwischen 0, wenn er allein bleibt, und 23,1, falls es ihm gelingt, ein Weibchen allein zu besitzen.

Wenn ein Männchen seinen Bruder vor Beginn der Fortpflanzung vertreibt, gehören ihm allein so viele Junge, wie ein Paar gewöhnlich aufzieht, also 23,1; hinzu kommt noch der Anteil von $\frac{3}{7}$ an den N Jungen, die sein vertriebener Bruder anderwärts zeugt. Also tragen das Erbgut des Siegers insgesamt 23,1 + $\frac{3}{7} \cdot$ N Junge. Das sind auf jeden Fall mehr als die 20,81 Jungen, die er neben seinem Bruder im Trio hätte. Also lohnt sich das Vertreiben des Bruders immer – wenn es gelingt.

Für den, der einen Kampf verliert und das Trio verlassen muß, ergäbe sich nur dann kein Nachteil, wenn die Gesamtzahl N der anderwärts gezeugten Jungen wenigstens ebensogroß wäre wie die aufgegebene Menge aus dem Harem, also 20,81. Wenn die Chancen geringer sind, tut das Männchen besser daran, möglichst keinen Kampf zu verlieren. Was er selbst dafür tun kann, ist: Keinen Kampf anfangen, wenn er schon vorher abschätzen kann, daß er ihn verlieren würde.

Ob ein Männchen im Rivalenkampf gewinnt oder nicht, hängt natürlich vom Kräfteverhältnis zwischen ihm und seinem Bruder ab, ferner von Angriffslust, Geschicklichkeit, Erfahrung und anderem. Wenn ein Männchen aus Erfahrung lernt und schließlich weiß, ob sein Bruder stärker oder schwächer ist als er selbst, ist es jedenfalls besser dran, als wenn es den Ausgang des Kampfes nicht vorher abschätzen kann. Wer voraussehen kann, daß er den Kampf gewinnen wird, hat vom Kampf Vorteile und sollte ihn wagen; wer voraussehen kann, daß er den Kampf verlieren wird, sollte mit dem Trio-Zustand zufrieden sein und keinen Kampf beginnen. Was aber, wenn unklar ist, wie der Kampf ausginge? Nehmen wir an, die Chancen stünden 1:1. Unter welchen Bedingungen würde es sich dann für ein Männchen lohnen, auf Monogamie zu pochen und den Bruder anzugreifen, um ihn zu vertreiben? Das heißt: Unter welchen Bedingungen würden sich Gene, die diesen Kampf herbeiführen, in der Population ausbreiten und zum Kennzeichen der Art werden?

Jetzt müssen wir einander gegenüberstellen, welche Gewinne und welche Einbußen sich als Konsequenzen eines gewonnenen und eines verlorenen Kampfes einstellen. Einen Kampf mit ungewissem Ausgang anzufangen wäre nur dann empfehlenswert, wenn der mittlere Zuwachs an Fortpflanzungs-Chance aus Sieg und Niederlage größer ist als die mittlere Einbuße an Fortpflanzungs-Chance bei Sieg und Niederlage. Mittlerer Zuwachs und mittlere Einbuße sind die jeweils halbe Summe aus Zuwachs bei Sieg und Zuwachs bei Niederlage bzw. Einbuße bei Sieg und Einbuße bei Niederlage. Statt der halben Summen können wir natürlich auch die vollen Summen vergleichen.

Wegen der Übersichtlichkeit setzen wir für die Jungenzahl eines Paares (= 23,1) zunächst den Buchstaben P, für die Jungenzahl eines Trios

(= 29,1) den Buchstaben T ein. N sei die zu erwartende Jungenzahl eines vertriebenen Männchens. Wir nehmen an, die Auseinandersetzung fände vor der ersten Brut statt.

Sieg über den Bruder bedeutet Auflösung des Trios, also Aufgabe der für das Trio typischen Kinderzahl T, damit also auch Aufgabe des Anteils von T, der auf jedes Männchen entfällt (also $\frac{1}{2}T + \frac{1}{2} \cdot \frac{3}{7}T$). Der Sieger behält das Weibchen, bildet damit ein Paar und hat nun die für Paare typische Kinderzahl P zu erwarten; hinzu kommt der aus seiner Verwandtschaft mit dem vertriebenen Bruder stammende Anteil von $\frac{3}{7}$ an der zu erwartenden Kinderzahl N des Vertriebenen. Also hat der Sieger $P + \frac{3}{7}N$ zu erwarten. Der Vertriebene hat definitionsgemäß N Kinder zu erwarten; hinzu kommt der auf ihn entfallende Anteil von $\frac{3}{7}$ an den Nachkommen des Siegers, der jetzt mit dem Weibchen allein lebt und also P Kinder haben wird. Insgesamt hat der Verlierer also zu erwarten $N + \frac{3}{7}P$.

Die Gewinn-Verlust-Rechnung sieht dann so aus:

Der Sieg bringt	$P + \frac{3}{7}N$	und kostet	$\frac{1}{2}T + \frac{1}{2} \cdot \frac{3}{7}T$
Die Niederlage bringt	$N + \frac{3}{7}P$	und kostet	$\frac{1}{2}T + \frac{1}{2} \cdot \frac{3}{7}T$

Gefordert ist:	*Summe Gewinn*	größer als	*Summe Verlust*
also:	$P + \frac{3}{7}P + N + \frac{3}{7}N$	$>$	$T + \frac{3}{7}T$
	$\frac{10}{7}P + \frac{10}{7}N$	$>$	$\frac{10}{7}T$
	$P + N$	$>$	T
	N	$>$	$T - P$

Da $T - P$ in Zahlen $29{,}1 - 23{,}1 = 6$ ergibt, muß N mindestens 7 sein (da es größer als 6 sein soll). Das heißt: Ein Bruderkampf wäre selbst bei ungewissem Kampfausgang eine erfolgversprechende Strategie, wenn der Besiegte und Vertriebene anderweitig Vater von mindestens 7 Jungen würde.

Man sollte annehmen, diese Forderung sei unschwer zu erfüllen. Dem wäre auch so, wenn das Sumpfhuhn nicht ein besonderes Handicap hätte: Es gibt – warum weiß man nicht – schon unter den Kücken mehr Männchen als Weibchen. Unter diesen Bedingungen hat ein vertriebenes Männchen aber wenig Aussichten, ein Weibchen zu finden und 7 Junge zu zeugen. Wenn das aber nicht gelingt, dann zahlt es sich eben nicht aus, den Rivalen bei ungewissem Kampfausgang anzugreifen. Männchen sollten also, wenn sie ihres Sieges nicht ganz sicher sind, den Nebenbuhler dulden.

Wird ein solches Männchen dennoch angegriffen, dann sollte es sich verteidigen, um die 50 % Sieges-Chancen wahrzunehmen. Verliert es, dann würde es bei dem Weibchenmangel sicher kein einsames Weibchen finden, sondern könnte höchstens versuchen, sich als dritter einem anderen Paar anzuschließen und wieder ein Trio zu bilden, nun aber wahrscheinlich mit einem ihm fremden Männchen. Wie müßte es sich in diesem Fall verhalten? Man könnte meinen, dem Fremden gegenüber dürfte es ruhig auftrumpfen und ihn zu vertreiben suchen. Das stimmt aber nicht. Denn: Wenn keine Verwandtschaft im Spiel ist, entfallen im Gewinn-Verlust-Vergleich alle Glieder mit dem Verwandtschaftsfaktor $\frac{3}{7}$. Übrig bleibt dann

$$1\,P + 1\,N > 1\,T;\ \text{oder}\ N > T - P,\ \text{also wiederum}\ N > 6.$$

Das heißt, für die Entscheidung »kämpfen oder nicht kämpfen« spielt es gar keine Rolle, ob die Männchen miteinander verwandt sind oder nicht. Von da her wird also der Zusammenhalt von Brüdern nicht gefördert. Nun halten aber Brüder doch zusammen. Welchen Vorteil könnten sie davon haben?

Wie wir sahen, ist es für ein Männchen sehr vorteilhaft, abschätzen zu können, wie ein Kampf mit dem anderen Männchen im Trio ausgehen würde. Dazu muß es wissen, ob sein Nebenbuhler stärker, gleichstark oder schwächer ist als es selbst. Die dafür nötige Erfahrung miteinander sammeln die Tiere am besten möglichst früh, vielleicht in kleineren Streitereien unter den Jungtieren. Da die Eltern Reviere verteidigen und fremde Junge vertreiben, sind immer nur Geschwister zusammen. Also können nur Geschwister miteinander diese Erfahrungen sammeln; und zusammenbleiben werden diejenigen, die aus Erfahrung wissen, daß sie gleich stark sind.

Folgerungen für die Soziobiologie des Sumpfhuhnes

Wir haben gezeigt, daß ein Männchen versuchen sollte, einen Rivalen zu vertreiben oder abzuwehren, wenn es sicher ist, den Kampf zu gewinnen. Solche Männchen haben dann ein Weibchen ganz für sich allein; so entstehen die Paare.

Ein Männchen, das sicher ist, daß es im möglichen Kampf unterliegen wird, muß auf jeden Fall bereit sein, ein Weibchen mit einem anderen Männchen zu teilen; es brauchte sich, falls es angegriffen wird, auf den Kampf gar nicht erst einzulassen und könnte kampflos davongehen.
Aber auch ein Männchen, das nicht weiß, ob es im Kampf unterliegen wird, muß bereit sein, ein Weibchen zu teilen, weil die Gewinn-Chancen bei ungewissem Kampfausgang zu gering sind. Für gleich starke oder gleich schwache Männchen empfiehlt sich also die Strategie, zu mehreren mit einem Weibchen vorliebzunehmen und friedlich zusammen zu leben. (Ein Kräftevergleich verhindert hier tatsächlich Angriffe.) So entstehen Trios und größere Mehr-Männer-Gruppen.
Und die Weibchen? Da auch sie möglichst viele Nachkommen erzielen müssen, werden sie lieber polyandrisch (mit mehreren Männchen) als monogam leben, denn Paare haben ja einen geringeren Fortpflanzungserfolg als Trios. Weibchen sollten also, wenn ihnen das möglich ist, Streit zwischen den Männchen im Trio zu verhindern suchen. Wenn sie mit einem Männchen monogam zusammen leben, sollten sie verhindern, daß dieses Männchen weitere Männchen abwehrt. Ob sich Weibchen tatsächlich derart friedenstiftend verhalten, ist bislang unbekannt.
Wir haben uns die Überlegungen zu den Rivalitäten zwischen Männchen bisher recht einfach gemacht. Vor allem zwei stillschweigend gemachte Annahmen wollen wir noch aufdecken:
Erstens haben wir vorausgesetzt, daß im Trio beide Männchen gleich viele Junge zeugen. Dann herrscht ein ausgewogenes Interessengleichgewicht, selbst zwischen einander unverwandten Männchen. Würde jedoch – als anderes Extrem – nur einer von ihnen kopulieren und Nachwuchs zeugen, dann hätte der andere von einer Mitgliedschaft im Trio gar nichts, wenn er nicht mit dem Kopulierenden verwandt ist. Als mit ihm Verwandter wäre er immerhin »stiller Teilhaber« bis zur Höhe seines Verwandtschaftsgrades, und er müßte das gegen seine anderweitigen Chancen abwägen. Das heißt, wenn die Vaterschaft zwischen den beiden (oder mehr) Männchen ungleich aufgeteilt ist, dann muß Verwandtschaft zwischen ihnen im Spiel sein, wenn sie trotzdem friedlich zusammenbleiben.
Zweitens haben wir vorausgesetzt, daß die miteinander agierenden Männchen gleich alt sind, das heißt gleiche Fortpflanzungserfolge hinter sich und noch gleiche Fortpflanzungserwartungen vor sich haben. Auch hier könnte ein Ungleichgewicht einiges ändern, allein schon weil die Zukunftsaussichten der beiden verschieden sind, also wieviel sie bei Sieg

oder Niederlage gewinnen oder einbüßen würden. Man kann berechnen (auf dieselbe Weise, wie wir es eben getan haben), daß der Ältere mit den geringeren Zukunftserwartungen ein kleineres Risiko im Kampf eingeht als der Jüngere, und zwar selbst dann, wenn beide bis dahin noch keine Nachkommen gezeugt hatten. Der Unterschied im Risiko ist um so deutlicher, je weniger die beiden Männchen miteinander verwandt sind. Ein älteres Männchen wird also eher dazu neigen, einen Kampf mit ungewissem Ausgang zu provozieren als ein jüngeres Männchen. Das heißt, je älter die Männchen werden, desto unduldsamer gegen Nebenbuhler dürfen sie sein. Das zu wissen ist natürlich für den Jüngeren vorteilhaft. So lohnt es sich für beide, ihr Alter anzugeben und ungleiche Kampfbedingungen von vornherein kenntlich zu machen. Es ist deshalb zu erwarten, daß Altersunterschiede äußerlich erkennbar sind und daß sich bevorzugt gleich alte Rivalen nebeneinander halten können.

Probleme der Brutpflege

Wer übernimmt die Brutpflege?

Aus dem, was wir bisher erörtert haben, ist schon eines klar: Wenn die Nachkommen Hilfe und Pflege brauchen, kann es ihnen innerhalb weiter Grenzen gleichgültig sein, woher sie diese Hilfe bekommen, das heißt, wer sie füttert, vor Feinden beschützt usw. Denjenigen aber, die Futter, Schutz und andere Hilfe spenden, wird es durchaus nicht gleichgültig sein, in welche Nachkommen sie investieren.
Wenn aber Erwachsene nicht bereit sind, für fremde Junge etwas zu tun, ja sie sogar als unerwünschte Konkurrenten behandeln werden, dann ist es für Jungtiere wichtig, fremden Erwachsenen auszuweichen und bei den eigenen Eltern zu bleiben. Das wird durch besondere Signale der Eltern erleichtert, wie sie etwa P. Kuenzer untersucht hat (Die Analyse ist im Reader wiedergegeben). Solche Signale erlauben es, Angehörige fremder Arten zu meiden und weiterhin die brutpflegebereiten Eltern von anderen Artgenossen zu unterscheiden. Ob Erwachsene ein bestimmtes Jungtier überhaupt pflegen und ob sie mit einer bereits begonnenen Pflege weiter fortfahren, wird zunächst davon bestimmt, wie nah sie mit dem Jungen verwandt sind. Außerdem muß der zur Pflege fähige Erwachsene in Rechnung stellen, wie stark das Überleben des Jungtiers von der in Frage

stehenden Pflege abhängt (wie wichtig sie also für das Junge ist) und wieviel eigenes Fortpflanzungspotential dieses Junge für ihn darstellt. Dagegen ist abzuwägen, wieviel Aufwand es erforderte, ein neues Junges auf den gleichen Stand zu bringen.

Welche Konsequenzen das hat, wollen wir etwas näher erläutern. Wir gehen dabei von dem Fall aus, daß es sich um Eltern und ihre eigenen Jungen handelt. Genetisch ist das Junge für beide Eltern gleich wertvoll. Darüber hinaus wird jeder Elternteil erwägen müssen, wieviel noch investiert werden muß, um das Junge selbständig werden zu lassen. Je weniger Pflege dazu nötig ist, desto besser. Wieviel Pflege bis zur Selbständigkeit noch fehlt, hängt natürlich davon ab, wieviel von der insgesamt erforderlichen Pflege schon geleistet wurde; unwichtig ist dabei, wer die Investition tätigte. Das haben R. Dawkins und T. Carlisle sehr genau durchdacht. Ursprünglich hatte man argumentiert, derjenige, der schon viel investiert hat, müsse ein Interesse daran haben, diese Investition zu retten und müsse deswegen um so pflegebereiter sein. Ein einfaches Gedankenexperiment (leider noch nicht im wirklichen Experiment getestet) zeigt aber, daß das nicht stimmen kann:

Nehmen wir an, ein schon erwachsenes Weibchen habe einen sehr viel jüngeren Bruder, und nun stirbt die Mutter von beiden. Besagtes Weibchen habe ferner schon einen eigenen Sohn, der jünger ist als ihr Bruder. Wenn das Weibchen nun nur ein Junges versorgen kann, wen soll es vorziehen, den Bruder oder den eigenen Sohn? Intuitiv scheint es, als sollte sie sich für den eigenen Sohn entscheiden, in den hat sie nämlich schon viel Brutpflege investiert, in ihren Bruder aber nicht. Da sie jedoch mit Sohn und Bruder im gleichen Verwandtschaftsverhältnis steht ($r = \frac{1}{2}$), sind für den Fortbestand des gemeinsamen Genoms beide gleich wertvoll. Wenn nun dem Bruder bis zur Selbständigkeit weniger Pflege fehlt als dem Sohn und wenn das Weibchen sich für einen der beiden entscheiden muß, sollte es sich gegen den Sohn und für den Bruder entscheiden; denn so läßt sich das Ziel, einen geschlechtsreifen Träger des eigenen Erbgutes zu haben, mit weniger Aufwand und in kürzerer Zeit erreichen. Danach kann das Weibchen um so eher mit Investitionen in einen weiteren Träger des eigenen Erbgutes beginnen. Es kommt also nicht darauf an, ob man selbst oder jemand anderes in das Junge investiert, sondern darauf, wieviel Aufwand bis zur Selbständigkeit des Jungen noch fehlt.

Dieser Gesichtspunkt spielt nun eine wichtige Rolle für die Entscheidung, welcher Elternteil wann brutpflegt. Wenn Jungtiere einmal so weit entwickelt sind, daß ein Elternteil ausreicht, die Brutpflege zu Ende zu bringen, dann ist der im Vorteil, der jetzt aus der Brutpflege aussteigt – die Jungen werden ja auch ohne ihn groß. Der andere Elternteil muß dann bei den Jungen bleiben, sonst sind sie zum Tod verurteilt. Der erste aber verurteilt nur den anderen Elternteil zur Brutpflege. Wenn ein Elternteil für die Brutpflege ausreicht, begünstigt die Selektion den ersten, der damit aufhört; sie wirkt aber gegen die Tendenz, die Brutpflege auch als zweiter abzubrechen.

Wer ist nun der erste? Ein Faktor, der hierfür eine Rolle spielt, läßt sich an der Gegenüberstellung von Säugetieren und Fischen zeigen: Da die Keimzellen an der Luft austrocknen, können landbewohnende Tiere die Besamung nicht außerhalb des Körpers stattfinden lassen, sondern kopulieren mit innerer Befruchtung. Die elterlichen Keimzellen vereinigen sich also in der Mutter, und in ihrem Körper liegt das besamte Ei, die Zygote. Damit hat das Männchen die Gelegenheit, sich als erster von der Brutpflege zurückzuziehen. Also wird hier automatisch das Weibchen die weitere Pflege übernehmen. Es ernährt den heranwachsenden Embryo zuerst im Uterus, später mit Milch, und es pflegt und schützt ihn. Anders bei Fischen: Sie leben im Wasser und können ihre Keimzellen außerhalb des Körpers zueinander kommen lassen. Die männlichen Keimzellen allerdings sind klein und leicht und daher in Gefahr, im fließenden Wasser nutzlos verlorenzugehen, wenn sie vorzeitig ausgestoßen werden. Die Eier dagegen sind größer, schwerer und haften oft am Untergrund, können also als erste ausgestoßen werden und dann auf die Spermien warten. Tatsächlich legen bei vielen Fischen die Weibchen zuerst die Eier ab, und danach ergießt das Männchen sein Sperma darüber. Hier nun ist es das Weibchen, das Gelegenheit hat, sich als erstes davonzumachen. Und in der Tat ist der Prozentsatz derjenigen Fischarten, bei denen allein das Männchen die Brut pflegt und bewacht, erstaunlich hoch.

Das zeigt schon eine so einfache Übersicht, wie sie etwa C. Breder und D. Rosen in ihrem Buch »Modes of reproduction in fishes« geben. Brutpflege in den verschiedensten Formen ist aus 72 systematischen Fischfamilien bekannt. In 53 dieser Familien (= 74 %) ist das Männchen an der Brutpflege beteiligt; in 64 % der Fälle betreibt es sie allein, sonst mit dem Weibchen zusammen. Wo es bei Fischen jedoch zur inneren Befruchtung kommt – nämlich in 11 Familien –, da entzieht sich der Vater jeder Brutpflege und überläßt sie allein dem Weibchen. Das legt entweder die besamten Eier bald ab (wie es die Rochen und Haie tun), kann aber auch

die Jungen austragen, wie bei den Zahnkarpfen, oder sogar geschlechtsreife Jungen zur Welt bringen, wie die kleinen Brandungsbarsche (*Embiotocidae*). Typische Beispiele für brutpflegende Fischmännchen sind der Stichling, die Groppe, das Moderlieschen, die Schleimfische (*Blenniidae*), die Grundeln (*Gobiidae*) und das Seepferdchen.
Ebenso wie bei Fischen vollzieht sich die Besamung der Eier der Froschlurche außerhalb des Körpers, und auch hier obliegt die Brutpflege häufig dem Männchen. (Man denke nur an das Männchen unserer Geburtshelferkröte, das die Eischnüre um die Hinterbeine gewickelt mit sich trägt.) Bei den Schwanzlurchen (Salamander, Molche) hingegen werden die Eier regelmäßig im Körper des Weibchens besamt; hier kommt es nie zu männlicher Brutpflege. Dasselbe gilt für die Reptilien, die ebenfalls innere Besamung haben, und bei denen Brutpflege (die selten vorkommt) dem Weibchen zufällt. Weiterhin kann man auf viele Insekten, Spinnen und Krebse und andere Wirbellose hinweisen, bei denen regelmäßig Besamung der Eier im Weibchen mit allgemeiner Brutpflege durch das Weibchen gekoppelt ist.
Selbstverständlich kennzeichnet ein Gesichtspunkt, wie der hier vorgeführte, nur Schwerpunkte der Entwicklung, das heißt, man kann annehmen, damit einen generellen Trend innerhalb einer solchen Tierklasse zu erfassen. In Einzelfällen werden noch viele andere Faktoren zu berücksichtigen sein; doch ist unter diesem Gesichtspunkt noch kaum geforscht worden.

Wieviel Brutpflege ist erforderlich?

Es gibt viele Tiere, deren Junge ohne Brutpflege nicht am Leben blieben. Musterbeispiel dafür sind die Säugetiere, die ohne Muttermilch und Pflege niemals groß würden. Allerdings gilt das nur für die erste Lebenszeit; irgendwann ist jedes Jungtier soweit herangewachsen, daß es sich selbständig machen kann. Wenn Brutpflege aber so nützlich für die Ausbreitung des eigenen Erbgutes ist, warum säugt und pflegt die Mutter dann nicht immer weiter? (Wir betrachten hier nur den üblichen Fall, in dem hauptsächlich die Mutter brutpflegt; entsprechendes gilt natürlich auch für jede Brutpflege durch den Vater.)
Gewiß könnte eine Mutter ihr Kind immer weiter pflegen und ihm das Leben erleichtern, solange sie lebt. Nur wird sie dann weniger Nachkom-

men hinterlassen als eine andere Mutter, die ihre Pflege zeitlich begrenzt, sich von ausgewachsenen Nachkommen trennt und ihre Pflege auf weitere Nachkommen konzentriert. Wenn sie sich allerdings den neuen Nachkommen widmet, ehe die vorigen Kinder selbständig genug sind, wird wiederum keines der Kinder überleben. Eltern sollen also nicht zu spät, dürfen aber auch nicht zu früh mit der Brutpflege aufhören. Wann genau sollen sie aufhören? Das läßt sich wieder mit Hilfe einer einfachen Nutzen/Kosten-Übersicht angeben.

1. *Der Standpunkt der Mutter:* Der einfacheren Darstellung wegen betrachten wir irgendein Säugetier, das jeweils nur ein einzelnes Junges bekommt. Von der Geburt an braucht es Muttermilch. Zunächst nur wenig, denn es ist ja noch klein. Die Milchmenge, die die Mutter aufbringen muß, ist zunächst entsprechend gering, wächst aber mit der Zeit. Das kennzeichnet die mit der Zeit anwachsenden Kosten, die für die Mutter entstehen. Gleichzeitig wird das Kind selbständiger: Zuerst ist es völlig auf die Muttermilch angewiesen, mit seinem Leben also ganz von ihr abhängig. Diese Abhängigkeit kennzeichnet den Nutzen, den das Säugen bringt. Je älter es wird, desto mehr kann es unabhängig von der Mutter andere Nahrung aufnehmen. Es ist immer weniger auf die Muttermilch angewiesen, mit seinem Leben immer weniger von ihr abhängig. Ganz korrekt wäre die mit dem Alter des Jungen eintretende Änderung so zu formulieren: Die Überlebens-Chance des Kindes wird immer weniger durch die Muttermilch verbessert, aber die Mutter wird zunehmend mehr daran gehindert, weitere Nachkommen zu erzeugen (sie würde z. B. eine immer längere Erholungspause brauchen, bevor sie wieder ein Kind in die Welt setzen könnte).
Wenn wir nun über dem zunehmenden Alter des Kindes die Brutpflegekosten für die Mutter und den Brutpflegenutzen für das Kind als Graphik auftragen, bekommen wir eine steigende und eine fallende Kurve, wie in Abb. 21. Die Kurven schneiden sich in einem Punkt (E_1), in dem Kosten und Nutzen sich genau die Waage halten. Dieser Punkt markiert das Alter des Nachwuchses, von dem an weiteres Säugen unrentabel wird. Zu diesem Zeitpunkt sollte die Mutter das Junge entwöhnen und für neuen Nachwuchs zu sorgen beginnen. Dann würde sie insgesamt ihren Brutpflege-Aufwand so verteilen, daß damit möglichst viele Nachkommen überleben.

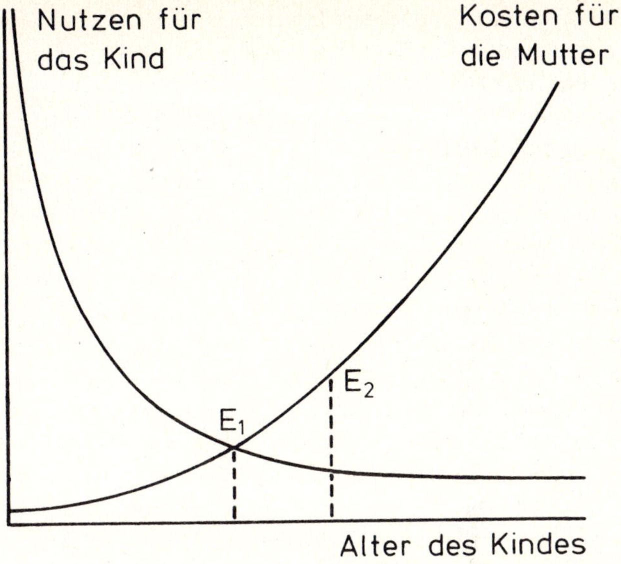

21. Mit dem Alter des Kindes sinkt seine Abhängigkeit von der mütterlichen Pflege, die von der Mutter immer höhere Aufwendungen verlangt.

Allerdings wird nicht nur das Kind älter, sondern auch die Mutter selbst. Und irgendwann kommt eine Zeit, in der sie keine Kinder mehr zur Welt bringen kann. Dann hätte es keinen Sinn, mit Rücksicht auf weiteren Nachwuchs eine laufende Brutpflege zu beenden. Je weniger wahrscheinlich es ist, daß eine Mutter noch einmal ein Kind bekommt, desto ausgiebiger sollte sie sich der Pflege der bereits vorhandenen Kinder widmen; gegebenenfalls wird sie ihre Kinder bei deren Kinderpflege unterstützen, also helfen, ihre Enkel zu versorgen. Das kennen wir tatsächlich von sozial lebenden Tieren, wie etwa den Elefanten: Großmütter, Mütter und Töchter halten zusammen, und die ältesten unterstützen die jüngeren bei der Aufzucht der Kinder.

2. *Der Standpunkt des Kindes:* Wäre das Kind ein rein passiver Empfänger elterlicher Pflege, so ließe sich das Problem, wieviel Brutpflege wünschenswert ist, so lösen, wie wir es im vorigen Abschnitt skizziert haben. Da aber auch das Kind aktiv auf die Brutpflege einwirkt, indem es zur Mutter hinläuft, um Nahrung bettelt oder von der Mutter wegstrebt, ist es

nötig, Dauer und Ausmaß der Brutpflege auch vom Standpunkt des Kindes her zu beurteilen.

Muttermilch ist für das Kind nie ganz nutzlos. Wenn das Kind nur für sein eigenes Überleben und seine eigene Fortpflanzungs-Chance handelte, sollte es die Gelegenheit, Muttermilch zu bekommen, immer ausnutzen. Vom Großen Känguruh weiß man, daß Weibchen, die schon ein eigenes Junges im Beutel tragen, noch immer an ihrer Mutter zu saugen versuchen. Andererseits ist es aber unter dem Gesichtspunkt der Gen-Selektion nicht belanglos, ob ein Kind seine Mutter daran hindert, weitere Kinder zu haben. Denn das Erbgut des Kindes steckt zur Hälfte auch in der Mutter und wird von ihr auf weitere Kinder übertragen. So gesehen sollte ein Kind also im Interesse seiner eigenen Gene davon Abstand nehmen, die Mutter für alle Zeiten auszubeuten, das heißt, es sollte schließlich von sich aus zurücktreten, um der Mutter Gelegenheit zu geben, weiteren Nachwuchs und damit mehr Träger seiner Gene in die Welt zu setzen.

Man wird also einen Konsens zwischen Mutter und Kind über die Notwendigkeit der Entwöhnung erwarten. Über den Zeitpunkt der Entwöhnung werden sie sich jedoch nie einigen können. Das zeigt folgende einfache Überlegung, die mit ausführlicher mathematischer Berechnung von R. Trivers stammt:

Jeder ist sich selbst der Nächste – das trifft, wie wir sahen, wörtlich auf den Verwandtschaftsgrad zu: Mit sich selbst steht das Individuum definitionsgemäß im Verwandtschaftsgrad 1, mit einem Vollgeschwister im Verwandtschaftsgrad $\frac{1}{2}$. Ein Geschwister dürfte also dem Individuum nur halb so wichtig sein wie es selbst. Entsprechend wird es dem Geschwister auch nur halb so viel mütterliche Pflege gönnen, wie es für sich beansprucht. Wenn wir wieder vereinfacht das Säugen als Maß für die Brutpflege nehmen, müßte jedes Junge solange zu saugen versuchen, bis die Kosten für die Mutter doppelt so hoch sind wie der Nutzen für dieses Junge (E_2 in Abb. 21). Erst zu diesem Zeitpunkt sollte das Kind im Hinblick auf seine Gesamt-Eignung (einem Geschwister zuliebe) die Mutter verlassen. Das ist auf jeden Fall später, als die Mutter von sich aus gesehen das Kind entwöhnen müßte.

Uneinigkeit zwischen Mutter und Kind über den Zeitpunkt der Entwöhnung ist unausweichlich und zeigt sich auch im Verhalten: Man weiß seit langem, daß viele Mütter schließlich mit Gewalt versuchen, ihre Jungen von sich zu halten. Bei freilebenden Pavianen geht das mit soviel Geschrei vor sich, daß der menschliche Beobachter sich erstaunt fragt, warum die Tiere Leoparden und andere Feinde in dieser Zeit geradezu auf sich aufmerksam machen, während sie sonst vorsichtig und unauffällig bleiben.

Wir wissen noch nicht, ob ein Kind wirklich freiwillig zurückträte. Bekannt ist nur, daß es regelmäßig länger gepflegt und gesäugt werden will, als die Mutter dazu bereit ist. Daß es sich dann ins Unvermeidliche fügt, könnte an einem Lernprozeß liegen: Wenn das Kind lernen muß, daß die Mutter es nicht mehr zu sich läßt, würde auch das einen Entwöhnungskonflikt zur Folge haben. Interessant ist jedoch TRIVERS' Voraussage, daß das Kind auch ohne derartige schlechte Erfahrungen die Mutter freigeben müßte. Einen Hinweis, wo man die Bestätigung dafür im Verhalten beobachten könnte, gibt folgende Überlegung:

Man kann voraussagen, daß dieser Konflikt zwischen Mutter und Kind noch ausgeprägter sein wird, wenn es sich um eine Art handelt, bei der Männchen und Weibchen nicht monogam beieinander bleiben, Kinder derselben Mutter also nur Halbgeschwister und nur $\frac{1}{4}$ miteinander verwandt sind. Denn dann wird jedes Kind viermal soviel Pflege von der Mutter beanspruchen wie es seinem Geschwister gönnt. Ob diese Voraussage zutrifft, läßt sich überprüfen.

Man braucht aber nicht nur auf den Entwöhnungszeitpunkt zu achten. Wenn mehrere Geschwister gleichzeitig da sind, sollte sich dasselbe Phänomen jederzeit beobachten lassen. Jedes Junge wird von der Mutter doppelt so viel Pflege, Futter, Wärme usw. für sich beanspruchen, wenn es mit Vollgeschwistern, und sogar 4mal soviel, wenn es mit Halbgeschwistern konkurriert. Daß es zwischen Geschwistern Rivalität und Streit gibt, ist deswegen keineswegs verwunderlich. Tatsächlich wetteifern Vogelgeschwister im Nest und Säugetierbabys (z. B. Ferkel oder junge Hunde) um die Zitzen der Mutter.

Wir haben jetzt zwei Extreme behandelt: Gleich alte Geschwister und nacheinander zur Welt kommende Geschwister, die sich nicht begegnen. Was aber kann man voraussagen über das Verhältnis zwischen verschieden alten Geschwistern, die zusammen leben? Dann sollte das Zurücktreten der älteren zugunsten der jüngeren besonders sichtbar werden: Wenn der ältere weniger hungrig ist oder leichter selbst Futter findet, sollte er auf einen Happen zugunsten des hungrigeren oder mehr darauf angewiesenen Geschwisters verzichten. Auch ein hypothetisches »Verzicht-Gen«, das ein solches Verhalten bewirkte, ist nur mit 50 %iger

Wahrscheinlichkeit im Vollgeschwister, aber mit 100 %iger Wahrscheinlichkeit in dem verzichtenden Individuum selbst, dennoch kann dieses Individuum das Futter weniger als halb so nötig haben – und dann zahlte es sich aus, den Happen dem Geschwister zu lassen. Allgemein formuliert: Ein Individuum sollte solange rücksichtslos für sich sorgen, bis der Nachteil, den es damit den Vollgeschwistern (geborenen oder ungeborenen) zufügt, mehr als doppelt so groß wird wie der Nutzen, den es selbst davon hat.

Das Maß, das in der Bezeichnung »doppelt so groß« steckt, bezieht sich natürlich auf den Verwandtschaftsgrad, der zwischen Vollgeschwistern $\frac{1}{2}$ beträgt. Ebenso groß ist aber der Verwandtschaftsgrad zwischen Kindern und Eltern; und deshalb kann man die Überlegung auch wieder verallgemeinern: Ein Gen schadet seinem eigenen Fortbestehen, sobald es ein Verhalten begünstigt, das seinen Trägern insgesamt genommen mehr Nachteil als Vorteil (mehr Kosten als Nutzen) verschafft. Ein Individuum sollte selbstsüchtig sein, solange der damit erzielte Eigen-Vorteil nicht kleiner wird als die Hälfte der Nachteile, die seinen existierenden und potentiellen Verwandten ersten Grades ($r = \frac{1}{2}$) daraus erwachsen. Eben deshalb lohnt es sich für Individuen, neben Eigenpflege auch Brutpflege zu betreiben; unterlassene Brutpflege setzt das Überleben aller Gene in den Nachkommen sehr viel mehr herab, als es sein Erhaltenbleiben im betreffenden Individuum heraufsetzt.

Besondere Reaktionen des Kindes

Der Konflikt zwischen Mutter und Kind am Ende der Brutpflegeperiode zeigt sich auch in besonderen Verhaltensweisen des Kindes. Wieviel Pflege ein Junges braucht, hängt zunächst von seinem Alter ab; und da die Eltern keinen Kalender führen, erkennen sie das Alter und damit die Pflegebedürftigkeit des Jungen an seinem Äußeren und an seinem Verhalten. Über die kindlichen Signale, die bei den Eltern Schutz- und Pflegereaktionen auslösen, weiß die Verhaltensforschung ziemlich viel (s. Eibl-Eibesfeldt 1976), es gibt über das sogenannte Kindchenschema sogar recht gute Untersuchungen am Menschen (B. Hückstedt; J. De Lannoy und M. Wielemans. Wenn nun das Kind noch zu einer Zeit Pflege sucht, zu der die Eltern es von ihrer Sicht her schon entwöhnen sollten, liegt es nahe, daß das Kind versucht, jünger zu erscheinen, als es tatsächlich ist. Wenn ihm das gelingt, und die Eltern dementsprechend in der Pflege fortfahren, kann es Punkt E_2 in Abb. 21 näherkommen.

Das ist aus der Beobachtung lange bekannt: Zur Zeit der Entwöhnung regredieren viele Tiere, sie fallen wieder in frühkindliche Verhaltensformen zurück. Strenggenommen ist es aber nicht das Alter, das über die notwendige Pflegemenge entscheidet, sondern die Bedürftigkeit; diese hängt zwar auch vom Alter ab, jedoch nicht ausschließlich. Kranke oder verletzte Tiere sind bedürftiger als gleich alte gesunde, d. h., ihre Überlebens-Chancen hängen von der Hilfe anderer ab. Und deshalb lassen sich dieselben Erscheinungen, über die wir hier sprechen, auch an kranken Tieren, vor allem kranken oder verletzten Jungtieren, beobachten: Sie versuchen durch Regression auf Baby-Verhalten Hilfe von anderen zu erlangen.

Dieses Verhalten setzt allerdings differenzierte Signale voraus, über die das Tier unabhängig von seinem Alter verfügt und die es in den betreffenden Situationen einsetzen kann. So etwas kennen wir bislang nur von warmblütigen Wirbeltieren. Man darf gespannt sein, was sorgfältige, auf solche Feinheiten gerichtete Beobachtungen auch an anderen brutpflegenden Tieren zutage bringen werden. Besonderes Interesse verdienen in diesem Zusammenhang die Untersuchungen von R. Hinde und Y. Spencer-Booth (vgl. Reader). Sie beobachteten die Auswirkungen kurzfristiger Mutter-Kind-Trennungen an Rhesus-Affen und fanden dabei folgendes:

1. War die Mutter 6 Tage abwesend, hängt sich das 6 Monate alte Kind nach ihrer Rückkehr sehr fest an sie, und zwar viel ausdauernder, als es das vor der Trennung tat und auch ausdauernder, als es seinem Alter entspricht, wenn keine Trennung eingetreten wäre. Dieses Verhalten hält über 5 Wochen lang an. Die Mutter reagiert darauf mit gesteigerter Zurückweisung.

Wenn das Kind die Abwesenheit der Mutter als erstes Anzeichen einer von der Mutter ausgehenden Entwöhnung deutet, ist das beobachtete Verhalten als Regression im eben geschilderten Sinne verständlich und sogar zu erwarten.

2. Entfernt man nicht die Mutter vom Kind, sondern setzt das Kind ohne Mutter 6 Tage in eine andere Umgebung und bringt es dann zurück, so zeigt es keine so starken Anklammerungstendenzen und bewegt sich in den folgenden 6 Wochen recht ungebunden von der Mutter.

Obwohl die Trennung zwischen Mutter und Kind gleich lange wie im vorigen Versuch währte, wird sie vom Kind offensichtlich nicht gleich bewertet: im 2. Fall war es selbst fort; und wenn diese Trennung nicht von der Mutter verursacht war, besteht auch kein Grund zu einem Versuch, die Mutter umzustimmen.

3. Es gibt Affenmütter, die ihr Kind sehr umsorgen, und andere, die es häufiger einmal abweisen. Kinder, deren Mütter sowieso eher abweisend sind, reagieren nach einer Trennung viel stärker mit Anklammern als Kinder, deren Mütter bis dahin sehr um sie besorgt waren. (Kinder abweisender Mütter reagieren auf die Trennung also nicht etwa schwächer – wie man erwarten müßte, wenn sie sich an Abweisungen gewöhnt hätten.)

Auch das ist verständlich; denn eine abweisende Mutter, die eine Zeitlang weg war, verläßt das Kind mit größerer Wahrscheinlichkeit bald ganz als eine gut pflegende Mutter, die einmal abwesend war.

Alle diese Beobachtungen passen zu den Voraussagen, die man aufgrund der Theorie der Gen-Selektion machen würde. Sie zeigen, bis in welche Verhaltensbereiche sich solche Voraussagen erstrecken und an welchen Verhaltensäußerungen man die Theorie überprüfen kann und in Zukunft kritisch wird überprüfen müssen.

Das Beenden uneffektiver Brutpflege

Die Eltern vieler Tierarten ziehen nicht nur ein Junges, sondern mehrere gleichzeitig auf; so ist es bei Hühnern, aber auch bei brutpflegenden Fischen, z. B. den unter Aquarianern beliebten Buntbarschen. Auch können die Eltern oft mehrere Bruten nacheinander aufziehen. Wenn nun durch Unglücksfälle aus einer Brut schon früh Junge ausfallen und nur wenige übrig bleiben, würden die Eltern die weitere Pflegezeit nur auf diese wenigen Jungen verwenden müssen. In der gleichen Zeit könnten sie aber eine neue große Jungenschar aufziehen, wenn sie die wenigen verbliebenen Jungen auch noch aufgeben und einen neuen Brutpflegezyklus beginnen. Das tun sie in vielen Fällen tatsächlich. Der Verhaltensforscher erklärt das mit der geringen Reizmenge, die von den wenigen verbliebenen Jungen ausgeht, und die nicht mehr ausreicht, das Brutpflegeverhalten der Eltern aufrechtzuerhalten. Das ist dann ein Teil des Mechanismus, der bewirkt, daß die Eltern die ökonomischere Strategie auch wirklich einschlagen.

Bei Kohlmeisen, Blaumeisen, Trauerschnäppern, Staren, Sperlingen, Schwalben und manchen Greifvögeln kommt es regelmäßig vor, daß unter den Jungen einer Brut einige im Wachstum hinter ihren Geschwistern zurückbleiben und schließlich eingehen. Wenn die Eier eines Geleges nacheinander schlüpfen (weil die Mutter täglich nur eins legt, aber schon beim ersten zu brüten beginnt), ist das zuletzt schlüpfende Junge zum Nesthäkchen prädestiniert; doch kann Krankheit auch ältere Junge derart schwächen. In diesen Fällen haben die Eltern nebeneinander Junge vor sich, die, obwohl alle gleich alt, dennoch verschieden viel Pflegeaufwand brauchen, bis sie selbständig werden.

Nun haben wir schon erörtert, daß die Eltern sich intensiver um das jüngere oder bedürftigere Kind kümmern sollten, wenn die anderen bereits weitgehend für sich selbst sorgen können. Das heißt: Wenn die Eltern nur eine bestimmte Menge an Pflege (einschließlich Fütterung) aufbringen können, sollten sie sie den bedürftigeren Jungen zuwenden, wenn dadurch die weniger bedürftigen nicht deutlich geschädigt werden. Würden aber andere Junge geschädigt oder müßten im Extremfall einige sterben, weil die Eltern sowieso nicht alle Jungen füttern oder pflegen können, dann sollten die Eltern die bedürftigeren opfern und die weniger bedürftigen bevorzugen, weil sie damit rascher und billiger Nachkommen erzielen, die ihrerseits fortpflanzungsfähig sind. Würden sich die Eltern immer den weniger weit entwickelten Jungen zuwenden und dafür die schon größeren vernachlässigen und schließlich opfern, könnten sie am Ende trotz dauerndem hohen Brutpflegeaufwand fast ohne Nachkommen bleiben.

Hier wäre einzuwenden, daß dann die weiterentwickelten Jungen allmählich zurückblieben, bis sie schließlich hintenan stehen und nun bevorzugt bedient werden. Dieses Verfahren könnte durchaus funktionieren, wenn es keine anderen Nachteile bringt, indem z. B. das ganze Brutgeschäft dadurch in ungünstige Monate hinein verlängert wird, so daß schließlich Gefahr für die ganze Brut besteht oder die Eltern zu geschwächt in den Winter gehen. Tatsächlich füttern Vogeleltern regelmäßig dasjenige Junge, das am heftigsten oder am frühesten sperrt oder am lautesten ruft.

Wie H. Löhrl berichtet, erkennt beim Kleiber *(Sitta europaea)* wie beim Halsbandschnäpper *(Ficedula albicollis)* der am Flugloch hängende

Altvogel, welches Junge auch nur um Sekundenbruchteile früher als die anderen sperrt und füttert dann dieses, selbst wenn es als hinterstes im Nest sitzt und alle übrigen Jungen mittlerweile auch sperren. Der Erstsperrer schnappt also den anderen das Futter nicht weg, sondern der Altvogel wählt ihn gezielt aus. Diese Entscheidung des fütternden Elterntieres ist sinnvoll, wenn die Bettel-Intensität mit der Sättigung abnimmt. Wenn sie auch bei Schwäche oder Krankheit abnimmt, kann der Altvogel das allerdings nicht dadurch kompensieren, daß er die am wenigsten bettelnden bevorzugt, weil er dann auch versuchen würde, die Satten zu überfüttern. Falls schwächliche Junge bei Vögeln aus besonders klein geratenen Eiern hervorgehen, tun die Eltern gut daran, große Eier mit Vorliebe zu bebrüten. Daß sie das tatsächlich tun, geht aus vielen Untersuchungen hervor (vgl. READER/G. Baerends).
Wenn nun einzelne Jungtiere in einer Geschwisterschar hoffnungslos zurückbleiben oder so krank sind, daß kaum noch Überlebensaussichten bestehen, dann ist jede weitere elterliche Pflege vertan, sie würde den anderen Jungen abgezogen, ohne daß damit ein Fortpflanzungs-Nutzen erzielt wird.
Vom Standpunkt der Eltern ist es also sinnvoller, ein hoffnungsloses Nesthäkchen aufzugeben oder sogar aufzufressen (wodurch sie wenigstens einen Teil der Nahrungsinvestition wieder einnehmen würden). Das ist besonders von Störchen bekannt, und E. SCHÜZ, der Altmeister der Storchenforschung, hat 1957 dafür den Namen Kronismus geprägt – in Anlehnung an den Titanen Kronos, der seine eigenen Kinder verschlang (und zwar weil sie ihm nach einer Weissagung den Thron streitig machen sollten). Kronismus ist von verschiedenen Vogelarten bekannt geworden, und regelmäßig fällt ihm ein zurückgebliebenes Junges zum Opfer: Ein erst zwei Tage nach seinen Geschwistern geschlüpftes Bachstelzenkind, ein sehr abgemagertes Rotwürger-Kind oder die schon besagten zurückgebliebenen Storchenjungen, die zuweilen aus dem Nest geworfen werden, mitunter aber hinausfallen, wenn die Eltern sie zu verschlingen versuchen (was kaum mehr gelingt, wenn sie älter als sechs Tage sind). Kronismus gibt es auch bei Säugetieren. Im Zoo beobachtet man ihn bei verschiedenen Raubtieren, wenn die Mutter kein rechtes Versteck für die Jungen findet; unter dieser Bedingung kommt er auch bei Mäusen vor. Einzelfälle aus freier Wildbahn sind bekannt von einer Wildschwein-Bache, die von einem Keiler verfolgt wurde, oder einer Fuchsfähe, deren Bau aufgegraben wurde.

Interessant sind die bisher von Verhaltensforschern unternommenen Erklärungsversuche für Kronismus. Vorherrschend wird er als Panne, als Konstruktionsfehler, Übersprunghandlung oder als unausgereiftes Verhalten gedeutet, zu dessen vollständiger Ausbildung Reifungs- und Lernprozesse nötig sind; vielleicht auch, daß sich erst nach mehreren Geburten eine richtige Balance des Hormonspiegels einstellt. Als Argument dafür wird angeführt, daß bei Säugern wie bei Vögeln (bes. bei Störchen) Kronismus vor allem bei Erstbrütern auftritt. Nun ist es durchaus möglich, daß Erstbrüter noch manches falsch machen und weniger effektiv im Herbeischaffen von Nahrung sind. Sie würden sich dann in die Situation hineinmanövrieren, daß einige oder gar alle Junge zu kurz kommen und zurückbleiben. Nach der oben vorgetragenen Brutpflege-Strategie würde das aber ausreichen, das gezielte Verlassen oder Verzehren dieser Jungen durch die Eltern auszulösen. Es wäre dann eher eine ökonomische Strategie als eine mangelhaft ausgebildete Instinkthandlung oder Tötungshemmung.
Verständlich ist unter diesem Gesichtspunkt auch, daß viele Vogeleltern sich um Junge, die aus dem Nest gefallen sind, nicht mehr kümmern, obwohl sie sie sehen können: Wenn keine Möglichkeit besteht, sie zurückzutransportieren oder sie außerhalb des Nestes aufzuziehen, ist es biologisch sinnlos, weiter in sie zu investieren. Auch das wird manchmal als Beispiel angeführt, um zu demonstrieren, wie beschränkt die Auslösesituation ist, die den Altvogel zum Füttern bewegt: noch nicht flügge Junge werden nur gefüttert, wenn sie im Nest sitzen. Diese unter anthropomorphem Gesichtspunkt als Unvollkommenheit zu wertende Beschränkung erscheint jedoch evolutionsbiologisch eher weise; denn Junge außerhalb des eigenen Nestes sind entweder fremde Junge oder eigene Junge ohne Überlebensaussichten.
Auch diese Beispiele zeigen, daß es bei richtiger Anwendung der Evolutionsgesetze nicht notwendig ist, für solche Fehlschläge Ausnahme-Erklärungen zu suchen. Fehlschläge sind Kranke und Nesthäkchen gemessen an einem maximalen Bruterfolg; mögliche Ursachen sind Unerfahrenheit der Eltern, Störungen durch den Menschen, ein verregneter Sommer, der den Vögeln zuwenig Kindernahrung bot, und anderes mehr. Aber unter diesen Bedingungen tritt eben nicht irgendein beliebiges Fehlverhalten auf, sondern vielmehr ein Verhalten, das unter den gegebenen Umständen selektionspositive Konsequenzen hat. Und das läßt sich mit einer Panne oder einem Konstruktionsfehler nicht erklären.

Brutpflege-Helfer

Auf der Suche nach biologisch sinnvollem sozialem Verhalten stößt man naturgemäß zuerst auf die Brutpflege. Warum aber pflegen so viele Tiermütter nur ihre eigenen Jungen und weigern sich, fremde Junge anzunehmen? Warum verhungert inmitten einer Pinguinkolonie ein Junges, wenn es seine Eltern verliert? Wir lasen dafür verschiedentlich folgende Begründung: Würden Mütter wahllos denjenigen füttern, der sich zuerst anbietet, so könnte es sein, daß einige Jungen von mehreren Müttern, andere dagegen überhaupt nicht gefüttert würden. So sei es zur gleichmäßigen Fütterung aller Jungen am besten, daß jede Mutter nur ihre eigenen Jungen füttert, dann bekommen am sichersten alle Nahrung. Diese Begründung jedoch verstößt gegen das vorn erläuterte Prinzip der sparsamsten Erklärung. Den Argumentations-Umweg über einen Mechanismus, der die Arterhaltung sichert, kann man sich sparen; denn ein Verhalten, das auf die Maximierung der eigenen Gesamt-Eignung ausgerichtet ist und deswegen soziale Hilfe auf die jeweils nächsten Verwandten beschränkt, leistet genau dasselbe. Tiermütter brauchen also nicht im Dienste der Arterhaltung so wählerisch zu sein, sie sind es im Dienste der Erhaltung ihres Erbgutes sowieso.

Daß es auf möglichst gleichmäßige Verteilung des Futters ankäme, ist übrigens leicht zu widerlegen: Denn schon die Jungen im eigenen Nest werden von Vogeleltern nicht immer gleichmäßig gefüttert; vielmehr bekommt derjenige das meiste Futter, der am heftigsten bettelt. Wird das Futter knapp, überlebt er auf Kosten der Geschwister.

In jüngster Zeit mehren sich nun Beobachtungen, daß an der Brutpflege noch andere Tiere als die Eltern teilnehmen. Besonders viele Fälle solcher Brutpflege-Helfer sind unter den Vögeln bekannt – vielleicht deswegen, weil die Ornithologen wieder einmal besonders genau hingeschaut haben. Die Selektionstheorie bietet für eine solche Hilfestellung bei der Brutpflege zwei Erklärungsansätze: Entweder handelt es sich um Gen-Selektion, also Hilfe an nahen Verwandten, oder um Gegenseitigkeit, also eine Form von Symbiose; natürlich kann beides auch miteinander kombiniert sein.

Ein überragendes Beispiel von Brutpflege-Helfern haben wir schon ausführlich erörtert, nämlich die staatenbildenden Hautflügler (Bienen, Ameisen usw.). Hier werden die Jungen kaum noch von der Mutter, sondern fast ausschließlich von ihren Schwestern aufgezogen. Diese

Schwestern verwenden ihre ganze Lebenszeit auf die Aufzucht weiterer Geschwister und haben keine eigenen Jungen. Wir haben gesehen, daß sich das aus dem extrem hohen Verwandtschaftsgrad zwischen Schwestern ergibt.

Weniger extreme Brutpflegehilfe nimmt nur einen Teil des Lebens der Helfer in Anspruch; sie brauchen nicht völlig auf eigene Nachkommen zu verzichten, sondern nur auf einen Teil der Zeit, den sie sonst für eigene Nachkommen hätten verwenden können, vielleicht sogar nur auf einen Teil der Zeit, den sie sonst für sich selbst aufgewendet hätten. Letzteres trifft zu, wenn Jungtiere sich an der Brutpflege beteiligen, die selbst noch nicht geschlechtsreif sind. Wenn sie dann Geschwister füttern, statt selbst zu fressen, werden sie vielleicht ein klein wenig langsamer wachsen und dadurch ihre eigene Fortpflanzungszeit ein wenig hinausschieben; sie werden sich etwas mehr Gefahren aussetzen, als wenn sie nur für sich selbst Futter zu sammeln hätten, werden also geringe Einbußen an eigenem Fortpflanzungserfolg erleiden. Diese Verluste sind aber im allgemeinen kleiner als die Einbußen, die ein erwachsenes Tier hätte, das in dieser Zeit weitere Junge in die Welt setzen könnte.

Wir betonen, daß das Denkmöglichkeiten sind; im einzelnen sind die Verwandtschaftsverhältnisse zwischen Hilfespendern und Hilfeempfängern nicht gut genug untersucht, um die wirklichen Vorteile angeben zu können. In manchen Fällen liegt es für die älteren Jungen zumindest schon von den örtlichen Gegebenheiten her nahe, den eigenen Eltern bei der Aufzucht der nächsten Brut zu helfen und nicht ein fremdes Elternpaar dazu zu suchen. Unter Vögeln ist das Helfertum recht weit verbreitet, wie schon eine ältere Übersicht von A. Skutch zeigt. Es gibt Helfer aber auch in anderen Tiergruppen, z. B. unter den brutpflegenden afrikanischen Buntbarschen, z. B. bei *Lamprologus brichardi*, die K. Kalas näher untersucht hat.

Am Kongoni, einer in afrikanischen Buschsteppen verbreiteten Kuhantilope, fand L. Gosling eine langdauernde Bindung zwischen Mutter und Sohn, die auch noch anhält, wenn das nächste Junge geboren wird. Man sieht dann oft eine Mutter mit ihrem schon fast erwachsenen Sohn und einem kleineren Kind zusammenstehen, was auf den ersten Blick wie ein Elternpaar mit Kind aussieht (siehe Farbtafel 14). Die Väter aber stehen einzeln in Paarungsrevieren, in denen sie die Weibchen begatten, die dann weiterziehen. Kommt eine Mutter mit ihrem Sohn in solch ein Revier, so wird das Reviermännchen aggressiv gegen den Sohn, der dann abseits wartet, bis die Mutter begattet wurde und wieder zu ihm zurückkommt. Für die Neugeborenen ist die Anwesenheit des älteren Bruders ein zusätzlicher Schutz gegen Raubfeinde, die sich in der unübersichtlichen Buschlandschaft leicht anschleichen können.

Wie effektiv solche geschwisterliche oder sogar von Familienfremden kommende Hilfe wirklich ist, wurde allerdings kaum je mit Zahlen belegt. Wir stoßen hier wieder auf die Schwierigkeiten, die es bereitet, mehrere Generationen lang dieselben Individuen mit ihren Verwandtschafts-Verhältnissen und ihre Nachkommenzahlen unter Beobachtung zu halten. Zuverlässige Daten gibt es nur in wenigen Fällen, so zum Beispiel über den berühmten Lachenden Hans, einen der Briefmarkenvögel Australiens. Es ist ein sehr großer, bis 360 g schwerer Verwandter unserer Eisvögel. Auch bei diesen Tieren helfen erwachsene Jungtiere den Eltern bei den nächsten Bruten.

Genaue Zählungen von S. Morton und G. Parry ergaben, daß $\frac{1}{3}$ aller Erwachsenen nicht selbst brüten, sondern den Eltern bei weiteren Jungenaufzuchten helfen, mitunter sogar drei Jahre lang. Ein Paar ohne Helfer zieht pro Brutsaison im Mittel 1,2 Junge auf, ein Paar mit Helfern 2,3 Junge. Jungvögel, die gleich nach Erreichen der Geschlechtsreife zu brüten anfangen, haben einen besonders geringen Bruterfolg; wenn sie aber ihre Geschwister großziehen helfen, wachsen diese schneller als ohne ihre Hilfe. Da die Helfer mit ihren Geschwistern aus der nächsten Brut im Durchschnitt genauso viele Gene wie mit eigenen Kindern gemeinsam haben (in beiden Fällen $r = \frac{1}{2}$), erreichen sie durch das Helfen bei den Eltern wahrscheinlich ebensoviel Ausbreitung ihrer Gene, wie wenn sie (mit geringem Erfolg) selbst brüteten. Hinzu kommt hier noch, daß geeignete Brutreviere mit hohlen Baumlöchern oder ausgehöhlten Nestern von Baumtermiten sehr knapp sind; sobald ein brütendes Paar stirbt, wird es sofort von Helfern ersetzt – wohl selten Kinder der Verstorbenen –, die nun das Revier übernehmen und selbst brüten. Demnach ist anzunehmen, daß gerade geschlechtsreife Jungtiere nicht nur einen geringen Brut-Erfolg, sondern sogar wenig Gelegenheit haben, überhaupt zu brüten. Dann haben sie zunächst gar keine Aussichten auf eigene Nachkommen, und das Helfen bei den Eltern lohnt sich erst recht.

Ganz allgemein lohnt sich das Helfertum immer für die Jungen, die aufgezogen werden, und immer für ihre Eltern, denen ein Teil der Arbeit abgenommen wird. Für die Helfer lohnt es sich dann am ehesten, wenn sie mit den aufgezogenen Jungen verwandt sind. Helfer werden wir also vor allem bei dauermonogamen Arten dann erwarten, wenn Jungtiere aufgrund von Ortstreue oder individuellem Kennen bei ihren Eltern bleiben oder zu ihnen zurückfinden.

Lebens-Strategien

Man kann die genannten Gesichtspunkte weiter ausbauen und wird zu immer mehr Voraussagen darüber kommen, wie Tiere sich unter bestimmten Bedingungen zueinander verhalten werden. Auch hat man schon begonnen, an mehreren Tierarten zu überprüfen, ob sich die aus der Theorie abgeleiteten Voraussagen bewahrheiten. Wir können das hier nicht im Detail weiter ausführen, möchten aber doch darauf hinweisen, daß derselbe Denk-Ansatz, der von den Evolutions- und Selektionsgesetzen ausgeht, sich in ganz verschiedenen Bereichen bewährt hat:

Kleine Änderungen im Körperbau, die entscheidende Vorteile bei der Besiedlung fester Oberflächen, bei der Trennung von Atmung und Ernährung oder bei der Fortbewegung zum Aufspüren von Beute brachten, führten zur Aufspaltung der Lebewesen in verschiedene Stämme und zu einer Stabilisierung der besonders effektiven Formen. An der Wurzel der unterschiedlichen Baupläne – etwa der Würmer, Mollusken, Gliederfüßer, Wirbeltiere – standen »Erfindungen«, die ganz neue Anpassungsbereiche erschlossen, wie J. Valentine und das Ehepaar von Wahlert ausgeführt haben. Man spricht deshalb von einer Anpassungs-Strategie der Tiere.

Entsprechend läßt sich auch die Lebensgeschichte jedes Individuums als eine Anpassungs-Strategie verstehen. J. Leon hat streng mathematisch formuliert, was sich in Worten so ausdrücken läßt: Der optimale Lebenslauf liefert zu jedem Zeitpunkt, also in jedem Altersstadium, den maximalen Profit aus den entstandenen Kosten; das heißt, Wachstum, Stoffwechsel und Verhalten der Lebewesen sind so gesteuert, daß jeweils der maximale Fortpflanzungserfolg resultiert. Man kann sich das als eine ständige Folge von Entscheidungen vorstellen, die der Organismus zu treffen hat, ob er z. B. sofort zur Geschlechtsreife übergehen oder erst noch ein wenig weiterwachsen soll, um später desto bessere eigene Fortpflanzungs-Chancen zu haben, bzw. die Ausbreitung seiner Gene über nächste Verwandte zu fördern. Vorausgesetzt wird also, daß die verschiedenen Entwicklungs-Stadien, von der befruchteten Eizelle bis zum Tod, vom Embryo bis zum Greis, jeweils optimal leistungsfähig und an maximal zu erreichende Fortpflanzung angepaßt sind.

Das ist eine anspruchsvolle Arbeitshypothese, die auf die Forschung sehr anregend wirkt, weil sie keine Aussage gelten läßt, die etwa behauptete, irgendwelche Körpermerkmale oder Verhaltensäußerungen von Jungtieren seien nur unvollkommene Vorstadien des fertigen Endzustandes. Diese Arbeitshypothese verpflichtet, nach dem Anpassungswert jeder Eigenschaft auch des noch unfertigen Lebewesens zu suchen und wird sicher mehr Resultate zeitigen als die bequemere Annahme, es handle sich beim Jungtier um notgedrungen unvollkommene Durchgangsstadien.

Mehr ins Detail gehend hat S. Stearns folgendes dazu ausgeführt: Die wichtigsten Faktoren, welche den optimalen Lebensablauf bestimmen, sind Zahl und Größe der Nachkommen, die zur Fortpflanzung verfügbare Zeitspanne im Leben, der Zusammenhang zwischen Fortpflanzungsaufwendungen und Lebenserwartung und die Variationsbreite dieser Merkmale in der Nachkommenschaft jedes Individuums. Daraus lassen sich eine Reihe von theoretischen Voraussagen ableiten:

1. Organismen, deren Erwachsenen-Sterblichkeit höher ist als die der Jungen, sollten sich nur einmal im Leben fortpflanzen. Ist umgekehrt die Jungen-Sterblichkeit höher als die der Erwachsenen, sind mehrere Fortpflanzungsperioden vorteilhafter.

2. Die Zahl der Jungen pro Brut soll so gewählt sein, daß möglichst viele Jungen auch zur Geschlechtsreife gelangen. Ist wegen wechselnder Umweltbedingungen schwer vorherzusehen, wie viele Jungen einer Brut überleben werden, dann ist es bei hohem Brutpflegeaufwand vorteilhafter, nur so viele Junge pro Brut zu haben, wie im Mittel durchkommen.

3. In wachsenden Populationen ist es vorteilhaft, möglichst früh geschlechtsreif zu werden. In einer stabilisierten Population, die nicht mehr wächst, und in der der Fortpflanzungserfolg von Alter, Größe oder Ranghöhe abhängt, sollte die Geschlechtsreife hinausgeschoben werden.

4. Je höher das Freßfeind-Risiko ist, desto größer sollten die Jungen bei der Geburt sein. Dem entgegen wirkt, daß sie um so kleiner sein sollten, je leichter alles zum Leben Notwendige zu erreichen ist (entweder von den Jungen selbst wie bei vielen Fischlarven oder durch die Fürsorge der Eltern).

Je nach den Umweltbedingungen werden sich bestimmte Kombinationen dieser Eigenschaften oder Tendenzen bewähren:

5. Solange die Population anwachsen kann, sollte das Reifealter vorverlegt

werden, der Haupt-Fortpflanzungsaufwand möglichst früh im Leben betrieben werden und die Jungenzahl pro Brut hoch sein.

6. In gleichbleibend stabiler Umwelt bewähren sich späte Reife, wiederholte Fortpflanzung, wenige und große Junge, elterliche Brutpflege und wenig Fortpflanzungsaufwand im Leben. Unter sehr variablen Umweltbedingungen dagegen bewähren sich Frühreife, viele kleine Junge, wenig Brutpflege und großer Fortpflanzungsaufwand im Leben. (Das gilt für den Fall, daß die Sterblichkeit in der Jugend nicht stärker fluktuiert als im Alter.)

In diesen Aussagen klingt schon das Hauptthema der Verhaltensforschung an, das wir hier behandeln, nämlich nach welchen Kriterien ein Lebewesen entscheidet, wie es – um die Ausbreitung seiner Gene zu maximieren – seine Zeit verbringen soll, das heißt, wie es sich in jedem Augenblick verhalten soll.

Erwartungen machen das Leben leichter

Lebewesen reagieren zu ihrem eigenen Vorteil auf wichtige Veränderungen in ihrer Umwelt. Beispielsweise fliehen sie vor einem nahenden Feind, suchen zu Beginn eines Unwetters ein schützendes Versteck auf, ergreifen eine vorbeikommende Beute usw. Vorteilhaft ist ihre Reaktion allerdings nur, wenn sie rechtzeitig erfolgt. Wer zu spät vor einem Feind flieht, wird gefressen; wer sich im Unwetter zu viel Zeit läßt, wird naß, zu kalt und vielleicht krank; und wer eine Gelegenheit zum Beutemachen nicht sofort nutzt, hat sie verpaßt. Diese Beispiele, denen man leicht zahlreiche andere hinzufügen könnte, lassen eine wichtige Tatsache deutlich werden: In vielen Situationen ist eine Reaktion um so vorteilhafter, je prompter sie ausgeführt wird; und umgekehrt: Je mehr Zeit zwischen dem Eintreten der neuen Situation und der Reaktion des Tieres verstreicht, desto unvorteilhafter oder sogar gefährlicher wird diese Situation für das Tier.

Nun braucht aber jedes Reagieren auf eine Umweltänderung eine gewisse Zeit, die man Reaktionszeit (oder in der Sprache der Regeltechnik Totzeit) nennt. Sie ist um so länger, je komplizierter der Reaktionsmechanismus ist, der in Gang gesetzt werden muß: Ein Lidschlag-Reflex, der eine Verschmutzung des Auges beseitigt, erfolgt in Sekundenbruchteilen; die hormonelle Umstellung eines Tieres auf die Anwesenheit eines Geschlechtspartners braucht Tage. Selbstverständlich wird durch Selektionsprozesse die Zeitverschwendung, die in langen Reaktionszeiten liegt, möglichst verringert. Lebenswichtige Reaktionen, also beispielsweise Fluchtreaktionen, werden im Nervensystem rasch vermittelt. Dazu dienen bei Insekten und anderen Gliederfüßern besonders dicke Nervenverbindungen, die sogenannten Riesenfasern. Andere Tiere leiten die aufgenommenen Reize und die Kommandos an die Muskulatur über möglichst wenige nervöse Zwischenstationen; das aber hat zur Folge, daß kaum noch feinere Entscheidungen getroffen werden können, die Reaktionen also ziemlich allgemein und einförmig ausfallen.

Reaktionszeiten machen sich um so störender bemerkbar, je plötzlicher und überraschender eine Umweltänderung auftritt. Dementsprechend lassen sich Zeitverluste vermeiden, wenn sich der Organismus schon vorher auf eine Situationsänderung einstellen kann. Es ist deshalb vorteilhaft, Beginn und Verlauf von Situationsänderungen vorauszusagen. Dabei hilft ein wichtiges Prinzip, nämlich das Kausalitätsprinzip: Nichts geschieht ohne Ursache. KANT hat es so formuliert: »Alles was geschieht, setzt etwas voraus, worauf es gemäß einer Regel folgt«. Sofern solche Regeln bekannt sind, sollte jedes Geschehen Rückschlüsse auf vorangegangene Ereignisse und Voraussagen auf zukünftige Ereignisse erlauben. Es gilt also, Regeln zu finden, nach denen Ereignisse miteinander verknüpft sind.

Wenn ein Ereignis in gleichen Zeitabständen wiederkehrt, ist das eine besonders einfache Regel; regelmäßig Wiederkehrendes ist somit am sichersten voraussagbar. Dazu gehören die Veränderungen, die von den Erddrehungen erzeugt werden, also Tag-Nacht-Wechsel, die dabei auftretenden Unterschiede der Temperatur und Helligkeit, aber auch Jahreszeiten oder Meeres-Gezeiten. Die Aktivitätszeiten fast aller Lebewesen sind auf den Tag-Nacht-Wechsel abgestimmt. Die Umstellungen von Aktivität auf Ruhe (und umgekehrt) betreffen sehr viele physiologische Prozesse im Körper. Und diese Umstellungen werden nun nicht erst von der jeweiligen Umweltsituation ausgelöst, sondern werden schon im voraus vom Organismus in Gang gesetzt. Das zeigt sich im 24-Stunden-Rhythmus vieler biologischer Vorgänge, der auch dann weiterläuft, wenn man die Lebewesen künstlich in konstante Situationen bringt. Die sogenannte innere Uhr steuert auch ohne Umweltänderungen Schlafen und Wachen und die damit verbundenen physiologischen Umstellungen der Lebewesen. Das Sich-Einstellen auf ein zukünftiges Ereignis nennen wir Erwartung.

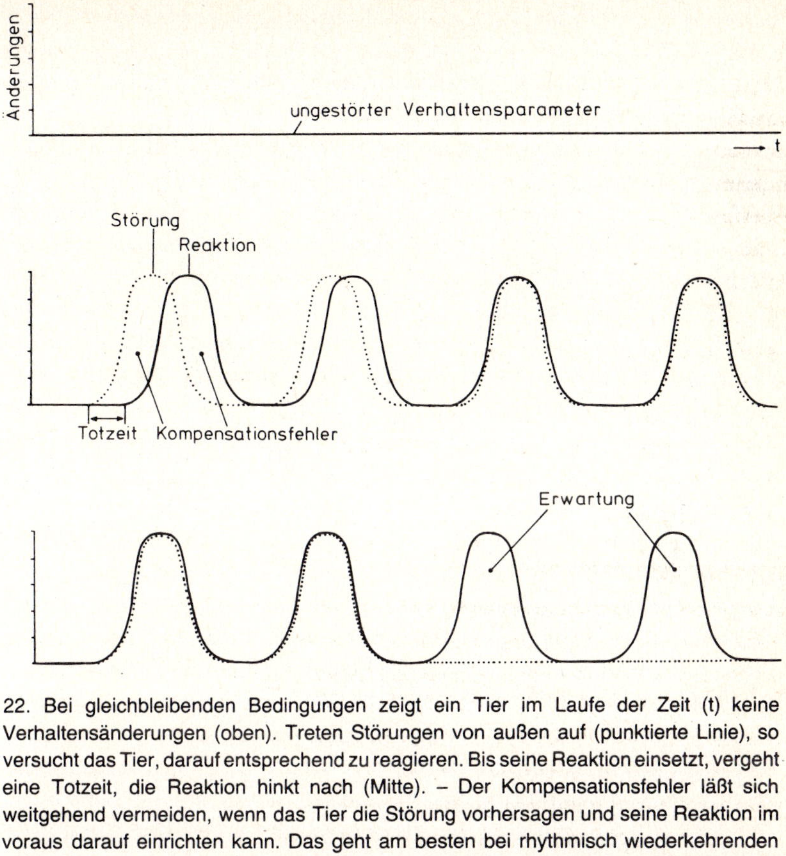

22. Bei gleichbleibenden Bedingungen zeigt ein Tier im Laufe der Zeit (t) keine Verhaltensänderungen (oben). Treten Störungen von außen auf (punktierte Linie), so versucht das Tier, darauf entsprechend zu reagieren. Bis seine Reaktion einsetzt, vergeht eine Totzeit, die Reaktion hinkt nach (Mitte). – Der Kompensationsfehler läßt sich weitgehend vermeiden, wenn das Tier die Störung vorhersagen und seine Reaktion im voraus darauf einrichten kann. Das geht am besten bei rhythmisch wiederkehrenden Störungen; daß das Tier ihre Wiederkehr erwartet, läßt sich zeigen, wenn die Störung unterbleibt, die Reaktion aber im erwarteten Moment dennoch auftritt (unten).

Nachweisen läßt sich eine vorhandene Erwartung dann, wenn das erwartete Ereignis ausfällt und die darauf gemünzte Reaktion dennoch eintritt (Abb. 22) – so wenn z. B. unter konstanten Bedingungen der Tag-Nacht-Wechsel entfällt, die Tiere aber dennoch die darauf gemünzten Verhaltensumstellungen zeigen. Ein anderes Beispiel kennt jeder aus eigener Erfahrung, der einmal einige Tage auf einem in der Dünung schaukelnden Boot verbracht hat. Man gewöhnt sich schließlich daran, der Organismus schlägt nicht mehr bei jeder Abweichung der Unterlage aus der Horizontalen Alarm, sondern stellt sich auf die wiederkehrenden

Schwankungen ein und kompensiert sie schließlich durch leichte Gegenbewegungen. Kommt man dann wieder auf festes Land, geht man zuerst schwankend, weil der Organismus immer noch eine Dünung erwartet und Schwankungen kompensiert, die gar nicht mehr auftreten.

Eine andere Möglichkeit, Erwartungen nachzuweisen, beruht darauf, daß der Organismus auf das gleiche Ereignis unterschiedlich reagiert, je nachdem ob er es erwartet und sich darauf eingestellt hat oder nicht. Am leichtesten müßte sich der Organismus auf ein Ereignis einstellen können, das er selbst verursacht. Das tut er tatsächlich. Wie er dabei vorgeht, haben E. von Holst und H. Mittelstaedt am Reafferenzprinzip erklärt. Wir sehen Bewegungen in der Umwelt, weil sich ihr Bild auf unserer Netzhaut verschiebt. Wenn wir uns jedoch selbst bewegen, sehen wir die Umwelt ruhend, obwohl sich ihr Bild auf der Netzhaut jetzt ebenso verschiebt. Zwischen selbstverursachten und fremdverursachten Umweltbewegungen kann der Organismus unterscheiden, indem er zugleich mit seinen eigenen Augen-, Kopf- oder Körperbewegungen eine Erwartung über ihre Auswirkung bildet, also z. B. die Erwartung, daß sich das Bild der Umgebung auf der Netzhaut in bestimmter Weise verschieben wird. Diese erwartete Verschiebung wird von derjenigen subtrahiert, die das Auge tatsächlich meldet. Fremdverursachtes wird also kenntlich an dem Rest einer Meldung, der nicht durch Erwartung kompensiert ist.

Auf diese Weise ist es auch erklärlich, daß z. B. ein Jungtier sich ruhig von seiner Mutter fortbewegen kann (daß die Entfernung zur Mutter dabei anwächst, hat es erwartet), obwohl es sofort heftige Gegenreaktionen zeigt, wenn sich die Mutter von ihm entfernt (in diesem Fall hatte es ein Anwachsen der Entfernung zur Mutter nicht erwartet). Das Junge kann auch lernen, daß die Mutter sich beispielsweise täglich zu einer bestimmten Zeit für eine Weile entfernt und dann zurückkommt. Es kann sich auch auf dieses nicht von ihm selbst verursachte, aber regelmäßig wiederkehrende Ereignis einstellen, wird allerdings unruhig werden oder sogar in Panik geraten, wenn die Mutter zur erwarteten Zeit ausbleibt.

Viele Erwartungen entstehen durch Erfahrungen, die der Organismus sammelt. Regelhaftigkeiten werden durch Wiederholungen kenntlich. Da jedoch keine zwei Ereignisse oder Ereignisfolgen völlig identisch sind, wird der Organismus, um Regelhaftigkeiten zu finden, den Ereignissen das Einmalige nehmen und das ihnen Gemeinsame herausstellen müssen, das heißt, er muß die Fähigkeit zum Generalisieren haben. Je mehr Regelhaftigkeiten der Organismus erfaßt hat, desto eher ist er aber auch in der Lage, selbst etwas noch nie Dagewesenes vorherzusagen – eine Fähigkeit, die beim Menschen am stärksten ausgeprägt ist.

K. Popper hat die logischen und biologischen Grundlagen des Beobachtens und Erfahrungsammelns genau behandelt und betont, daß jede Beobachtung – im Gegensatz zur rein passiven Wahrnehmung – schon eine Erwartung enthält. Der Vorgang des Lernens besteht dann zum großen Teil aus Korrekturen an enttäuschten Erwartungen, die schließlich zu Erwartungen führen, die den herrschenden Bedingungen weitgehend entsprechen, also angepaßt sind. Popper bezeichnet Erwartung als Vorbereitung einer Reaktion, als Reaktionsbereitschaft. Hat ein Lebewesen eine ganz präzise Erwartung, so ist es zu einem bestimmten Zeitpunkt zu einer ganz bestimmten Handlung bereit. Wir haben zu Beginn dieses Kapitels erläutert, wie vorteilhaft es ist, wichtige Ereignisse vorhersagen zu können. Viele solcher Ereignisse sind aber an bestimmte Orte oder Lebewesen gebunden. Je genauer ein Individuum seine Umgebung und bestimmte andere Lebewesen und ihre Gewohnheiten kennenlernt, desto genauer kann es sich auf das einstellen, was sich in seiner Umwelt ereignen wird. Für ein Individuum, das sich auskennt, geschieht also immer mehr Erwartetes und immer weniger Unerwartetes. Die Bevorzugung desjenigen Partners, der vorhersehbar reagiert, zeigt sich nach den Untersuchungen von G. Gallup auch darin, daß Hausspatzen, Wellensittiche, Goldfische, Kampffische und andere Tiere im Wahlexperiment ihr eigenes Spiegelbild einem lebenden Artgenossen vorziehen.

Erwartungen helfen, wie wir sahen, Zeit zu sparen: Reaktionszeit, Entscheidungszeit oder Zeit der Unsicherheit. Sie helfen aber auch, Energie und Risiken zu sparen, z. B. wenn langes Suchen oder Probieren überflüssig wird, wenn durch rechtzeitig einkalkulierte Temperaturänderungen Auskühlung oder Überhitzung vermieden werden, wenn vorhergesehene Bewegungen der Beute das Fangen vereinfachen, vorhergesehene Bewegungen eines Feindes das Entkommen sichern usw. Durch das Aufbauen und Präzisieren von Erwartungen läßt sich also das Leben ökonomischer gestalten. Eine Voraussetzung dafür ist, daß die Organismen aktiv Erfahrungen sammeln und neugierig sind; eine zweite Voraussetzung ist aber in unserem Zusammenhang noch wichtiger, nämlich daß die frei beweglichen Organismen, also vor allem die höher entwickelten Tiere, dort bleiben, wo sie sich auskennen, also bekannte Orte und Lebewesen unbekannten vorziehen. Diese Bevorzugungen werden als Bindungen bezeichnet; wir gehen in Kapitel VIII näher darauf ein.

Ergonomie und Arbeitsteilung in der Sozietät

Schon die Ausbildung zweier Geschlechter ist ein Beispiel dafür, daß sich Individuen auf verschiedene Aufgaben spezialisieren können und daß jedes von dieser Verteilung der Aufgaben einen Vorteil hat. Solche Arbeitsteilungen können in vielen Bereichen vorteilhaft sein, vorausgesetzt, daß die verschieden spezialisierten Individuen beieinander bleiben, so daß jedem alle Fähigkeiten zugute kommen können. Ein Einsiedler muß mehr Fertigkeiten in sich vereinen als jemand, der in einem Team arbeitet. Team-Arbeit ist effektvoller, weil für jede Teil-Aufgabe eine ganze Arbeitskraft zur Verfügung steht; das kommt aber nur zum Tragen, solange ein Team zusammenbleibt. Viele Aufgaben lassen sich überhaupt erst in einem Team bewältigen.

Unter den Tieren gibt es solche, die vorwiegend solitär leben (wie zum Beispiel der Hamster), und andere, die regelmäßig in Gruppen leben, wie etwa die Löwen. Zu erwarten wäre, daß unterschiedliche Spezialisierungen und Arbeitsteilungen am ehesten bei gruppen-lebenden Tieren vorkommen. Unterschiedliche Spezialisierungen bedeuten aber individuelle Unterschiede. Also sollten bei gruppen-lebenden Tieren größere individuelle Unterschiede auftreten als bei solitär lebenden. Gut untersucht ist das bisher nur an sozialen Insekten, deren Arbeitsteilungen zur Ausbildung auch äußerlich ganz verschiedener Kasten geführt hat. Hier fehlen nun zwar ethologische Untersuchungen des Verhaltens, aber es ist doch einiges über die Aufgabenverteilung und die Zusammensetzung der Kolonien bekannt. Und deshalb können wir an diesem Beispiel einige wesentliche Prinzipien aufzeigen, nach denen eine arbeitsteilige Sozietät aufgebaut sein sollte.

Wir gehen von einem Ameisenstaat aus, der seine Wohnung aus Pflanzenteilen bestimmter Größe baut; diese Pflanzenteile müssen eingesammelt und zum Bau transportiert werden. Auf dem Transportweg werden die Ameisen von einer Fliege belästigt, die versucht, ihre Eier in deren Nacken abzulegen. Solche Fliegen gehören zur Familie der *Phoridae*. Die tropischen Blattschneiderameisen *Atta cephalotes* haben deshalb eine Kaste großer Träger, welche die Blattstücke tragen, sowie die Kaste der kleinen Minima-Arbeiterinnen, die auf ihnen und oben auf den getragenen Pflanzenstücken als Beschützer mitreiten; das haben I. und E. Eibl-Eibesfeldt 1967 beschrieben.

Es sind also zwei Aufgaben zu bewältigen, nämlich das Tragen von

23. Blattschneider-Ameisen haben große Arbeiter, die Blattstücke tragen, und kleine Arbeiter, die angreifende Fliegen abwehren. (nach EIBL-EIBESFELDT)

Blattstücken und das Abwehren der Fliegen. Beides ließe sich zwar auch mit einer einzigen Form von Arbeiterinnen bewerkstelligen. Gäbe es nur die kleinen Arbeiterinnen, würden allerdings für den Transport eines Blattstückes viele gebraucht, wo eine große ausreicht. Umgekehrt könnten auch die großen als Beschützer mitreiten, aber dann würden mehr Träger gebraucht, weil ja der schwere Beschützer auch getragen werden muß. Man kann also theoretisch angeben, wie viele Arbeiterinnen jeder Sorte nötig wären, um beide Aufgaben möglichst ökonomisch zu bewältigen und welches Zahlenverhältnis von großen und kleinen Arbeiterinnen die höchste Effizienz bringt. Die quantitative Erfassung von Arbeit, Leistung und Effizienz nennt man *Ergonomie*. Der ergonomische Ansatz – wie er von E. WILSON für soziale Insekten vorgeführt wurde – sieht dann für unsere Ameisen folgendermaßen aus:

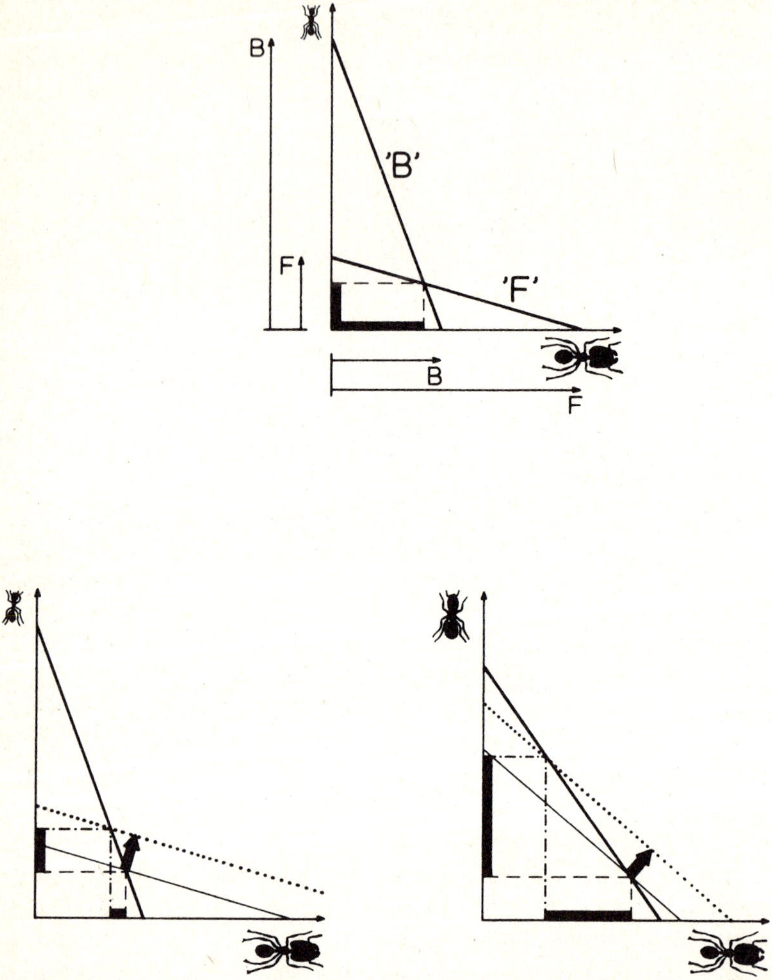

24. Oben: Wieviele kleine und große Arbeiterinnen werden gebraucht, um den Blatt-Tansport 'B' und die Fliegenabwehr 'F' zu bewältigen?
Unten: Welche Mengenverschiebungen sind nötig, wenn die Fliegenabwehr schwieriger wird (punktierte 'F'-Linie)? Links bei sehr verschieden spezialisierten Arbeiterkasten, rechts bei sehr ähnlichen Arbeiterkasten. (nach Wilson)

In einem Koordinatensystem (Abb. 24) tragen wir senkrecht die Menge der kleinen, waagerecht die Menge der großen Arbeiterinnen auf. Menge ist hier wieder, wie schon bei den Untersuchungen von TRIVERS und HARE (s. S. 121), aus praktischen Gründen nicht die Anzahl, sondern die Masse, also etwa das Gesamtgewicht an kleinen oder großen Arbeiterinnen, das der Staat produzieren muß. Auf jeder Achse markieren wir, wie viele Mitglieder dieser Kaste insgesamt für die erste und die zweite Aufgabe zusammen gebraucht würden, wenn also diese Kaste das Tragen von Blattstücken und die Fliegenabwehr zu bewältigen hätte. Für den Blatt-Transport (B) würden viele kleine, aber nur wenige große Arbeiterinnen gebraucht. Für die Fliegenabwehr (F) dagegen sind wenige kleine ausreichend, aber deutlich mehr große nötig, weil große Beschützer wegen ihres Gewichtes mehr große Träger brauchen werden.
Wenn es nur eine Kaste gäbe, würden jeweils die Summen B + F auf der entsprechenden Koordinaten-Achse gebraucht. Sind beide Kasten vorhanden, so wären für den Blatt-Transport alle Mengen-Kombinationen von großen und kleinen geeignet, die auf der Geraden 'B' liegen (ihre End-Punkte auf den beiden Koordinaten-Achsen geben an, wieviel große allein oder kleine allein für diese Aufgabe gebraucht würden). Ebenso gibt die Gerade 'F' an, welche Mengenverhältnisse zwischen großen und kleinen Arbeiterinnen für die Bewältigung der Fliegenabwehr geeignet wären. Der Schnittpunkt der beiden Geraden kennzeichnet das ökonomischste Mengenverhältnis zwischen beiden Arbeiterinnen-Kasten für beide Aufgaben; man kann von diesem Punkt aus auf beiden Achsen ablesen, mit welcher geringsten Menge Tiere aus beiden Kasten sich beide Aufgaben lösen lassen (Abb. 24 oben).
Man kann mit demselben Ansatz auch kompliziertere Verhältnisse berechnen. Denn tatsächlich gibt es nach den Untersuchungen von WILSON bei Ameisen bis zu 10, bei Termiten bis zu 20 verschiedene Kasten, denen je zwischen 10 und 20 Verhaltensweisen zur Verfügung stehen. Wir haben hier, sehr vereinfachend, nur zwei Aufgaben beachtet und angenommen, daß jede Kaste nur eine Aufgabe hat; ferner haben wir stillschweigend angenommen, daß nur immer ein kleiner Teil der Trägerameisen draußen ist und sich der andere zu Hause ausruht, so daß nie so viele Beschützer gebraucht werden, wie insgesamt Träger vorhanden sind, und anderes mehr. Wichtig ist, daß man auf diese Weise zu Voraussagen kommt, die sich im idealen Fall durch Abwiegen der Kasten prüfen lassen. In den bisher daraufhin untersuchten Fällen fand

WILSON die theoretischen Forderungen recht gut erfüllt, wenn auch dazu noch genauere Untersuchungen unter besser kontrollierten Bedingungen angestellt werden müssen.
Aus dem geschilderten ergonomischen Ansatz lassen sich aber noch zwei Folgerungen für den Gang der Evolution ableiten. Die erste betrifft Konsequenzen aus Änderungen der Umwelt, die zweite betrifft Konsequenzen aus Änderungen der Tiere.

Änderung der Umwelt

Was wird geschehen, wenn sich an einer der hier betrachteten Aufgaben etwas ändert, zum Beispiel die gefährlichen Fliegen häufiger oder seltener werden? Es ist klar, daß dann entsprechend mehr oder weniger Beschützer benötigt würden, sich also das Zahlenverhältnis zwischen den Kasten verschieben müßte. Um den Punkt klarzumachen, auf den es uns hier ankommt, vergleichen wir zwei Ameisenstaaten, von denen der eine sehr verschieden spezialisierte Arbeiterinnen-Kasten hat, der andere nur gering spezialisierte. Sind die beiden Kasten nur wenig verschieden, werden auch die beiden Geraden in unserem Diagramm fast zusammenfallen (Abb. 24 unten rechts). Wie werden diese beiden Ameisenstaaten auf die angegebene Umweltänderung reagieren müssen? Intuitiv wird man meinen, die stärker spezialisierte Art werde mit der Änderung größere Schwierigkeiten haben. Das läßt sich an unserem Diagramm leicht überprüfen:
Wenn eine Aufgabe umfangreicher wird, braucht man von jeder Kaste entsprechend mehr Individuen; die betreffende Gerade geht also auf beiden Achsen von höheren Werten aus, sie verschiebt sich parallel zur Ausgangslage nach rechts. Dadurch ergibt sich ein anderer Schnittpunkt mit der zweiten Geraden. Von diesem neuen Schnittpunkt aus kann man wieder ablesen, welche geringsten Mengen aus beiden Kasten jetzt unter den geänderten Bedingungen gebraucht werden. Vergleicht man das Ergebnis in beiden Grafiken der Abb. 24 unten, so sieht man sofort, daß der Staat mit den stärker spezialisierten Kasten (links) auf die Umweltänderung mit einer wesentlich geringeren Zahlenverschiebung in beiden Kasten auskommt als der Staat mit den weniger spezialisierten Kasten (rechts) – also gerade das Gegenteil unserer Vermutung.
Spezialistentum ist selbstverständlich nachteilig, wenn einmal völlig neue

Aufgaben zu bewältigen sind. Da aber in der Natur Änderungen in der Regel an bereits vorhandenen Aufgaben auftreten, wird stärkere Spezialisierung hier immer die ökonomischere Anpassung erlauben.

Änderung der Tiere

Was geschehen wird, wenn sich etwas an der Effektivität der Arbeiter ändert, ist leichter einzusehen. Nehmen wir an, die Kaste der großen Blatt-Träger wird effektiver (etwa indem sie stärker werden und zwei Blattstücke statt nur einem tragen können). Eine solche Verbesserung wird sich per Selektion durchsetzen, weil ein Staat, der solche effektiveren Arbeiter hat, beim Wohnungsbau Aufwand spart. Da die Kasten aufgabenbezogen sind, reicht jetzt eine geringere Menge an Blatt-Trägern, das heißt der Anteil der Blatt-Träger an der Gesamtmenge der Ameisen im Staat kann reduziert werden. Die Selektion wird also die Effektivitätssteigerung einer Kaste von Arbeitern mit einer Reduktion ihrer Anzahl beantworten.

Diese Insektenbeispiele sollen das Prinzip aufzeigen, nach dem in einer arbeitsteiligen Sozietät die Mengenverhältnisse zwischen den Individuensorten reguliert werden, die mit verschiedenen Aufgaben betraut sind. Bei Ameisen kann man durch Abwiegen der Individuen in jeder Kaste diese Mengenverhältnisse relativ einfach bestimmen; denn hier ist das Individuum auf eine einzige Aufgabe spezialisiert, die Zahl der Individuen entspricht also der Bedeutung dieser Aufgabe. Schwieriger werden ergonomische Untersuchungen, wenn Individuen mehrere Aufgaben erfüllen können; denn dann genügt es nicht mehr, die Individuen zu zählen, sondern man muß feststellen, wieviel Prozent ihrer Zeit sie jeder Tätigkeit widmen. Imker wissen, daß Bienen zwar einen groben Fahrplan haben, nach dem sie ihre verschiedenen Tätigkeiten abwickeln, daß sie aber auch davon abweichen, wenn es die Situation erfordert, also z. B. Sammlerinnen im Stock bleiben und bauen helfen, Larvenpflegerinnen zuweilen Wasser herbeiholen helfen, um den Stock zu kühlen usw.

Auch bei den höher entwickelten Tieren, wie Vögeln und Säugetieren, kann jedes Individuum mehrere Aufgaben übernehmen. Dennoch gibt es individuelle Verschiedenheiten oder Spezialbegabungen: Besonders geschickte Jäger, besonders aufmerksame Wächter, besonders bedächtige Individuen, um die sich die anderen sammeln, ehe die ganze Gruppe weiterzieht, usw. Man wird also erwarten, daß zur Bewältigung der verschiedenen Aufgaben jeweils die am besten dafür geeigneten Individuen herangezogen werden. Aber von wem werden sie herangezogen? Das Individuum wird ja nur die Tätigkeit ausüben, die der Ausbreitung seiner Gene gerade am meisten nützt. Bisher sind solche individuell verschiedenen Fähigkeiten und ihre Auswirkungen auf die Gen-Selektion unter den Bedingungen des sozialen Lebens kaum untersucht worden. Wir können aufgrund der Selektionsgesetze zwar Voraussagen machen, wie Sozietäten aufgebaut und wie die Rollen in ihr verteilt sein sollten. Aber diese Fragestellung ist so neu, daß bislang herzlich wenig Beobachtungsdaten vorliegen. Ergonomische Untersuchungen am Verhalten werden erkennen lassen, ob und wie Lebewesen eine Optimierungs-Strategie verfolgen, und zwar im Wechseln von einer Verhaltensweise zur nächsten, oder von einer Rolle zur anderen, und könnten so eine Verbindung zwischen herkömmlicher Motivationsanalyse und Selektionstheorie schaffen.

Kapitel VI

Die Verständigung

Jede Form sozialen Lebens basiert auf Verständigung. Verständigung aber kostet Zeit, Energie und Risiko. Hier spielen Ökonomie-Gesichtspunkte deshalb eine besonders deutliche Rolle. Ein Verständigungs-System braucht Sender und Empfänger sowie Signale oder Nachrichten, die (definitionsgemäß) vom Sender zum Empfänger gehen und diese Strecke in einem Übertragungs- oder Nachrichtenkanal zurücklegen. Wir besprechen deshalb nacheinander das Empfangen, Übertragen und Senden von Signalen.

Zur Verständigung untereinander benutzen Tiere alle Arten von Signalen, für deren Empfang sie Sinnesorgane haben, z. B. optische, akustische, chemische, taktile, elektrische; man spricht von verschiedenen Modalitäten. Für bestimmte Nachrichten lassen sich mehrere dieser Sinnesreize kombinieren, sie kommen auf verschiedenen Kanälen gleichzeitig beim Empfänger an. Jede Modalität aber hat andere Vor- und Nachteile. Optische und chemische Signale etwa kann man als Marken irgendwo anbringen und hinterlassen, akustische nicht. Akustische und chemische Signale gehen »um die Ecke«, optische nicht.

Die auf verschiedene Sinne wirkenden Signale bieten für die Forschung unterschiedliche Möglichkeiten und Schwierigkeiten: Optische, akustische und elektrische Signale lassen sich leicht aufzeichnen, aufbewahren und auch mit verändertem oder gar umgekehrtem Zeitverlauf wiedergeben; wie jedermann weiß, kann man Tonbänder und Filme schneller, langsamer und sogar rückwärts abspielen. Mit Geruchs- und Geschmacksreizen geht das alles bisher nicht, mit Tastreizen nur schwer.

Wir wollen die Grundregeln der Verständigung an den akustischen Signalen aufzeigen, weil sie besonders leicht zu untersuchen sind und für uns Menschen ebenso wie für sehr viele Tiere eine hervorragende Rolle spielen. Das beruht auf den besonderen Eigenschaften des Schalls:

1. Schall pflanzt sich in Luft, Wasser und festen Stoffen fort.

2. Er läuft um Hindernisse herum.
3. Schall ist unabhängig von den Lichtverhältnissen; akustische Signale sind also auch nachts, in Höhlen, in schlammigem Wasser usw. verwendbar.
4. Schallsignale sind immer augenblicksbezogen, sie klingen rasch ab (im Gegensatz z. B. zu Düften), sie können nirgends länger anwesend bleiben als der Urheber, kennzeichnen also immer den momentanen Aufenthaltsort.
5. Die Schallquelle läßt sich nach Richtung und Entfernung leicht bestimmen; die Ausbreitungsrichtung des Schalls hängt kaum von Luft- oder Wasserströmungen ab.
6. Die Informationsmenge pro Zeit, die sich mit Schallsignalen transportieren läßt, ist relativ groß.

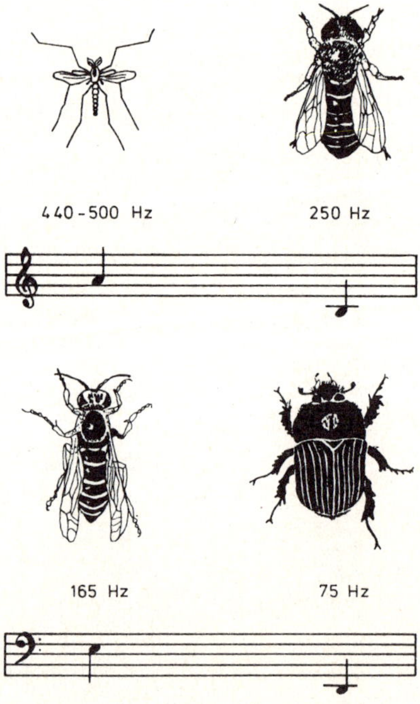

25. Automatisch erzeugter Flugton von Mückenmännchen *Chironomus*, Biene *Apis*, Wespe *Vespa vulgaris* und Mistkäfer *Geotrupes*. (nach Tuxen)

Töne entstehen durch Schwingungen. Je mehr Schwingungen in einer Sekunde auftreten, desto höher ist der Ton; je stärker die Schwingungen sind, desto lauter ist er. Statt Schwingungen pro Sekunde sagt man Hertz (abgekürzt Hz), benannt nach dem deutschen Physiker Heinrich HERTZ (1857–1894); für 1000 Hz schreibt man auch 1 kHz (Kilohertz). Ein Gerät, das Schwingungen oder Oszillationen aufschreibt (griechisch *gráphein* = schreiben), ist ein Oszillograph; das von ihm Geschriebene (griechisch = *gramma*) nennt man Oszillogramm. Meist werden nicht reine Töne, sondern Tongemische erzeugt, man spricht von Klängen, Mehrklängen oder – wenn sehr viele verschiedene Töne gemischt gleichzeitig auftreten – von Geräuschen. Dieses Spektrum verschiedenster Frequenzen kann man mit einem Klangspektrographen entwirren: Er schreibt die in einem Geräusch enthaltenen Töne nach Frequenzen sortiert übereinander auf, ähnlich wie man die verschieden hohen Töne im Notensystem übereinanderschreibt.
Tiere erzeugen Töne und Geräusche auf vielerlei Weise. Das schnelle Flügelschlagen fliegender Insekten hören wir als Brummen oder Sirren; Abb. 25 zeigt dafür einige Beispiele. Diese Geräusche entstehen als Begleiterscheinung der Fortbewegung. Tiere produzieren aber Geräusche auch eigens zur Verständigung untereinander. Man unterscheidet dabei Instrumental- und Vokal-Laute. Vokal sind alle mit dem Kehlkopf erzeugten Laute, instrumental die anderen, mit körpereigenen oder körperfremden Hilfsmitteln erzeugten Laute wie Flügelklatschen, Schnabelklappern, Trommeln auf Holz usw. Alle von den Insekten erzeugten Laute sind demnach instrumental, die Gesänge der Vögel dagegen vokal.

Der Empfänger

Die Suche nach dem Empfänger

Wir beginnen mit einem ganz alltäglichen Kommunikationsbeispiel, um daran einige Probleme vorzuführen, die sich regelmäßig einstellen, wenn man ein Kommunikationssystem untersucht.
In jedem Dorf krähen morgens die Hähne. Diesen Lärm zu veranstalten ist für die Hähne anstrengend und nicht ungefährlich: Es verbraucht Zeit und Energie und macht mögliche Feinde aufmerksam. Nichts davon ist für das Tier unmittelbar vorteilhaft; also muß ihm dieses Verhalten

irgendeinen anderen Vorteil eintragen. Wenn mehrere Hähne vorhanden sind, haben wir den Eindruck, daß sie einander antworten. Das Krähen scheint also ein Signal zu sein und der Kommunikation zu dienen. Wie läßt sich das beweisen? Daß ein akustisches Signal gesendet wird, ist klar; aber wer empfängt es? Wir suchen also einen Signalempfänger, der durch eine Reaktion auf dieses Signal zu erkennen gibt, daß er es empfangen hat. Wir haben den Eindruck, daß Hähne einander antworten. Eine Antwort ist eine Reaktion, von der man voraussetzt, daß sie ohne den auslösenden Reiz ausgeblieben wäre. Da nun auch einzeln gehaltene Hähne krähen, ist Krähen bestimmt nicht nur Antwort. Es könnte aber durch gehörtes Krähen modifiziert werden und darin eine Reaktion erkennen lassen. Versuchen wir also herauszufinden, ob Hähne unabhängig voneinander krähen oder ob sie sich mit ihrem Krähen gegenseitig beeinflussen.
Man kann damit beginnen, mit einer Stoppuhr die Pausen zwischen den Krählauten zu messen, die man von mehreren Hähnen zu hören bekommt. Dabei wird man finden, daß Pausen unter 3 sec Länge nicht vorkommen. Nach jedem Krähen verstreichen also mindestens 3 sec bis wieder ein Krähen erschallt. Wenn nun Hähne einander hören, werden es vermutlich alle tun, wir müssen also mit gegenseitigen Beeinflussungen rechnen. Das kann die Deutung der Ergebnisse erschweren. Bequemer ist es, wenn man nur eine Einflußrichtung zuläßt. Das geht, indem man die Krähserie eines Hahnes auf Tonband nimmt und sie einem gerade krähenden Hahn vorspielt. Wenn von beiden überhaupt einer zuhört, dann der Hahn, nicht aber das Tonband. Um zu prüfen, ob den Hahn das Tonbandkrähen beeinflußt, mißt man aus, wann sein Krähen in bezug auf das Vorgespielte erschallt. Wir wollen die vom Hahn stammenden Laute H-Kräher, die vom Tonband kommenden Laute T-Kräher nennen. Zweckmäßig wählt man den Beginn jedes T-Krähers als Nullpunkt und mißt aus, wann vorher und nachher ein H-Kräher erschallt. Einen solchen Versuch zeigt Abb. 26. Waagerecht aufgetragen ist die Zeit, + sec gibt die Zeit nach den T-Krähern, − sec die Zeit davor an. Die Höhe der Säulen gibt die Anzahl der H-Kräher an, die zu jedem Zeitwert gehören. Dem Hahn wurden 530 T-Kräher vorgespielt, und zwar in der natürlichen Folge, bei der unterschiedliche Abstände zwischen den einzelnen Krähern liegen. Jeder Kräher dauert knapp 2 sec. So breit ist die schattierte Zone, in der alle diese T-Kräher übereinandergezeichnet sind. Ein paarmal rief das Tonband genau gleichzeitig mit dem Hahn. Man findet im Mittel 20 H-Kräher 10 sec nach den T-Krähern ebenso wie 1,5 oder 10 sec davor.

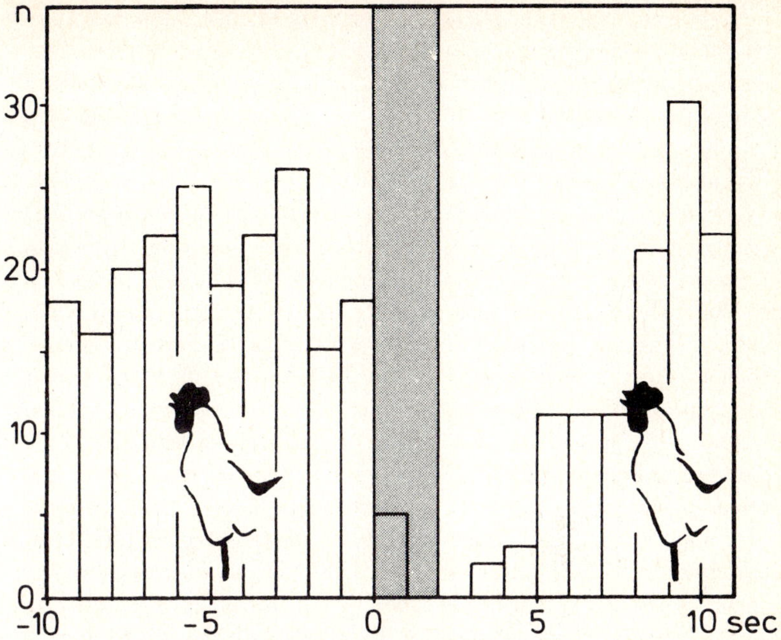

26. Anzahl der Antwort-Kräher (n), die in der Zeitspanne von 10 sec vor bis 10 sec nach den vorgespielten Krährufen (graue Zone) geäußert wurden. (nach Schleidt)

Nur in den 3 sec, die unmittelbar auf jeden T-Kräher folgen, herrscht Schweigen; auch 4 und 5 sec danach gibt es nur ganz wenige Rufe des Hahns, und erst ab 7 sec findet man wieder ähnlich viele H-Kräher wie zu beliebiger anderer Meßzeit.

Das ist nun recht merkwürdig. Riefe der Hahn unbeeinflußt, müßten einige Rufe auch in die hier ausgesparte Zeit fallen. Da aber von jedem T-Kräher bis zum nächsten H-Kräher immer 3, meistens sogar 5 sec verstreichen, kann das nur heißen, daß die H-Kräher, die in diese Zeit gefallen wären, etwas hinausgezögert wurden. Das heißt, der gehörte Hahnenschrei unterdrückt beim zuhörenden Hahn das Krähen für kurze Zeit. Für eine Zeitspanne vom 3 – 6 sec wirkt Krähen also hemmend auf andere Hähne. Sie beeinflussen also einander. Diese spezielle Form der Beeinflussung ist übrigens biologisch recht zweckmäßig. Wenn das Krähen nämlich an die Nachbarn adressiert ist, sollten sie solange zuhören

und nicht selber krähen. Diese zweckmäßige »Höflichkeit« wird durch die beschriebene Hemmzeit erzwungen.
Dennoch wird, wer Hühner kennt, Zweifel haben, ob Schweigen die einzige Reaktion der Hähne auf gehörtes Krähen ist. Man gewinnt beim Zuhören eher den Eindruck, Krähen wirke ansteckend. Um das zu prüfen, braucht man nur einem zur Zeit ruhigen Hahn etwas vorzukrähen. Spielt man ihm einen Kräher vor, so passiert in der Regel gar nichts, auch nach den erwähnten 6 sec nicht. Nach zwei oder drei vorgespielten Krähern aber beginnt der Hahn dann doch, selbst zu krähen; schaltet man das Band ab, hört er bald wieder auf. Krähen wirkt also auch ansteckend. Dabei löst aber nicht jeder Ruf eine Antwort aus, sondern er erhöht nur die Wahrscheinlichkeit eines Antwort-Krähens. Die Wirkungen mehrerer gehörter Rufe summieren sich, und die Wahrscheinlichkeit oder Bereitschaft zum Krähen wächst immer mehr: Der Hahn kommt in Kräh-Stimmung, und diese klingt allmählich wieder ab, wenn er keine fremden Rufe mehr hört. Als Empfänger sammelt der Hahn die Wirkungen mehrerer Rufe in sich, ehe er darauf reagiert, und deshalb bewirkt eine Rufserie etwas anderes als ein Einzelruf. Man kann auch sagen, der dritte Ruf löst mit größerer Wahrscheinlichkeit eine Antwort aus als der erste, die Wirkungen der Einzelrufe einer Serie sind also nicht identisch.
Diese Versuche von W. Schleidt haben gezeigt, daß Krähen in der Tat ein Kommunikationsmittel ist. Hähne beeinflussen einander mit ihrem Krähen, und zwar mit einem doppelten Effekt: Jeder gehörte Einzelruf wirkt über mehrere Sekunden hinweg hemmend, und dem überlagert sich eine anregende Wirkung einer Rufserie.

Redundanz und tonische Kommunikation

Redundanz heißt soviel wie Wortschwall, Überfluß oder Ballast. Wir begegnen ihr im täglichen Leben oft: Jeder drückt sich zuweilen sehr umständlich aus, macht unnötig viele Worte und wiederholt sich, obwohl die mitzuteilende Nachricht in weniger Worte gefaßt und mit geringerem Zeit- und Energieaufwand übermittelt werden könnte. Wenn solcher Aufwand ins Gewicht fällt, etwa bei Telegrammen, wo jedes Wort bezahlt werden muß, tritt sofort zutage, wie knapp sich Nachrichten fassen lassen.

Dennoch ist Redundanz nicht immer Ungeschicklichkeit. Sie kann auch dem Bemühen entspringen, Mißverständnisse auszuschalten. Wenn wir auf Schecks die Geldbeträge sowohl in Zahlen wie in Buchstaben angeben, ist auch das redundant; eine von beiden Angaben ist eigentlich überflüssig. Verlangt wird dieser Überfluß, um Fehler aufdecken zu können. Fehlerhafte Zahlenangaben können nicht wie Buchstabenfehler in einem Wort aus dem Zusammenhang heraus entlarvt werden, deshalb werden Zahlen in Telegrammen oft in doppelter Ausfertigung eingesetzt. Wenn sie dann nicht übereinstimmen, weiß man wenigstens, daß ein Fehler drinsteckt, wenn auch nicht, in welcher von beiden Angaben.

Bei fehlerloser Übermittlung steckt in jeder der doppelten Angaben dieselbe Nachricht; deshalb bietet die zweite für den Empfänger, der die erste schon gelesen hat, nichts Neues mehr. Er kann den Inhalt der zweiten voraussagen, wenn er die erste kennt. Voraussagbarkeit beruht auf Gesetzmäßigkeit, und deshalb ist Gesetzmäßigkeit der Gegenspieler der Information, die sich auf Unerwartetes, auf Neuigkeiten bezieht. Für die Kommunikation ist deshalb nicht so wichtig, wieviel Information an sich in einem Signal steckt, sondern wieviel Neues sie dem Empfänger bringt.

Redundanz wird also vom Empfänger her beurteilt. Der Sender wird ein Signal immer dann wiederholt anbieten müssen, wenn ihm unbekannt ist, wann ein Empfänger in Reichweite kommt oder auf Empfang schaltet; wir kennen das im menschlichen Bereich von Not- und Hilferufen. Für den Empfänger sinkt der Neuigkeitswert einer Nachricht mit der Wiederholung. So erfährt ein Hahn, der nichts von Nachbarn weiß, aus dem ersten Krähruf in seiner Umgebung, daß er einen Nachbarn hat und daß dieser sich am Ort X aufhält. Der zweite Kräher meldet ihm nur noch, daß besagter Nachbar immer noch dort ist.

Bewegen sich allerdings Sender oder Empfänger oder auch beide, dann kann selbst ein ganz gleichmäßig wiederholtes Signal für den Empfänger bedeutungsvoll sein; denn er kann daran die jeweilige Position des Senders in bezug auf seine eigene Position erkennen. So halten Hühner- und Entenmütter mit ihren Kücken, wie auch viele andere Tiere, die sich in unübersichtlichem Gelände bewegen und einander nicht verlieren wollen, durch ständige Stimmfühlungslaute miteinander Kontakt.

Ein anderes Beispiel dafür, daß erst der Empfänger endgültig entscheidet, was redundant ist, haben schon die krähenden Hähne geliefert. Da summierten sich die Wirkungen gleichartiger Rufe im Empfänger. Also,

obwohl der Sender gleichartige Signale wiederholte, wirkt doch die Signalserie im Empfänger anders als ein Einzelsignal. Jeder Einzelruf verändert etwas die Reaktionsbereitschaft des Empfängers, und erst die Rufserie baut allmählich eine Reaktionsbereitschaft auf oder hält sie in bestimmter Höhe. Das hat SCHLEIDT tonische Kommunikation genannt.
Eine Veränderung des Empfängers, die oft nur durch Wiederholung zu erreichen ist, kennen wir ferner von vielen Lernvorgängen. Jeder Lehrer muß, entsprechend der Auffassungsgabe der Schüler, den Lernstoff wiederholen, bis er sitzt. Auch Tiere brauchen Wiederholungen, um zu lernen, wie alle Dressurversuche zeigen. Bei denjenigen Vögeln, denen ihr Gesang nicht angeboren ist, kann man oft beobachten, daß Jungtiere mit schräggehaltenem Kopf neben einem Erwachsenen – meist neben dem Vater – sitzen und seinem Singen zuhören. IMMELMANN fand ein ausgeprägtes »Singen mit Zuhörern« bei verschiedenen australischen und afrikanischen Prachtfinken, besonders bei den Bewohnern von Schilfzonen und Trockengebieten. Ein Männchen fliegt dazu ein Stück von seinem Nest und seinem Paarpartner weg und trägt auf einem Ast sitzend seinen Gesang vor. Andere Männchen setzen sich möglichst dicht neben ihn, mitunter direkt auf seine Füße, und strecken den Hals, bis sich der Kopf dicht neben dem Schnabel des Sängers befindet. Sie halten ihm also buchstäblich das Ohr hin (s. Foto neben Farbtafel 15).
Signalwiederholungen können also durchaus biologisch wichtige Funktionen erfüllen. Ein Biologe würde das auch erwarten. Denn da die meisten Tiere ihre akustischen Signale recht häufig wiederholen, obwohl Signalisieren kostbare Zeit und Energie braucht, müssen die besonders häufig gesendeten Signale für die Tiere auch besonders wichtig sein. Und wenn informationstheoretisch ein Signal, je häufiger es gesendet wird, desto weniger Informations- oder Neuigkeitswert hat, so gilt das eben nur unter idealen Kommunikationsverhältnissen. Unter natürlichen Bedingungen entscheidet die letzte Stelle im Informationsfluß, nämlich der Empfänger, was überflüssig ist.

Korrigieren von Nachrichten

Wenn eine Nachricht aus einer Folge von Einzelsignalen besteht, so wie ein Wort aus einer Folge von Buchstaben oder ein Satz aus einer Folge von Worten, dann kann es passieren, daß durch Störgeräusche Teile der

Nachricht unkenntlich oder völlig übertönt werden. Wird die Nachricht mehrmals wiederholt, so besteht Aussicht, daß sie wenigstens einmal ungestört ankommt. Und selbst wenn auch die Störungen wiederkehren, so ist doch unwahrscheinlich, daß sie jedesmal auf den gleichen Teil der Nachricht treffen. Vergleicht dann der Empfänger die verschiedenen Restnachrichten miteinander, besteht die Aussicht, die Fehlstellen ergänzen zu können.

Wiederholung ist nur dann überflüssig, wenn beim Empfänger mehrfach wirklich Identisches ankommt. Wenn mit Störungen beim Sender, bei der Übermittlung oder mit Aufnahmefehlern beim Empfänger zu rechnen ist, dann läßt sich durch Redundanz die Sicherheit der Kommunikation erhöhen. Der Empfänger braucht mehrere Wiederholungen, um daraus sozusagen den Mittelwert als wahre Nachricht zu entnehmen. Dafür muß er allerdings wissen, daß die Nachricht wiederholt gesendet wurde und die verschiedenen Nachrichtenwracks, die bei ihm ankommen, einander ursprünglich gleich waren. Das kann eine Übereinkunft, eine Vor-Verabredung zwischen Sender und Empfänger leisten. Wenn beide derselben Art angehören, kann z. B. arttypisch festgelegt sein, bestimmte Signale immer mehrmals hintereinander zu senden.

Aber auch ohne solche Übereinkunft kann der Empfänger aus Erfahrung lernen, daß es Wiederholungen gibt, indem er von jedem Signal eine Kopie (Erinnerungsmuster) im Gedächtnis behält und die nächsten Signale damit vergleicht. Wir wollen hier nur andeuten, welche Konsequenzen das haben kann:

Die Erinnerungsmuster dienen als Vergleichsgrundlage; Signale werden danach sortiert, welchem Erinnerungsmuster sie am ähnlichsten sind und bei hinreichender Ähnlichkeit als Abwandlung eines bestimmten, durch die Erinnerung definierten Signals aufgefaßt. Man kann vermuten, daß sich auf diese Weise schließlich ein Raster von Begriffen bildet, die die Grundlage für die Verarbeitung späterer Nachrichten bilden. Neues wird dann möglichst in schon vorhandene Begriffe gefaßt.

Das Rekonstruieren einer Nachricht aus mehreren fehlerhaften Wiederholungen oder Kopien, im Englischen *signal averaging* genannt, ist bislang in der tierischen Kommunikation kaum untersucht worden, spielt aber vermutlich eine wichtige Rolle. Einen Hinweis darauf, der sich allerdings auf den Sender bezieht, brachten die Versuche von L. Potash an Japanischen Wachtelhähnen: Ihre hellen Krährufe sind, wie das Krähen der Haushähne, an Nachbarhähne gerichtet. Wenn man nun künstlich

Störgeräusche einspielt, so werden diese den Ruf des Wachtelhahns stellenweise übertönen und für den Empfänger unkenntlich machen. Der rufende Hahn reagiert auf dieses Störgeräusch; und zwar kräht er nicht nur lauter, sondern auch häufiger und schneller hintereinander. Lautes Krähen hilft, das Störgeräusch zu übertönen; rascher wiederholtes Krähen aber erleichtert dem Empfänger das wechselseitige Ergänzen der gestörten Einzelrufe zum vollen Originalruf.

Die bekannte Erscheinung, daß sich viele Vögel durch Lärm zu lebhafterem eigenen Singen anregen lassen, scheint dieselbe Bedeutung zu haben. Aus eigener Erfahrung wissen wir, daß in Bahnhofshallen mit ihrem hohen Störgeräuschpegel Durchsagen wiederholt werden müssen, weil man oft nur Bruchstücke versteht und den Rest aus der Wiederholung ergänzen muß. Damit die Zuhörenden wissen, daß nicht etwas Neues kommt, sondern sie das vorher Unverstandene ergänzen können, beginnt die Ansage mit »Ich wiederhole . . . «.

Für das Wiederholen gibt es aber zwei Möglichkeiten: Entweder man wiederholt die ganze Nachricht geschlossen mehrere Male, oder aber man wiederholt jeden Teil davon mehrere Male, ehe man zum nächsten übergeht. Ein Beispiel: Wenn man das Wort APRIL übermitteln will und damit rechnen muß, daß Buchstaben unkenntlich werden, beim Empfänger also etwa A■■IL ankommt, könnte man statt APRILAPRIL auch AAPPRRIILL senden. Welche Unterschiede diese beiden Möglichkeiten ergeben, kann man leicht ausprobieren, indem man in beiden Versionen nach gleichem Schema Buchstaben abdeckt. In der ersten Version dürfen mit einer einmaligen Störung 10 nebeneinanderliegende Buchstaben ausfallen, und doch bleibt ein unverstümmeltes APRIL übrig; in der gedehnten Version aber gibt es schon 5 Dreierfolgen, durch die ein Buchstabe ganz entfällt, die Nachricht also verstümmelt bleibt. Wird hingegen durch eine fortdauernde, knatternde Störung jeder zweite Buchstabe unverständlich, so bleibt von der ersten Version -P-I-A-R-L-P-I- (oder A-R-L-P-I-A-R-L) stehen, von der gedehnten Version aber -A-P-P-R-I-I-L (oder A-A-P-R-R-I-L-L). Da ganz offensichtlich die Reihenfolge der Einzelsignale eine Rolle spielt (PILAR ist etwas anderes als APRIL), wird sich im Falle von fleckenhaften Einzelstörungen die rasche Wiederholung des ganzen Wortes, der ganzen Nachricht empfehlen, im Falle einer wiederholten kurzen Störung aber die mehrfache Wiederholung jedes Einzelsignals.

Das läßt sich auch an Vogelstrophen zeigen: Unser Buchfink wiederholt

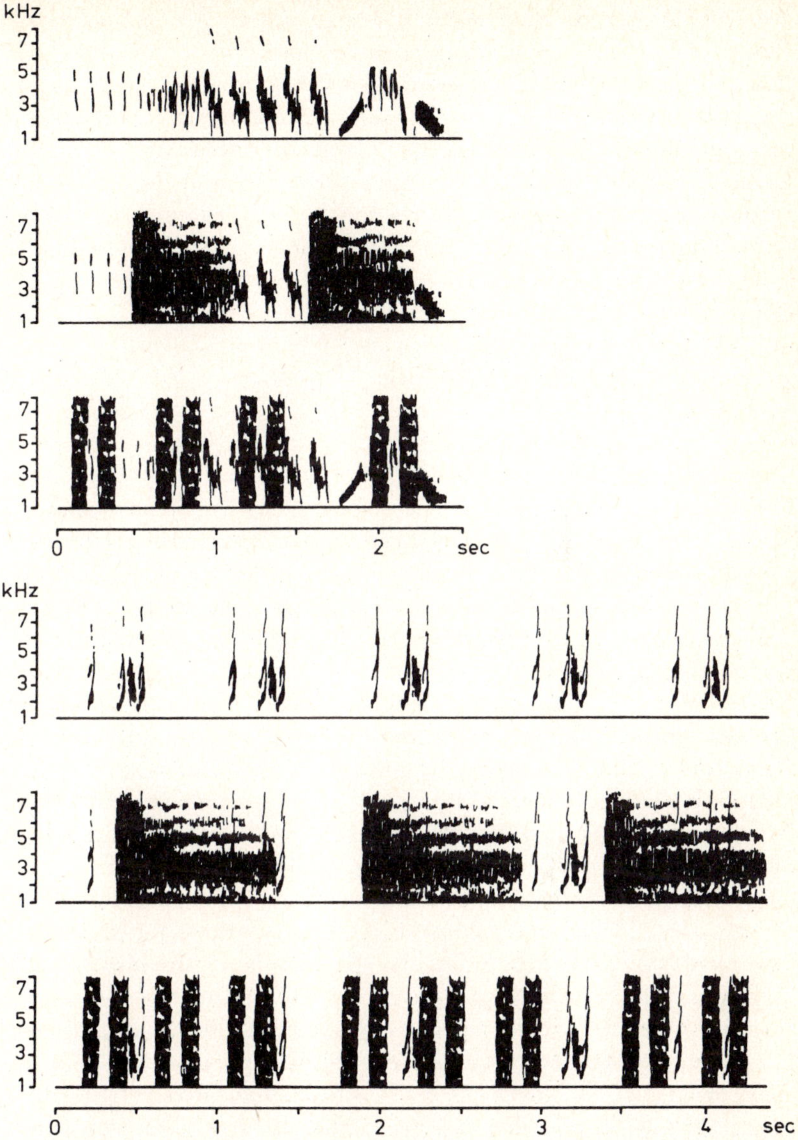

27. Hörbarkeit einer Buchfinkenstrophe (oben) und eines Wachtelrufs (unten) mit Störgeräuschen; je einmal ungestört, darunter erst von einem langen, dann von einem kürzeren stoßweisen Umgebungsgeräusch gestört.

in seiner Strophe die einleitenden Elemente mehrere Male, so wie es der oben beschriebenen gedehnten Version entspricht; während ein Wachtelhahn den ganzen Ruf geschlossen wiederholt. In Abb. 27 haben wir über beide Rufe jeweils ein längeres Zischgeräusch und danach ein rhythmisch wiederholtes tierstimmen-ähnliches Geräusch gespielt. Man sieht die gleichen Effekte wie beim Wort April. Leider ist noch in keinem Fall geprüft, ob diese Strophenformen wirklich mit der Störwahrscheinlichkeit korrelieren und dadurch der Empfang der Nachricht verbessert wird. Auf das wenige, was man über die Anpassung der Rufe an Störgeräusche weiß, kommen wir auf S. 253 zurück.

Adaptation

Kommt immer wieder dieselbe Nachricht in immer gleicher Form beim Empfänger an, so bekommt er jedesmal die gleiche Information angeboten. Es ist aber unnütz und unrentabel für den Empfänger, aufmerksam zuzuhören, wenn er doch nichts Neues erfährt. Wird die Wahrscheinlichkeit sehr klein, aus einer bestimmten Signalfolge Neues zu erfahren, ist es für den Empfänger vorteilhafter, seine Aufmerksamkeit auf andere, neuigkeitsträchtigere Signale zu richten. Wenig Neues bringen gleichmäßig anhaltende Geräusche. Geradezu sprichwörtlich ist der Müller, der den Lärm seiner Mühle gar nicht mehr wahrnimmt, der aber sogar aus dem Schlaf aufwacht, wenn die Mühle stehen bleibt und der Lärm plötzlich abbricht. Dieses Sich-Einstellen auf dauernde oder regelmäßig wiederkehrende Signale nennt man Adaptation. Sie spielt eine wichtige Rolle bei allen Sinneswahrnehmungen, nicht nur bei der akustischen Wahrnehmung. Besonders rasch reagiert unser Auge und stellt sich auf verschiedene Helligkeiten ein; die Lichtmenge, die uns sehr stört, wenn wir gerade aus dem Dunklen kommen, fällt uns schon knapp eine Sekunde später nicht mehr auf. Obwohl unsere Haut für Tastreize sehr empfindlich ist, spüren wir unsere Kleidung nicht. Auch ein Frosch, den man mit einem Haar kitzelt, so daß er mit dem Hinterbein über die betroffene Körperstelle wischt, hört bald zu wischen auf, wenn man immer wieder dieselbe Stelle kitzelt. Eine Küchenschabe, die man mit einem feinen Luftstoß anbläst, rennt davon; wenn man sie immer wieder anbläst, reagiert sie bald nicht mehr.

Derartige Adaptationen lassen sich mit akustischen Reizen besonders gut

demonstrieren. M. Schleidt hat das am Balzruf des Truthahns, dem bekannten Kollern (Abb. 20), genau untersucht. Der Puter antwortet mit Kollern auf alle Töne, Klänge und Geräusche, die Frequenzen zwischen 200 und 6 000 Hz enthalten, vorausgesetzt, daß sie sich vom gleichmäßigen Geräuschhintergrund abheben. Löst man aber das Kollern immer wieder durch denselben Ton oder Laut aus, so reagiert der Hahn etwa 10- oder 20mal, antwortet dann aber nicht mehr, gleichgültig, ob man leise oder laute Töne verwendet. Man könnte glauben, er sei ermüdet und könne nun nicht mehr kollern. Ändert man aber die Tonhöhe des Reizlautes ein wenig, so antwortet er sofort wieder. Es war also keine Ermüdung der zum Kollern benötigten Muskeln oder der ihre Aktionen koordinierenden Nervenzentren, die ihn aufhören ließ. Es handelt sich auch nicht um eine Abdressur, also einen Lernvorgang, der das Kollern beendet; der Hahn lernt gar nichts dabei. Es ermüdet aber auch nicht etwa das Ohr, denn das registriert ja jede Abweichung vom gleichmäßig wiederholten Laut sofort. Vielmehr handelt es sich hier um eine besondere Leistung des Nervensystems, für die Schleidt den Namen Afferente Drosselung einführte. Hierdurch und durch andere Adaptationen erspart sich der Organismus das weitere Verarbeiten von überflüssigen Reizen. Er schaltet aber nicht etwa seinen Wahrnehmungsapparat ab, was ja ganz ungeschickt wäre, weil ihn dann auch wichtige Nachrichten nicht mehr erreichen könnten. Vielmehr macht er seine Wahrnehmungsapparate sehr speziell unpassierbar für Bedeutungsloses, ohne daß damit potentiell Bedeutungsvollem der Eingang versperrt wird.
Man kennt außer der Adaptation im Sinnesorgan (z. B. der Helligkeitsadaptation des Auges) und der eben erwähnten afferenten Drosselung in höheren Zentren noch verschiedene spezifische Empfindlichkeitsminderungen in der Wahrnehmung. Sie alle werden, sobald der betreffende Reiz nicht mehr wiederholt wird, wieder rückgängig gemacht, sie klingen ab; der Organismus ist dann auch für diese Reize wieder aufnahmefähig und kann bei erneutem Auftreten prüfen, ob sie bedeutungsvoll sind oder, falls nicht, sich ihnen wieder durch Adaptation entziehen.

Aufmerksamkeitssteigerung und Suchbild

Das Gegenstück zur Empfindlichkeitsminderung für spezifische Reize ist die Aufmerksamkeitssteigerung. Auch sie ist jedem von uns aus eigener

Erfahrung geläufig: Man kann ein Stimmengewirr durchaus hören, ohne etwas zu verstehen; man kann aber aufmerksam werden und dann im gleichen Stimmengewirr erstaunlich gut ein Einzelgespräch verfolgen. Dazu hat D. Broadbent Versuche am Menschen angestellt: Läßt man einer Versuchsperson von zwei verschiedenen Stimmen gleichzeitig zwei verschiedene Fragen stellen und bittet sie anschließend, eine davon zu beantworten, so hat sie Mühe, nachträglich diese Frage zu rekonstruieren. Das ist nicht verwunderlich, denn schließlich hat das Ohr ja ein Durcheinander zweier Stimmen aufgenommen. Zeigt man der Versuchsperson aber vorher an, welche Stimme die zu beantwortende Frage vorträgt, dann hat die Versuchsperson keine Schwierigkeiten bei der Beantwortung, obwohl dasselbe Stimmen-Durcheinander auf ihr Ohr trifft. In solch einem Fall ist die Aufmerksamkeit auf etwas Bestimmtes gerichtet worden. Dabei wird offensichtlich von übergeordneten Instanzen des Nervensystems gefiltert, Wichtiges von Unwichtigem getrennt. Auf diese Weise kann ein bedeutungsträchtiges Signal vom Signalhintergrund abgehoben werden.

Hat man es mit menschlichen Versuchspersonen zu tun, so ist es keine Schwierigkeit, ihnen vorher zu erklären, welches Signal das bedeutungsvolle sein wird. Im Tierversuch ist das erheblich schwieriger. Man kann jedoch dem Tier durch Belohnung nahelegen, auf ein bestimmtes Signal zu achten. Am besten wählt man dazu als Signal etwas aus, von dem man weiß, daß das Tier es bestimmt schon wahrgenommen, aber bisher als unwichtig eingestuft hat. Solche Versuche sind vor allem mit optischen Signalen durchgeführt worden, und zwar im Rahmen der Frage nach der Entstehung von Suchbildern. Obwohl das Wort Such-Bild optische Signale suggeriert, kommen doch sicher auf ähnliche Weise auch akustische Suchbilder zustande.

Zu diesem Problem hat H. Croze Versuche gemacht: Rabenkrähen sehen am Meeresstrand viele Steinchen und Muschelschalen auf dem Sand, interessieren sich aber nicht dafür. Sie sind das Strandbild gewöhnt und achten nicht weiter darauf. Wenn man ihnen aber unter einer bestimmten Muschelschale ein Stück Fleisch zeigt, so beginnen sie, alle gleich aussehenden Muschelschalen auch umzudrehen. Sie haben jetzt ein bestimmtes Suchbild, mit dem sie die vielerlei Strandgegenstände vergleichen; eine bestimmte Muschelschalen-Sorte hat jetzt für sie Bedeutung bekommen, und auf sie richten sie nun ihre Aufmerksamkeit. Bezeichnenderweise gehen in das Suchbild auch Umgebungsmarken ein;

die Tiere suchen nämlich vorerst nur in der näheren Umgebung des ersten Fundes. Auch Kinder machen beim Ostereier-Suchen oft verbissen dort weiter, wo sie gerade etwas gefunden haben.
Ein Suchbild erwerben heißt, sich ein bestimmtes Reizmuster merken und dann später eintreffende Reizmuster mit diesem Erinnerungsmuster vergleichen. Solche Vergleiche spielen in jedem Fall eine Rolle, wenn ein Tier nur auf bestimmte von vielen eintreffenden Reizmustern antwortet, es also zwischen ihnen unterscheidet und bestimmte wiedererkennt. Wie der Vergleich im Tier angestellt wird, wissen wir nicht. Wir brauchen aber nicht anzunehmen, daß dem Tier dabei eine Art Bild vorschwebt, daß es etwas vor seinem geistigen Auge oder geistigen Ohr hätte. Auch ein Türschloß vergleicht gleichsam zwischen verschiedenen Schlüsseln und läßt nur den passenden zu. Deswegen nennt man diejenigen spezifischen Reize, die eine bestimmte Reaktion auslösen, ja auch Schlüsselreize. Dabei spielt es zunächst keine Rolle, ob die Spezifität des Schlosses von vornherein (d. h. vor jeder Erfahrung mit irgendeinem Schlüsselreiz) schon festliegt und angeboren ist, oder ob sie erst durch Lernvorgänge zustandekommt. Im Falle des erworbenen Suchbildes entsteht durch eine bestimmte Erfahrung im Nervensystem des Tieres vermutlich so etwas wie eine Schablone oder Matrize. Ob sie irreversibel ist oder durch spätere andere Erfahrungen wieder gelöscht werden kann, ist von Fall zu Fall verschieden.

Die Übertragung

Bei der Übertragung der Signale vom Sender zum Empfänger spielen neben den besonderen Übertragungseigenschaften des Nachrichtenkanals alle Störungen eine Rolle, die das Signal verzerren oder überdecken können. Darauf wollen wir, wieder an akustischen Beispielen, noch etwas näher eingehen, weil dadurch einige Besonderheiten tierischer Laute verständlich werden.

Reichweite

Die Reichweite von Schallsignalen ergibt sich aus physikalischen Größen. Der Schall breitet sich kugelförmig aus; seine Intensität nimmt mit zunehmender Entfernung von der Ausstrahlungsquelle ab. Die Lautstär-

ke wird üblicherweise in Dezibel (dB)angegeben.
Die Luft leitet den Schall je nach Temperatur und Feuchtigkeit mehr oder weniger gut. Ferner hindert der Erdboden die gleichmäßig kugelförmige Ausbreitung des Schalls, wirft dabei einen Teil als Echo zurück. Auch andere Hindernisse (Bäume, Felsen) fangen den Schall teilweise und lenken ihn in verschiedene Richtungen ab. Beispielswiese haben wir auf offenem Wiesengelände bei Sonnenschein und Windstille an Vogelgesängen einen Intensitätsabfall von 10 dB pro verdoppelter Entfernung gemessen. Grundsätzlich hängt die Reichweite von der Intensität ab, mit der das Schallsignal abgestrahlt wurde. In der folgenden Übersicht sind einige Reichweiten tierischer Laute aus der Literatur gesammelt und zusammengestellt; sie dient nur einem groben Vergleich, denn in allen Fällen fehlen Angaben über die speziellen Umweltbedingungen.

Reichweite verschiedener tierischer Laute

Mückensummen	3 m	Krokodilbrüllen	1 500 m
Heuschreckenzirpen	38 m	Nachtigallgesang	150 m
Zikadensirren	500 – 800 m	Taubenruf	500 m
Erdkröte	150 m	Schwarzspechtruf	600 – 800 m
Pantherkröte	1 500 m	Löwengebrüll	2 500 m

Die Entfernung, über die zwei Lebewesen miteinander kommunizieren können, wird neben der Sende-Intensität auch noch von der Ansprechschwelle des Empfängers bestimmt, also von der Mindestintensität, mit der das Signal beim Empfänger ankommen muß, um sein Sinnesorgan noch zu erregen. Wir haben bei der Adaptation schon gesehen, daß der Empfänger seine Empfindlichkeit stark verstellen kann. Verringert er sie, erhöht er also seine Ansprech-Schwelle, so empfängt er nur intensive Signale, wie es sie in größerer Nähe vom Empfänger gibt. Vergrößert er dagegen seine Empfindlichkeit, so empfängt er auch noch ganz schwache Signale; dabei läuft er unter natürlichen Bedingungen aber schließlich Gefahr, auch auf Anteile des immer vorhandenen Hintergrundrauschens anzusprechen. Jeder, der einmal mit gespannter Aufmerksamkeit auf bestimmte, nur noch so eben hörbare Laute oder Geräusche gewartet hat, wird dabei gemerkt haben, wie leicht man diese Laute oder Geräusche in ein gleichmäßiges Rauschen hineinhört; man gerät dann in Zweifel, ob das erwartete Signal wirklich kam oder ob man es sich nur eingebildet hat. Unter natürlichen Bedingungen kann ein Signal in Umgebungsgeräuschen untergehen, schon ehe es so schwach geworden ist, daß es das Sinnesorgan des Empfängers nicht mehr erregen kann. Umgebungsgeräusche sind z. B. Meeresbrandung, Laubrascheln, Wind, Heuschreckenzirpen, Zikadenschrillen, Vogelgezwitscher, Verkehrslärm usw. Es kommt praktisch nicht darauf an, was der Empfänger noch aufnehmen kann, sondern was er noch von Störgeräuschen unterscheiden kann. Das aber hängt nicht nur vom Intensitätsverhältnis zwischen Signal und Störung ab. Ein Signal geht um so eher in Störgeräuschen unter, je ähnlicher es ihnen ist, und es bleibt um so länger erkennbar, je mehr es sich von den Störgeräuschen unterscheidet.

Kontrastieren

Störgeräusche der Umwelt lassen sich durch höhere Intensität des gesendeten Signals übertönen. Wer auf einer Versammlung eine Ansprache halten will, versucht oft, sich im Stimmengewirr Gehör zu verschaffen, indem er besonders laut spricht. Das strengt an und hat doch nicht immer den gewünschten Erfolg. Wenn man aber an ein Glas klopft oder mit einem Glöckchen klingelt, braucht der so erzeugte Ton gar nicht besonders laut zu sein und wird doch gehört; und zwar deshalb, weil er sich deutlich von den im Sprechgeräusch enthaltenen Tonfrequenzen abhebt. In einer Männerversammlung, wo tiefe Töne vorherrschen, fällt der Ton der Tischglocke mehr auf als in einem Kindergarten. Anstatt also dieselben Frequenzen zu benutzen wie das Störgeräusch und dann durch Lautstärke aufzufallen, kann es ökonomischer sein, auf andere Frequenzen auszuweichen. Falls das Störgeräusch viele Frequenzen umfaßt, sollten diejenigen für das Signal ausgewählt werden, die mit der geringsten Stör-Intensität besetzt sind.
Die Vermutung, daß vorherrschende Störfrequenzen auch bei der akustischen Verständigung der Tiere eine Rolle spielen, ist schon alt. O. Koenig wies darauf hin, daß Vögel der Meeresküste scharfe, laute Gesänge haben, Vögel bewaldeter Zonen aber weiche, melodiöse Strophen: Der Schilfrohrsänger singt hart und rauh, der Weidenlaubsänger flötet weich. Genauere Untersuchungen darüber, ob und wie tierische Laute mit Störgeräuschen der Umgebung kontrastieren, wurden erst in jüngster Zeit angestellt. Dazu muß man wissen, wie denn die Umweltgeräusche im Lebensraum der betreffenden Tiere zusammengesetzt sind, und welche

Frequenzbereiche in diesem Lebensraum besonders stark gedämpft oder weitergeleitet werden. Beides hängt von so vielen Faktoren ab, daß es hoffnungslos ist, diese Fragen theoretisch, von den physikalischen Gesetzen ausgehend, zu beantworten. Statt dessen hat E. MORTON genau definierte Schallquellen in verschiedenen Lebensräumen der Vögel aufgestellt und dann gemessen, welche Tonfrequenzen wie weit hörbar waren. Die Schallausbreitung wird vom Pflanzenteppich beeinflußt, von Bäumen, und von diesen wieder verschieden, je nachdem ob sie kahl oder belaubt sind; Luftbewegungen spielen eine Rolle sowie Temperatur, Feuchtigkeit usw.

Auch die Beschaffenheit der Laute ist nicht unwichtig: Langwelliger Schall umgeht Hindernisse leichter als kurzwelliger, der schon von kleinen Hindernissen zurückgeworfen wird. Hohe Töne haben deshalb im Freiland eine geringere Reichweite als tiefe. Ferner macht es einen Unterschied, ob der Schall dicht am Boden (etwa im Gras) oder weiter oben in Bäumen auf den Weg geschickt wird. Am Boden des tropischen Regenwaldes reichen die Töne im Bereich von 1 500 bis 2 500 Hz am weitesten; sie verlieren nur etwa 6 dB pro verdoppelte Entfernung. Zwar schluckt der Boden viel mehr, aber als Ausgleich wirft das Laubdach Schall zurück. Durch das Zusammenwirken vieler derartiger Faktoren kommen die in der folgenden Übersicht aufgeführten Werte zustande. Ausgesendet wurden jeweils reine Töne, d. h. solche einer bestimmten Frequenz oder Tonhöhe, und mit einer Anfangslautstärke von 80 dB (so laut sind die Gesänge vieler Vögel direkt vor dem Schnabel des Sängers oder Froschrufe direkt am Kopf des Rufers). Die Reichweite gibt an, in welcher Entfernung vom Sender der betreffende Ton im Umgebungs-Störgeräusch untergegangen ist.

Sende-Lautstärke = 80 dB	Reichweite in m		
Tonhöhe (in Hz)	im Wald	am Waldrand	im Grasland
500	61	70	49
1 000	76	113	74
2 000	113	81	62
4 000	37	32	60
8 000	20	23	56

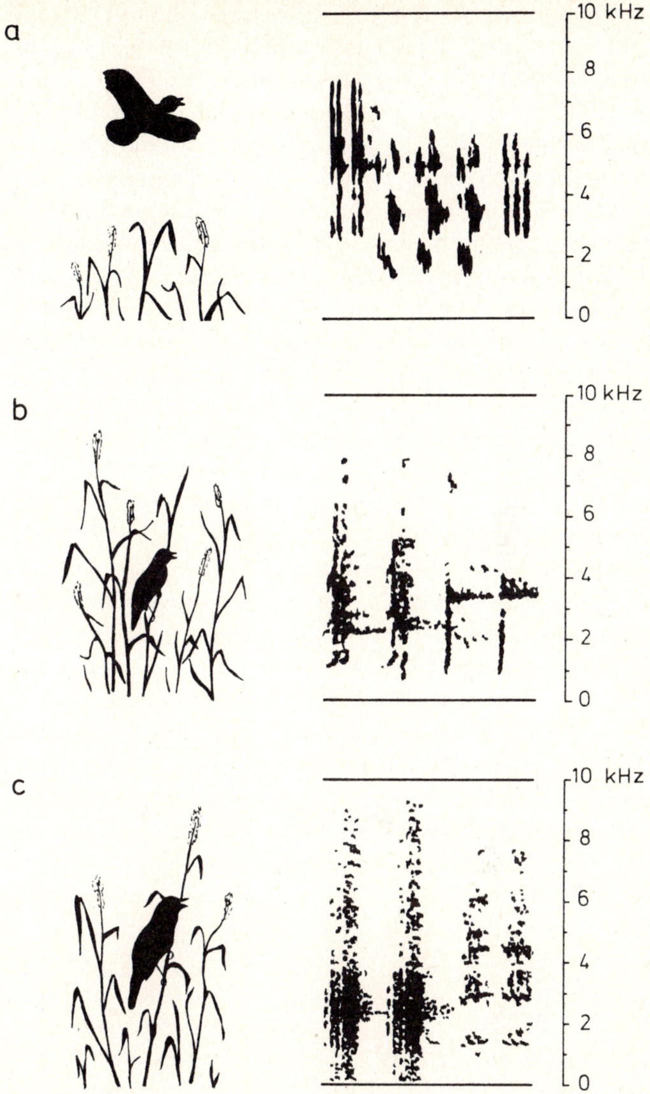

28. Die Reviergesänge von a: Schilf-, b: Teich-, c: Drossel-Rohrsänger haben ihre stärksten Frequenzanteile jeweils im akustischen Fenster, das von Umgebungsgeräuschen (grau) am wenigsten gestört wird. (nach JILKA u. LEISLER)

Nach diesen Reichweite-Messungen sollte man z. B. erwarten, daß Vögel, die im Wald leben und sich auf große Entfernung verständigen, dazu den Frequenzbereich von 1 500 bis 2 500 Hz bevorzugen. Das tun sie auch tatsächlich. Offenes Grasland dagegen erweist sich – obwohl das zunächst absurd scheint – für akustische Verständigung sehr ungünstig, und zwar wegen der Temperaturunterschiede, Windströmungen und vielerlei Turbulenzen, die nicht nur dicht am Boden recht unstabile Verhältnisse schaffen. Wer je in der Steppe gewesen ist, weiß, wie schwer dort die Verständigung schon über kurze Entfernungen werden kann. Vögel dieser Gebiete steigen in der Tat gewöhnlich zum Singen hoch in den Luftraum. Außerdem bevorzugen sie in ihren Gesängen Elemente mit vielen und stark schwankenden Frequenzen. Im Waldesinneren dagegen sind die akustischen Verhältnisse viel stabiler. Und da außerdem ein bestimmter Frequenzbereich für die Verständigung ein »akustisches Fenster« bildet, wird klar, warum die Waldvögel diesen Bereich bevorzugen und die anderen Frequenzen weitgehend weglassen, wodurch eben ihr reiner Gesang entsteht.

A. Jilka und B. Leisler haben in ähnlicher Weise Reichweite-Messungen mit reinen Sinustönen in den Lebensräumen von Schilf-, Drossel- und Teichrohrsänger angestellt und mit den Reviergesängen dieser Arten verglichen. Die Energieschwerpunkte liegen im Gesang des Schilfrohrsängers zwischen 1,90 und 5,60 kHz, des Teichrohrsängers zwischen 1,04 und 3,50 kHz, des Drosselrohrsängers zwischen 0,78 und 3,90 kHz. In der obersten Schilfregion, wo der Drosselrohrsänger bevorzugt singt, breiten sich tatsächlich die tiefen Frequenzen gut aus, an den etwas darunter liegenden Singplätzen des Teichrohrsängers aber die Frequenzen 1,6 und 2,0 kHz. Der Schilfrohrsänger hat einen Singflug und kann sich wohl deshalb die hohen Gesangsfrequenzen leisten, die im Schilfwald sehr stark gedämpft werden.

C. Chapuis untersuchte die Gesänge verschieden großer Vögel im tropischen Regenwald in Gabun. Größere Vögel können tiefere Töne hervorbringen als kleine, die in der Regel relativ hoch singen. Vergleicht man nun nahe verwandte Arten aus offenen Lebensräumen mit solchen, die im Regenwald leben, so zeigt sich, daß die Waldbewohner, ob groß oder klein, um jeweils 1 kHz tiefer singen als ihre Verwandten aus der offenen Landschaft. Sie passen sich also an die starke Dämpfung durch den Unterwuchs an, von der ja besonders die hohen Gesangsanteile betroffen werden.

Auch in den tierischen Lautäußerungen, die auf S. 252 aufgeführt sind, spielt die unterschiedliche Reichweite verschiedener Frequenzen eine Rolle. Das Brüllen von Krokodilen und Löwen enthält viele tiefe Töne, die weit tragen. Die beiden dicht am Boden rufenden Kröten benutzen ebenfalls niedere Frequenzen: Die Erdkröte etwa 600 – 1 200 Hz, die afrikanische Pantherkröte vorwiegend um 300 – 800 Hz. Der Laubfrosch dagegen, der höher über dem Boden in der Laubzone ruft, benutzt ein breites Frequenzgemisch von 1 – 4 kHz. Mehr und mehr bestätigt sich also der Eindruck, tierische Stimmen zeigten in charakteristischen Lebensräumen verwandtschaftsunabhängige Ähnlichkeiten. Schon 1926 sprach H. STADLER deshalb von Stimmen-Biotopen oder *Melotopen* und Stimmengesellschaften, die er *Melozönosen* nannte. Eine sehr gute Zusammenstellung ökologischer Aspekte bei akustischer Verständigung gab N. COLLIAS.

Ganz entsprechendes gilt auch für optische Signale: Kurzwelliges Licht wird schnell von Hindernissen aufgefangen, langwelliges geht leichter um sie herum. Deshalb wählt man für Nebellampen gelbes Licht, das von den Nebeltröpfchen in der Luft nicht so leicht aufgehalten wird wie etwa kürzerwelliges grünes oder blaues Licht.

Eine besondere Rolle spielt auch im optischen Bereich das Kontrastieren: In den Vegetationszonen der Erde herrscht die Farbe Grün vor; das liegt an den speziellen Struktureigenschaften derjenigen organischen Moleküle, die die Photosynthese bewerkstelligen und die wir im Chlorophyll (= Blattgrün) finden. Dieses Grün gab es wohl schon lange, bevor Organismen Sinnesorgane zum Farbenunterscheiden entwickelten und Grün überhaupt wahrnahmen. Wenn aber Grün aus photochemischen Gründen in der Umgebung vorherrscht, müßte ein grünes Signal mit sehr großer Intensität gesendet werden, wenn es auffallen, also vom Hintergrund trennbar sein soll. Andere Frequenzen – Gelb, Rot, Weiß, Lila zum Beispiel – gehen dagegen längst nicht so leicht in der Umgebungsfarbe Grün unter. Damit lassen sich also Signale in Vegetationen besser senden. Tatsächlich gibt es im Bereich biologischer Kommunikation fast keine grünen Signale. Zu den Ausnahmen gehören Lichter, die von Leuchtkäfern oder Tiefseefischen selbst erzeugt werden; diese Signale werden in der Dunkelheit gesendet, wo es keine störenden Umgebungsfarben gibt.

Das Senden von Signalen

Energie-Aufwendungen

Das Aussenden von Signalen kostet immer Energie. Wichtig ist dabei, wer diese Kosten trägt. Nicht jeder Sender eines Signals bringt die dafür nötige Energie selber auf. Wir wollen das an ein paar Beispielen erläutern.
Echo-ortende Fledermäuse empfangen durch eigene Orientierungslaute Schallsignale aus der Umwelt, die dort aber nur reflektiert wurden. Die Sende-Energie bringt der echo-ortende Organismus auf. Die Information – wo ein Beuteinsekt sich befindet, wie groß es ist, wie schnell es fliegt – wird dem Ortungslaut vom getroffenen Objekt aufgeprägt. Die Fledermaus ist zwar Erzeuger des Informationsträgers, nicht aber der Information (denn hätte sie diese schon, so brauchte sie die Orientierungslaute nicht auszustoßen).
Ein anderes Beispiel: Wir erkennen am Blätter-Rascheln den Standort und die Größe von Bäumen und können sogar Laub- von Nadelbäumen unterscheiden. Die für solche Signale nötige Energie stammt nicht vom Baum, sondern aus der Luftbewegung; diese enthielt aber das Signal nicht, das ja erst durch Anzahl und Form der Blätter entsteht. Energielieferant ist der Wind, Sender des Signals jedoch sind die Bäume. Zwar mußten die Bäume die Blätter herstellen, aber nicht, um damit zu rascheln.
Ähnlich ist es mit vielen optischen Signalen, die mit Hilfe der Sonnenenergie gesendet werden: Für Signale aus Körperformen, Fell-, Gefieder- oder Blütenfarben hat der Organismus nur die Herstellungskosten zu tragen, nicht aber die Betriebskosten, die von der Sonne gedeckt werden. Wollen wir uns jedoch nachts optisch orientieren, wenn kein Sonnenlicht zur Verfügung steht, so müssen wir die nötigen Energiekosten selber tragen und mit Lampen leuchten. Auch Leuchtkäfer bringen die Sende-Energie für ihre Signale selbst auf, ebenso alle Organismen, die mit selbsterzeugten Bewegungen Signale senden.
Da vom fast allgegenwärtigen Sonnenlicht nahezu alle Objekte – belebt oder unbelebt – gezwungen werden, Licht zu reflektieren und damit potentielle Signale zu senden, wird auch verständlich, daß es für die Organismen rentabel ist, Empfangsorgane für solche Signale zu entwikkeln, nämlich optische Sinnesorgane. Hingegen erzeugen nur sehr wenige Organismen selbst Licht.
Wenn Organismen mit ihren Energieaufwendungen haushalten müssen,

dann sollten sie auch versuchen, die für Orientierung und Kommunikation nötige Signal-Sende-Energie möglichst einzusparen. Darin liegt der Vorteil, und das ist der Grund für die Häufigkeit optischer Farb- und Form-Signale: Um sie zu senden, läßt sich die Sonnenenergie in Form von Licht unmittelbar ausnutzen. Diese Signale werden, solange Energie von dritter Seite geliefert wird, vom Sender mit wenig eigenem Aufwand und zum Teil dauernd gesendet; es kann den Organismus hingegen Energie kosten, dieses Signalisieren abzuschalten, nämlich sich oder die auffälligen Teile zu verbergen. Zu Zeiten, wo diese von dritter Seite gelieferte Energie nicht verfügbar ist, verzichten viele Organismen auf Orientierung und Kommunikation – sie gehen schlafen.

Etwas anders liegen die Verhältnisse im Bereich der Akustik: Bei vielen Bewegungen entsteht durch Reibung auch Schall. Da dieser Schall nicht nur bei Tageslicht anfällt, sind Sinnesorgane für Schall und Vibration sogar noch lohnender. Sie sind im Tierreich früher entwickelt worden als solche für optische Signale. Schall wird auch durch verschiedenartigste Bewegungen von den Tieren selbst erzeugt. Die dafür nötige Energie muß zwar von den Organismen selbst aufgebracht werden, aber viele Schallsignale fallen als Beiprodukte beim Aufwenden von Energie zur Bewegung und Fortbewegung an. So selten bei Tieren deshalb die Ansätze zum Selbsterzeugen von Licht, so häufig sind solche zum Erzeugen von Schall für die Kommunikation.

Weil Signalisieren Energie kostet, entstehen auch Bewegungssignale bevorzugt da, wo Bewegungen sowieso schon ablaufen. Alle Organe, Körperteile und Glieder, deren Bewegung der Kommunikation dienen, werden (oder wurden zumindest ursprünglich) im Dienste anderer Funktionen bewegt. Wo immer wir es nachgeprüft haben, führen folgende Entwicklungsstufen zu einem Signal (s. Wickler 1973):

1. Stufe: Der Organismus bewegt sich zur Selbsterhaltung, also etwa zur Nahrungssuche, zur Verteidigung, zum Temperaturausgleich usw.

2. Stufe: Ein anderer Organismus nimmt diese Bewegungen oder schon ihre Vorstufen wahr. Vorstufen sind z. B. das Beinheben vor dem ersten Schritt, das Maulöffnen vor dem Atmen oder Beißen, das Niederducken vor dem Abspringen und anderes mehr. In der Ethologie nennt man alles das Intentionsbewegungen; sie kennzeichnen die Intention des Tieres, sie zeigen an, was folgen wird.

3. Stufe: Die Reaktion, die der wahrnehmende Organismus daraufhin zeigt, hat Konsequenzen für den Sender des Signals. Es können negative

Konsequenzen sein, wenn er dabei einen Feind auf sich aufmerksam macht; in diesem Fall wird die Entwicklung dahin tendieren, das Senden dieses Signals abzuschwächen oder ganz zu unterdrücken. Es können aber auch positive Konsequenzen sein, in diesem Fall wird der Sender-Organismus gegebenenfalls mehr Energie in das Signalisieren investieren, um so mehr, je vorteilhafter die Reaktion des Empfängers für ihn selbst ist. Zuweilen kann diese Bewegung schließlich nur noch um des Signalisierens willen ausgeführt werden. Viele Bewegungen haben so einen allmählichen Funktionswechsel durchgemacht; d. h., die Hauptaufgabe, die sie heute haben, ist nicht immer schon ihre Hauptaufgabe gewesen.
Wenn der Sender Energie in das Signalisieren investiert, so ist es für ihn vorteilhaft, mit wenig Aufwand viel Erfolg zu haben. Ein wesentlicher Faktor ist die Entfernung, über die das Signal geschickt werden muß. Größere Reichweiten verteuern das Signal schon wegen der nötigen höheren Sendeleistung. Wer weit gehört werden will, muß lauter rufen; wer weit gesehen werden will, muß größere Bewegungen machen oder stärkere Lichter nehmen. Schall und Licht breiten sich dreidimensional aus. Wenn man aber die Zielrichtung kennt, kann man unnötigen Verlusten entgegenwirken, indem man Abstrahlung in unerwünschte Richtungen abschirmt, also Richtstrahler und Schalltrichter verwendet (z. B. beim Rufen die Hände um den Mund legt). So läßt sich bei gleicher Sendeleistung eine größere Entfernung überbrücken, allerdings nur in eingeschränkter Richtung. Mäuler und Schnäbel sind bereits Schalltrichter, und Tiere, die einen Partner anrufen, wenden diesem den Kopf und damit den Schalltrichter zu.

Risiken des Senders

Jedes Signalisieren bringt das Risiko mit sich, Feinde aufmerksam zu machen und anzulocken. Risiko ist Verlust-Möglichkeit; sie muß kleiner sein als die Gewinn-Wahrscheinlichkeit, wenn sich das Signalisieren lohnen soll. Die Evolution sollte dahin tendieren, einen Organismus nur soviel Energie in das Signalisieren direkt investieren zu lassen, wie die Ausbreitung seiner Gene dadurch gefördert wird. Mit der Reichweite eines Signals wächst die Zahl der möglichen Empfangs-Stellen bzw. Empfänger, und zwar der erwünschten wie der unerwünschten. Dasselbe gilt bezüglich der Zeit: Je länger und je häufiger ein Sender sendet, desto wahrscheinlicher wird sein Signal empfangen, von Freund wie Feind. Freunde und Feinde sind aber verschieden häufig, und die Vorteile, die ein reagierender Freund bringt, werden nicht immer aufgewogen vom Schaden, der durch die Reaktion eines Feindes entsteht. So ist im Einzelfall eine Vorteil-Nachteil-Rechnung nur schwer aufzustellen.

Zeitwahl des Senders

Manche Vögel, Grillen (Heimchen) und Anuren (Frösche, Unken, Kröten) wiederholen ihre Ruflaute recht unentwegt und gleichförmig. Bei Grillen und Fröschen rufen nur die Männchen, und man weiß, daß sie damit die Weibchen anlocken. Bei Grillen läßt sich das besonders leicht zeigen, indem man ein Mikrophon in die Nähe eines singenden Männchens bringt, die Rufe per Lautsprecher in einem anderen Raum wiedergibt und beobachtet, was Weibchen dort tun: Regelmäßig laufen sie auf den Lautsprecher zu. Gibt man die Laute über Lautsprecher wieder und stellt diese an verschiedenen Orten auf, so daß der Schall stets gleichzeitig aus zwei verschiedenen Richtungen kommt, dann laufen die Weibchen in der Mitte zwischen beiden Schallquellen hindurch.
Auch im Freien rufen mehrere Männchen. Wie kommt es, daß dort die Weibchen nicht auch zwischen den Männchen hindurchlaufen? Das liegt zum Teil daran, daß die Männchen auf Lücke rufen. Es liegt im Interesse jedes Männchens, seinen Ruf unvermischt mit dem eines anderen erschallen zu lassen, damit er klar und eindeutig beim Weibchen ankommt. Auch rivalisierende Frösche und andere Tiere rufen darum abwechselnd auf Lücke und vermeiden, einander »ins Wort zu fallen«.
Das hat vor einigen Jahren W. HEILIGENBERG (1969) am Zirpen des männlichen Heimchens (*Acheta domestica*) näher untersucht, indem er einem Männchen einen computergesteuerten künstlichen Zirpgesang anbot. Fällt der künstliche Laut genau mit dem vom Männchen erzeugten zusammen, so bleibt er ohne Einfluß. Ein Zirplaut, der nicht mit dem Zirplaut des Heimchens zusammenfällt, hemmt das Zirpen des Heimchens für einige Millisekunden. Über diese Hemmung hinaus regt das gehörte Zirpen das Heimchen aber auf längere Zeit zu eigenem Zirpen an. Die Wirkungen aufeinanderfolgender gehörter Zirplaute steigern sich innerhalb bestimmter Grenzen, und man kann auf diese Weise durch Vorspielen von Zirplauten auch ein schweigendes Heimchen schließlich

zum Zirpen bringen. Zirpende Tiere stecken sich also gegenseitig an. Die Ergebnisse gleichen denen, die wir auf S. 242 von Hähnen schilderten.

Heiligenberg ging aber noch einen Schritt weiter. Mit Hilfe des künstlichen Zirpens hatte er sehr genau die Antworten des lebenden Heimchens messen können. Nun ersetzte er das lebende Heimchen durch einen Analogrechner und gab diesem die am Heimchen gemessenen Werte ein. Er antwortete erwartungsgemäß genau wie das lebende Heimchen auf das vorgespielte Zirpen. Das Modell versuchte aber auch, bei hinreichend hoher Reizrate mit dem Reizmuster zu alternieren, genau wie ein lebendes Heimchen mit einem Rivalen. Das abwechselnde Rufen auf Lücke ergibt sich also von selbst aus den vorher untersuchten und im Modell simulierten Erregungs- und Hemm-Eigenschaften und braucht keine gesonderte Erklärung. Das heißt, man braucht nicht noch eine zusätzliche Besonderheit im Verhalten der Heimchen anzunehmen, die sicherstellt, daß die Männchen alternierend zirpen.

Wenn bei uns ein Männchen der Erdkröte oder in Afrika eins der weitverbreiteten Pantherkröte (*Bufo regularis*) ruft, so hört man sehr regelmäßig etwa jede Sekunde einen Ruf. Stimmt ein zweites Männchen ein, so merkt man das oft nur an seiner etwas anderen Klangfarbe; denn weiterhin erschallt alle Sekunde ein Ruf, nur jetzt immer abwechselnd vom einen und vom anderen Tier. Jedes ruft also nur noch halb so schnell, und beide rufen genau alternierend. Das gilt auch für andere Kröten und Frösche, sofern nicht zu viele beisammen sind. Erdkrötenmännchen sitzen zur Laichzeit meist einzeln und rufen; bei anderen Froschlurchen, die Männchenchöre bilden, ist solche Rufordnung nur künstlich herzustellen, wenn man zwei Tiere isoliert. Daß rivalisierende Männchen der gleichen Art auf Lücke rufen, um die Werbewirksamkeit jeder Stimme nicht zu verlieren, scheint auch hier biologisch vernünftig. Wie Wechselrufe und Chöre bei Fröschen und Kröten entstehen, haben wir an anderer Stelle genauer erörtert (Wickler und Seibt 1974).

Es sind aber auch Effekte beschrieben worden, die man zunächst unter Kuriosa einordnen möchte: Mehrere Forscher berichten, daß sie bei Beobachtungen im Feld zuweilen etwas unbeholfen Schreibmaschine schrieben und dann Zirp-Antworten von Laubheuschrecken recht genau im langsamen Takt ihres Schreibens bekamen. R. Busnel und B. Dumortier bemerkten, daß Laubfrösche ihre Rufe genau auf den Takt eines laut schlagenden Metronoms einstellen und mit diesem alternieren. E. Tretzel hörte seine Schamadrossel ihren Gesangsrhythmus an einen regelmäßig tropfenden Wasserhahn angleichen. Er hat diese Rhythmusangleichung dann ausgenutzt und den Tieren Musikstücke mit markantem Rhythmus (Märsche, Bayerische Volksmusik) vorgespielt. Zum Vergnügen seiner Zuhörer paßte die Drossel ihre lauten Flötenstrophen wie ein Solist in das Orchester ein.

Diese Effekte schienen zunächst biologisch nicht sehr bedeutsam, eher Kunstprodukte menschlicher Mitwirkung zu sein. Jedoch hat diese Fähigkeit biologisch durchaus relevante Folgen. Die Tiere sollten nämlich nicht nur zu verhindern suchen, daß ihr Ruf von dem eines Artgenossen überdeckt wird; Rufe anderer Tiere und überhaupt alle Fremdgeräusche stören sie ja ebenso. Sie sollten also auch diesen auszuweichen suchen. Wenn die störenden Geräusche nun rhythmisch, also in voraussagbaren Abständen kommen, können die Tiere sich anpassen.

Von Vogel- und Affenmännchen ist bekannt, daß sie auch dann auf Lücke rufen, wenn sie einander damit ihren Aufenthaltsort oder die Reviergrenze anzeigen. In diesem Fall versucht jeder, dem anderen etwas mitzuteilen oder ihn zu beeinflussen, und auch hier ist es biologisch sinnvoll, nicht dann zu rufen, wenn auch der andere gerade ruft und wahrscheinlich nicht zuhört. Für den Forscher, der Kommunikationssysteme untersucht, sind solche Wechselrufe und Wechselgesänge besonders günstig, denn eine Antwort ist immer eine Empfangsbestätigung und zeigt an, daß die vom ersten Tier ausgesendete Nachricht beim Empfänger auch angekommen ist, daß er also zugehört hat und daß die Übertragung geklappt hat.

Signale und ihre Bedeutung

Zur Orientierung in ihrer Umwelt und zur Verständigung untereinander brauchen Tiere Signale. Jede wahrnehmbare Änderung der Umwelt kann ein Signal sein; sie wird zum Signal, wenn das wahrnehmende Lebewesen ihr eine Bedeutung beimißt. Die Lehre von diesen Bedeutungen ist die Semantik, und der Vorgang, durch den ein Signal zu seiner Bedeutung kommt, wird Semantisierung genannt. Sie ist für Tiere von WICKLER 1967 und 1971 ausführlich erörtert worden. Für die Erforschung des Verhaltens, speziell des Sozialverhaltens der Tiere, genügt es natürlich nicht zu wissen, daß sie sich verständigen, sondern man muß auch wissen, was die Signale bedeuten, die sie einander zusenden. Darüber haben wir viel an Vogelgesängen gearbeitet, besonders an den Duetten von Vogelpaaren.

Wir unterscheiden bei Tieren Warnrufe, Drohrufe, Balzrufe, Schreckrufe usw. Damit ist bereits die Situation angegeben, in der diese Rufe auftreten und also auch die Bedeutung, die sie vermutlich haben. Ob der tierische Kommunikationspartner diese Rufe aber genauso versteht wie der menschliche Beobachter, muß allerdings erst nachgeprüft werden. Und hier beginnen die Schwierigkeiten. Denn was ein Signal für ein Tier bedeutet, kann man nur an seinen Reaktionen erkennen. Wenn es dann auf verschiedene Signale die gleiche Reaktion zeigt, hat man keinen Anhaltspunkt dafür, ob diese Signale überhaupt unterschieden werden und auch verschiedene Bedeutung tragen. Wenn es hingegen verschiedene Reaktionen auf ein und dasselbe Signal zeigt, dann wird man vermuten dürfen, daß es dieselbe Nachricht, je nach seiner augenblicklichen Lage, verschieden bewertet. Wir wollen auf die damit verbundenen Probleme hier nicht näher eingehen, aber doch folgendes hervorheben:

1. Die Bedeutung eines tierischen Signals fällt durchaus nicht immer mit einem Sachverhalt zusammen, für den wir Menschen einen Begriff haben. So heißt beispielsweise ein bestimmter Ruf des afrikanischen Schieferwürgers (*Laniarius funebris*) ins Deutsche übersetzt folgendes: »Es passiert etwas (optisch oder akustisch) Auffälliges in meinem Revier, das mich erregt und zugleich neugierig macht, aber nicht zur Flucht veranlaßt«.

2. Es gibt Bewegungen und Laute, die in sehr verschiedenen Situationen auftreten und offenbar eine bestimmte Beziehung zu anderen Individuen kennzeichnen. Nach R. Stamm heißt der räb-Ruf der Lachmöwe etwa dasselbe wie unser Bitte und kann je nach Situation mehr bettelnd oder eher fordernd gemeint sein: Bitte, gib mir Futter. – Bitte, laß uns kopulieren. – Bitte, geh weg. – Bitte, laß mich brüten. – Bitte, laß mich ans Futter. – Bitte, laß mich in Ruhe. – Bitte, mach weiter. – Bitte, folge mir.

3. Es gibt auch Bewegungen und Laute, die die Bedeutung von Satzzeichen haben. Das schnelle seitliche Schwanzwackeln der Stockente beispielsweise bedeutet dasselbe wie ein Doppelpunkt oder ein Punkt; es steht nach den Untersuchungen von J. Hailman und J. Dzelzkalns vor und nach wichtigen Signalen oder Handlungen und dient dazu, die Aufmerksamkeit der Gruppengenossen einzufangen (Mal herhören!) oder auch wieder freizugeben (Ende der Durchsage).

Diese wenigen Hinweise sollen verdeutlichen, daß tierische Kommunikationsweisen oft ähnlich schwer zu entschlüsseln sind wie Geheimschriften und daß einfache Übersetzungen tierischer Ausdrucksweisen in menschliche Begriffe mit großer Vorsicht zu betrachten sind.

Kapitel VII

Die Organisation des Verhaltens

Die Lebewesen sollten in ihrem Verhalten die genetische Verwandtschaft zu anderen Individuen berücksichtigen; also müßten sie in der Lage sein, Verwandtschaftsgrade untereinander abzuschätzen. In ihrem Verhalten müßten Nutzen-Kosten-Abwägungen zum Ausdruck kommen, sie sollten also in der Lage sein, ihre jeweiligen Bedürfnisse sowie die in jeder Situation enthaltenen Risiken und die erreichbaren Vorteile abzuwägen und in irgendeiner Weise gegeneinander zu verrechnen. Die Hilfsmittel, die die Tiere im Dienste dieser Aufgaben entwickelt haben (Wahrnehmungsmechanismen, Verhaltensweisen, Lernfähigkeiten), sind seit jeher das zentrale Arbeitsgebiet der Verhaltensforschung. Dabei stellte sich heraus, daß es drei Richtungen gibt, auf die sich die Lebewesen spezialisiert haben:

Erstens hat die Selektion jedes Mittel gefördert, das genaueres Erkennen und Unterscheiden der belebten und unbelebten Umweltobjekte erlaubt. Das ist ein Problem von Sendern und Empfängern: Besseres Unterschei-

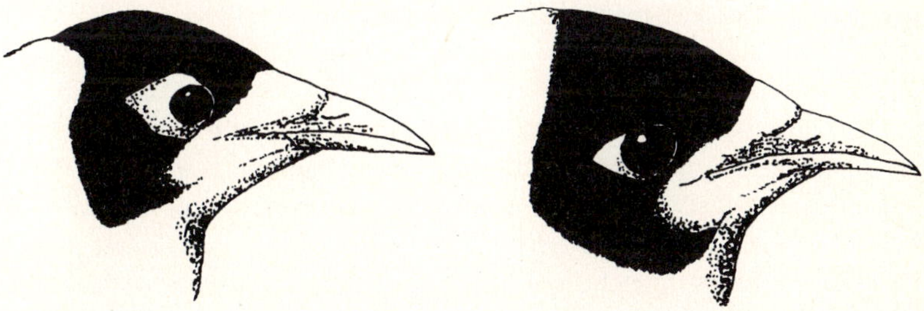

29. Beispiel für ein sozial wichtiges Farbsignal bei einem Vogel. Der australische Honigfresser *Manorina melanocephala* kann durch veränderte Federstellungen einen gelben Hautfleck hinterm Auge groß und klein machen. Groß ist er bei dominanten und drohenden Individuen, klein bei unterlegenen und beim brütenden Weibchen. (nach Dow)

den erfordert bessere Wahrnehmungsfähigkeiten beim Empfänger, kann aber auch durch immer differenziertere Signale vom Sender unterstützt werden. Letzteres allerdings wird nur dann geschehen, wenn der Sender an den Reaktionen interessiert ist, die der Empfänger auf diese Signale hin zeigt.

Solche Sender-Empfänger-Systeme und ihre immer weitergehenden Spezialisierungen hat WICKLER in dem Buch »Mimikry – Nachahmung und Täuschung in der Natur« ausführlich behandelt. Beispiele für die Entwicklung von Signalen, die die Art, das Geschlecht, das Alter, den Reifezustand oder die Stimmung kennzeichnen, sind in jedem Lehrbuch der Verhaltensforschung vorgeführt.

Zweitens fördert die Selektion jede Differenzierung im Verhaltensrepertoire, die es erlaubt, die einzelnen Objekte und Lebewesen je nach ihrem Nutzen für das Individuum verschieden zu behandeln. Von der weitgehend einförmigen Fortbewegung, die wir schon bei einfachsten Organismen finden, führt die Entwicklung zu immer stärker differenzierten Verhaltensweisen: a) Zum Auffinden und Aneignen nützlicher Objekte und Partner, b) zur Abwehr von Feinden und schädlichen Einflüssen, c) zur Auseinandersetzung mit Konkurrenten, d) zur Kooperation und gegenseitigen Hilfe zwischen nahen Verwandten oder einander fördernden Lebewesen. – Auch für alle diese verschiedenen biologischen Aufgaben gibt jedes Lehrbuch der Verhaltensforschung zahlreiche Beispiele (etwa unter den Überschriften: Suchverhalten, Beutefang, Balzverhalten; Feindvermeidung, Selbstverteidigung, Wohnhöhlenbau, Wanderungen; Droh- und Kampfverhalten; Gruppenbildung, Brutpflege, soziale Hilfeleistungen, Symbioseverhalten).

Wie sich verschiedene Bewegungsweisen im Laufe der Stammesgeschichte zu ihrer heutigen Form entwickelt haben, aus welchen Anfängen und auf welchen Wegen optische, akustische und chemische Signale entstanden, wie diese Signale von Sinnesorganen aufgenommen und von den verschiedenen Teilen des Nervensystems weiterverarbeitet werden, wie Muskeln und Nervensystem bei der Erzeugung von Bewegungen zusammenarbeiten, welche Rolle Hormone dabei spielen und vieles mehr, was in diesem Zusammenhang Bedeutung hat – das alles ist hier nicht unser Thema. Es ist ausführlich in den Standardwerken von I. EIBL-EIBESFELDT, R. HINDE und P. MARLER/W. HAMILTON behandelt.

Drittens fördert die Selektion jedes Mittel, das eine vorteilhaftere Anwendung des Verhaltens erlaubt, das heißt, sie fördert eine präzisere

Zuordnung einzelner geeigneter Elemente aus dem Verhaltensrepertoire zu besonderen Situationen. Dazu ist einerseits erforderlich, daß die einzelnen Verhaltenselemente immer freier miteinander kombinierbar werden, andererseits muß das Lebewesen über Kriterien verfügen, mit denen es entscheiden kann, welche Kombination von Verhaltenselementen im gegebenen Fall einzusetzen ist. Diese Kriterien müssen angeben, welcher Vorteil für das Individuum bzw. für die Ausbreitung seiner Gene sich mit verschiedenem Verhalten erreichen läßt. Hier spielen Situations-Erfahrungen, Ausprobieren von Verhaltensreaktionen und Messen des Erfolgs oder Mißerfolgs eine Rolle – kurz gesagt alle Lernvorgänge.

Auch über das Lernvermögen der Lebewesen gibt es eine reichhaltige Literatur; wir wollen es hier nicht näher erörtern. R. HINDE und J. STEVENSON-HINDE haben das, was man über die Grenzen der Lernfähigkeit von Tieren weiß, also über das Unvermögen wie über Prädispositionen mancher Lebewesen, bestimmte Dinge zu lernen, zusammengestellt.

Viertens fördert die Selektion eine verschiedene Spezialisierung in Körperbau und Verhalten unter Artgenossen, wenn das Zusammenwirken der verschiedenen Spezialisten dann auch gesichert ist. Am deutlichsten ist eine solche Aufgaben-Teilung bei Männchen und Weibchen zu sehen. Sie kann dazu führen, daß jedes Individuum nur über einen Teil derjenigen Verhaltensweisen und Trieb-Mechanismen verfügt, die zum Erbringen einer bestimmten Leistung erforderlich sind. Man sollte mehr als bisher daran denken, daß gerade im Sozialverhalten ein funktionell definiertes Verhaltenssystem – etwa der Fortpflanzungs-Trieb – auf mehrere Individuen aufgeteilt ist und zur Ausführung des biologisch sinnvollen Verhaltens das Zusammenwirken nicht nur verschiedener Verhaltensweisen eines Individuums, sondern mehrerer Individuen erforderlich ist. Einen solchen individuen-übergreifenden Trieb hat D. LEHRMAN an der Lachtaube analysiert; seine Zusammenfassung ist im READER enthalten.

Unter den Begriff »Organisation des Verhaltens« gehören aber auch die Vorstellungen, die man sich von dem Zusammenspiel der verschiedenen reizaufnehmenden und reizbeantwortenden Verhaltensmechanismen macht. Hierbei geht es nicht in erster Linie um die Beschreibung des Verhaltensinventars, sondern um eine Beschreibung der Anwendungsweisen und der Konsequenzen des Verhaltens, also der Verhaltens-Strategien. Das ist für unsere Fragestellung wichtig, und wir wollen deshalb einige Gesichtspunkte aus diesem Gebiet aufgreifen.

Lernprozesse

Seneca und die UFOs

Der römische Dichter und Philosoph Seneca (4 v. Chr. – 65 n. Chr.) fragt in einem seiner Briefe: »Warum flieht die Henne nicht vor einem Pfau oder vor einer Gans, da sie doch vor dem Habicht flieht, der noch kleiner ist und den sie noch nicht einmal kennt? Es ist klar, daß sie eine Erkenntnis von dem Schädlichen hat, welches sie nicht aus der Erfahrung gelernt: Denn sie hütet sich schon davor, ehe sie die Erfahrung bekommen konnte.«

Heinroth, der sehr scharf beobachtende Vorläufer der Verhaltensforschung, schrieb 1928 in seinem berühmten Werk über »Die Vögel Mitteleuropas«: »Man hat den Eindruck, daß spitzflügelige, sehr rasch dahinstreichende Vögel stets scharf beobachtet und auch gefürchtet werden, soweit sie keine Langhälse sind, denn an freifliegende Enten, Gänse und Kraniche gewöhnt sich das große und kleine Geflügel überraschend schnell und würdigt sie kaum noch eines Blicks, wenn sie öfter vorbeikommen; nur die Meisen zetern gewöhnlich immer wieder und machen einen dadurch oft auf Großvögel aufmerksam. Immerhin erscheinen große fliegende Vögel namentlich den Haushühnern am Anfang doch bedenklich, denn bei der Rückkehr der Störche gibt es erst großes Entsetzen unter den Hühnervölkern der Bauernhöfe. Umgekehrt dauert es eine ganze Weile, bis sich die Hühnervögel, Kraniche und andere an Mauersegler gewöhnt haben. Immer und immer wieder sehen sie nach oben, wenn in den ersten Maitagen dieses baumfalkenähnliche Flugbild am Himmel erscheint: die Tiere können offenbar die Entfernung nicht richtig schätzen und halten die schwarzen Kerle für zu groß. Auch eine sehr rasch dahinfliegende Taube flößt immer wieder Furcht ein. Man kommt demnach zu dem Schlusse, daß die Beutetiere allem, was besonders rasch fliegt und kurzhalsig ist, mißtrauen, und dieser Trieb stimmt ja auch im großen und ganzen auf Raubvögel«.

Tinbergen und Lorenz machten Attrappenversuche dazu, indem sie aus Pappe ausgeschnittene Flugbilder verschiedener Vögel (Abb. 30) an einem waagerecht ausgespannten Draht über ihre frei lebenden Gänse, Enten, Puten und Hühner hinwegzogen. Schreckreaktion erzeugten sie mit verschiedenen Attrappen, die alle kurzhalsig waren; auf die verschiedenen Ausbildungen von Flügel und Schwanz kam es dagegen wenig an. Daß die

30. Attrappenformen, mit denen man die Flugfeind-Reaktion verschiedener Bodenvögel geprüft hat. R/G: die berühmte Attrappe, die je nach Bewegungsrichtung wie ein Raubvogel oder eine fliegende Gans aussieht.

Vögel nur einige der vielen optischen Merkmale beachten, nahm Tinbergen als Hinweis auf ein angeborenes Verhalten. Außerdem fiel auf, daß die Tiere keine Schreckreaktion gaben, wenn die kurzhalsige Raubvogelattrappe am Draht wieder rückwärts, also mit dem Schwanz voran, in die Ausgangsposition zurückgezogen wurde. Dann allerdings konnte man sie auch als Langhals-Attrappe deuten. Sie ähnelte vorwärts gezogen einem fliegenden Raubvogel, entgegensetzt bewegt aber einer fliegenden Gans. Als Raubvogel-Gans-Attrappe und als Beispiel für angeborenes Gestalterkennen ging sie sogar in Psychologie-Lehrbücher ein. In weiteren Versuchen mit Kücken von Haushühnern und Hausenten schreckten allerdings anfangs die Kücken vor allen Attrappen gleich stark, nach häufiger Darbietung jedoch vor keiner mehr. Tinbergen's Ergebnisse schienen damit widerlegt.

Wie diese Widersprüche und wie die Flugfeindreaktion der Tiere zustandekommen, hat dann W. Schleidt an unerfahrenen Putenkücken untersucht. Seine Versuchstiere lebten bis zur 10. Lebenswoche in einem fensterlosen, künstlich beleuchtetem Raum, wo sie weder erwachsene Artgenossen noch fliegende Objekte sahen. Auch sie reagierten auf die Raubvogel- wie auf die Gans-Attrappe gleich stark, wie übrigens auch auf eine flächengleiche Kreisscheibe (Abb. 30). Bot man nun aber mehrere Tage hindurch eine der Attrappen 10mal so oft wie die anderen, so nahm die Reaktion auf die häufig gebotene ab, blieb aber auf die selten gebotene erhalten. Dabei war gleichgültig, welche Figur man häufig und welche man selten verwendete. Unter natürlichen Bedingungen sehen freilebende Gänseküken häufiger fliegende Gänse als fliegende Raubvögel, deshalb bleibt ihre Fluchtreaktion auf die seltenen Kurzhals-Flugbilder erhalten. Im Versuch kann man sie aber ebensogut an Raubvogelbilder adaptieren und ihnen eine Fluchtbereitschaft vor fliegenden Gänsen erhalten. So kommt es auch, daß die Tiere besonders intensive Flugfeindreaktionen auf andere, ihnen völlig unbekannte Flugobjekte zeigen, z. B. auf Testballons, Luftschiffe, Hubschrauber, in manchen Gegenden auch auf fliegende Störche.

Wir sehen an diesem Beispiel, wie eine Reaktion, die zunächst unspezifisch auf verschiedene Signale und Situationen erfolgt, durch Anpassung an biologisch irrelevante Signale und Situationen spezifischer und biologisch sinnvoller werden kann. In diesem Fall genügt es – da Raubvögel selten sind –, die Häufigkeit als Kennzeichen der irrelevanten Situation zu benutzen, die Fluchtreaktion also auf die selten auftretende

Reizsituation festzulegen. Heinroth hat mit seiner intuitiven Meinung also weitgehend recht gehabt.
Nicht erst durch Erfahrung wird festgelegt, daß das Flugbild einen deutlichen Kontrast zum Hintergrund bilden muß (weshalb man die verwendeten Attrappen schwarz färbt) und vor allem, wie schnell es sich bewegt. Auch da hatte Heinroth schon geahnt, was spätere Versuche bestätigen: Es kommt nicht auf die Geschwindigkeit an, mit der das Objekt am Versuchstier vorbeizieht; diese Geschwindigkeit ändert sich ja stark mit der Flughöhe. Es kommt auch nicht auf die Größe des Netzhautbildes an, die ebenfalls stark mit der Flughöhe wechselt; eine tief fliegende Libelle kann größer wirken als ein sehr hoch fliegender Adler. Da Vögel wegen der seitlichen Stellung ihrer Augen ein solches Objekt meist nur mit einem Auge fixieren, wie man leicht an ihrem schräg gehaltenen Kopf erkennen kann, können sie die Entfernung nicht gut schätzen. Sie verlassen sich deshalb auf ein anderes Maß, nämlich die Bewegungsgeschwindigkeit, gemessen in gesehener Länge des Objekts. Auf diese Weise heben sich die scheinbaren Unterschiede in Größe und Geschwindigkeit auf, die von der Flughöhe abhängen. Ein beliebiges Objekt erscheint um so kleiner, je weiter es weg ist, und bewegt sich auch um so langsamer durch unser Gesichtsfeld, rückt dabei aber um die gleiche Anzahl Eigenlängen voran. Da ein sehr hoch fliegender Feind nicht so unmittelbar bedrohend ist wie ein tief fliegender, der dann auch größer erscheint, tun die Vögel gut daran, vor größeren Objekten mehr zu erschrecken.
Die beschriebene Reaktion auf Luftfeinde findet manche Parallelen in der neuzeitlichen Reaktion der Menschen auf Unbekannte Flug-Objekte, kurz UFOs genannt, seien es nun Kometen, angebliche Mars-Raumschiffe oder reale Flugzeuge, die noch unzivilisierte Eingeborenenstämme in Panik bringen. Mit dem häufigeren Auftreten verlieren diese Flugobjekte auch für den Menschen an Schrecken.

Gewöhnung und Bewertung

Der hier zugrundeliegende Vorgang ist aber nicht auf diese spezielle Situation beschränkt. Er ist viel allgemeinerer Natur und hat einige weitere bemerkenswerte Auswirkungen. In parallelen Experimenten haben Psychologen nämlich gefunden, daß die Bewertung beliebiger

Signale sich mit der Häufigkeit ihrer Darbietung ändert. Aus den zusammenfassenden Darstellungen von A. Harrison und R. Zajonc (1968) wollen wir hier nur einige Resultate anführen.

Iktitaf – Afworbu – Kadirga – Jandara – Civadra – mit welchen dieser Worte verbinden Sie eine angenehme, mit welchen eine weniger angenehme Bedeutung? Diese Frage, vielen Versuchspersonen vorgelegt, führte erwartungsgemäß zu keinem klaren Ergebnis. Es handelte sich um türkische Worte, die den Versuchspersonen unbekannt waren. Wenn man jedoch diese Worte unterschiedlich oft darbot und dann die Versuchspersonen erraten ließ, welche der türkischen Adjektive etwas Angenehmes

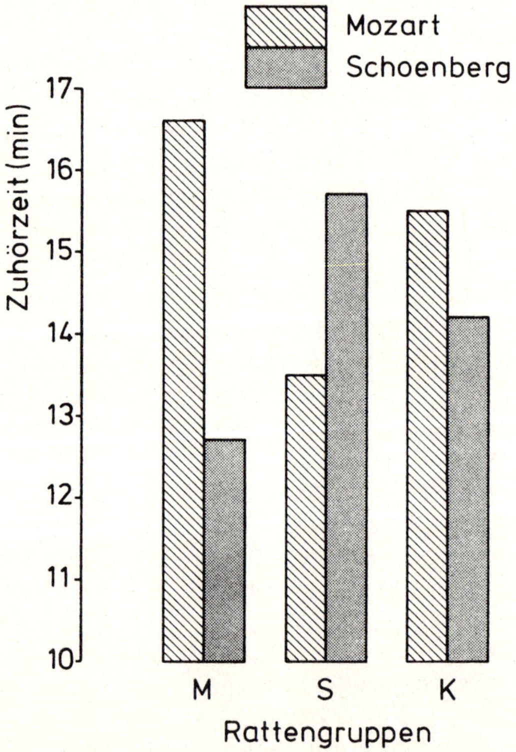

31. Mit Musik von Mozart (M) oder von Schoenberg (S) aufgezogene Ratten bevorzugten später im Wahlversuch jeweils ihre gewohnte Musik. Kontrolltiere (K), die ohne Musik aufwuchsen, zeigten eine geringe Vorliebe für Mozart. (nach Cross)

und welche etwas Unangenehmes bedeuten, so wurden die Worte um so positiver bewertet, je häufiger sie vorher dargeboten worden waren.
Wenn es nur daran lag, so sollte es mit anderen, nicht-lesbaren Zeichen ebenso gehen. Tatsächlich wurden in derartigen Tests auch chinesische Schriftzeichen, die häufiger dargeboten wurden, positiver bewertet als die seltener gezeigten.
Solche zunächst skurrilen Experimente kann man auch mit Tieren anstellen. H. Cross, A. Halcomb and C. Matter haben Ratten unter drei verschiedenen Bedingungen aufgezogen:
Eine Gruppe bekam 52 Tage lang täglich 12 Stunden Mozartmusik zu hören (Symphonien 40 und 41, Violinkonzert No. 5, Zauberflöte).
Eine zweite Rattengruppe bekam ebenso lange Schoenberg-Musik zu hören (Kammersymphonien 1 und 2, Verklärte Nacht, Pierrot Lunaire).
Die dritte Gruppe wuchs als Kontrollgruppe ohne musikalische Untermalung auf. Nach den 52 Tagen gönnte man allen Ratten 15 Tage Ruhe; danach wurden sie 60 Tage lang auf ihre musikalische Vorliebe getestet. Sie kamen in einen Käfig, in dem sie sich selbst Mozartmusik einschalten konnten, wenn sie auf die eine, und Schoenberg-Musik, wenn sie auf die andere Seite liefen. Die so eingeschaltete Musik dieser Komponisten war jedoch nicht mit den vorher gehörten Stücken identisch. Dennoch verschafften sich die Mozart-Ratten überwiegend Mozartmusik, die Schoenberg-Ratten dagegen Schoenberg-Musik. Die ohne Musik aufgewachsenen Ratten zeigten immerhin eine leichte Vorliebe für Mozart.
So kann man Vorlieben und Stile prägen, Moden kreieren und durch Langzeitwerbung den Markt erobern. Man hat mit derartigen Experimenten die sensiblen Perioden der Prägung abzutasten und die Vorgänge zu erforschen versucht, die unbelohntem Lernen oder Gewöhnungen zugrunde liegen. Da das Lebewesen seine Reaktion einer Reizsituation gegenüber ändert, ohne daß eine uns faßbare Belohnung es dazu anregte, hat Zajonc eine andere Erklärung angeboten: Wahrscheinlich erzeugen neue Signale zunächst angespannte Aufmerksamkeit, eine eher unangenehme Ungewißheit, die abnimmt, je vertrauter die Signale den Tieren werden, so daß diese schließlich im Wahlversuch neuen Signalen vorgezogen werden.
Solange man diese Vorgänge mit sinnlosen Buchstabenkombinationen an Menschen oder mit Opernmelodien an Ratten prüft, wirken sie gekünstelt und reif für ein Raritätenkabinett. Wenn aber allein durch die Häufigkeit der Darbietung die Bekanntheit und mit ihr die positive Bewertung

zunimmt, dann kann das in biologisch relevanten Situationen auch bedeutsame Folgen haben.
Eine solche Situation entsteht bei vielen Tieren in der Brunstzeit, wenn das Männchen vom brünstigen Weibchen angezogen wird, das Weibchen sich aber zunächst spröde verhält. Durch Beharrlichkeit kann das Männchen dann die Sprödigkeit des Weibchens überwinden; das heißt aber: Das Männchen bietet sich dem Weibchen immer wieder an, und das Weibchen wird ihm gegenüber immer positiver eingestellt. Man spricht übrigens auch hier von Werbung.
Daß häufige Darbietung eine Bevorzugung erzeugen kann, spielt in vielen Bereichen des Verhaltens eine Rolle. Durch häufiges Begegnen werden Individuen miteinander bekannt; begünstigt wird häufiges Begegnen durch räumliche Nähe, und je früher im Leben sich Individuen nahe beieinander aufhalten, desto wahrscheinlicher handelt es sich um Familienmitglieder, also nahe Verwandte. Diese zu erkennen, ist aber, wie wir sahen, von großer Bedeutung. Ebenso wichtig sind Bekanntwerden und Positiv-Bewerten bei der Ökonomisierung des Lebens.

Wie viele Triebe gibt es?

Im typischen Trieb- oder Instinktverhalten der Tiere unterschied W. Craig im Jahre 1918 folgende Phasen:
1. Das Tier wird unruhig und sucht. Das nannte er Appetenzverhalten, weil es ein Streben, einen Appetit nach etwas anzeigt.
2. Danach führt das Tier eine relativ formstarre Verhaltensweise aus, wodurch es offenbar ein Bedürfnis befriedigt, sein Streben und Suchen zu einem Ende kommt. Deshalb nannte er diese Handlungen auch Endhandlungen.
3. Nachdem eine Endhandlung – eventuell mehrmals – abgelaufen ist, geht das Verhalten des Tieres in eine Phase relativer Ruhe über.
Die Verhaltensphysiologen sahen Triebe als Ergebnis spezifischer Erregungen, die automatisch endogen produziert werden und von sich aus – auch ohne Anlaß aus der Umwelt – zur Entladung drängen. Dann sind Triebe also die Quellen des Spontanverhaltens. Dementsprechend nahm Lorenz unruhiges Suchen, also Appetenzverhalten, als Kennzeichen für einen Trieb, weil ihm daran lag, die Spontaneität des Instinktverhaltens hervorzuheben. Das geschah im Gegenzug zu der älteren Vorstellung,

derzufolge Tiere reine Reflexautomaten waren, die zu ihrem Verhalten stets einen Anstoß von außen brauchten. Sowohl Reflexe wie die Spontaneität des Nervensystems sind physiologische Erscheinungen, die den Verhaltensmechanismus betreffen.

Im Vordergrund der Verhaltensforschung stand jedoch ursprünglich nicht die Frage, wie Verhalten zustande kommt und konstruiert ist, sondern wozu es nützlich ist, welche Folgen es hat. Funktionell gesehen sind Instinkte darauf gerichtet, die im Organismus auftretenden Abweichungen von Sollwerten durch geeignete Gegenmaßnahmen zu kompensieren. Solche Abweichungen von Sollwerten können wir auch Bedürfnisse nennen. Das Aufrechterhalten lebensnotwendiger Zustände – z. B. der Körpertemperatur, des Blutzuckerspiegels, der Ionenkonzentration in den Körpersäften – nannte der amerikanische Physiologe W. B. Cannon *Homöostase* (nach dem griechischen *homoios* = gleich; *stasis* = Stand). Instinkte sind also Homöostase-Mechanismen.

Die Phase relativer Ruhe zeigt an, daß keine störende Abweichungen von wichtigen Sollwerten vorliegen. Treten Abweichungen auf – wird dem Tier etwa zu kalt oder zu warm, leert sich sein Nahrungsspeicher, oder verändert sich etwas in der bekannten und vertrauten Umgebung –, so wird es aktiv und unruhig und kann nun auf verschiedene Weise versuchen, die Übereinstimmung zwischen Ist und Soll wiederherzustellen, das Bedürfnis zu befriedigen. Braucht es dazu äußere Hilfsmittel, so wird es nach diesen suchen, also Appetenzverhalten zeigen. Das Suchverhalten ist mitunter ungerichtet: Schon jede vermehrte Fortbewegung erhöht die Wahrscheinlichkeit, auf das gesuchte Hilfsmittel zu stoßen. So streifen z. B. viele Tiere, die Hunger haben, ungezielt beutesuchend umher – man denke nur an Raubtiere oder Geier. Häufiger aber ist das Suchverhalten gerichtet: Das Tier sucht nicht irgendwo, sondern zum Beispiel an Stellen, an denen es schon einmal Nahrung gefunden und die es dabei kennengelernt hat. Tiere können lernen, wo sie Beute oder Wasser oder Zuflucht finden; welche Wege am sichersten dorthin führen; was besonders gut schmeckt; wo es gefährlich ist und wie der Feind aussieht; wie man ein Nest baut; und vieles andere mehr.

Die alte und immer wieder gestellte Frage, wie viele Triebe (oder Instinkte) es gibt, kann man nur so beantworten: Es gibt so viele Triebe, wie das Tier verschiedene Bedürfnisse getrennt befriedigen kann. Eine Muschel, die ihre Nahrung mit dem Atemwasser aufnimmt, wird beim Atmen satt und braucht keinen Freßtrieb. Andererseits verfügen Tiere oft über mehr Triebe, als der Beobachter gewöhnlich bemerkt. Bedürfnisse, die durch Triebe zu befriedigen sind, kann man sogar experimentell herstellen: Es ist seit langem bekannt, daß manche Tiere (und sogar Menschen), die an Kalkmangel leiden, Putz von den Wänden zu essen beginnen. Offensichtlich kann der Organismus den Mangel feststellen und hilft dem nicht durch generelle Nahrungsaufnahme, sondern durch gezielte Aufnahme solcher Materialien ab, die am ehesten geeignet sind, das Defizit zu beseitigen.

Dazu hat man vor allem mit Ratten sehr viel weitergehende Versuche angestellt. Man kann ihnen in der Nahrung bestimmte Aminosäuren vorenthalten und bietet ihnen dann wahlweise verschiedene Pulver an, die je einen anderen Stoff enthalten; eins der Pulver enthält auch die in der Nahrung fehlende Aminosäure. Und die Ratten fressen tatsächlich nach einigem Probieren dieses eine Pulver zusätzlich zu ihrer Mangelnahrung. C. CHRISTENSEN und Mitarbeiter haben Ratten zinkfreie Nahrung gegeben. Zink ist ein Spurenelement, von dem der Körper keine Vorräte anlegen kann und dessen Fehlen zu Hautkrankheiten führt. Dann bot man ihnen leicht säuerliches Wasser, das gelöstes Zink enthielt. Die Ratten lernten, von dem säuerlichen Wasser, das sie sonst nicht mochten, soviel zu trinken, wie nötig war, um ihren Zinkmangel zu beheben.

Das Erstaunliche an diesen Experimenten ist die Fähigkeit der Tiere, einen so spezifischen Mangel in ihrem Körper überhaupt wahrzunehmen und zu lernen, wie sie ihn abstellen können. Dabei nehmen sie gezielt bestimmte Stoffe auf, deren Wirkung sie am eigenen Leibe erfahren haben, und suchen auch nach diesen Stoffen, zeigen also Appetenzverhalten. Demnach müßte ihr Verhalten von einem Trieb gesteuert sein. Das wäre dann aber nicht ein allgemeiner Freßtrieb, sondern ein Zink- oder Vitaminaufnahme-Trieb. Denn die Tiere haben nicht schlechthin Hunger nach Nahrung, sondern sie haben sehr spezifischen Hunger nach ganz bestimmten Stoffen. Wenn diese Stoffe im Wasser gelöst geboten werden, schlägt dieser spezifische Hunger in einen ebenso spezifischen Durst um. Wie aber steht es dann mit dem allgemeinen Nahrungstrieb? Gibt es ihn überhaupt, oder ist er ein Konglomerat aus sehr vielen spezifischen Hungern nach Fett, Eiweiß, Kohlehydraten, Wasser, Vitaminen, Spurenelementen usw.?

Diese Frage wird gegenwärtig von einer Forschergruppe unter Leitung von D. MCFARLAND in Oxford genauer untersucht. Man konnte zeigen, daß jedes Lebewesen ständig vielerlei Bedürfnisse gegeneinander ausbalancieren und notgedrungen auch ständig Kompromisse schließen muß, und zwar nicht nur auf dem Gebiet der Nahrungsaufnahme. Nur bei sorgfältiger künstlicher Fütterung kann ein Tier sozusagen mit jedem Bissen die ideale Nahrungszusammensetzung aufnehmen. Unter normalen Bedingungen enthält alles Freßbare nur einen Teil des Benötigten und zusätzlich manches, was nicht gebraucht wird, oder den Körper sogar belastet. Wenn ein Futter z. B. neben dem benötigten Eiweiß auch viel Fett enthält, das für den Organismus im Moment völlig überflüssig ist, dann wird das Tier von diesem Futter weniger fressen als zur Deckung des Eiweißbedarfes erforderlich wäre; es wird einen unter diesen Bedingungen optimalen Kompromiß zwischen Fettüberlastung und Eiweißdefizit suchen, d. h. einen kleinen verbleibenden Eiweißmangel in Kauf nehmen, um den Fettüberschuß nicht zu groß werden zu lassen. Wenn Futter sehr feucht ist, nimmt ein Tier oft mit der Nahrung mehr Wasser auf, als es gebrauchen kann. Umgekehrt kann es bei trockener, heißer Witterung Früchte oder andere wasserhaltige Nahrung aufnehmen, um seinen Durst zu stillen, damit aber seinen Kohlehydratstoffwechsel stark belasten. Wenn Nahrung in der heißen Sonne zu finden ist, muß das Tier eine gewisse Überhitzung des Körpers mit Wasserverlust durch Schwitzen in Kauf nehmen – oder vorerst auf das Stillen des Hungers verzichten. So ist für die Tiere sehr selten der Idealzustand erreichbar. Wie McFarland zeigte, versuchen sie deswegen, jeweils mehreren verschiedenen Zielen so nahe wie möglich zu kommen, und wählen das unter diesen Umständen günstigste oder optimale Verhalten.

Das aber ist nur möglich, wenn die verschiedenen Bedürfnisse und Situationsvorteile, Risiken und Belastungen gegeneinander abgewogen werden können. Unter diesem Gesichtspunkt sollten wir also nicht säuberlich nach Aufgaben getrennte, nebeneinander stehende Triebe erwarten, sondern weitgehende gegenseitige Beeinflussungen und ein kompliziertes Zusammenspiel vieler verschiedener Verhaltenstendenzen. Auch müssen wir damit rechnen, daß manche Bedürfnisse nur zu bestimmten Zeiten existieren und das Verhalten beeinflussen. Ein winterschlafender Molch etwa braucht nur so wenig Sauerstoff, wie er passiv durch die Haut aufnehmen kann; er zeigt keine Atembewegungen. Ein an Land lebender Molch im Sommer dagegen atmet ständig, und diese Atmung ist ein Automatismus, ähnlich wie der Herzschlag. Geht der Molch aber ins Wasser, so muß er zum Luftholen jedesmal die Oberfläche aufsuchen – und das ist ein typisches Appetenzverhalten, das einen Trieb anzeigt. Dasselbe Tier deckt seinen Sauerstoffbedarf also einmal ohne offensichtliches Verhalten, einmal mit einem Automatismus, einmal mit einem Triebverhalten; und letzteres kann außerdem mit anderen Verhaltenstendenzen in Konflikt geraten, wie wir im folgenden Beispiel näher erläutern wollen.

Das Bedürfnis nach Sauerstoff und Wärme

Im Frühjahr kann man in Tümpeln (wo es die noch gibt) kleine Teichmolche, *Triturus vulgaris*, bei der Fortpflanzung beobachten. Ein Männchen – kenntlich am höheren Rückenkamm – geht am Boden des Tümpels auf ein Weibchen zu, beschnüffelt es (Abb. 32) und versucht, wenn das Weibchen stillhält, sich quer vor ihm zu postieren. Anfangs schwimmt das Weibchen ein Stück weg, das Männchen schwimmt hinterher und versucht es von neuem. Allmählich wird das Weibchen

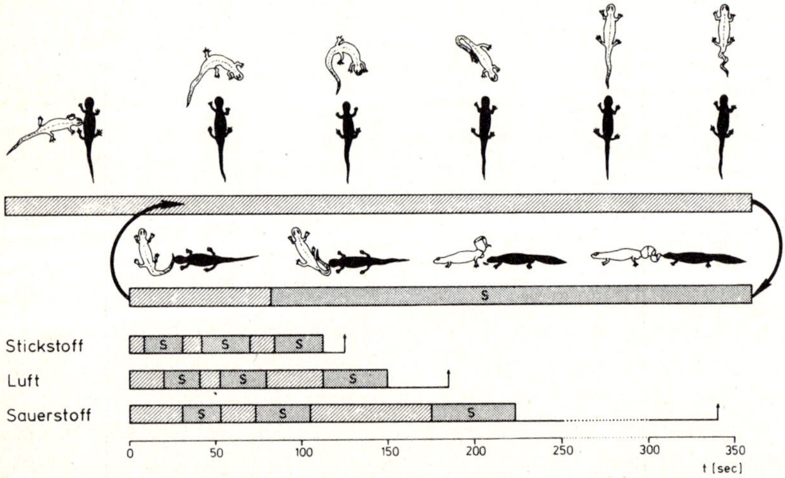

32. Die Aufeinanderfolge der Balzphasen beim männlichen Teichmolch *Triturus vulgaris* in Abhängigkeit vom Atemluftvorrat. S: Absetzen der Spermatophore; der nach oben zeigende Pfeil markiert das Luftholen an der Wasseroberfläche. Männchen weiß, Weibchen schwarz gezeichnet. (nach Halliday)

ruhiger. Dann kann das Männchen das Weibchen überholen und sich quer vor sie stellen. Hält das Weibchen weiter still, schlägt das Männchen seinen Schwanz nach vorn und wedelt damit einen Wasserstrom auf den Kopf des Weibchens zu. Dabei öffnet sich seine Kloake, so daß im Wasserstrom Duftstoffe zum Weibchen gelangen. Wenn das Weibchen seine Bereitwilligkeit anzeigt, indem es nun langsam dem Männchen entgegengeht, dann springt das Männchen ein Stück rückwärts und wedelt wieder. Folgt das Weibchen weiter, so dreht sich das Männchen schließlich um und geht langsam vor dem Weibchen her, läßt sich aber vom Weibchen einholen. Sobald sie ihn von hinten anstößt, hebt das Männchen seinen Schwanz und setzt aus der weit geöffneten Kloake eine Spermatophore ab. Danach bewegt sich das Männchen genau eine Körperlänge voran, und zwar in leichtem Bogen und stoppt dann das Weibchen mit seinem quergestellten Schwanz. Da das Weibchen währenddes ständig mit der Nase am Schwanz des Männchens bleibt, bewegt sie sich auch eine Körperlänge voran, und am Ende dieses Manövers sollte ihre Kloake genau über der abgesetzten Spermatophore sein und sie aufnehmen. Durch einen Schwanzschlag schiebt das Männchen das Weibchen weg, beginnt dann die Balz von vorne, wie oben beschrieben, und setzt weitere Spermatophoren ab.

So glatt, wie hier beschrieben, verläuft der gesamte Zyklus aber selten. Schon das nötige Luftholen eines Partners beendet die Balz. Keiner der Partner kann vorhersehen, wann der andere Luft schöpfen muß. Hingegen kann jeder abschätzen, wann ihm selbst die Luft knapp wird. Kann er also sein Balzverhalten auf das Lufthol-Bedürfnis abstimmen?

Da das Männchen der aktivere Teil ist, wählte T. Halliday in seinen Experimenten Männchen aus, um diese Frage zu beantworten. Das Männchen steht vor folgendem Problem: Es muß sich fortpflanzen, also ein Weibchen über seine Spermatophoren locken. Da es keine Rückmeldung bekommt, ob das Weibchen eine Spermatophore aufgenommen hat, balzt es solange weiter, bis es 3 oder 4 davon abgesetzt hat; der menschliche Beobachter kann feststellen, daß die letzten Spermatophoren sicherer aufgenommen werden als die erste; die Abstimmung der Partner wird also offenbar genauer. Das heißt aber, daß die 3. und 4. Spermatophore wichtiger sind. Je später eine Spermatophore abgesetzt wird, desto länger ist aber die Balz davor, und desto näher rückt der Termin, zu dem das Männchen aus Luftmangel aufhören muß zu balzen. (Daß das Weibchen auch unvorhersehbar Luft holen muß, ist ein

zusätzlicher Unsicherheitsfaktor für das Männchen.)
Luftholen ist für das Männchen unabdingbar, sonst kann es nicht weiterleben und sich auch nicht fortpflanzen. Spermatophorenübertragung ist ebenso unabdingbar für die Fortpflanzung. Luftholen und Balzen sind beim Molch aber nicht miteinander zu vereinen.
Die Verhaltensweisen der Balz folgen einander in bestimmter Reihenfolge. Diese wird stark durch die Reaktionen des Weibchens beeinflußt. Also legte HALLIDAY ein narkotisiertes Weibchen in einen Halter und führte es immer in der gleichen Weise – wie ein optimal reagierendes Weibchen – dem balzenden Männchen nach. Somit hing die Abfolge der Balzhandlungen nur noch vom Männchen selbst ab. Vergleichsmessungen ergaben, daß ein ruhiges Männchen durchschnittlich 2,2mal in 10 Minuten zur Oberfläche schwimmt, ein balzendes etwas häufiger, nämlich 2,65mal (also etwa alle 4 Minuten). Wenn man nun immer wartet, bis das Männchen Luft geholt und den Boden wieder erreicht hat und ihm dann das Weibchen bietet, hat man vergleichbare Situationen. Der Raum über dem Wasser wurde im 1. Versuch mit reinem Sauerstoff, im 2. mit normaler Luft, im 3. mit Stickstoff gefüllt; das Männchen mußte also vom 1. zum 3. Versuch zunehmend mehr in Atemnot geraten.
Und nun zeigte sich, daß die Männchen ihr Balzverhalten sehr wohl dem Atemluftvorrat anpaßten, und zwar von Anfang an, nicht etwa erst nach 4 oder 5 Minuten, wenn die Luft wirklich knapp wurde. Abb. 32 zeigt, wieviel Zeit die Männchen für die Balzhandlungen vor jeder Spermatophore (S) aufwendeten. Wie man sieht, nimmt sich ein Männchen viel Zeit, wenn es Sauerstoff geatmet hat; es balzt nicht etwa schneller. Ein Männchen, das Stickstoff eingeatmet hat, balzt hingegen besonders rasch, setzt aber ebenfalls drei Spermatophoren ab. Genaue Messungen ergaben ferner, daß die Männchen das nächste Luftholen etwas aufschieben konnten, wenn sie mit der letzten Balzrunde nicht rechtzeitig fertig wurden. Diese an sich recht einfachen Versuche zeigen, wie Tiere zwei Tätigkeiten (Balzen und Atmen), die in Konflikt geraten, aufeinander abstimmen können; und zwar so, daß sie das Bestmögliche aus der Situation herausholen.
Diejenigen Verhaltensweisen, die eine Funktionseinheit bilden, ordnen wir gewöhnlich einem eigenen Trieb zu; also etwa die hier beschriebenen Balzhandlungen des Molches einem Balz- oder Fortpflanzungstrieb oder das Aufsuchen der Wasseroberfläche, Ausatmen und Luftschnappen dem Atemtrieb. Es ist viel darüber gearbeitet und nachgedacht worden, ob

derartige Triebe Spontaneität zeigen, ob sie das Tier auch bei gleichbleibenden Außenbedingungen zu spontanen Handlungen antreiben. Es ist aber noch zu wenig darüber gearbeitet worden, wie solche Handlungssysteme sich gegenseitig beeinflussen. Die Molche zeigen, daß der eigenständige Atmungstrieb doch nicht völlig eigenständig ist, sondern vom Balztrieb beeinflußt werden kann; umgekehrt kann aber auch der Atmungstrieb den Balztrieb beeinflussen. Wer wen fördert oder unterdrückt, hängt hier nachweislich von den Umständen ab; beide Triebe hängen an einem übergeordneten System, das Kennzeichen der Umwelt verarbeitet und das situationsgemäß optimale Verhalten veranlaßt.

Für Reptilien spielt die Temperatur eine besondere Rolle: Sie werden lethargischer, je kühler es wird. Man könnte vermuten, daß damit auch ihre Handlungsbereitschaften absinken. Das stimmt jedoch nicht für die Fluchtbereitschaft: Eidechsen werden um so scheuer und fliehen um so früher, je kühler es ist. Da sie bei Kälte insgesamt langsamer reagieren und sich auch langsamer bewegen, ist es biologisch sinnvoll, einer Gefahr schon auf größere Entfernung auszuweichen. Wie R. Huey und M. Slatkin genauer ausführen, findet man bei Eidechsen eine Fülle verschiedener Verhaltensweisen, die speziell dazu dienen, die optimale Körpertemperatur herzustellen (Licht aufsuchen, Sonnenbaden, Schatten aufsuchen, Verstecke aufsuchen oder herstellen usw.), und die man in herkömmlicher Terminologie einem Temperatur-Trieb zuordnen müßte.

Für alle diese Handlungen gibt es Nutzen-Kosten-Gradienten, welche die Bereitschaften zu anderen Handlungen (wie z. B. zur Flucht) entscheidend beeinflussen. Wenn sich eine günstigere Körpertemperatur nur mit sehr viel Aufwand oder Risiko erreichen ließe, wird das Tier sich mit einer weniger günstigen Temperatur zufriedengeben als derjenigen, die etwa in einem gegen Gefahr abgeschirmten Raum mit reichlich Nahrung und Wasser vorhanden ist. Ein solcher Raum ist die von Physiologen zum Testen der Vorzugstemperatur benutzte sogenannte Temperaturorgel. Selbst Karpfen stellen sich unter solchen Bedingungen eine höhere als die normale Wassertemperatur her, wenn sie gelernt haben, daß sie mit dem Maul ein Ventil betätigen können, das den Warmwasserzufluß zu ihrem Wohnbecken regelt. Im Freien gibt es so warmes Wasser bei Sonnenschein dicht an der Oberfläche; dorthin zu gehen ist aber besonders gefährlich. Deshalb bleiben dann die Tiere in der kühleren Sicherheit. Wieder finden wir eine übergeordnete Trieb-Instanz, welche die verschiedenen lebenswichtigen Optimalwerte gegeneinander verrechnet und die Entscheidung fällt, was das Tier in jeder Situation tun und was es nicht tun soll.

Aggression und Rivalität

Über die Aggression sind in den letzten Jahren mehr Bücher geschrieben worden als über alle anderen Verhaltensformen zusammengenommen. In der Regel kranken die öffentlichen Kontroversen über die bisher entwickelten Modelle zur Erklärung der Aggression an einer unsauberen oder unheitlichen Definition des Phänomens. Außerdem argumentierte man vorwiegend von den zugrundeliegenden physiologischen Mechanismen aus. Wir haben uns deshalb entschlossen, alle diese Kontroversen hier aus dem Spiel zu lassen und uns auf einige im Rahmen der Evolution und Selektion bedeutsame Gesichtspunkte zu beschränken.
In den meisten Diskussionen um das Aggressionsverhalten kommt besonders klar zum Ausdruck, daß man als Ziel der Selektion fälschlich die Arterhaltung annimmt. So fragt LORENZ 1957, »durch welche Mechanismen normalerweise verhindert wird, daß die Aggression in einer die Arterhaltung schädigenden Weise zur Verletzung oder gar zum Töten der Artgenossen führt, und unter welchen Umständen diese Mechanismen versagen können, so daß die unzweckmäßige Folge doch eintritt«. – »Die arterhaltende Zweckmäßigkeit eines solchen Hemmungsmechanismus ist ebenso offensichtlich wie die Unzweckmäßigkeit des Umbringens von Artgenossen«. Soziale Interaktionen dienen jedoch primär nicht der Arterhaltung, sondern der Gen-Ausbreitung. Welche Konsequenzen das für die Entstehung der verschiedenen Kampfstrategien hat, haben wir in einem früheren Kapitel (S. 54) schon ausführlich erörtert. Dabei wurde auch deutlich, warum eine Kommentkampf-Strategie nützlich ist: Nicht dem Artgenossen zuliebe, sondern um die eigene Haut zu schonen und die Ausbreitung der eigenen Gene auf möglichst ökonomische Weise zu sichern. Dabei spielt sowohl der Ökonomie-Gesichtspunkt wie die bereits vorhandene Genverbreitung eine besondere Rolle, die wir hier noch einmal etwas spezieller aufgreifen wollen.

Viele Ressourcen (notwendige Hilfsmittel) für den Fortbestand des Individuums wie für den Fortbestand seiner Gene sind limitiert, das heißt nicht beliebig verfügbar. Das kann eine Wasserstelle, eine Nahrungsquelle, eine sichere Zuflucht vor Feinden oder auch ein zur Fortpflanzung erforderlicher Geschlechtspartner sein. Treffen mehrere Anwärter auf ein von allen begehrtes Objekt, so beginnen sie oft zu rivalisieren, untereinander zu streiten, bis einer als Sieger in den Besitz des Objektes kommt. Ein Rivale wird um so mehr im Streit einsetzen, je mehr Vorteile er von dem begehrten Objekt erwartet. Die Bereitschaft zum Kampf sollte also von der momentanen Bedürftigkeit und von der Qualität des Objektes abhängen. Das ist zunächst nichts Neues: Man weiß seit langem, daß die Kampfbereitschaft von inneren und äußeren Faktoren beeinflußt wird. Besitz oder Verlust eines Nahrungsbrockens werden ganz unter-

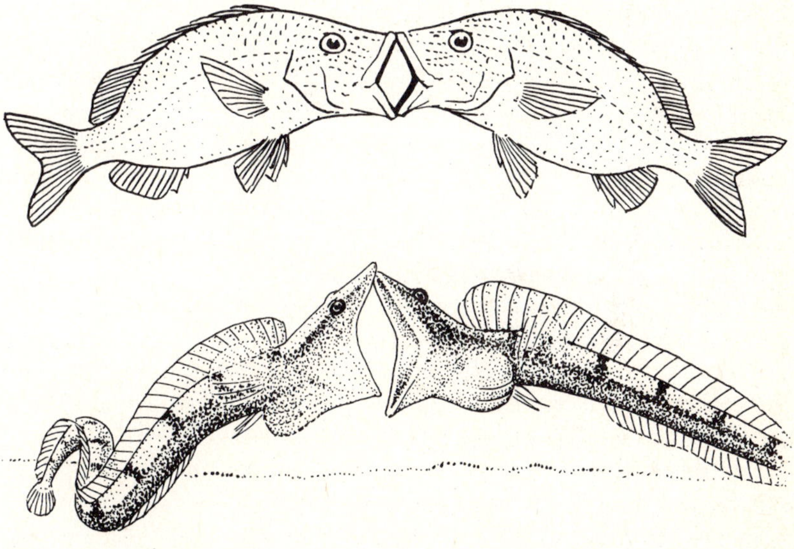

33. Ein »Bißgrößenvergleich« zu Beginn des Kampfes erlaubt den Kämpfern, die Gewinn-Chancen abzuschätzen. Oben: Bis 30 cm lange Rotmaulbarsche *Haemulon* aus dem Atlantik; unten: Etwa 7 cm lange Schleimfische *Chaenopsis ocellata* von der Küste Floridas.

schiedliche Folgen haben, je nachdem ob das betreffende Tier satt oder ausgehungert ist. Für den Hungrigen ist die Nahrung wertvoller, er wird im Kampf mehr einsetzen; und für den weniger Hungrigen wäre es Zeit- und Energieverschwendung, sich auf eine Rauferei einzulassen, weil vorauszusehen ist, daß der andere hartnäckiger kämpfen und den Brocken bekommen wird.

Wenn also zwei Tiere an einem Nahrungsbrocken zusammentreffen, sollte jeder abschätzen, wie hungrig der andere ist. Aus den früheren Erörterungen wissen wir schon, was dazu nötig ist: Die Rivalen müssen ihre Kampfbereitschaften vergleichen – das tun sie durch Drohrituale (Abb. 33): Bestimmte festgelegte Signale, die steigender Kampfbereitschaft zugeordnet sind, werden nacheinander durchgespielt – so wie Skatspieler zu Beginn jeder Runde reizen. Läßt sich so ermitteln, wer kampfbereiter ist, dann spart jeder Zeit, Energie und Risiko: Er tut das im eigenen Interesse, nicht um den anderen oder gar die Art zu schonen.

Es muß in einer Rivalensituation aber nicht einmal zum Drohen kommen. Nehmen wir an, ein mäßig sattes Tier hält sich in einiger Entfernung vom Futter auf; vielleicht ist es ein Löwe, der etwas abseits von einem Beuterest ruht. Sein Hunger ist noch nicht groß genug, daß er sich aufrafft und dorthin geht, um weiterzufressen. Nun kommt ein zweiter Löwe vorbei. Was wird geschehen? Zunächst sollten die beiden aufeinander Bezug nehmen und durch irgendwelche Zeichen abschätzen, wie groß das beiderseitige Interesse an der Nahrung ist. Jeder sollte dabei einkalkulieren, mit welchem Einsatz an Zeit, Energie und Risiko das verfügbare Fleisch zu erlangen ist und wieviel Aufwand es brauchte, zu einem späteren Zeitpunkt die gleiche Menge Fleisch zu finden.

Der erste Löwe hatte, solange er allein war, keine Eile, keinen Hunger, das Fleisch sofort zu fressen. Durch das Erscheinen des Rivalen wird sich sein Verhalten jedoch ändern. Mit dem Auftauchen des Rivalen sinkt die Wahrscheinlichkeit, das Fleisch zu bekommen oder zu behalten; sie läßt sich zweifellos wieder erhöhen, wenn der Rivale vertrieben würde. Wenn der erste noch Interesse am Beuterest hat, dann kann man erwarten, daß er den Rivalen androht und gegebenenfalls wegtreibt. Allerdings ist das nicht immer die billigste Lösung des Problems. Den Rivalen zu vertreiben, kostet Energie und birgt um so mehr Risiko, je mehr der andere bereit ist, ebensoviel einzusetzen. Dieser Aufwand ist im übrigen vertan und bringt direkt nichts ein. (Vom Kämpfen wird der Löwe höchstens wieder hungriger.) Ökonomischer wäre es statt dessen, schnell das Fleisch zu fressen; das birgt kein Risiko und bringt überdies einen unmittelbaren Energiegewinn. Tatsächlich verfahren viele Tiere nach diesem Prinzip des Futterneides. Wenn ein Hund seine Schüssel nicht leer frißt, hilft es oft, den Nachbarhund zu rufen und somit dessen Kommen anzudrohen – dann leckt er die Schüssel sauber (der Ökonomie, nicht dem Herrchen gehorchend). »Satte« Hühner fangen durch Ansteckung wieder zu fressen an; sie nehmen dann bis zu 60 % mehr Nahrung auf.

Der sogenannte Futterneid ist ein In-Besitz-Nehmen des Objektes, hervorgerufen durch einen Rivalen. Man spricht deshalb auch von sozial induziertem Verhalten oder sozialer Induktion. Das Auftauchen von Rivalen führt oft dazu, daß jeder – am deutlichsten der, der zuerst da war – sich dem Streitobjekt nähert; zuweilen erkennt der Beobachter erst daran, welches Objekt überhaupt umstritten ist. Die Nähe zum Objekt bestimmt seine Erreichbarkeit (wir werden darauf im Kapitel über die Bindung noch genauer eingehen), und deshalb wird im Konkurrenzfall jeder versuchen, selbst dichter als der Rivale an das Objekt heranzurükken. Sind die Rivalen gleich stark, die Sieges-Chancen in einem Kampf also ungewiß, dann ist der im Vorteil, der sich zwischen das Streitobjekt und den Rivalen schieben, ihn also abdrängen kann.

Es handelt sich in einer solchen Konkurrenzsituation nicht immer um Futter. Tiere kalkulieren jederzeit die Erreichbarkeit aller wichtigen Objekte. Zu diesen wichtigen und oft umkämpften Objekten gehört auch der Geschlechtspartner.

Balzverhalten und Rivalenkämpfe sind besonders gut an tropischen Fischen untersucht. Einer der populärsten Zierfische ist das Millionenfischchen, der Guppy (*Poecilia reticulata*, früher *Lebistes reticulatus*). Er gehört zu den lebendgebärenden Zahnkarpfen. Das kleine, recht bunt gefärbte Männchen kopuliert mit dem größeren Weibchen und überträgt dabei durch eine penisartig umgeformte Afterflosse, das sogenannte Gonopodium, sein Spermapaket in die weibliche Geschlechtsöffnung. Nach der Befruchtung entwickeln sich die Eier im Weibchen, das dann fertige Junge zur Welt bringt. Es kann alle 30 Tage Junge gebären – daher der Name Millionenfischchen. Eine Kopula läßt das Weibchen nur in den Tagen nach einer Geburt zu, wenn ein neuer Satz Eier herangereift ist. Die Tiere leben in lockeren Gruppen und ohne feste Paarbeziehungen. Der Fortpflanzungserfolg eines Männchens hängt deshalb davon ab, wie viele Weibchen es begattet. Die Tiere sind sprichwörtlich für ihre fast ununterbrochene Balzaktivität: Im Aquarium ebenso wie in ihren

Heimatgewässern in Südamerika balzt innerhalb von 5 Minuten jedes Männchen 7- bis 13mal ein Weibchen an. Da die Weibchen ihre Fortpflanzungszyklen nicht synchronisieren, haben die ständig balzenden Männchen stets eine gewisse Chance, ein kopulationsbereites Weibchen zu finden.

J. Farr untersuchte diese Rivalität der Männchen im Balzverhalten der Guppies genauer: Hält man in einem Aquarium ein einzelnes Guppy-Männchen mit einem Weibchen, so geschieht meistens nichts; man sieht in nur 4 von 10 Beobachtungsperioden eine Balz. Diese geringe Balzaktivität konnte daran liegen, daß die Tiere einander in dem gewählten 17-Liter-Becken zu selten begegneten (die Männchen werden 2 cm, die Weibchen 5 cm lang); auf jeden Fall suchte das Männchen nicht nach dem Weibchen. Deshalb setzte Farr ein zweites Weibchen dazu; das schwamm in einem anderen Areal umher als das erste, und so hatten sich die Chancen des Männchens, einem Weibchen zu begegnen, verdoppelt. Das berühmte Balzen aber trat ebenso selten auf wie zuvor. Wurde allerdings statt des zweiten Weibchens ein zweites Männchen in das Becken gesetzt, so stieg die Balzaktivität des Männchens auf das Zehnfache an.

Dieses Ergebnis ist zunächst schwer verständlich. Warum wird die Balzaktivität durch ein anderes Männchen stärker angeregt als durch zwei Weibchen? Tragen die Männchen die sexuell stimulierenden Signale? Wäre es so, dann müßten die Männchen auch balzen, wenn nur Männchen und keine Weibchen anwesend sind. Das tun sie aber nicht; Weibchen sind zum Balzen notwendig.

Vom Gesichtspunkt der Verhaltensoptimierung her ist die beschriebene Strategie der Männchen aber sofort einleuchtend: Solange nur ein Männchen da ist, sind ihm alle Weibchen sicher. Sobald aber ein Rivale auftaucht, beginnt das Konkurrieren. Und wie beim Futterneid wählen die Männchen nicht den energetisch teuren Weg, den Rivalen zu bekämpfen und zu vertreiben, sondern investieren ihre Zeit und Energie in eine unmittelbar erfolgversprechende Tätigkeit. Wenn ein Rivale auftaucht, stürzt sich das Männchen nicht etwa auf ihn, sondern nähert sich dem Weibchen. Annäherung ist der erste Schritt zur Besitzergreifung.

Wir haben ausführlich erörtert, daß es im Sinne der Gen-Selektion nicht allein auf die Zahl der unmittelbaren Nachkommen eines bestimmten Individuums ankommt, sondern auf die Gesamtzahl an Nachkommen, in denen seine Gene enthalten sind. Angewendet auf die hier erläuterten Rivalensituationen hieße das, die Rivalen sollten um so weniger um ein begehrtes Objekt streiten, je näher sie untereinander verwandt sind. Das läßt sich beim Guppy besonders leicht prüfen, denn die Männchen weisen recht verschiedene Farbfleckungen auf, und man weiß seit langem durch genaue genetische Untersuchungen, daß jeweils das Fleckungsmuster durch einen Super-Gen-Komplex bestimmt und vererbt wird. Getrennt davon vererbt wird die Grundfärbung (golden, weiß, blond usw.). Übereinstimmend gefleckte Männchen sind also näher miteinander verwandt als unterschiedlich gefleckte. Und das könnten die Männchen sehen. Deshalb hat FARR in derselben Situation, wie eben geschildert – ein Männchen allein mit einem Weibchen im Becken –, dem Männchen einmal einen gleich-gefleckten und einmal einen verschieden gefleckten Rivalen geboten. Wenn verschieden gefleckte Männchen weniger miteinander verwandt sind (weniger gemeinsame Gene tragen), sollten sie stärker rivalisieren; das heißt, ein anders gefleckter Rivale sollte stärkere Balzaktivitäten und Bemühungen um das Weibchen auslösen als einer, der dieselbe Fleckung trägt wie das Testmännchen. Aber nichts dergleichen geschah. Trotzdem gab FARR seine schöne Idee noch nicht auf. Sein Experiment hatte nämlich eine schwache Stelle: Wenn ein Männchen nicht weiß, wie es selbst aussieht, kann es auch nicht feststellen, ob ein anderes ihm gleicht oder nicht.
Ein Ausweg fand sich in einer veränderten Versuchsanordnung. Jetzt waren jeweils 4 Männchen und 4 Weibchen in jedem Becken. Und hier war nun die Balzaktivität deutlich höher, wenn die Männchen mindestens zwei verschiedenen Fleckungstypen angehörten, als wenn sie alle gleich aussahen. Ohne zu wissen, wie es selbst aussieht, unterscheidet das Männchen demnach zwei Situationen: Sehen alle Männchen ringsum gleich aus, so ist unwahrscheinlich, daß es selbst gerade eine Ausnahme darstellt; dann aber sind alle Rivalen mit ihm verwandt. Sehen die Männchen ringsum jedoch verschieden aus, dann sind auf jeden Fall nicht-verwandte Rivalen da, und dann ist stärkeres Rivalisieren angezeigt. (Das Männchen beantwortet übrigens die Anwesenheit nicht-verwandter

Rivalen verschieden stark, je nachdem welchem Fleckungstyp sie angehören. Ob das sogar einer abgestuften Verwandtschafts-Skala entspricht, ist bislang unbekannt.)

Die kritische Reaktion

Tierhalter kennen die sogenannte kritische Reaktion von Tieren, die in die Enge getrieben sind. Es ist ein Verzweiflungsangriff, der plötzlich auftritt, wenn einem Tier der Rückzug unmöglich oder der weitere Fluchtweg versperrt wird. Er kann auch vorkommen, wenn ein Feind überraschend ganz in der Nähe erscheint, so daß zur Flucht keine Zeit bleibt. Die am Aggressionstrieb interessierten Verhaltensforscher haben immer Schwierigkeiten gehabt, diese meist sehr heftigen Kampfäußerungen befriedigend zu erklären, zumal sie besonders häufig dann zu beobachten sind, wenn das Tier sich bereits auf der Flucht befand. Wenn man Kampf und Flucht als einander entgegengesetzte Extreme des Selbstschutzes (oder agonistischen Verhaltens) betrachtet, ist schwer einzusehen, wieso nicht zuerst Zwischenformen im Verhalten – etwa Drohen – auftreten, die der abnehmenden Fluchtbereitschaft und der gleichzeitig zunehmenden Kampfbereitschaft entsprechen. Warum fällt das Tier so plötzlich von einem Extrem ins andere?

Von der Funktion her gesehen ist die Antwort nicht schwer (und welche physiologische Modellvorstellung man dafür entwickeln muß, soll uns hier nicht beschäftigen): Ein Tier gibt im Rivalenkampf um irgendein Objekt dann auf, wenn der Grenzwert erreicht ist, von dem an weitere Aufwendungen an Zeit, Energie und Risiko den halben Wert des Objektes für dieses Individuum übersteigen (s. S. 66). Wenn sich das Tier nun vor dem Rivalen zurückziehen will, aber wegen eines Hindernisses nicht fliehen kann, so bleibt es weiter dem Rivalen ausgesetzt – und nun geht es für den Verlierer nicht mehr um das ursprüngliche Streitobjekt, sondern um Gesundheit und Leben. Das aber sind sehr hohe Werte, für die sich sehr viel einzusetzen lohnt. Deswegen wird das Tier, das den Kampf um das Streitobjekt wegen Unrentabilität schon aufgegeben hat, in dem Moment, wo der sehr viel höhere Wert ins Spiel kommt, mit entsprechend höherem Einsatz weiterkämpfen.

Ebenso wird ein Tier vor einem starken Feind solange fliehen, wie es Aussicht sieht, zu entkommen; ist der Feind aber zum Greifen nah, oder stellt sich dem Fliehenden plötzlich ein Hindernis in den Weg, dann geht es nicht nur um den Abstand zum Feind, sondern ums Leben – und dafür lohnt sehr hoher Einsatz. Deswegen werfen sich verfolgte Tiere oft im letzten Moment herum und dem Feind entgegen – mitunter sogar mit Erfolg, wenn sie damit einen Verblüffungseffekt erzielen. Desgleichen springen selbst kleine Tiere in einem Gehege den Fänger an, wenn man sie in die Ecke getrieben hat. Ob ein Tier sich verteidigt oder nicht, hängt also nicht allein von Bereitschaft zur Flucht ab, sondern auch von der Gelegenheit zur Flucht. Verminderte Flucht-Chancen werden die Kampfbereitschaft erhöhen.

Dafür bieten die bestuntersuchten tierischen Kämpfe, nämlich die Revierkämpfe der Buntbarsche oder Cichliden, gute Beispiele. Im Freien sind selbst in einer dicht gedrängten Männchenkolonie von Maulbrütern Kämpfe zwischen Reviereigentümern außerordentlich selten; revierbesitzende Männchen der in afrikanischen Soda-Seen heimischen *Tilapia grahami* (siehe Farbtafel 6) kämpfen im Durchschnitt nur zweimal pro Woche, wie H. Albrecht ausgezählt hat. Revierlose Männchen verursachen häufiger Kämpfe, halten sich aber möglichst aus dem Zentrum der Männerkolonie fern. Aus einem Aquarium aber können sie nicht entweichen; deswegen sind hier Kämpfe viel häufiger zu beobachten. Kämpfe zwischen Cichliden sind im Aquarium aber nicht nur häufiger, sondern dauern auch länger als im Freien. J. Balthazart hat solche Kämpfe an einer anderen *Tilapia*-Art genau analysiert. In der Regel ist ein Kampf bereits nach dem ersten Viertel entschieden, das heißt Sieger und Verlierer stehen fest. Die restlichen Dreiviertel des ganzen Kampfes sind Artefakte der Aquariensituation, dadurch hervorgerufen, daß keiner der Fische entfliehen kann und deshalb nicht nur sein Revier, sondern auch Leib und Leben gefährdet sieht. So kann es schließlich zu Verzweiflungsangriffen und zu einem abnormen Gemetzel zwischen den Rivalen kommen.

Gefangenschaftsbedingungen ändern also wahrscheinlich nichts an der Form der Bewegungsweisen, können aber ihre Häufigkeit ganz entscheidend beeinflussen. (Vgl. Reader/H. Kummer u. F. Kurt). Vor über 200 Jahren schrieb dazu R. Reimarus: »Wenn aber auch Tiere nicht in ihrer natürlichen Freyheit sind, so kann man die natürlichen Triebe aus ihren Handlungen nicht schließen, weil sie in der außernatürlichen Lebensart theils erlöschen, theils abgeändert werden. – – Daher habe ich mir die Regel gemacht, keinem, auch der neueren Naturforscher zu trauen, als der mir die Art und Weise, wie er zu der Beobachtung gelangt sey, anzeiget.«

Eigentum verleiht Sieges-Chancen

Nicht immer aber steht der Flucht ein mechanisches Hindernis entgegen. Für Tiere, die ein Nest mit Eiern oder Jungen bewachen, ist dieser Ort viel mehr wert als für einen Rivalen, dem die Nachkommen nicht gehören. Entsprechend sollte der Verteidiger im Kampf mehr einsetzen als der Angreifer, das heißt, der Verteidiger hat gute Aussichten, selbst dann zu gewinnen, wenn er kleiner als der Angreifer ist. Diese Beobachtung haben Verhaltensforscher tatsächlich immer wieder gemacht: Tiereltern, die ihre Jungen verteidigen, wirken äußerst aggressiv und attackieren erfolgreich selbst große Gegner, denen sie ausweichen, wenn sie keine Jungen haben. Ursache dafür ist nicht, daß die Eltern plötzlich über besondere Kräfte verfügen, sondern daß sie ihren Einsatz an einem höheren Wert – nämlich eigenes Leben plus Leben der Jungen – kalkulieren. Für den Angreifer wiederum wäre es vorteilhaft, wenn er das rechtzeitig bemerkt; denn dann kann er einen Kampf vermeiden, den er wahrscheinlich doch verlöre, weil seine Gegner mehr einzusetzen bereit sind als er.

Wir haben diesen Vorteil, ungleiche Chancen möglichst vor Beginn des Kampfes zu erkennen, bereits auf S. 63 besprochen. Und wir haben dort auch schon angemerkt, daß es sogar Vorteile bringen könnte, eine hohe Einsatzbereitschaft vorzutäuschen, um den Gegner zum Aufgeben zu veranlassen. Zwar wird sich diese Strategie nicht völlig durchsetzen; denn wenn zwei solche Täuscher aufeinandertreffen, werden sie den Streit wieder auf herkömmliche Weise entscheiden müssen, nämlich mit konkretem Kräftemessen. Wir wissen aber aus den früheren Erörterungen, was in der Evolution geschehen wird, wenn solche unterschiedlichen Strategien aufkommen: Es wird eine evolutions-stabile Misch-Strategie entstehen, bei der jeder zu einem gewissen Anteil auch mit Täuschung operiert. In unserem Beispiel würde das heißen, daß ein Tier dem Rivalen nur vortäuscht, es habe an dem umstrittenen Ort ein ganz besonders großes Interesse, etwa weil dort sein Schlafplatz, sein Futterplatz oder sein Nestplatz sei.

Dieses Argument bietet eine bestechende Erklärungsmöglichkeit für verschiedene sogenannte Übersprungbewegungen im Kampf. Sie sind für den menschlichen Beobachter situationsfremd: Zum Beispiel picken Hähne im Kampf zuweilen wie fressend am Boden, ohne dabei aber wirklich zu fressen; Säbelschnäbler stecken in kurzen Kampfpausen den Schnabel in Schlafstellung zwischen das Gefieder; kämpfende Kormorane machen ab und zu Brütbewegungen. Unabhängig davon, welche physiologischen Erklärungen man dafür vorbringen kann, empfiehlt es sich, die Signalwirkung solcher Übersprunghandlungen auf den Gegner genauer zu untersuchen. Vielleicht zeigt sich in ihnen der zu erwartende Bluff-Anteil im Rivalenstreit. Tinbergen hat genau beschrieben, wie drohende Stichlingsmännchen mit dem Kopf steil nach unten stehen und im Übersprung Sand graben, so daß schließlich eine tiefe Mulde entsteht wie beim Nestbau. Auch das kann sehr wohl eine Geste sein, die dem Gegner anzeigt: Ich bin hier schon beim Nestbau, und gedenke nicht, diesen Platz irgend jemandem anderen zu überlassen. Biologisch sinnvoll wäre es, diesen Vorsatz auch wahrzunehmen und an einem solchen Platz wirklich mit dem Nestbau zu beginnen.

Wertsteigerung durch Investitionen

Wie schon erörtert, lohnt es sich für Lebewesen, wenn sie ihre Umgebung und die Mitbewohner darin, besonders natürlich ihre(n) Partner, genau kennenlernen, weil dann weniger Unerwartetes über sie hereinbrechen wird und sie manche Risiken vermeiden können. Zum Kennenlernen sind Zeit und Lern-Eifer nötig, die das Tier aufbringen muß. Dadurch ändert sich nichts an der Umwelt, sondern nur etwas im Tier selbst; diese Investition erhöht nicht den objektiven Wert des Gebietes oder Partners, sondern nur ihren subjektiven Wert für den Kenner. Im Streit mit den Rivalen geht es dann für den Neuankömmling nur um den objektiven Wert, für den Besitzer aber um den objektiven plus den subjektiven Wert, also um mehr. Entsprechend mehr wird der Besitzer im Kampf einzusetzen bereit sein, und entsprechend hoch sind seine Gewinn-Chancen. Denn der Besitzer hat, wenn er im Kampf unterliegt, mehr zu verlieren, das heißt, er muß mehr aufwenden, um wieder auf seinen alten Stand zu kommen als der Neuankömmling, der hier so wenig gelernt und investiert hat wie anderswo.

Wieder wird es vorteilhaft sein, den Besitzstand anzuzeigen, um eventuellen Rivalen klar zu machen, wieviel man bereits investiert hat und wie stark man sich dementsprechend für den Besitz einsetzen wird. Reviergesänge der Vögel haben genau diese Aufgabe. Und wir vermuten, daß auch viele Duettgesänge der Vögel – vor allem die von Paar zu Paar verschiedenen Duette – anzeigen, wie gut die Partner einander kennen, wie wenig Chancen also der Rivale hat, einen Partner abzuwerben; außerdem würden sie auch noch bekanntmachen, daß das Weibchen verpaart und im Zweifelsfalle schon begattet ist, ein Rivale sich also mit diesem Weibchen die Aufzucht fremder Jungen einhandeln würde (s. S. 320 und vgl. Reader/Wickler).

Nun gibt es aber auch Investitionen, die den objektiven Streitwert erhöhen. Ein besonders interessantes Beispiel dafür haben W. und A. Rand vorgestellt; sie untersuchten das Kampfverhalten der Weibchen des bekannten Grünen Leguans, *Iguana iguana.* Diese Tiere graben alljährlich in der Trockenzeit auf einer kleinen Insel vor Panama (zu der sie vom Festland hinüberschwimmen) ihre Nester – 1 bis 2 m lange Gänge im Boden, in denen sie die Eier ablegen. Das Graben dauert mehrere Tage und ist für die Tiere anstrengend; die Weibchen müssen oft Pausen einlegen und entfernen sich dazu von der Grabestelle. Ist der Gang tief genug, legt das Weibchen die Eier darin ab und beginnt dann damit, ihn wieder mit Sand aufzufüllen. Auch dabei muß sie immer wieder pausieren. Das Graben ist eine der heftigsten Aktivitäten dieser Tiere, und da die Weibchen während dieser Zeit nichts fressen, müssen sie von ihren Energievorräten zehren. Hinzu kommt, daß ihr Stoffwechsel ihnen jeweils nur kurze Zeiten heftiger Aktivität erlaubt; dann geraten sie in ein Sauerstoffdefizit und brauchen eine längere Erholungspause.

Angesichts dieser Tatsachen stellen die Gruben einen beträchtlichen Wert dar; je tiefer sie sind, desto weniger Zeit und Energie sind erforderlich, sie zu vollenden. Es ist deshalb nicht verwunderlich, daß die Weibchen versuchen, solche Gruben zu erobern, während die Besitzer sie energisch verteidigen. Aber – und das erschien zunächst merkwürdig – mitunter verteidigen sie nichts, sondern weichen einer Rivalin kampflos. Es kommt sogar vor, daß ein Weibchen einen Kampf gewinnt und dann doch die Grube aufgibt. Auch darin offenbart sich eine genau kalkulierte Strategie, die von den Rand's genau analysiert wurde:

Außerhalb der Nestbauzeit sind die Weibchen nicht aggressiv, sie halten nicht einmal Individualabstände ein; gekämpft wird nur um die Nestgruben. Zu jeder Erholungspause verläßt das Weibchen die Grabestelle; anschließend kehrt es meist nicht wieder zur alten Grabestelle zurück, sondern versucht, eine tiefere Grube zu finden und, wenn nötig, zu erobern. Kämpfen allerdings kostet auch Energie. Wenn jedoch eine ausgeruhte Rivalin auf ein grabendes Weibchen stößt, das eine halbfertige Grube besitzt und gerade eine Erholungspause nötig hat, dann hat sie gewonnen; denn die Besitzerin kann zu dieser Zeit ihre Grube gar nicht verteidigen. Wird sie mitten in der Arbeitsschicht angegriffen, so muß sie kalkulieren, wie wahrscheinlich es ist, daß sie den Kampf gewinnt und danach noch weitergraben kann. Wenn sie nach dem Kampf erschöpft wäre und die Grube für die Erholungspause verließe, dann sollte sie gleich aufgeben und die Energie nicht sinnlos im Kampf verpulvern, sondern an anderer Stelle in weiteres Graben oder in einen mehr Erfolg versprechenden Kampf stecken. Auch hier versuchen die Tiere, durch Drohen und Bluff einfacher zum Ziel zu kommen. Der Ausgang der einzelnen Streitigkeiten ist mit großer Genauigkeit voraussagbar, wenn man die Aktivitätsschübe der einzelnen Individuen und damit die ihnen jeweils verfügbaren Energiereserven registriert und wenn man im übrigen nur annimmt, daß ein Verhalten um so mehr Energie schluckt, je länger es dauert, und daß zwei gleichzeitig ausgeführte Bewegungen mehr Energie brauchen als eine.

Auch dieses Beispiel zeigt, wie Kampfverhalten, Brutfürsorgeverhalten und Ruheverhalten miteinander in enger Beziehung stehen und daß man in einem Trieb-Modell Instanzen vorsehen muß, die so verschiedene Bedürfnisse und Bereitschaften aufeinander abstimmen können. In solchen Fällen, wo Grabeleistung pro Zeit, Sauerstoffgehalt des Blutes oder Temperaturen eine entscheidende Rolle spielen, hat man die Möglichkeit, die Wertmaßstäbe der Tiere direkt nachzumessen und ihre Entscheidungen vorauszuberechnen. Schwerer ist es, passende Maße zu finden, wenn es um den Wert eines bekannten Wohngebietes, den Schutz-Wert eines Versteckes oder den Fortpflanzungswert einer Gruppe noch unselbständiger Junger geht. Aber auch hier werden sich durch genauere Untersuchungen zumindest Schätzwerte finden lassen, die uns in die Lage versetzen, das Verhalten der Tiere genauer vorauszusagen, als es bisher möglich war.

Instinktlehre

In einer Veröffentlichung im Jahr 1909 fragte L. Dollo, der 1890 das Gesetz von der Nicht-Umkehrbarkeit der Entwicklung formulierte: *Quand aurons-nous un Lehrbuch der Ethologie?* (Wann werden wir ein Lehrbuch der Ethologie haben?) Rund 50 Jahre später erschien dieses Lehrbuch, nämlich Tinbergen's Instinktlehre. Sie blieb viele Jahre die klassische Zusammenfassung der wichtigsten Ergebnisse der damals aufblühenden Verhaltensforschung. Der Begriff Instinkt wurde ab jetzt zur Schreibung von Zusammenhängen zwischen verschiedenen Verhaltensweisen sowie zwischen Verhalten und Umweltfaktoren benutzt. Tinbergen definiert Instinkt als hierarchisch organisierten, nervösen Mechanismus, der auf bestimmte vorwarnende, auslösende und richtende Reize anspricht und sie mit wohlkoordinierten, lebens- und arterhaltenden Bewegungen beantwortet.

Was wir in den vorangegangenen Kapiteln erörtert haben, zwingt uns jedoch zu zwei davon abweichenden Schlußfolgerungen:

1. Ein Mechanismus, der von den Genen erzeugt wurde und das Verhalten des Individuums steuert, wird primär weder arterhaltend noch (auf das

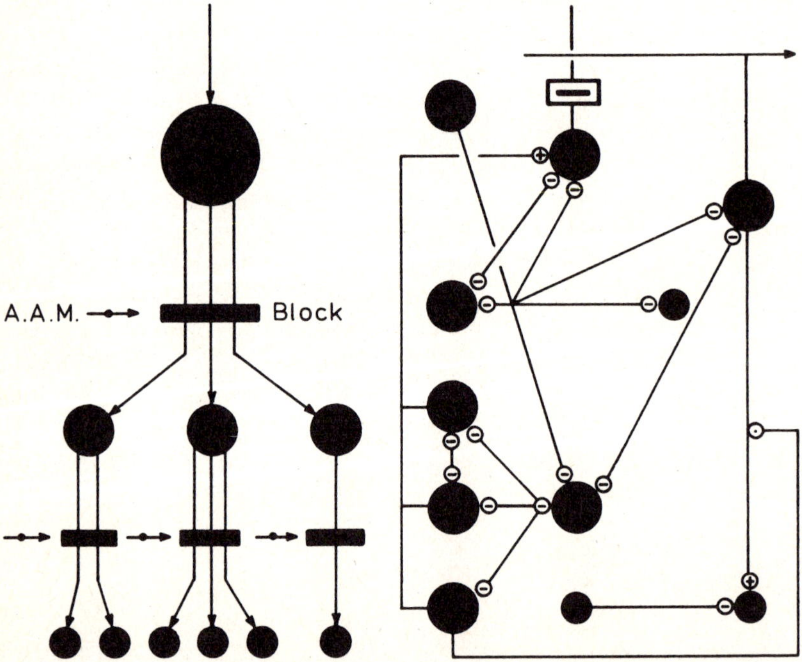

34. Schematische Darstellung der ursprünglichen Annahme eines streng hierarchisch gegliederten Instinktsystems (links) und der heutigen Vorstellung eines Wirkungsgefüges mit zahlreichen positiven und negativen Beeinflussungen der hypothetischen Antriebseinheiten.

Individuum bezogen) lebenserhaltend wirken; vielmehr wird er darauf angelegt sein, den Anteil dieser Gene an der Gen-Gesamtheit folgender Generationen zu erhöhen.

2. Dieser Mechanismus ist nicht hierarchisch organisiert, jedenfalls nicht in der Weise, wie man es sich gemeinhin sehr vereinfacht vorgestellt hat. An die Stelle eines Pyramidenschemas mit einem Ober-Instinkt an der Spitze, dem andere rangmäßig untergeordnet sind, ist ein Netzschema getreten mit fördernden und hemmenden Einflüssen zwischen den verschiedenen Teilmechanismen, wie es zuerst HEILIGENBERG aufstellte (Abb. 34). Dieses System ist ferner so angelegt, daß von jedem Teilsystem bestimmte Sollwert-Abweichungen gemessen werden; je stärker die Abweichung, desto aktiver wird das Teilsystem und desto stärker wird es das Verhalten bestimmen. Dieser Gesichtspunkt klang bei W. THORPE schon 1951 an, also im gleichen Jahr, als TINBERGEN seine Instinktlehre veröffentlichte.

An allen Verhaltensweisen beobachtet man Schwankungen der Intensität oder der Häufigkeit, mit der sie auftreten. Vergleicht man mehrere verschiedene Verhaltensweisen, so wird man finden, daß ihre Häufigkeiten oder Intensitäten entweder gleichsinnig oder gegensinnig schwanken oder aber keine Beziehung zueinander zeigen. Untersucht man ferner, welche Handlungen aufeinanderfolgen, so wird sich wieder eine regelmäßige Aufeinanderfolge, ein gegenseitiger oder einseitiger Ausschluß oder keine Beziehung zeigen. Verhaltensweisen, die in ihrem Auftreten oder in ihrer Intensität Beziehungen zueinander erkennen lassen, werden zudem oft durch die gleiche äußere Reizsituation beeinflußt. Man beobachtet also Zuordnungen (wenn – – dann) und Korrelationen, bei denen zwei Größen sich miteinander ändern (je – – desto).

THORPE interessierte sich für die Ursachen der Häufigkeits-und Intensitätsschwankungen im Verhalten und benutzte für die Gesamtheit innerer und äußerer Faktoren, die zu einem beobachteten Verhalten führen, den Begriff Trieb. Später nahm man auch die Begriffe Handlungsbereitschaft oder Motivation zur Umschreibung der verschiedenen Zustände des Tieres. Motivation ist aber, wie R. HINDE es ausdrückt, eher ein ganzes Bündel von Problemen als ein bestimmtes Etwas. Wenn man einen Wutschrei, ein ritualisiertes Drohen oder einen Verzweiflungsangriff beobachten kann – falls ein Tier von einem Rivalen angegriffen, von einem Freßfeind bedroht oder in eine Situation gebracht wird, aus der es sich nur durch Kampf befreien kann –, dann lassen sich die Abhängigkeiten so darstellen:

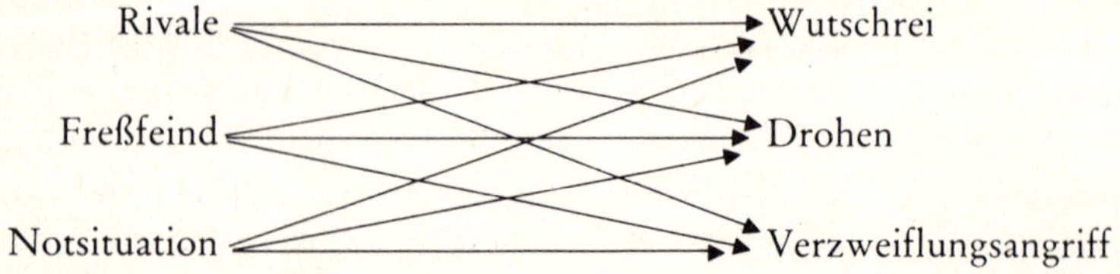

Übersichtlicher wird das Bild, wenn man eine hypothetische intervenierende Variable einführt, die in diesem Fall Aggression heißen könnte.

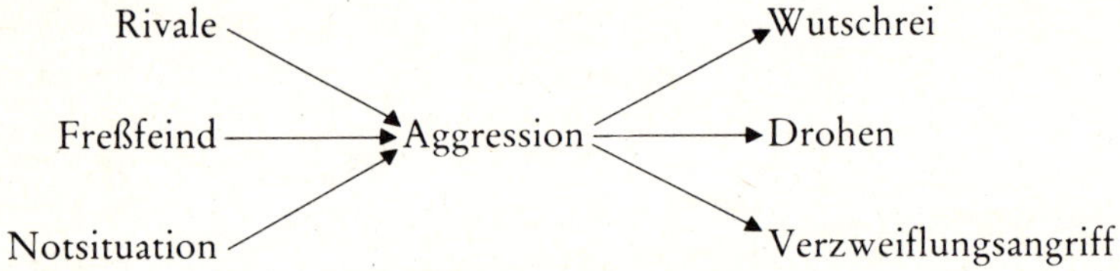

Diese Vereinfachung in der Beschreibung wird die Frage aufwerfen, ob solch eine Aggressions-Instanz existiert. Nachweisen ließe sie sich, wenn die rechts aufgeführten Verhaltensäußerungen (plus weiterer, die noch in diesen Situationen auftreten) nicht vollständig aus den links aufgeführten Faktoren (plus weiterer, die man noch hinzufügen müßte) erklärt werden können. Das Problematische an diesem Vorgehen ist jedoch, daß der Beobachter noch unerkannte Zusammenhänge zwischen weiteren Außenfaktoren und anderen Verhaltenselementen für eine Eigentümlichkeit der vermuteten Zwischeninstanz und damit für einen Beweis ihrer Existenz halten wird. Daraus werden dann leicht weitere Folgerungen abgeleitet, die mitunter in Widerspruch zu den Erwartungen geraten, die man aufgrund der Evolutions- und Selektionstheorie hat.
Ein inzwischen sattsam bekanntes Beispiel dafür bietet die Diskussion um die Triebtheorie der Aggression. Ob ein Aggressionstrieb mit Eigeninitiative existiert, der von sich aus zur Entladung drängt, kann man erst entscheiden, wenn man das ganze Netz von Einflüssen und Wirkungen analysiert hat, die zum beobachteten Verhalten führen. Das hat U. Reyer am Buntbarsch *Etroplus maculatus* getan und kam zu dem Ergebnis, daß sich das Aggressionsverhalten dieser Art ohne die Annahme eines

spontanen Aggressionstriebes erklären läßt. Zum genau entgegengesetzten Schluß waren frühere Untersucher gekommen, die weniger Einflüsse auf das Verhalten berücksichtigt hatten. Da das Rivalisieren in der Strategie des Lebens einen besonders wichtigen Platz einnimmt, werden wir außerdem erwarten, daß jedes Lebewesen seinen Lebensumständen entsprechende Wege beschreiten wird, um bestimmte Leistungen zu erbringen; die Mechanismen des Verhaltens werden also wahrscheinlich so verschieden gebaut sein, wie leistungsgleiche Organe im Tierreich verschieden gebaut sind, etwa Augen bei Insekten, Tintenfischen und Wirbeltieren oder Flügel bei Schmetterlingen, Vögeln und Fledermäusen. Über die Konstruktionseigentümlichkeiten der Triebe werden nicht Grundsatzdebatten, sondern genauere Analysen Aufschluß geben.

Das gilt natürlich für alle Triebe. Tinbergen schrieb 1951 in seiner Instinktlehre: »Entgegen der allgemeinen Meinung gibt es meiner Ansicht nach keinen sozialen Instinkt. Vielmehr gehört jeder Einzelzug sozialen Verhaltens irgendeinem Instinkt an, der einen ganz anderen Namen trägt.« Wie wir bisher erörtert haben, hat gerade die feinere Analyse des Verhaltens vieler Tiere gezeigt, daß es doch einen verhaltensbestimmenden Faktor gibt, der soziale Beziehungen regelt.

Kapitel VIII

Die Bindung

Sehr viele Tiere schließen sich entweder für kurze Zeit oder auf Dauer zu Paaren, Familien, Herden, Schwärmen und anderen Verbänden zusammen. Der Mensch, der selbst vielfältige Gruppen bildet, fand stets Gefallen daran, seine eigenen sozialen Bestrebungen mit denen der Tiere zu vergleichen. Anfangs diente das soziale Verhalten der Tiere als Gleichnis, um soziale Forderungen des Menschen an sich selbst poetisch zu illustrieren. So nahm VERGIL die Bienen als vollkommenes Vorbild für den unvollkommenen Menschenstaat. SENECA sieht im Bienenstaat die Rechtfertigung der Monarchie, weist aber seinen Schüler Nero darauf hin, daß der Bienenkönig stachellos sei; also wolle die Natur nicht, daß der König heftig sei und Rache heische. Als man dann jedoch im Jahre 1609 entdeckte, daß der Bienenkönig ein Weibchen und der ganze Bienenstaat ein Frauenstaat ist, wurde er nicht mehr als Vorbild für den Menschen gepriesen.

In neuerer Zeit wurden tierische Sozietäten als Modellfälle analysiert, um daran allgemeine Gesetzmäßigkeiten sozialen Lebens zu erforschen. Der Begründer der Soziologie, der Franzose Auguste COMTE, suchte seit 1822 diejenigen unveränderlichen Naturgesetze, die gesellschaftlichen Phänomenen zugrunde liegen. Ausgehend von der Anatomie wollte er über die Physiologie zu einer letzten aller Wissenschaften fortschreiten, die er Sozialphysik taufte. Dieser Begriff taucht allerdings erstmals 1835 in einem Buch des belgischen Statistikers Adolphe QUÉTELET auf, der soziale Phänomene des Menschen mit statistischen Methoden zu erfassen suchte. Aus der Verbreitung von Verbrechen oder besonders mutigen Taten wollte er auf die bei verschiedenen Alters- und Berufsgruppen, bei Männern und Frauen, bei Franzosen, Deutschen und Flamen vorhandenen Neigungen zu solchen Taten schließen, und hoffte dann sogar Indikatoren zu finden, mit denen sich noch nicht in die Tat umgesetzte Neigungen erfassen ließen.

Der Ansatz von Comte wurde besonders energisch von Herbert Spencer (1820 – 1903) weiterverfolgt. Er betonte, eine vergleichende Sozialwissenschaft müsse auf den Evolutions-Prinzipien aufbauen. Ob man nun verschiedene Sozietätenformen vergleicht oder verschiedene Entwicklungsstadien ein und derselben Sozietät, »man wird Soziologie nicht als eine eigene Wissenschaft anerkennen können, solange man noch an eine soziale Ordnung glaubt, die nicht mit den Naturgesetzen übereinstimmt«, schrieb er 1873. Darin steckt das bis heute nicht gemeisterte Problem für die Soziologie, sich den jeweils neuesten Erkenntnisstand der Evolutionsforschung anzueignen. Viele moderne Soziologen betrachten ganz selbstverständlich soziale Erscheinungen nur beim Menschen. Das war vor 100 Jahren noch anders.

Auf der Suche nach tierischen Parallelen zu den menschlichen Sozialformen basiert das Buch »Über die tierischen Sozietäten« des Philosophen, Ökonomen und Historikers A. Espinas aus dem Jahre 1878. Als Quelle stand ihm nicht viel mehr als Brehm's Tierleben zur Verfügung. Zwei Befunde schienen ihm bemerkenswert: 1. daß tierische Sozietäten fast immer aus artgleichen Individuen bestehen (was heutigen Biologen wiederum fast zu selbstverständlich ist) und 2. daß nächstverwandte Arten oft ganz verschiedene Sozialsysteme haben, während umgekehrt fast gleiche Sozialsysteme bei recht verschiedenen Tierarten zu finden waren. Daraus schloß er, Ähnlichkeiten im Sozialleben seien weniger von der gemeinsamen Abstammung als vielmehr durch bestimmte Anpassungen bedingt und kam so zu der Frage, welche ökologischen Umweltbedingungen wohl zu welchen Formen tierischer Sozietäten führten. Zum gleichen Ergebnis kam der belgische Soziologe R. Petrucci. Er hatte 1905 versucht, die Form des Soziallebens mit der Intelligenz der betreffenden Tierart in Verbindung zu bringen. Als er damit keinen Erfolg hatte, kam er 1906 zu dem Schluß, die Sozialstruktur sei vom Lebensraum diktiert. Im gleichen Jahr versuchte der Belgier E. Waxweiler in seinem »Entwurf einer Soziologie« eine enge Synthese zwischen menschlicher und tierischer Soziologie; er wollte an geeigneten tierischen Sozietäten die allgemeinen Grundzüge sozialen Verhaltens vergleichend und experimentell erarbeiten. Sein großangelegtes Forschungsprojekt wurde durch den ersten Weltkrieg vereitelt.

Waxweiler sah die Soziologie als Spezialzweig innerhalb einer Forschungsrichtung, die damals *Ethologie* hieß. Diese Bezeichnung hatte Isidore G. Saint-Hilaire 1854 in die Biologie eingeführt, und zwar für das, was Ernst HAECKEL 1866 Ökologie nannte, speziell für die Erforschung von Verhaltens-Anpassungen der Lebewesen an ihre Umwelt. Ihr markantester Vertreter war der belgische Paläontologe L. DOLLO. Im belgisch-französischen Sprachraum erschienen noch in jüngster Zeit wissenschaftliche Untersuchungen über Umweltanpassungen im Verhalten der Tiere unter der Bezeichnung Ethologie. Der Name Ethologie ist dann später für die systematisch-vergleichende Verhaltensforschung noch einmal benutzt worden, und zwar ohne Rücksicht darauf, daß er schon besetzt war. Beide Ethologien sind heute in der Sozio-Ethologie verschmolzen, die sich darum bemüht, die Abhängigkeiten der verschiedenen tierischen Sozietätenformen von Lebensbedingungen und Umweltfaktoren aufzuklären. (Einen ersten Überblick dazu findet man in dem von J. CROOK herausgegebenen Sammelband über Sozialverhalten von Vögeln und Säugern.)

»Die Formen der Vergesellschaftung im Tierreich« stellte P. DEEGENER in einem Buch schon 1918 zusammen. Daß es trotz seiner Beispielfülle bald wieder in Vergessenheit geriet, liegt am übertriebenen Klassifikationseifer des Autors, der sich bemühte, für jede nur mögliche Form der Gruppenbildung einen griechischen oder lateinischen Namen zu finden: Eine Winterschlafgesellschaft nannte er Syncheimadium; ein Mütterbund wird als Matrokoinonium, ein Männchenschwarm als Androsynhesmium bezeichnet, und die Larven verschiedener Mückenarten im gleichen Tümpel sollen ein Heterosymphagopaedium bilden. Weniger gekünstelt war die »Tiersoziologie« von F. ALVERDES aus dem Jahre 1925. Aber erst sehr spät und aufgrund genauer und langfristiger Beobachtungen in der natürlichen Umgebung der Tiere keimte die Einsicht, daß sich nicht für jede Art eine typische Vergesellschaftungsform angeben ließ, sondern daß viele Arten verschiedene soziale Gruppen bilden. Das erschwerte zwar das Klassifizieren, war aber genau das, was schon die ersten Bio-Soziologen erwartet hatten. Sie wollten ja durch genaue Vergleiche und Versuche ermitteln, wie Umweltbedingungen auf die Sozialstruktur einwirken. Und wenn man solche Vergleiche anstellen konnte, ohne dabei die Art wechseln zu müssen, waren die Ergebnisse um so überzeugender.

Und Beispiele dafür gibt es genug: Wenn es im Frühling noch einmal kalt wird, verlassen viele Vögel ihre bereits angefangenen Nester, hören mit der Revierverteidigung auf und schließen sich noch einmal zu Winterschwärmen zusammen. Ihre enge Bindung an den Nestort, ihre sozialen Bindungen zum Paar-Partner und zu den Schwarmgenossen – alles das wird vom Kälteeinbruch beeinflußt. Das afrikanische Weißbart-Gnu bildet in Trockengebieten riesige Wanderherden (Farbtafel nach S. 256), in denen sich beide Geschlechter zusammenfinden; Männchen können kurz Reviere gründen, verlassen sie aber wieder, wenn die Herde vorbeigezogen ist. In Gegenden mit gleichmäßigem Regenfall, wo es stets Wasser gibt, gründen die Männchen im offenen Grasland Dauerreviere (Farbtafeln 18 und 19), und die Weibchen bilden reine Weibchengruppen, die zur Paarung die Männchenreviere aufsuchen, zum Gebären aber an geschütztere Orte ziehen.

Verhaltensforscher haben versucht, die verschiedenen Formen sozialer Gruppierungen je einem eigenen Trieb zuzuordnen, also einem Schwarmtrieb, einem Paarbildungstrieb usw. Aber das Begriffsinventar der Verhaltensforschung reichte manchmal nicht aus. Denn man ordnete ja bestimmte Bewegungsweisen (Instinktbewegungen, Verhaltensabläufe) nach ihren biologischen Bedeutungen. Das Zusammenhalten von Tieren in Gruppen war aber keine Bewegungsweise und paßte daher im wahrsten Sinn des Wortes nicht ins Konzept. Um Gruppenbildungen zu erklären, versuchte man einen Sozialtrieb einzuführen. Allerdings gab es keine charakteristische Instinktbewegung oder Erbkoordination, von der her man einen solchen neuen Trieb fordern müßte; vielmehr war alles, was das Tier tat, bereits in anderen Trieben untergebracht, also mußten diese zur Erklärung des beobachteten Verhaltens ausreichen. H. Fischer konnte dann an der Graugans zeigen, daß das Begrüßungsschnattern eine Verhaltensweise ist, die für eine bestimmte soziale Situation charakteristisch war. Dieses Schnattern ist entscheidend für den Zusammenhalt der Partner; den ihm zugrundeliegenden Trieb konnte man also mit Fug und Recht als Bindungstrieb bezeichnen. Nur fand man eben nicht bei allen Tieren, die sich zusammenschließen, eine dafür charakteristische Verhaltensweise. Wenn ein Kücken zur Mutter läuft und sich neben sie setzt und einschläft, so gehörten die beobachteten Verhaltensweisen bereits zum Funktionskreis der Fortbewegung und der Ruhe (oder des Schlafens). Doch ließ sich von da her nicht erklären, warum das Kücken ausgerechnet zur Mutter und nicht irgendwoanders hinlief.

In dieser Verlegenheit behalf man sich vorerst mit dem Begriff »Bindung«; er hatte zwar keinen Erklärungswert, eignete sich aber zur Beschreibung des Sachverhaltes, den K. Lorenz 1963 so kennzeichnete: Eine Anziehung veranlaßt das Individuum, einem Partner zu folgen, wenn dieser sich fortbewegt, ihm zuliebe zu bleiben, sollte er am Ort

verharren oder gar aktiv nach ihm zu suchen, sollte er verschwinden. Für die Bindung (oder das Band, wie Lorenz es auch nannte) ist also nun nicht mehr eine charakteristische Bewegungsweise gefordert, sondern eine bestimmte Bedingung oder Situation, in der eine Bewegungsweise auftritt. Jeder Tierbeobachter weiß, daß z. B. Schlafen oder Körperpflege in entspannter Situation auftreten, wenn ein Tier zu Hause oder ein Jungtier bei seiner Mutter ist. Frau M. Meyer-Holzapfel sprach deshalb von der Situation, in der ein Tier sich daheim oder geborgen fühlt – entweder wenn es wirklich in seinem Heim ist oder wenn es bei einem anderen Individuum ist, bei dem es sich zu Hause fühlt, das eine Heim-Valenz hat. Und sie betonte 1940, daß Tiere oft nichts anderes suchen als die Nähe eines solchen Heimes oder mit Heim-Valenz ausgestatteten Individuums oder Gegenstandes. Der englische Psychiater J. Bowlby begann 1956, Mutter-Kind-Bindungen bei Menschen und Tieren vergleichend zu untersuchen und definierte *attachment* (= Bindung oder Anschlußbedürfnis) als Aufsuchen und Einhalten der Nähe zu einem anderen Individuum.
Mit dem Wort Bindung bezeichnen wir also das, was frei bewegliche Individuen beieinander oder an bestimmten Orten hält. Wir beobachten nun immer wieder, daß Tiere sich nur unter besonderen Bedingungen zu Gruppen zusammenschließen, daß sich diese Gruppen aber unter geänderten Bedingungen auch wieder auflösen. Wenn das Zusammenbleiben durch Bindungen gewährleistet wird und von Umweltbedingungen abhängig ist, dann müssen wir annehmen, daß die Umweltbedingungen einen Einfluß auf die Bindungen nehmen. Wenn wir das verstehen wollen, müssen wir etwas genauer untersuchen, was den Bindungen zugrunde liegt.

Soziometrie

Tiere, die eine Bindung aneinander haben, werden sich dichter beisammen aufhalten als solche, die keine Bindung aneinander haben. Somit kann man Bindungen durch Abstandsmessungen zwischen Individuen nachweisen. Derartiges Ausmessen einer sozialen Gruppe nennt man Soziometrie. Natürlich genügt es nicht, nur einmal die Abstände – etwa auf einem Gruppenphoto – auszumessen; auf eine Bindung kann man erst schließen, wenn Nähebeziehungen immer wieder auftreten, wenn die

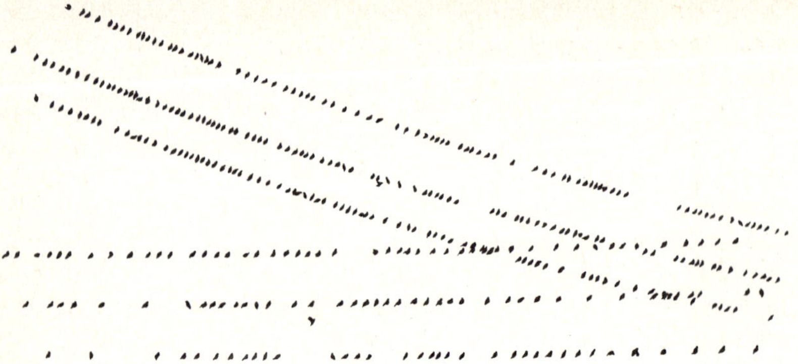

35. Vogelschwärme auf Telefondrähten verdeutlichen den Individualabstand, der aus individuellen Hoheitsgebieten und sozialer Anziehung entsteht.

Individuen sich also bevorzugt beeinander aufhalten. Bevorzugt heißt, sie müssen diese Konstellation einer anderen vorziehen, es muß also mindestens eine andere gegeben sein. Tiere, die man zusammen einsperrt, sind immer dicht beisammen, weil ihnen keine Wahl bleibt. Bevorzugungen lassen sich also nur erkennen, wenn die Tiere Wahlmöglichkeiten haben.

Wir zählen hier Entscheidungen der Individuen. Dazu müssen wir aber sicher sein, daß überhaupt Entscheidungen getroffen wurden. Für den Experimentator kann ein Tier auch zu gut wählen; sucht es z. B. in 100 % der Fälle ein und dieselbe von zwei gebotenen Geruchsquellen, Verstekken, Wasserstellen usw. auf, so muß man erst einmal nachprüfen, ob das Tier überhaupt bemerkt hat, daß es noch eine andere Möglichkeit gab, ob es überhaupt eine Wahl getroffen hat. Andererseits muß der Beobachter dem Tier auch Zeit für Entscheidungen lassen. Es hat keinen Sinn, mit einer Spezialkamera 1 000 Bilder pro Minute von einer gemächlich grasenden Kuh zu machen und nach Auswertung der Bilder zu konstatieren, die Kuh sei in 90 % der Fälle am selben Ort oder neben einer anderen Kuh gewesen, habe also eine Bevorzugung für dieses Fleckchen Grasland oder diese andere Kuh. Man muß, um Ortsbevorzugungen zu messen, zuvor feststellen, wie schnell sich die Tiere umherbewegen, und darf nach einer Messung die nächste erst vornehmen, wenn das Tier nachweislich genug Zeit hatte, sich woandershin zu begeben und wiederzukommen.

Man kann demnach soziale Bindungen zwischen Individuen erfassen, ohne besondere Verhaltensbeobachtungen anzustellen, wenn man nur hinreichend oft ihre Aufenthaltsorte bestimmt. Beginnen wir mit dem einfachsten Fall, den J. LAMPRECHT untersuchte: Wir testen zwei Individuen, etwa 2 Fische in einem Aquarium. Nehmen wir weiter an, jeder der beiden Fische, die wir A und B nennen wollen, schwimmt unregelmäßig im Becken hin und her, aber so, daß er gleich oft links wie rechts im Becken ist. Wir treffen also jeden einzelnen in 50 % der Fälle links im Becken an, in 50 % der Fälle rechts. Je nachdem, wie sich die Fische zueinander verhalten, werden wir aber sehr verschieden häufig beide Tiere zugleich links antreffen:

1. Wenn einer dem anderen ständig folgt, wird er immer dort sein, wo auch der andere ist. Es werden also in 50 % der Fälle beide Tiere zugleich rechts, in 50 % der Fälle beide zugleich links sein.
2. Wenn einer immer dahin schwimmt, wo der andere gerade nicht ist, wird er immer links sein, wenn der andere rechts ist, und umgekehrt. Wieder ist zwar jeder gleich oft links wie rechts, aber wir werden in 0 % der Fälle beide zusammen links oder rechts antreffen.
3. Wenn die Tiere umherschwimmen, ohne irgendwelche Notiz voneinander zu nehmen, sich also unabhängig voneinander bewegen, dann wird der Zufall entscheiden, wie oft beide zugleich im selben Beckenabschnitt sind. Da wir nur links und rechts unterscheiden und beide Fische gleich oft die linke und die rechte Beckenhälfte aufsuchen, gibt es vier gleichberechtigte Möglichkeiten:

A und B links
A und B rechts
A links, B rechts
B links, A rechts.

Also werden in $\frac{1}{4}$ der Fälle (25 %) beide Tiere zufällig zugleich links sein. Drücken wir es in Zahlen aus: Wenn A in 50 % der Fälle links ist, dann beträgt die Wahrscheinlichkeit, ihn links anzutreffen 0,5. Dasselbe gilt für B. Bewegen sie sich unabhängig voneinander, dann ist die Häufigkeit zufälligen Zusammentreffens der beiden links im Becken durch Multiplikation dieser Wahrscheinlichkeiten gegeben, also $0{,}5 \cdot 0{,}5 = 0{,}25$. Diese Zahl kann uns als Vergleichswert dienen, der zur Voraussetzung hat, daß das Zusammentreffen der Tiere dem Zufall überlassen bleibt. Besagen unsere Protokolle nun, daß die Tiere deutlich öfter als in 25 % der Fälle zusammen links waren, dann muß mindestens einer den anderen aufgesucht haben; waren sie deutlich seltener als in 25 % der Fälle zusammen links, so muß mindestens einer dem anderen ausgewichen sein. (Der Rechenweg ist derselbe, wenn die einzelnen Tiere ungleich oft den linken Teil aufsuchen; wenn A in $\frac{1}{4}$ der Fälle links war, B in $\frac{1}{3}$ der Fälle, dann muß man rein zufällig beide zusammen in $\frac{1}{4} \cdot \frac{1}{3} = \frac{1}{12}$ der Fälle links erwarten.)

Allgemein formuliert lautet das Verfahren folgendermaßen: Die Häufigkeit, mit der Individuen am bestimmten Orten angetroffen werden, nimmt man als Wahrscheinlichkeit, mit der sie sich dort aufhalten. Man multipliziert diese Wahrscheinlichkeiten für zwei Individuen und bekommt damit die erwartete Häufigkeit, mit der sich beide gleichzeitig an dem betreffenden Ort einfänden, wenn sie sich unabhängig voneinander bewegten. (Das ist die bedingte Wahrscheinlichkeit für den einen, an diesen Ort zu kommen, wenn zufällig auch der andere gerade da ist.) Diesen aus den Häufigkeiten für jedes Individuum errechneten Erwartungswert vergleicht man mit den Protokolldaten, die ja angeben, wie oft die beiden tatsächlich zusammen an einem Ort waren. Von dieser beobachteten Häufigkeit zieht man die errechnete erwartete Häufigkeit ab. Ergibt die Differenz Null, dann waren beobachtete und erwartete Häufigkeit gleich groß, das heißt, die Tiere haben sich nur zufällig getroffen. Ergibt sich eine positive Differenz, dann waren sie häufiger, als erwartet, zusammen, das heißt, es muß eine Anziehung zwischen ihnen herrschen. Ergibt sich eine negative Differenz, dann waren sie seltener als nach Zufall zu erwarten zusammen, das heißt, zwischen ihnen herrscht eine Abstoßung. Der Vorteil dieses Verfahrens liegt zunächst darin, daß Ortsbevorzugungen der Individuen herausfallen. Das ist wichtig, weil man leicht gemeinsame Ortstreue für Partnertreue halten kann.

Außerdem läßt sich das Verfahren in verschiedener Richtung ausbauen: Man kann ebenso berechnen, wie oft rein zufällig drei oder mehr Individuen zusammenträfen (wenn sie sich unabhängig voneinander bewegten), indem man die Aufenthaltswahrscheinlichkeiten dieser drei oder mehr Individuen für einen bestimmten Ort miteinander multipliziert. Wenn man vorher die Positionsdaten der Tiere von vielen Orten protokolliert hat, kann man auch die Aufenthaltswahrscheinlichkeiten für entsprechend viele Orte berechnen.

Kennt man die Entfernungen zwischen diesen Orten, dann hat man zugleich auch die Abstände zwischen den Individuen, die sich an diesen Orten aufhalten. So kann man auch ermitteln, ob sich bestimmte

Distanzen zwischen Individuen immer wieder einstellen, auch wenn sie den Ort wechseln. Dazu notwendig ist eine zwar einfache, aber zeitraubende Rechnerei, für die man vorteilhaft einen Computer einsetzt. Sie liefert Erwartungswerte, wie häufig sich die verschiedenen Entfernungen zwischen den beobachteten Individuen einstellen, wenn allein der Zufall regiert. Die tatsächlich beobachteten Entfernungshäufigkeiten zeigen dann, ob die Tiere sich immer wieder (egal an welchen Orten) aufsuchen oder meiden. Diese Methode wurde erst jüngst von R. Fernald und F. Trillmich entwickelt und inzwischen an Vögeln, Fischen und Krebsen mit Erfolg angewendet. Wir wollen an einem vereinfachten Fall erläutern, wie sie arbeitet:

Aus den über längere Zeit gesammelten Ortsprotokollen für jedes einzelne Individuum berechnet man für alle möglichen Individuen-Paare die Häufigkeiten, mit denen sie sich rein zufällig in verschiedenen Entfernungen voneinander befinden müßten. Für die nur 5 cm langen Krebse in einem Aquarium wurden die Abstände in Schritten von je 10 cm berechnet. Die Protokolle, die jedes einzelne Individuum aufführen,

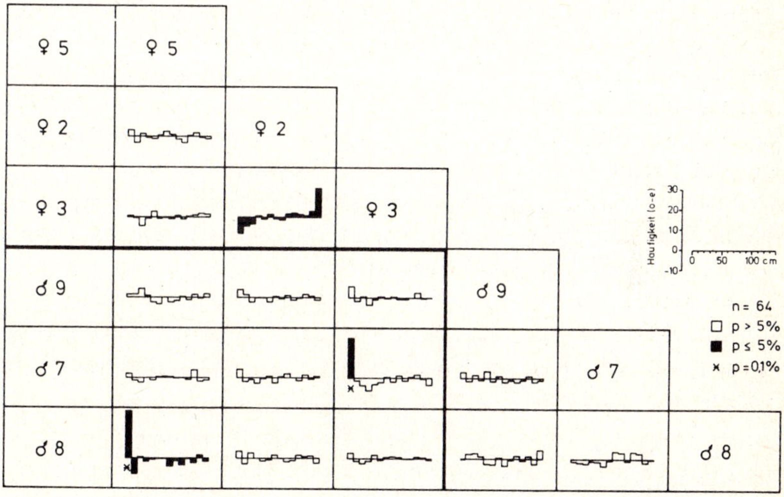

36. Nachweis der Partnerbevorzugung mit Hilfe von Nähebeziehungen bei der tropischen Garnele *Hymenocera*. Dargestellt sind Häufigkeiten der Abstände (in cm) zwischen den Tieren.

enthalten außerdem, wie oft sich die verschiedenen Abstände zwischen den betreffenden Individuen wirklich eingestellt haben. Zieht man von jeder beobachteten Häufigkeit der einzelnen Abstände die zugehörige erwartete Zufallshäufigkeit ab, dann erkennt man wieder, ob die Tiere sich unabhängig voneinander umherbewegten oder nicht.

Abb. 36. zeigt graphisch das Ergebnis, das eine Gruppe aus 3 Männchen und 3 Weibchen lieferte, es sind die Abstandsbeziehungen zwischen je zwei Tieren (15 Kombinations-Möglichkeiten). Wenn erwartete und beobachtete Häufigkeit für die einzelnen Abstände genau gleich sind, ergibt die Subtraktion Null, das wäre hier ein horizontaler Strich. Ist die beobachtete Häufigkeit größer als die erwartete, so bleibt ein positiver Rest, der als entsprechend hohe Säule nach oben aufgetragen ist; bleibt die beobachtete Häufigkeit unter der erwarteten, so wird die negative Differenz nach unten aufgetragen. Kleine Abweichungen, die statistisch nicht signifikant (d. h. anhand der vorliegenden Anzahl von Protokollen nicht von zufallsbedingten Abweichungen zu unterscheiden) sind, gibt es in allen Fällen. Es gibt aber auch signifikante Abweichungen, die hier schwarz hervorgehoben sind: So hielten sich Männchen Nr. 8 und Weibchen Nr. 5 viel häufiger als zu erwarten, dicht beisammen auf und waren seltener als zu erwarten, weit voneinander entfernt. Auch Männchen Nr. 7 und Weibchen Nr. 3 waren viel häufiger dicht beieinander, als man erwarten konnte; auf größere Entfernung hingegen unterscheiden sie sich nicht von irgendwelchen anderen Paar-Konstellationen. Die beiden Weibchen Nr. 2 und Nr. 3 hielten sich häufiger, als erwartet, weit voneinander entfernt und seltener nahe zusammen auf; sie meiden einander. So ließen sich auch aus größeren Individuengruppen allein durch die regelmäßig erhobenen Ortsprotokolle dauerhafte Partnerbeziehungen (in diesem Fall monogame Paare) richtig ermitteln. Den Beweis dafür erbrachten von Seibt durchgeführte Wahlversuche, in denen die Individuen zeigten, daß sie in der Tat den betreffenden Partner suchten und aufsuchten und daß sie ihn auch von den anderen Individuen unterscheiden konnten.

Der Partner

Wie eben beschrieben, erlaubt das soziometrische Verfahren allein durch wiederholtes Protokollieren der Aufenthaltsorte (in angemessenen Zeitintervallen) festzustellen, ob bestimmte Individuen in einer Gruppe sich bevorzugt aufsuchen oder meiden. Will man jedoch wissen, wer von zweien den anderen aufsucht oder meidet, dann sollte man außer den Positionsdaten noch andere Verhaltensweisen protokollieren. Eine solche Untersuchung führten HINDE und SPENCER-BOOTH über die Mutter-Kind-Bindung bei Rhesusaffen durch (vgl. READER).

Wenn man die Möglichkeit hat, experimentell in die zu untersuchende Gruppe einzugreifen, dann wird man versuchen, eins von zwei Tieren, die besonders häufig zusammen angetroffen werden, künstlich zu versetzen und am neuen Ort festzuhalten. Folgt das zweite Individuum daraufhin nach (sucht es eventuell sogar längere Zeit, bis es das versetzte Individuum wiedergefunden hat), so gibt es damit besonders klar zu erkennen, daß es eine Bindung (im Sinne der auf S. 306 zitierten LORENZ'schen Definition) an das andere Individuum hat.

Das Aufsuchen der Nähe zu einem Individuum (oder zu einem Ort oder Gegenstand) kann als ein besonderes Verhalten betrachtet werden. Häufig ist es aber nur die Einleitung zu einer anderen Verhaltensweise: Wenn ein Tier das andere füttern, begatten, kraulen oder auch angreifen will, wird es sich stets vorher dem anderen annähern. Und meist bekommt man mehr Aufschluß über die Beziehung zwischen den Individuen, wenn man nicht nur notiert, daß eins das andere aufsucht, sondern auch noch registriert, welches Verhalten darauf folgt. Ganz allgemein muß man fordern, soziale Bindungen in Form von Bevorzugungen zu beschreiben, also Verhaltensweisen zu nennen, die bevorzugt oder ausschließlich auf bestimmte Objekte, Orte oder Individuen gerichtet werden. Dasjenige Individuum, auf das eine solche Verhaltensweise bevorzugt gerichtet wird, ist dann definitionsgemäß der Partner; wird er zum Spielen aufgesucht, ist es ein Spielpartner, wird er zur Paarung aufgesucht, ein Kopulationspartner usw.

Will man eine soziale Gruppe (ob ein Paar, eine Familie oder eine andere größere Einheit) wissenschaftlich untersuchen, so muß man wissen, wie oft Verhaltensweisen von jedem Tier gezeigt werden und an wen sie gerichtet sind (vgl. READER/H. Kummer). Wenn die Individuen Bevorzugungen untereinander entwickeln, dann hat das zur Folge, daß die sozialen Interaktionen nicht zufällig, sondern in irgendeiner Weise geordnet auftreten. Diese Ordnung (wer mit wem kopuliert, wer welche Junge aufzieht, welche Individuen zusammen jagen usw.) nennen wir auch Sozialstruktur. Sie wird bestimmt durch:

1. Die Verhaltensweisen, die überhaupt vorkommen (einige Tierarten haben z. B. Beschädigungskämpfe oder Brutpflege oder Reviertreue, andere nicht). Es ist also wichtig, das Verhaltens-Repertoire der betreffenden Tierart zu kennen.

2. Die Bedingungen, unter denen diese Verhaltensweisen vorkommen. Hierzu zählt vor allem das Bevorzugen von Orten oder Partnern zum Ausführen bestimmter Verhaltensweisen.

Entscheidend ist, daß die Interaktionen nicht zufällig verteilt sind und daß man die unterschiedlichen Neigungen oder Bereitschaften der Individuen, mit diesem oder jenem zu interagieren, kennt. Hier muß man Bereitschaft zum Handeln und Gelegenheit zum Handeln sorgfältig unterscheiden. Da Individuen um so mehr Gelegenheit zum Interagieren haben, je mehr Zeit sie miteinander verbringen, muß man die Häufigkeit, mit der sie bestimmte Verhaltensweisen auf den Partner richten, jeweils auf gleiche Zeiten des Zusammenseins beziehen.

Bei einer Bindung eines Lebewesens an einen Ort oder unbelebten Gegenstand ist klar, daß das Lebewesen sozusagen Träger der Bindung ist, denn Orte und Gegenstände bleiben passiv und zeigen selbstverständlich keine Bevorzugungen. Hingegen erkennen wir soziale Bindungen zunächst nur zwischen Individuen, ohne angeben zu können, welches Individuum dabei der aktive Teil ist. Der Zusammenhalt zwischen A und B kann darauf beruhen, daß A dem B nachläuft oder daß B dem A nachläuft oder auch daß beide einander nachlaufen. Handelt es sich um drei Individuen, so können B und C jeder für sich dem A nachlaufen (oder C und A dem B, oder B und A dem C), oder aber B läuft A nach und C läuft B nach (und die entsprechenden Umkehrungen davon). Deswegen ist das genaue Erfassen der Partnerbeziehungen zur korrekten Erfassung der Sozialstruktur unerläßlich.

Zeitliche Nähe

Tiere können nicht nur sich selbst in eine bestimmte Entfernung von einem anderen Individuum begeben, sondern können auch eine Verhaltensweise in bestimmten zeitlichen Abstand von der eines anderen Individuums plazieren. Am auffälligsten ist das bei akustischen Interaktionen: Wenn ein Individuum gerufen hat, antwortet ihm sein Partner. Man kann in vielen Fällen aus einer Gruppe rufender Vögel die Paare

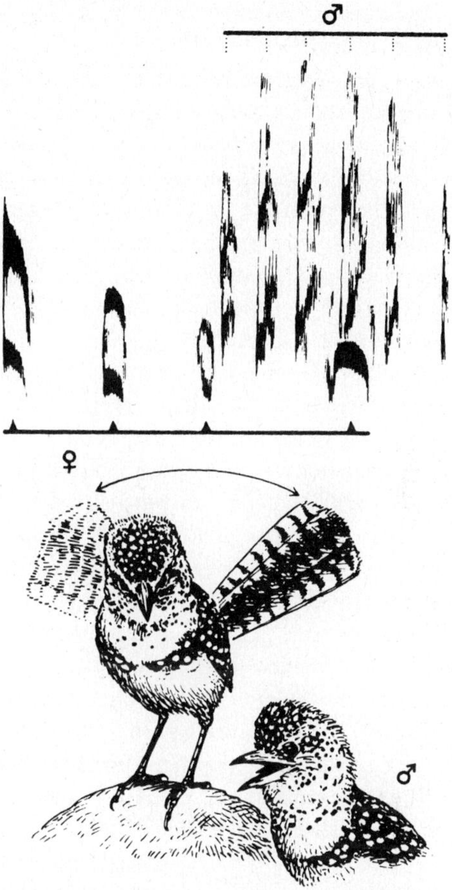

37. Beim Schmuckbartvogel *Trachyphonus usambiro* (s. Farbtaf. nach S. 224) tragen die Paar-Partner gemeinsam Ruf-Duette vor. Die Zeichnung oben zeigt das Klangspektrogramm eines Duetts, das dann viele Male nacheinander wiederholt wird. Die Lautfolge ist von links nach rechts zu lesen; das dargestellte Duett dauert 0,5 Sekunden. Gleichzeitig erklingende Töne verschiedener Höhe sind übereinander schwarz angegeben; sie reichen in diesem Fall von 1 bis 5 kHz. Der Anteil des Weibchens besteht aus 4 »gack-gack«-Lauten, das Männchen ruft dazu »schräh«, was im Spektrogramm die 6 senkrechten Streifen bildet. Beim Duettieren schwenken die Weibchen den aufgestellten Schwanz hin und her, so wie in der Zeichnung darunter angegeben.

ermitteln, wenn man die zeitlichen Antwortbeziehungen in den Rufen auswertet. Ähnlich erkennt man Eltern-Kind-Beziehungen daran, daß nur bestimmte Individuen einander antworten. Solches Rufen und Antworten finden wir bei Insekten, Fröschen, Säugetieren und – am besten untersucht – bei Vögeln. In vielen Fällen werden nicht nur Einzelrufe aufeinander abgestimmt, sondern ganze Rufserien; dann entstehen Duette. Das sind – wie in der Oper oder Operette – einheitlich wirkende Ruf- oder Gesangsfolgen, die aber von zwei Individuen produziert werden, indem diese ihre Lautäußerungen zeitlich und gegebenenfalls auch motivlich genau aufeinander abstimmen. Wir haben speziell Vogel-Duette jahrelang sowohl an gefangengehaltenen als auch an im Freiland lebenden Tieren untersucht und dabei sehr verschiedene Komplikationsgrade des Duettierens gefunden.

Im einfachsten Fall äußern die Partner regelmäßig abwechselnd jeder den gleichen Laut. Dieses Wechselsingen kann gemächlich gehen, etwa im Zeitmaß einer tickenden Pendeluhr, oder aber auch so rasend schnell wie beim Triller des Zwergtauchers, daß unser Ohr kaum die Einzellaute auseinanderhalten, geschweige denn erfassen kann, daß dabei die Partner ihre Einzellaute genau alternierend äußern. Die Bedingungen für ein Rufen auf Lücke haben wir S. 261 erörtert. In vielen Fällen äußern die Geschlechter verschiedene Laute und lassen sich jeweils nur von denen des anderen Geschlechts zu eigenem Rufen anregen – dann entstehen Duette nur zwischen Geschlechtspartnern. So ist es beispielsweise beim ostafrikanischen Schmuckbartvogel *Trachyphonus usambiro* (siehe Farbtafel 15 u. Abbildung 37). Soweit wir bisher feststellen konnten, gibt es einen arttypischen Männchenruf und ebenso einen arttypischen der Weibchen; jedes Männchen kann mit jedem Weibchen duettieren. Das wird bei weiterer Spezialisierung der Duette anders.

Die bislang kompliziertesten Duette stammen vom Drongo, *Dicrurus adsimilis*, der in der afrikanischen Buschsteppe verbreitet ist. Die Paare äußern vor allem morgens bei Sonnenaufgang ein heiseres, anhaltendes Geschwätz, das sich im Klangspektogramm als lückenlose Aneinanderreihung zahlreicher, gut unterscheidbarer Einzelelemente entpuppt, was D. von Helversen und W. Wickler eingehend untersucht haben. Jedes Individuum hat seinen eigenen »Wortschatz«, und im Duett alternieren die Partner sehr genau. Eine Analyse der Folgebeziehungen zwischen den Elementen ergab, daß diese in den Duetten weder in zufälliger noch in starrer Reihenfolge auftreten. Welches Element an einer gegebenen Stelle auftritt, hängt erstens ab von den vorausgegangenen Elementen desselben Vogels, zweitens vom unmittelbar vorausgehenden Element des Partners. Das Duett wird also bestimmt von dem Eigenprogramm jedes Tieres (etwa einer Grammatik seiner Lautäußerungen entsprechend) und von einem Antwortprogramm, mit dem die Tiere aufeinander Bezug nehmen. Benachbart wohnende Drongopaare haben nur wenige Laut-Elemente gemeinsam, das heißt, jeder Vogel hat einen weitgehend individuellen Wortschatz; deshalb ist glattes Duettieren nur möglich, wenn jeder sich

38. (s. Farbtafeln 20 und 21) Der Partner- und Gruppensynchronisation bei Flamingos dienen verschiedene Bewegungsweisen, die von mehreren Individuen zugleich ausgeführt werden. (Von links nach rechts) oben: Nebeneinanderfressen, Nebeneinanderherlaufen, Kopfdrehen; unten: Flügelöffnen, Flügelwinkeln und Flügelstrecken. (nach Studer-Thiersch)

auf den Wortschatz seines Partners genau eingespielt hat. Partner können also nicht einfach ausgetauscht werden.
Aus den bisherigen Untersuchungen geht hervor, daß das Duettieren von Art zu Art verschiedene Bedeutungen haben kann: Duettieren kann der Arterkennung oder der Revierabgrenzung dienen, es kann Mitteilungen an den Partner enthalten und kann das Verhalten der Partner synchronisieren helfen.
Ganz entsprechende, aufeinander abgestimmte Verhaltensäußerungen gibt es natürlich auch in anderen Bereichen als der akustischen Kommunikation. Die nächtlich aktiven Leuchtkäfer tropischer Zonen senden Blinksignale, mit denen Männchen und Weibchen einander antworten. Viele Tiere verständigen sich durch Bewegungen des ganzen Körpers oder einzelner Körperteile, und auch darin gibt es charakteristische und partnerspezifische Bewegungsfolgen, die dann weniger einem Duett als einem pas de deux im Ballett entsprechen. Ein Beispiel dafür liefert die Balz der Flamingos (Farbtafeln 20, 21 und Abbildung 38).

Bindung als Prozeß im Individuum

Wenn Bindungen sich im Verhalten durch Bevorzugungen anzeigen, dann wird beim Entstehen wie beim Auflösen einer Bindung sich eine Bevorzugung einstellen bzw. wieder verlieren; es muß sich also etwas am Verhaltensprogramm des Individuums ändern.
Wenn wir zwei Jungtieren, die jedes eine Bindung an die Mutter haben, diese Mütter vertauschen, werden beide sehr aufgeregt reagieren (wahrscheinlich die Mütter auch). Wenn wir zwei Revierbesitzern, die jeder in seinem Revier ganz zufrieden sind, die Reviere vertauschen, werden auch sie unzufrieden sein und wahrscheinlich sogar versuchen, jeder in sein Revier zurückzulaufen. Ganz offensichtlich ändert sich, wenn eine Bindung aufgebaut wird, nicht das Objekt oder das Individuum, auf das sich die Bindung richtet, sondern vielmehr dasjenige Individuum, das die Bindung eingeht. Es lernt das Objekt oder den Bindungspartner kennen, und dieses Kennenlernen – ein Sammeln von Erfahrungen – ist es, das ein Revier in mein Revier, eine Mutter in meine Mutter verwandelt. Das Aufbauen einer Bindung ist also ein Prozeß, der sich im Individuum abspielt.
Auf eine andere sehr wichtige Tatsache hat schon J. Bowlby in seinen

Büchern 1972 und 1973 hingewiesen: Ein Kind, das seine Mutter gleich hinter der Tür im Nebenzimmer glaubt, kann ganz ruhig sein; es wird unruhig, wenn es meint, die Mutter sei nicht in der Nähe. Das Verhalten des Kindes hängt also davon ab, wo es die Mutter vermutet, nicht wo sie tatsächlich ist. Was das Individuum mit seinem Bindungsverhalten anstrebt, ist nicht direkt eine bestimmte Nähe zum Bindungsobjekt, sondern seine Verfügbarkeit oder Erreichbarkeit. Schiebt man zwischen Mutter und Kind einen Zaun, so ändert sich an der Entfernung zwischen beiden nichts, aber Kind und Mutter werden sofort versuchen, das Hindernis zu beseitigen oder zu umgehen. Ferner wird selbst-verursachtes Anwachsen der Entfernung zum Bindungsobjekt anders beantwortet als fremd-verursachtes (s. S. 226).

Ganz allgemein ist die gesuchte Nähe zum Bindungsobjekt – ebenso wie seine Erreichbarkeit – eine variable Größe; sie wird jeweils dadurch festgelegt, daß das Individuum die Vorteile, die ihm durch Annäherung an ein anderes Objekt (z. B. ein Futterstück) erwachsen, abwägt gegen das damit verbundene Risiko, sich immer weiter vom Schutz spendenden Bindungsobjekt (z. B. Mutter oder Höhle) zu entfernen. Je weiter das Individuum sich vom Schutzspender fort wagt, desto unabhängiger ist es von ihm. Dieser Grad der Unabhängigkeit ändert sich bei einem Jungtier mit dem Alter, hängt aber auch von anderen Faktoren ab, z. B. von der Gefahrenlage oder vom Gesundheitszustand. Und auch hier kommt es wieder nicht darauf an, wie sicher oder unabhängig das Individuum objektiv betrachtet ist, sondern darauf, wie sicher oder wie unabhängig es sich »fühlt«, wie es also seine Situation selbst einschätzt. Das hat N. Bischof recht genau analysiert und daran präzise Vorstellungen über den Mechanismus entwickelt, der dem Selbständigwerden von Jungtieren und dem damit verbundenen Vorgang der Familienauflösung zugrunde liegt. Wenn sich im Individuum verschiedene Tendenzen überlagern, z. B. in Reichweite der Nahrung zu gelangen, aber den Schutz der Mutter nicht zu sehr aufs Spiel zu setzen, wird die Entfernung, die das Tier schließlich zum einen und zum anderen Objekt einnimmt, einem Gleichgewicht zwischen diesen beiden Tendenzen entsprechen. Der von uns gemessene Abstand von Individuum zu einem Bindungsobjekt wird also wahrscheinlich den Ausgleich zwischen mehreren Tendenzen kennzeichnen, gleichzeitig die Nähe von verschiedenen Objekten zu suchen und einzuhalten, das heißt, es wird eine Entfernung sein, die mehreren Bedürfnissen angemessen ist.

Partnertreue

Wie wir sahen, sind bei der Fortpflanzung für jedes Individuum zwei Gesichtspunkte ausschlaggebend: 1. möglichst ökonomisch Nachkommen zu zeugen und aufzuziehen; 2. alle Aufwendungen auf die eigenen Nachfahren zu beschränken. Daraus ergeben sich einige weitere Konsequenzen, die bemerkenswert sind, weil sie weitere Besonderheiten sozialen Verhaltens mit sich bringen.

Respektierte Paarbindungen

Man beobachtet bei vielen Tierarten ein markantes Abnehmen der Konkurrenz um Weibchen, sobald die Weibchen einmal verpaart sind. Die Männchen vermeiden also, fremde Kinder aufzuziehen, wenn sie Weibchen meiden, die wahrscheinlich von einem anderen Männchen begattet wurden. Erkennbar ist ein solches Weibchen daran, daß es sich nahe beim eigenen Männchen aufhält oder daß es begonnen hat, dessen Revier mitzuverteidigen, an seinem Nest mitzubauen usw.

Für das besitzende Männchen kann vorteilhaft sein, möglichst auffällig und oft mit seinem Weibchen zu kopulieren, wenn andere Männchen sich dadurch abhalten lassen, um dieses Weibchen zu werben. Vielleicht erklärt das, warum nach einem Rivalenstreit bei so vielen Tieren der Sieger sofort mit dem Weibchen kopuliert. Das kann schon in Kampfpausen vorkommen – von Verhaltensforschern oft als »Wutkopulation« und Übersprunghandlung klassifiziert – und dann das Interesse des Rivalen an dem Weibchen mindern, also vielleicht dadurch den Kampf schon beenden.

Es gibt sogar Möglichkeiten, einem Weibchen, das ohne Partner daherkommt, anzumerken, wie wahrscheinlich es begattet ist. Ein gutes Beispiel dafür liefert die nordamerikanische Lachtaube *Streptopelia risoria* (vgl. Reader/D. Lehrman). Während der anfänglichen Balzphase wird das Weibchen allmählich zur Kopulation bereit und fordert schließlich das Männchen dazu auf. Diese Verhaltensweisen des Weibchens wirken stark auslösend auf das männliche Begattungsverhalten. Nach dem üblichen Schema von Schlüsselreiz und Auslösemechanismus wäre nun zu erwarten, daß ein Männchen auf stärkere Reize stärker reagiert und von zwei (ihm vorher nicht bekannten) Weibchen dasjenige bevorzugt, das die stärksten Reize sendet. In entsprechenden Versuchen, die C. Erickson und P. Zenone veröffentlichten, taten die Männchen das aber nicht: im Gegenteil, sie wählten regelmäßig das Weibchen, das weniger stark sexuell aufforderte.

Von der Gen-Selektion her ist das leicht zu verstehen: Da die Weibchen nur durch Balzen mit einem Männchen in sexuelle Bereitschaft kommen, muß ein Weibchen, das sich zur Paarung anbietet, schon längere Zeit mit einem Männchen gebalzt haben und ist wahrscheinlich von ihm begattet worden. Wenn ein anderes Männchen dieses Weibchen annähme, zöge er mit einiger Wahrscheinlichkeit schließlich die Kinder seines Vorgängers groß, da Taubenmännchen die Hälfte der Brutpflege übernehmen. Ein Taubenweibchen dagegen, das sein Männchen verliert, muß versuchen, ein anderes Männchen zu finden, oder muß die ganze Brutaufzucht allein leisten (s. auch S. 206).

Die Verlobungszeit

Auch bei den Gänsen beteiligen sich beide Eltern gleichmäßig an der Brutpflege. Die Paare bilden sich lange vor der eigentlichen Paarungszeit, indem die Ganter sich ein Weibchen aussuchen und dann stets ganz dicht bei ihm bleiben. Die Monate vom Beginn dieser Paarbildung bis zur ersten Begattung nennt K. Lorenz (zugegebenermaßen vermenschlichend) eine Verlobungszeit. Sie kennzeichnet eine andere Strategie des Männchens, um nur eigene Nachkommen aufzuziehen: Das Männchen überwacht das Weibchen vor der Begattung lange genug, um sicher zu sein, daß das Weibchen nicht schon von einem Nebenbuhler begattet wurde. Eine Verlobung rentiert sich besonders dann, wenn die Partner das ganze Leben über beieinanderbleiben; die Wartezeit sollte dann schon vor der vollen Geschlechtsreife beginnen, so daß nichts von der Fortpflanzungszeit verlorengeht.

Solche Verlobungszeiten sind im Tierreich weit verbreitet. Sie bringen aber nicht nur dem Männchen, sondern auch dem Weibchen Vorteile; das wollen wir im nächsten Abschnitt besprechen.

Warum Weibchen umworben werden

Je mehr ein Individuum in einen Nachkommen investiert hat, desto schwerer wiegt der Verlust dieses Nachkommen, weil es einen entsprechend hohen Aufwand braucht, um einen Ersatz zu schaffen. Wir haben schon erörtert, daß ein Weibchen aus diesem Grunde um so heftiger um ihre Jungen kämpfen sollte, je näher sie der Selbständigkeit sind; denn wenn Junge verlorengehen, die schon lange versorgt wurden, ist der Rückschlag, erneut beginnen zu müssen, besonders stark. Es kann sich deshalb für ein Weibchen durchaus lohnen, ein schon weit entwickeltes Kind mit großem Einsatz allein weiterzupflegen, wenn der Partner ausfällt, weil die Aufwendungen für ein neues Kind noch höher wären, selbst wenn ein neuer Partner dabei mithilft.

Wenn ein brutpflegendes Weibchen bemerkt, daß ihr Partner sie verlassen wird, wäre es ferner – so paradox es klingt – geschickt, wenn dieses Weibchen selbst zuerst die Familie im Stich ließe; denn dadurch fällt dem Partner die Entscheidung zu, die Nachkommen zu erhalten oder zu opfern. Und wir haben schon besprochen, daß es, wenn ein Elternteil allein die Brut weiterpflegen kann, vorteilhaft ist, als erster davonzugehen, während die Selektion gegen den arbeitet, der als zweiter davongeht und damit die Nachkommen opfert. Wer als erster geht, kommt – wenn der andere weiterpflegt – auf ökonomischere Weise zu Nachkommen.

Das Geschlecht, das die größten Keimzellen erzeugt (definitionsgemäß also das Weibchen), ist von Anfang an empfindlicher gegen den Verlust einer Keimzelle. Und wir haben auch schon berichtet (s. S. 206), wie oft das Männchen seinen Vorteil darin findet, nach der Begattung als erster davonzugehen und dem Weibchen die weitere Nachkommenpflege anzuhängen. Dagegen gibt es für die Weibchen jedoch ein einfaches Mittel, nämlich das Männchen aufwendig werben zu lassen: Muß das Männchen vor der Paarung viel leisten, dann ist es in einer vergleichbaren Situation in bezug auf den Kostenfaktor wie das Weibchen, das viel in die Keimzellen investiert. Dieses Männchen müßte, ehe es ein anderes Weibchen begatten und weitere Nachkommen zeugen kann, erneut soviel leisten, bis es von dem neuen Weibchen akzeptiert wird. Die vom Weibchen vor der Begattung geforderte Investition des Männchens – zusammen mit der Unsicherheit, ob und wann ein anderes Weibchen erreichbar ist – bringen ihm schließlich weniger Nutzen als die Aufwendungen, die auf ihn zukommen, wenn er beim ersten Weibchen bleibt und seine Nachkommen aufziehen hilft. Dieses Verfahren ist für die Weibchen so naheliegend und einfach anzuwenden, daß wir es im Tierreich ungemein häufig finden; so häufig, daß es uns schon fast

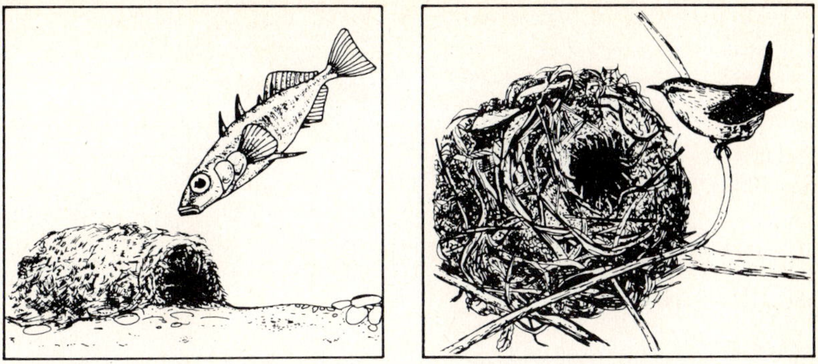

39. Stichling und Zaunkönig sind bekannte Beispiele dafür, daß das Männchen zuerst ein Nest bauen muß, ehe es ein Weibchen bekommen kann. Das Stichlingsmännchen übernimmt auch die Brutpflege, während der Zaunkönig sich nur bei Nahrungsknappheit daran beteiligt.

selbstverständlich erscheint und wir kaum fragen, warum gerade die Weibchen so umworben werden.

Wenn Weibchen vor der Begattung spröde sind und viel vom Männchen verlangen, können sie also die Chance vergrößern, daß die Männchen auch nach der Begattung bei ihnen bleiben und die Nachkommen pflegen helfen – und das wirkt sich positiv auf die Überlebensaussichten der Gene dieser Weibchen aus. Was ein Männchen leisten muß, ehe es vom Weibchen angenommen wird, ist recht verschieden. Besonders oft wird dem Männchen ein gewisser Aufwand an Zeit abverlangt, indem das Weibchen sich spröde verhält. Die Sprödigkeit kann sogar aggressiv getönt und zur gemäßigten Abwehr werden. Dann sieht es so aus, als müsse das Männchen seine Überlegenheit beweisen – während im Grunde das Weibchen sicherstellt, daß das Männchen sich kein anderes Weibchen leisten kann. Jede dem Männchen abverlangte Aufwendung eignet sich dafür. (Dawkins zählt u. a. merkwürdige Dinge auf wie: Einen Berg besteigen, einen Drachen töten, den Hellespont durchschwimmen, den Heiligen Gral suchen.) Indes können die Aufwendungen des Männchen auch dem Weibchen oder den Nachkommen nutzbar gemacht werden, also mehrfachen Vorteil bringen; beispielsweise, wenn das Männchen zuerst ein Nest oder eine Wohnhöhle bauen, wenn es das Weibchen füttern oder ein Revier vorweisen muß (Farbtafel 22 und Abb. 39, 40).

40. Fütterung des Weibchens durch das Männchen bei Vögeln. Oben: Mönchssittich, Mitte: Flußseeschwalbe, unten: Haushühner.

Revier und Nest kommen direkt den Jungen zugute, das vom Weibchen aufgenommene Futter fördert indirekt die Produktion von Eiern.
Beispiele für Balz- und Werbeverhalten im Tierreich gehören zu den bekanntesten Verhaltensäußerungen der Tiere. Sie sind vielfältig, attraktiv für den Beobachter und werden darum in vielen Büchern abgehandelt (etwa von M. Bastock), oft unter dem Titel »Liebeswerben«. Leider fehlt so gut wie immer die Unterscheidung, ob dieses Verhalten im Interesse des Männchens liegt, das ein Weibchen für sich besitzen und nichts in fremde Junge investieren will, ob das Weibchen damit erreicht, daß das Männchen sich an der Brutpflege beteiligt, oder ob dadurch weitere Männchen aufmerksam gemacht und zum Rivalisieren veranlaßt werden, so daß sich für das Weibchen die Chancen erhöhen, vom stärksten Männchen begattet zu werden.

Relative Partnertreue

Die eben beschriebene Strategie der Weibchen verfängt nur unter einer ganz bestimmten Bedingung: Ein Männchen wird sich dann durch Vorleistungen entsprechender Höhe zu Partnertreue und Beteiligung an der Brutaufzucht nötigen lassen, wenn es sonst ohne Nachkommen bliebe, wenn also anders kein Weibchen zu erlangen ist, d. h. Sprödigkeit zahlt sich besonders dann aus, wenn alle Weibchen spröde sind. Was würde aber geschehen, wenn ein Weibchen auf Vorleistungen des Männchens verzichtete? Es käme sicher rascher zu einem Männchen, und dieses Männchen käme billiger zu Nachkommen – also müßte sich das Verfahren für beide Partner lohnen und durchsetzen. Dann allerdings würde sich eine männliche Mutante durchsetzen, die keine Partnertreue und Beteiligung an der Brutpflege mehr zeigt. Solche Männchen könnten Nachkommen mit mehreren Weibchen, insgesamt also mehr Nachkommen haben als die treuen Männchen, deren Nachkommenzahl durch die Zahl der Kinder gegeben ist, die ein Weibchen auf die Welt bringen kann. Andererseits werden die Nachkommen für alleinaufziehende Mütter teurer, und Sprödigkeit als Methode, das Männchen daran zu beteiligen, würde sich wieder durchsetzen. So kann man im Kreis argumentieren.
Wir wissen aber schon, wie man aus diesem Kreis herauskommt – nämlich indem man nach einer evolutions-stabilen Strategie sucht, ähnlich wie beim Problem von Komment- und Beschädigungskampf (s. S. 59). Statt

mit allgemeinen algebraischen Symbolen rechnen wir wieder mit anschaulicheren Zahlen; wieder kommt es nicht auf den absoluten Wert der Zahlen an, sondern auf die allgemeine Aussage, zu der sie uns führen. Damit man die Rechnung notfalls im Kopf nachvollziehen kann, übernehmen wir die einfachen Zahlen, mit denen Dawkins das Problem erläuterte:

Nehmen wir an, der genetische Gewinn für jedes Elterntier pro Brut sei durch die Zahl 15 gekennzeichnet. Der Aufwand für Futter, Wärme, Schutz usw. soll höher sein, z. B. 20 Einheiten, und muß abgezogen werden. Auch eine lange Balzphase kostet zumindest Zeit und Energie; wir setzen dafür 3 Einheiten ein.

Uns interessiert, was in einer Population geschehen wird, wenn es darin die eben beschriebenen Strategien der Geschlechtspartner gibt, nämlich spröde Weibchen (s) neben bereiten Weibchen (b), die auf ein langes Paarungsvorspiel verzichten; ferner treue Männchen (t), die sich an der Brutaufzucht beteiligen, und untreue Männchen (u), die das nicht tun und sich auch auf keine lange Balz einlassen.

Die Rechnung ist hier viel einfacher als im Kommentkampf-Beispiel:

1. Verpaaren sich ein sprödes (s) ♀ und ein treues (t) ♂, so ziehen sie eine Brut auf, und jeder erzielt 15 Einheiten. Die 20 Einheiten für Brutpflegeaufwendungen teilen sie sich, auf jeden entfallen also 10; außerdem entfallen auf jeden 3 Einheiten durch die lange Balzzeit. Jeder Partner hat also am Ende $+15 - 10 - 3 = +2$ Einheiten Reinertrag.
2. Trifft ein bereites (b) ♀ auf ein treues (t) ♂, so ziehen auch sie eine Brut auf, teilen sich die Brutpflege, sparen aber beide die Balzzeit ein. Der Reinertrag für jeden ist also $+ 15 - 10 = + 5$.
3. Bekommt ein bereites (b) ♀ ein untreues (u) ♂, so entfällt ebenfalls die Balz. Das Weibchen muß die Brutaufzucht allein bewältigen; von den $+ 15$ Einheiten gehen bei ihr also die vollen $- 20$ Einheiten ab, ihr bleiben $- 5$. Dem Männchen entstehen keine Kosten, obwohl es Nachkommen hat. Sein Reinertrag beträgt $+ 15$.
4. Die letzte Möglichkeit, daß ein sprödes (s) ♀ auf ein untreues (u) ♂ trifft, führt weder zu Nachkommen (denn das Männchen balzt nicht, sondern sucht sich ein nicht sprödes Weibchen) noch zu Aufwendungen (da Balz und Brutpflege entfallen). Also erhält jeder 0 Einheiten.

Die folgende Aufstellung zeigt die »Konten« noch einmal übersichtlich:

	s – ♀	t – ♂
I. sprödes ♀ + treues ♂	+ 15	+ 15
	– 10	– 10
	– 3	– 3
	+ 2	+ 2
II. bereites ♀ + treues ♂	b – ♀	t – ♂
	+ 15	+ 15
	– 10	– 10
	+ 5	+ 5
III. bereites ♀ + untreues ♂	b – ♀	u – ♂
	+ 15	+ 15
	– 20	
	– 5	+ 15
IV. sprödes ♀ + untreues ♂	s – ♀	u – ♂
	0	0

Wir fragen nun nach den Bedingungen für einen stabilen Zustand, in dem sowohl die beiden Weibchen-Typen wie die beiden Männchen-Typen je gleichen genetischen Gewinn haben. Ein s-Weibchen bekommt beim Zusammentreffen mit einem t-Männchen + 2, beim Zusammentreffen mit einem u-Männchen 0 Einheiten. Wie oft beides vorkommt, hängt davon ab, wie häufig t und u sind, dargestellt als [t], [u]; insgesamt hat ein s-Weibchen also $[t] \cdot (+2) + [u] \cdot 0$ zu erwarten. Ein b-Weibchen hat $[t] \cdot (+5) + [u] \cdot (-5)$ zu erwarten. Sollen die Erwartungen von s-Weibchen und b-Weibchen gleich sein, so schreiben wir

$$[t] \cdot (+2) + [u] \cdot 0 = [t] \cdot (+5) + [u] \cdot (-5)$$

Daraus folgt

$$-3\,[t] = -5\,[u]$$

$$[t] : [u] = 5 : 3$$

Das heißt, treue und untreue Männchen müssen im Verhältnis 5 : 3 auftreten.

Wenn die Männchen ihrerseits, ob treu oder untreu, gleichen genetischen Gewinn haben sollen, müssen wir ihre Erfolge bei spröden und bereiten Weibchen gleichsetzen. Ein t-Männchen hat s-mal den Erfolg mit einem s-Weibchen (+ 2) und b-mal den Erfolg mit einem b-Weibchen (+ 5) zu erwarten, ingesamt also

$$[s] \cdot (+2) + [b] \cdot (+5).$$

Das soll ausgeglichen sein (also gleichgesetzt werden) mit den Chancen eines u-Männchens, nämlich $[s] \cdot 0 + [b] \cdot (+15)$; also

$$[s] \cdot (+2) + [b] \cdot (+5) = [s] \cdot 0 + [b] \cdot (+15)$$

Daraus folgt

$$2\,[s] = 10\,[b]$$

$$[s] : [b] = 10 : 2$$

Das heißt, spröde und bereite Weibchen müssen im Verhältnis 5 : 1 auftreten.

Wenn also Treue wie Untreue, Sprödigkeit wie Bereitsein genetisch bedingt vorkommen, dann wird sich unter dem Wirken der natürlichen Selektion ein stabiles Mischungsverhältnis zwischen diesen Eigenschaften als evolutions-stabile Misch-Strategie einstellen; jede Abweichung davon fällt der Selektion zum Opfer. Dieses Verhältnis ist aber ganz klar nicht das beste für die ganze Population oder die Art. Denn eine erfolgreichere Kombination bestünde – wie leicht einzusehen ist – aus nur bereiten Weibchen und nur treuen Männchen (Fortpflanzungserwartung für jeden + 5). Ginge es um den größeren Vorteil für die Art, die Gruppe oder das Paar, dann wäre die Kombination bereites Weibchen und untreues Männchen ($\frac{15-5}{2} = 5$) ebensogut. Diese Kombinationen sind aber unter den gegebenen Bedingungen von der natürlichen Selektion nicht herstellbar.

Seit den Büchern von K. Lorenz gehören die Graugänse zu den berühmtesten partnertreuen Tieren. Schon Heinroth hatte die bedingungslose eheliche Treue der Graugans sozusagen als Idealtypus beschrieben. Nach Lorenz »ist seine Aussage richtig und der von ihm aufgestellte Typus für Beschreibung und Analyse des Verhaltens ebenso unentbehrlich, wie eine aus dem Durchschnitt vieler Einzelfälle errechnete Norm unbrauchbar wäre« (S. 298 in »Das sogenannte Böse«). Allerdings zeigte sich bei genauer Durchsicht der langjährigen Graugansprotokolle, daß von den Gantern nur etwa 60 % so treu waren, wie der Typus es verlangte; das führte schließlich zu dem häufig zitierten Ausspruch von H. Fischer: »Gänse sind schließlich auch nur Menschen«, den Lorenz auf derselben Seite zitiert. Der Zufall will es, daß in unserem Zahlenbeispiel

treue und untreue Männchen im Verhältnis 5 : 3 gemischt auftreten sollten. Treu sind dann $\frac{5}{8}$ aller Männchen, und das sind 62,5 %.
Hier soll kein Mißverständnis aufkommen: Die Zahlenübereinstimmung beweist nichts, denn wir sind ja zum Rechnen von willkürlich gesetzten Größen ausgegangen. Uns geht es vielmehr darum, einen evolutionsorientierten Ansatz vorzuführen, anstatt die Deutung des Verhaltens auf evolutionsfremde Idealtypen zu beziehen. Wir möchten anmerken, daß die günstigere Kombination aus treuen männlichen und keine Vorleistungen fordernden weiblichen Partnern, wenn überhaupt, dann beim Menschen zur stabilen Norm werden können, und zwar durch kluge Übereinkünfte (wie wir schon im Kampfverhalten erörterten). Gänse sind eben doch keine Menschen.

Die Strategie des Individuums

Wie schon am Beispiel des Kommentkampfes erörtert, ist es nicht notwendig, daß die Population aus spröden und bereiten Weibchen bzw. treuen und untreuen Männchen besteht; es kommt auf dasselbe hinaus, wenn jedes Individuum in entsprechendem Verhältnis treu und untreu bzw. spröde und nicht-spröde ist, also die evolutions-stabile Misch-Strategie anwendet. Wenn die Partner nicht zufällig handeln, sondern ihre beabsichtigte Strategie vorher bekanntgeben und sich so aufeinander einstellen können, dann werden sich ähnliche Kommunikations-Strategien einstellen, wie wir sie am Beispiel der Komment-Kämpfe und Wettkämpfe erörtert haben.

Einige Folgen veränderter Bedingungen

Wir betonen noch einmal: Die Zahlen in unserem Modell sagen nicht viel. Aufschlußreich ist es aber, die angenommenen Bedingungen abzuändern und dann zu sehen, welche Auswirkungen sich ergeben. Wiederum ist nicht der absolute Zahlenunterschied wichtig, sondern die Richtung, in der sich die Werte verschieben. Wir wollen nur wenige Beispiele erwähnen und den interessierten Leser weitere selbst ausprobieren lassen.
1. Was wird geschehen, wenn unter sonst gleichbleibenden Bedingungen die Balz teurer wird und man nur für das Männchen statt bisher − 3 jetzt

– 4 dafür einsetzen muß? Ursache dafür kann sein, daß das Futter, welches er dem Weibchen bringen muß, schwerer zu beschaffen ist oder daß das Weibchen mehr Futter verlangt oder sonst seine Ansprüche steigert. Dann ändert sich am stabilen Verhältnis Treue zu Untreue bei den Männchen nichts; es bleibt bei 5 : 3 (das entspricht 62,5 % Treue). Die höhere Vorleistung entspricht aber einer Zunahme der Sprödigkeit der Weibchen, und zwar von ursprünglich 83,5 % auf 91 %.

2. Was wird geschehen, wenn sich bei gleichbleibenden Aufwendungen für die Eltern der Bruterfolg ändert? Das kann durch veränderten Feinddruck oder veränderte Anfälligkeit der Jungen gegen Krankheiten verursacht werden.

Sinkt der Bruterfolg, so schreiben wir z. B. + 14 statt bisher + 15. Darauf antwortet das System – wenn es der natürlichen Selektion folgt – mit einer Zunahme der Sprödigkeit bei den Weibchen von 83,5 auf 91 % (wie im vorhergehenden Fall) und außerdem mit einer Zunahme der männlichen Treue von 62,5 % auf 66,5 %.

Steigt der Bruterfolg auf + 18, weil Feinde oder Krankheiten weniger Opfer fordern, so wird die Sprödigkeit der Weibchen auf 61,6 % sinken, die Treue der Männchen auf 40 %. (Und zwar nicht, weil es für die Partner angenehmer wäre, sondern weil die natürliche Selektion sie dorthin drängt.)

3. Was wird geschehen, wenn verlassene Weibchen die Brut nicht aufziehen (wollen oder können)? Dann bleibt jedes untreue Männchen ohne Nachkommen und stirbt aus, und weibliche Sprödigkeit ist überflüssig. Unsere Grundannahme war aber, daß Männchen zur Untreue tendieren, weil sie dadurch die Zahl ihrer Nachkommen vergrößern können; wenn das nicht gilt, arbeitet die Selektion gegen Untreue.

4. Was wird geschehen, wenn sich die Aufwendungen für die Brutaufzucht ungleich auf Männchen und Weibchen verteilen (so daß etwa der eine Partner – 11, der andere – 9 einsetzt)? Dann ändert sich am Verhältnis 5 : 3 bei den Männchen wiederum nichts. Aber wenn die Weibchen mehr leisten, sinkt die weibliche Sprödigkeit auf 78,6 %. Leistet das Männchen mehr, steigt die weibliche Sprödigkeit auf 91,7 %.

Das sind keine Zahlenspielereien. In diesen Modellrechnungen stecken vielmehr ernsthafte Arbeitshypothesen, die sich überprüfen lassen. Höhere Tiere, denen wir besondere Anpassungsfähigkeiten zutrauen,

könnten sehr wohl mit verstärkter oder reduzierter Partnertreue auf wechselnde Umweltbedingungen reagieren, wenn die entsprechenden Reaktionsweisen bei ihnen vorhanden sind. Genaue Beobachtungen unter kontrollierten Bedingungen werden es erweisen. So besehen ist es jedenfalls nicht verwunderlich, daß Haustiere, unter menschlicher Fürsorge mitunter der Aufzucht ihrer Nachkommen fast ganz entbunden, Partnertreue und Selektivität in der Partnerwahl verlieren.
(Selbstverständlich lassen sich Sprödigkeit und Treue auf beide Geschlechter anwenden: es gibt ja Tiere, bei denen die Weibchen balzen und die Männchen brutpflegen.)

Gewöhnung an den Partner

Vielen Verhaltensforschern ist aufgefallen, daß dauermonogame Tiere um so weniger Balz und Paarungsvorspiele zeigen, je länger sich die Paarpartner kennen, beispielsweise bei manchen Buntbarschen, bei Möwen und Raben. Das wird zuweilen damit erklärt, daß die Partner sich im Laufe der Zeit aneinander gewöhnt und genau kennengelernt haben, so daß jeder voraussieht, was der andere gleich tun wird. Das mag eine Erklärung vom Mechanismus her sein. Aber wie wirkt es sich in der Selektion aus, wenn die Tiere so reagieren? Ist das für sie vorteilhaft?
Weibchen, die – wie eben besprochen – von den Männchen eine Vorleistung verlangen, können getäuscht werden, wenn es einem Männchen gelingt, eine Schein-Leistung vorzuweisen, die ihn in Wirklichkeit nichts kostet und deswegen unter der Gen-Selektion auch zu nichts verpflichtet. Handelt es sich um Tiere, die sich mehrere Male fortpflanzen, dann werden jedoch automatisch die treuen Männchen zu Beginn des nächsten Fortpflanzungszyklus noch da sein, nicht aber die untreuen. Wenn das Weibchen nun dem bekannten – folglich treuen – Männchen einen Teil der Vorleistungen erläßt, sparen beide einen Teil der Balzzeit ein. Für das Männchen wird das Weibchen weniger spröde, er sollte dies Weibchen also bevorzugen. Das Weibchen kann es sich leisten weniger spröde zu sein, weil ihr Männchen sich ja als treu erwiesen hat. Also wird auch das Weibchen dieses Männchen bevorzugen. Damit wird es untreuen Männchen schwerer gemacht, ein Weibchen zu finden – allerdings auch denjenigen Männchen, die zum ersten Mal zur Fortpflanzung kommen und noch keinem Weibchen bekannt sind.

Täuschungen (und Irrtümer) werden also vorwiegend bei unerfahrenen Partnern vorkommen; je mehr Fortpflanzungsperioden noch folgen, desto stärker werden sich aber die Gene der treuen Männchen durchsetzen. Darin liegt ein Selektionsvorteil der dauerhaften Bindung zwischen Geschlechtspartnern. Im Zuge dieses Entwicklungstrends kann sogar die erste Brut zur Probebrut werden, zum Prüfstein für die Eignung der Partner. Das gilt natürlich nur, wenn die Individuen mehrere Fortpflanzungsperioden erleben; je mehr es sind, um so unwichtiger wird die erste.
An zwei Möwenarten – der Dreizehenmöwe und der Rotschnabelmöwe – haben J. Coulson und J. Mills in sorgfältigen und langjährigen Untersuchungen aufzeigen können, daß lang verpaarte Tiere einen höheren Bruterfolg haben als solche, die mit einem Partner zum ersten Mal zusammen brüten. Der Vorteil für die aufeinander eingespielten Partner liegt darin, daß sie früher in der Brutsaison Eier legen und mit dem Brutgeschäft anfangen und weniger Zeit mit Vorspielen und Vorbereitungen verlieren. Darüber hinaus gibt es aber auch die Möglichkeit, daß zwei Partner nicht zusammenpassen und sich dann trennen. Jedenfalls wurde wiederholt beobachtet, daß Paare auseinandergingen, die in der vorhergehenden Brutsaison einen besonders niedrigen Bruterfolg hatten. Nach den bisher vorliegenden Daten scheint also Partnertreue in der Tat ein Mittel, den Bruterfolg zu steigern; von da her erst kann man beurteilen, ob es für ein Individuum richtig ist, den Partner zu täuschen, ihm treu zu sein, spröde zu sein usw.
Wiederum ist es nicht erforderlich, daß sich Individuen völlig für die einzelnen Strategien einsetzen; man kommt zum gleichen Ergebnis, wenn jedes Individuum eine entsprechende Menge Täuschung, Partnertreue oder Sprödigkeit in sein Verhalten mischt. Dann müßte – entsprechend diesen Überlegungen – dieses Mischverhältnis in der ersten Fortpflanzungsperiode anders aussehen als in späteren derselben Individuen. Unerfahrene Individuen müßten sich anders verhalten als erfahrene – wobei aber das Verhalten der unerfahrenen nicht in beliebiger Weise unvollständig oder uneffektiv ist, sondern (und das ist der wichtige Punkt!) der unter diesen Bedingungen vorteilhaftesten Strategie entspricht.
Auch diese theoretischen Vorstellungen vertragen sich recht gut mit vielen vorliegenden Verhaltensbeobachtungen: Während der Paarbildungszeit zeigen die Männchen ein deutliches Imponiergehabe, sie neigen (vermenschlicht ausgedrückt) dazu, ihre Aufwendungen aufzubauschen.

Regelmäßig haben sie eine geringere Tendenz, bei der Brut zu bleiben als das Weibchen; das zeigt sich schon z. B. an der Zeit, die sie mit der Brut zubringen. Wir betonen, daß derartige Beobachtungen nicht zur Annahme der hier vertretenen Theorien zwingen. Wohl aber ergeben sich aus der Theorie Voraussagen über tierisches Verhalten; diese Voraussagen kann man durch entsprechend genaue Verhaltensbeobachtungen überprüfen und damit zugleich die Tragfähigkeit der Theorie.

Individuelles Erkennen

Wenn Tiere in ihrem Verhalten klare Bevorzugungen bestimmter Individuen zeigen, dann muß man voraussetzen, daß sie diese Individuen erstens von anderen unterscheiden und zweitens bei einer erneuten Begegnung wiedererkennen können. Beide Fähigkeiten zusammengenommen nennt man individuelles Erkennen oder Individuen-Erkennen. Hinter dieser Bezeichnung verstecken sich jedoch ein paar sehr knifflige Probleme, auf die wir hier wenigstens hinweisen müssen, um Mißverständnisse zu vermeiden.

In unserer menschlichen Begriffswelt ist das Individuelle etwas, das die Person kennzeichnet und sie von allen anderen Personen unterscheidet; jeder bleibt zeit seines Lebens dasselbe Individuum. Wir stoßen hier auf das Interesse des einzelnen, von den anderen als eigenständiges Individuum anerkannt zu werden – besonders ausgeprägt bei vielen eineiigen Zwillingen, deren Persönlichkeitsbildung darunter leidet, daß sie ständig verwechselt werden. Aber welcher Erwachsene kann sich an seine Kleinstkinderzeit erinnern und sich auf Babyfotos wiedererkennen? Das zeigt schon den Unterschied zwischen dem Anspruch, ein Individuum zu sein, und der Fähigkeit, Individuen wiederzuerkennen.

Wir Menschen wissen zwar, daß es tierische Individuen gibt, aber nicht, ob diese einen Wert darauf legen, ein Individuum zu sein. Wir beschränken uns daher auf ihre Fähigkeit, andere Individuen zu unterscheiden und wiederzuerkennen. Das Wiedererkennen setzt ein Erinnerungsbild voraus, an dem sich bei späterer Begegnung entscheiden läßt, ob es sich um dasselbe Individuum handelt. Dabei müssen kleine Abweichungen in Kauf genommen werden können, zumal wenn zwischen beiden Begegnungen einige Zeit verstreicht. Aber eben darin steckt ein Problem: Je mehr Abweichungen man toleriert, desto leichter

verwechselt man schließlich zwei Individuen. Wenn man zu wenig Abweichungen toleriert, dann erkennt man schließlich dasselbe Individuum nicht wieder. Beispiele dafür kennt jeder aus dem Alltag. Man weiß auch, wie das Problem erfahrungsgemäß am besten zu lösen ist: Nämlich indem man dasselbe Individuum möglichst oft in verschiedener Gesellschaft und unter verschiedenen Bedingungen trifft. Dann kristallisiert sich nach und nach ein konstanter Kern von verläßlichen Merkmalen heraus, und man lernt, vom wechselnden Beiwerk abzusehen. Zwar wäre der Fingerabdruck ein viel zuverlässigeres Kennzeichen, er spielt aber im normalen sozialen Leben keine Rolle als Erkennungszeichen. Auch an Tieren finden wir verläßliche individuelle Kennzeichen, z. B. die Farbfleckung einiger tropischer Garnelen, die Fellmusterung am Hals der Giraffen, die Anordnung der großen Schnurrhaare auf der Oberlippe der Löwen; wir benutzen solche Kennzeichen, um die Individuen wiederzuerkennen – die Tiere selbst tun es aber nicht. Sie benutzen oft Duftmerkmale, die wiederum uns meist unzugänglich sind (am bekanntesten ist das Dufterkennen bei Hunden, die übrigens dabei eineiige Zwillinge verwechseln).
Beim ersten Kennenlernen eines neuen Individuums gehen Tiere oft sehr zweckmäßig vor; ein frischgeschlüpftes Kücken läuft um seine Mutter herum, betrachtet sie von allen Seiten, vergleicht sie mit anderen Artgenossen und entlockt ihr typische Laute. Im Falle eines Irrtums kommt die Mutter ihm dann rasch zu Hilfe, sofern sie das Identifizierungsproblem schon gemeistert hat. An Tiermüttern oder Tiereltern kann man leicht sehen, daß der Erkennungsmechanismus nur soweit geschärft wird, wie eine Verwechslungsgefahr besteht. Solange Jungvögel im Nest sitzen, erkennen viele Eltern nur ihr Nest, nicht die Jungen; diese kann man beliebig austauschen. Sobald die Jungen aber das Nest verlassen, von den Eltern jedoch weiter versorgt werden, lernen die Eltern, sie von anderen zu unterscheiden. Auch hier herrscht weithin das Sparsamkeitsprinzip: Nicht mehr Unterscheidungen machen, als nötig ist!
Die Fähigkeit, Individuen aus einer Gruppe verwechslungsfrei herauszufinden und auch nach längerer Trennung wiederzuerkennen, gibt es schon bei niederen Tieren; K. Linsenmair wies es für die Wüsten-Assel *Hemilepistus* nach, U. Seibt für die Garnele *Hymenocera*, die im tropischen Indopazifik lebt. Individuelles Erkennen kann auch auf das erkennende Individuum selbst bezogen sein: Einige Wasserschnecken können ihre eigene Kriechspur chemisch von den Kriechspuren anderer

Individuen unterscheiden und kriechen auf der eigenen Spur zu ihrem festen Ruheplatz zurück.

Öko-Soziologie

Lebewesen bevorzugen solche Orte, Gegenstände oder Partner, die ihnen Vorteile bringen, die bestimmte Bedürfnisse befriedigen. Beständige Bevorzugungen haben wir Bindungen genannt. Bindungen kennzeichnen also durch Bedürfnisse bedingte Abhängigkeiten. Soziale Bindungen kennzeichnen soziale Abhängigkeiten: Geschlechtspartner sind voneinander abhängig zur Erzeugung von Nachkommen; Jagdkumpane sind aufeinander angewiesen, wenn sie Beute machen wollen; spezialisierte Kasten bei sozialen Insekten sind voneinander abhängig zum Überleben jedes einzelnen usw. Wenn die Tiere nicht ständig jagen, brauchen sie den Zusammenschluß mit Jagdkumpanen nur zu bestimmten Zeiten; der Zusammenhalt der Geschlechtspartner ist bei vielen Arten auf die Fortpflanzungszeit beschränkt. So gibt es zahlreiche verschiedene soziale Zusammenschlüsse, die nur unter bestimmten Bedingungen vorteilhaft und notwendig sind und die sich wieder auflösen, wenn die Bedingungen wechseln.

Mit zunehmender sozialer Arbeitsteilung wird jedes Individuum von anderen abhängiger und wird über entsprechende Bindungen bei diesen bleiben. In einem Löwenrudel sind die Babys an ein Versteck gebunden, in dem sie vor Feinden – z. B. vor Hyänen – geschützt sind. Die Mutter ist an ihre Jungen gebunden, mit denen ihre Gene in die nächste Generation gelangen. Die Mutter ist aber auch an ihre Gefährtinnen gebunden, weil sie nur mit denen zusammen Beute machen kann. Das Männchen ist an die Weibchen gebunden, weil sie ihm Futter geben und es sich ohne sie nicht fortpflanzen kann; es ist aber auch an seinen Bruder gebunden, weil einer allein einen Weibchenharem nicht erfolgreich verteidigen kann. So hält ein Netzwerk verschiedener Bindungen die Gruppenmitglieder zusammen und im gemeinsamen Wohngebiet fest.

Überwiegt das Nahrungsbedürfnis, so wird sich die Mutter von ihren Jungen entfernen und mit den Gefährtinnen zusammen auf Jagd gehen; haben sie Erfolg, werden sie sich wieder trennen und jede zu ihren Jungen zurückkehren; falls eine von ihnen brünstig wird, wird sie sich einem Männchen anschließen. So wird verständlich, daß die sozialen Bindungen

situationsabhängig sind. Sie werden von den wechselnden Bedürfnissen der Individuen gesteuert, und diese Bedürfnisse wiederum unterliegen mannigfachen Umwelteinflüssen. So betrachtet ist es nicht verwunderlich, ja sogar erforderlich, daß die durch Bindungen verursachte Sozialstruktur von Umweltbedingungen beeinflußt werden kann.
Erst vor kurzem hat man damit begonnen, Gruppierungen von Individuen unter diesem Gesichtspunkt zu untersuchen. Als veränderliche Größe in der Umwelt wählte man das Nahrungsangebot, weil Tiere so viel mit Nahrungssuche beschäftigt sind, daß man in diesem Verhaltensbereich verläßlich zu Ergebnissen kommen kann, zumal sich das veränderliche Nahrungsangebot einfach registrieren läßt.

Futtersuchende Vögel

Ein Vogel, der Nahrung sucht, kann ganz verschieden verfahren. Er kann beispielsweise allein suchen oder sich anderen anschließen. Er muß eine geeignete Stelle auswählen, wo er mit dem Suchen beginnt, und er muß eine passende Such-Strategie anwenden. Besonders unergiebig wird seine Suche sein, wenn er sich dabei auf den Zufall verläßt. Stellen, wo er noch nie etwas gefunden hat, wird er meiden. Aber auch Stellen, die er gerade leergefressen hat, sollte er meiden. In der Nähe einer Fundstelle

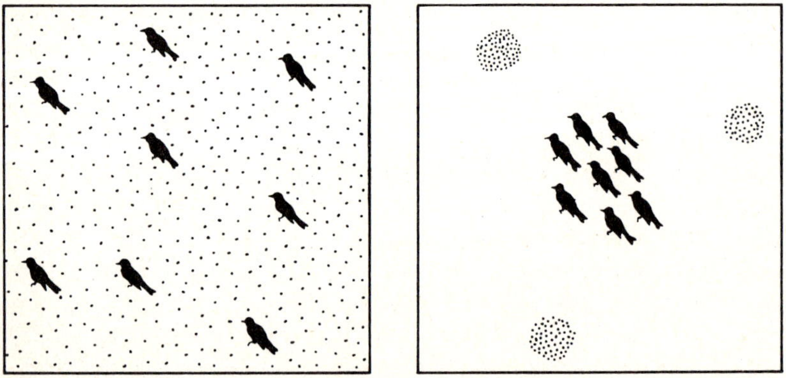

41. Je nachdem, ob die Nahrung gleichmäßig verteilt oder örtlich gehäuft ist, treten auch die nahrungssuchenden Vögel gleichmäßig locker verteilt oder in kleinen geschlossenen Gruppen auf. (nach Horn)

weiterzusuchen, hat Sinn, wenn das Futter gehäuft auftritt, wie etwa Insekten, die sich in Gruppen aufhalten. Dennoch wird das Suchen immer weniger ergiebig werden, wenn er immer länger in einem solchen Gebiet weitersucht.

Sucht dieser Vogel seine Nahrung gemeinsam mit anderen, so hätte er auch keinen Erfolg an einer Stelle, die schon ein anderer abgegrast hat. Wenn es allerdings um Beute geht, die stellenweise gehäuft vorkommt, dann ist in der Nähe der Stelle, an der einer etwas gefunden hat, zunächst mit hoher Wahrscheinlichkeit noch mehr zu holen. Das heißt: Ist die Nahrung gleichmäßig verteilt, so sollten sich auch die Vögel gleichmäßig verteilen. Gibt es dagegen stellenweise gehäufte Nahrungsvorkommen, dann lohnt es sich, wenn auch die Vögel in Gruppen umherziehen.

Das hat H. HORN näher ausgeführt (Abb. 41). Durch geometrische Berechnungen ermittelte er, was Vögel tun müssen, damit sie zum Beutefang mit möglichst geringen Such- und Anmarschwegen auskommen. Das ist vor allem zur Brutzeit wichtig, wenn sie viel Futter für die Jungen brauchen. Vögel, deren Hauptnahrung stellenweise gehäuft, aber unvoraussagbar mal hier, mal dort vorkommt (z. B. Insektenschwärme, die der Wind irgendwohin treibt), sollten auch ihre Nester dicht beisammen anlegen, damit sie ihre Aktivitäten gut synchronisieren können. Diese Nestkolonie sollte zentral zwischen den erfolgversprechenden Fanggebieten liegen, also von allen etwa gleich weit entfernt. Für solche Vögel sind große Nestabstände, das heißt große Reviere für jedes Paar, unvorteilhaft.

Welche Strategie kolonie-nistende Vögel bei der Nahrungssuche verfolgen können, hat J. KREBS an einer Reiherkolonie demonstrieren können. Die Reiher suchen an der Küste nach Fischschwärmen, indem sie langsam durchs flache Wasser waten; sie fischen nicht blind, sondern blicken umher, bis sie einen Fisch sehen, zielen jeden einzelnen an und stoßen dann blitzschnell zu. Je mehr Reiher in einer Gruppe gehen, desto höher ist der Fangerfolg pro Kopf – allerdings nur bis zu einer Gruppengröße von 20 Tieren. Werden es noch mehr, wächst der Erfolg nicht weiter an (Abb. 42 oben links). Wahrscheinlich behindern sich zu viele Tiere gegenseitig; jedenfalls wächst die Rate erfolgreicher Zustöße nur bis zu 20 Tieren und nimmt dann wieder ab, das heißt, sie schnappen dann wieder häufiger ins Leere (Abb. 42 oben rechts). Reiher in Gruppen fangen also mehr Fische pro Minute und müssen sich dabei weniger anstrengen.

Das liegt nicht daran, daß sie etwa als Gruppe die Fische verwirren oder

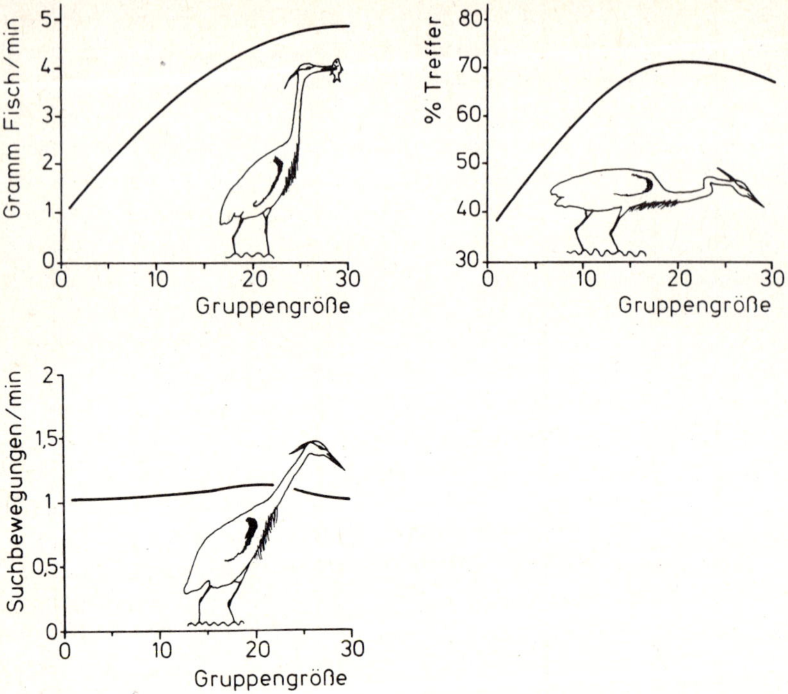

42. Abhängigkeit der erbeuteten Fischmenge, der Treffer-Rate und der Anzahl Suchbewegungen pro Minute von der Anzahl nebeneinander fischender Graureiher. (nach Krebs)

aufscheuchen; denn in Zonen mit bekannter Beutedichte (die durch Netzfänge ermittelt wurde), waren Einzelvögel genauso erfolgreich wie in Gruppen fischende. Auch suchten die Vögel in Gruppen nicht intensiver, denn die Häufigkeit des Umherblickens blieb immer gleich (Abb. 42 unten). Erfolgreicher sind Gruppen vielmehr deshalb, weil die Vögel an Stellen zusammenkommen, wo tatsächlich mehr Fische sind. Und die Gruppen bilden sich dort, weil Reiher, die wenig Jagdglück haben, besonders leicht auffliegen und sich dahin begeben, wo sie andere Reiher sehen. Wer viele Fische findet, bleibt, wo er ist; nach und nach kommen andere dazu und bleiben auch. Je mehr beisammen sind, desto attraktiver wird die Gruppe für weitere. Wächst sie auf über 20 Tiere an, so sinkt der Pro-Kopf-Ertrag wieder, einige fliegen ab und suchen an anderer Stelle weiter. So kommen alle zu einem optimalen Jagderfolg; sie sparen Zeit und Energie und finden mit hoher Wahrscheinlichkeit die Stellen mit hohem Nahrungsangebot. Was aber wie ein Kooperieren zu gegenseitigem Nutzen aussieht, entpuppt sich bei genauerer Untersuchung als rein eigennützige Strategie: Jeder bleibt am Ort, wenn er dort Erfolg hat; und wenn er keinen hat, fliegt er dorthin, wo schon andere sind.

Futtersuchende Paviane

Über ähnliche Beobachtungen an Pavianen berichtet S. Altmann. Wir wollen hier nur die wichtigsten Gesetzmäßigkeiten wiedergeben, die er aus dem Verhalten dieser Affen ablesen konnte.

Was bestimmt die Gruppengröße? 1. Wenn ihre Nahrung an weit voneinander entfernten Stellen jeweils gehäuft vorkommt, bilden die futtersuchenden Paviane kleine Trupps. Sie schließen sich zu großen Trupps zusammen, wenn größere Gebiete viel Nahrung bieten.
2. Zur Verteidigung gegen Feinde ist es vorteilhaft, große Gruppen zu bilden, und zwar solche, die zumindest ein großes Männchen enthalten.

Wo halten sich die Gruppen auf? 1. Ist die Nahrung über weite Flächen gleichmäßig verteilt, bleiben die Tiere dennoch in Reichweite anderer lebensnotwendiger Ressourcen, wenn diese örtlich begrenzt auftreten. So gibt es von Schlaf- und Wasserstellen eine kritische Entfernung, einen »point of no return«. Wird er überschritten, so kommen die Tiere am gleichen Tag nicht mehr zum Ausgangspunkt zurück; je später am Tag sie aufbrechen, desto dichter an der Schlaf- oder Wasserstelle liegt diese kritische Grenze. 2. Je genauer die Tiere sich in einem Gebiet auskennen, desto besser können sie alle Ressourcen ausnutzen und Verknappungen überleben.

Wie bewegen sich die Gruppen vorwärts? 1. Liegt die Nahrung gleichmäßig verteilt, aber in kleinen Bissen vor (z. B. Beeren), wird viel Zeit zur Sättigung benötigt; die Tiere werden dann in einer ihrem Pflücktempo entsprechenden langsamen Geschwindigkeit während des Fressens weiterziehen. Dabei werden sie einen Kurs einhalten, der im Durchschnitt die wenigsten Schritte von einem Bissen zum nächsten erfordert. Braucht der

Weg von einem Bissen zum nächsten mehr Energie, als der Bissen einbringt, werden die Tiere das Futtersammeln aufgeben und einen ergiebigeren Ort suchen. 2. Müssen die Tiere in Gruppen bleiben (zum Schutz vor Feinden) und ist die Nahrung gleichmäßig und spärlich verteilt, dann werden die Tiere in einer Reihe nebeneinander gehen, und zwar alle ziemlich genau geradeaus, damit keiner in eine vom Nachbarn schon abgeerntete Zone gerät.

Diese Beispiele zeigen, daß ein Zusammenhang besteht zwischen Menge und Verteilung der vorhandenen Nahrung und der Gruppenstruktur nahrungsuchender Individuen. Kaum beantwortet ist bislang die Frage, mit welchen Verhaltensmechanismen diese biologisch sinnvolle Abhängigkeit der Sozialstruktur von Umweltbedingungen bewerkstelligt wird. In welche Richtung hier die Forschungsansätze gehen, wird im nächsten Abschnitt erläutert.

Die Wolfsrudel

Wölfe leben in Rudeln, die sehr verschieden groß sind, aber selten mehr als 13 Individuen umfassen. Jedes Rudel hat sein eigenes Jagdrevier von 100 bis 1 000 km^2 Fläche und braucht darin 200 bis 400 kg Beutetiere pro km^2. Diese Fleisch-Menge kann sich aber auf Beutetiere sehr unterschiedlicher Größe verteilen, und das ist – wie wir gleich sehen werden – ein entscheidender ökosoziologischer Faktor.
Die größten Beutetiere für Wölfe sind Elch (bis 500 kg) und Bison (bis 900 kg); Wölfe fressen aber auch Rehe, Hasen, Mäuse, Insekten, Würmer und sogar Beeren. Letztere kann ein Wolf allein einsammeln; Hilfe von Artgenossen bringt ihm nichts, kann sogar seinen eigenen Ertrag schmälern. Große Beute jedoch erfordert das Zusammenwirken mehrerer Wölfe. Außerdem ist ferner wichtig, ob das Beutetier einzeln oder in Herden auftritt. Einen einzeln ziehenden Elch können 5 – 6 Wölfe erlegen; um ein Pferd aus einer Herde zu holen, müssen es aber mehr als 6 Wölfe sein. Es ist andererseits unvorteilhaft, wenn das Wolfsrudel zu groß ist – nicht weil der Jagderfolg darunter leidet, sondern weil z. B. ein gerissener Hirsch kaum für 10 hungrige Wölfe ausreicht, während 3 – 4 Wölfe ihn bereits erjagen können. So gibt es für Wolfsrudel in bezug auf die Beutetiere eine untere und eine obere Größengrenze.

Die Hauptbeute der Wölfe wechselt mit der Jahreszeit, am deutlichsten zwischen Sommer und Winter. Um sich diesem wechselnden Angebot an Beute anzupassen, könnten die Wölfe entweder ihre tägliche Ration, ihre Reviergröße oder ihre Rudelgröße ändern. Die tägliche Ration läßt sich nur über wenige Tage herabsetzen, und die Reviervergrößerung stößt auf den Widerstand der Nachbarwölfe. Also bietet sich an, die Rudelgröße zu variieren. Das kann geschehen durch 1. Todesfälle, 2. Geburten, 3. Abwanderung, 4. Zuwanderung. Diese vier Variablen sollten beeinflußt werden von a) der Populationsdichte der Wölfe, b) der Populationsdichte der Beute und c) der Beutetiergröße. Tatsächlich findet man, daß die Rudelgröße in den Gebieten, wo Wölfe noch frei leben, gut zur Größe ihrer jeweiligen Hauptbeutetiere paßt. In jahrelangen Beobachtungen und Versuchen hat E. Zimen die wichtigsten Wege aufgezeigt, auf denen diese Umweltfaktoren die Rudelgröße beeinflussen. Voraussetzung dafür war die genaue Kenntnis des Sozialverhaltens der Wölfe und der inneren Struktur ihrer Rudel.

Durch Kämpfe entsteht unter den männlichen wie unter den weiblichen Wölfen eines Rudels je eine Rangordnung. Sie ändert sich nur selten und dann stets mit vielen Streitereien. Dabei gibt es kollektive Angriffe hochrangiger Tiere auf tiefrangige Erwachsene. Um Futter wird nur gestritten, wenn die Beute so klein ist, daß einer sie wegtragen kann. Baby-Wölfe und ranghohe Erwachsene haben am umstrittenen Futter Vorrang. In Hungerzeiten sinken rangtiefe Tiere noch tiefer in der Rangordnung, vor allem, wenn sie keine Hilfe von anderen Individuen bekommen. Hilfe haben sie wenig zu erwarten, denn alle Individuen schließen sich bevorzugt älteren, hochrangigen Wölfen an, rangtiefe Individuen hingegen sind wenig oder gar nicht attraktiv für die anderen. Kinder sind vergleichsweise sicher in die Sozietät eingebettet, denn sie sind für ranghohe und für halberwachsene Wölfe sehr attraktiv (d. h. man hält sich gern bei ihnen auf). Außerdem ist eine größere Wolfsgruppe attraktiver als eine kleine.

Wichtig ist, wieviel die Tiere umherlaufen müssen, um ihre Nahrung zu bekommen. Am meisten laufen müssen – vor allem bei Futterknappheit – die Rangtiefen und diejenigen ohne feste Freunde. Je mehr Mitglieder ein Wolfsrudel hat, desto mehr rangtiefe Individuen hat es auch. Ausgestoßen werden vom Rudel am ehesten rangtiefe Weibchen, besonders zu Beginn des Winters, wenn die großen Beutetiere rar werden. Freiwillig verlassen das Rudel (auf Zeit oder für immer) am ehesten die

rangtiefen Jugendlichen, die keine Aufstiegs-Chancen haben – Männchen eher als Weibchen. (Zuwanderungen wurden nicht beobachtet.)
Der Tod ereilt besonders die weniger gut ernährten und oft noch von Parasiten befallenen Tiere. An Unterernährung sterben am leichtesten die jüngsten Individuen (die außerdem leichter Jagdunfällen zum Opfer fallen). Wenn viele Junge sterben, bleibt die Rudelgröße fast konstant; je mehr Junge überleben (in Jahren mit gutem Nahrungsangebot), desto stärker belasten soziale Spannungen das Rudel im nächsten Winter.
Nur das ranghöchste Männchen und das ranghöchste Weibchen im Rudel paaren sich und zeugen Nachwuchs; es kommt nur die ranghöchste Wölfin in Brunst, und sie lehnt alle rangtiefen Werber ab.
Aus alldem ergibt sich nun folgendes Wirkungsgefüge: Je größer das Rudel ist, desto mehr Jäger enthält es, desto größere Beute kann es beschaffen, desto mehr Futter steht zur Verfügung, desto geringer werden Sterblichkeit und Aggressionen – also wird das Rudel weiterwachsen. Aber da es Beutetiere nur bis zu einer bestimmten Größe gibt, ist irgendwann eine Rudelgröße überschritten, bei der noch jeder am Riß Platz fand und seinen Teil abbekam. Von jetzt an bekommen rangtiefe Individuen weniger Nahrung, es gibt mehr Streitigkeiten, und so werden die Rangunterschiede noch deutlicher; einige Individuen zeigen daraufhin die Tendenz, das Rudel zu verlassen. Bei einer Spaltung der Gruppe wäre es vorteilhaft, daß in jeder Teilgruppe genügend Jäger verbleiben. Sehr kleine Gruppen können keine Jungen aufziehen. Zunächst vereinigen sich die getrennten Teilgruppen wieder, wenn die Bedingungen sich bessern; beginnt aber in jeder Teilgruppe das ranghöchste Paar sich fortzupflanzen, dann wird die vereinigte Gruppe schließlich zu groß, und die Teilgruppen bleiben getrennt. Die Gesamtpopulation wächst dadurch an. Spalten sich Einzelindividuen aus dem Rudel ab, sind ihre Überlebenschancen gering; die Gesamtpopulation schrumpft. Je kleiner die Beutetiere, desto regelmäßiger ergibt sich Streit, desto mehr wächst die Tendenz der rangniederen Erwachsenen, das Rudel zu verlassen. Welche Individuen dann noch beisammenbleiben, wird vermutlich durch besondere Bindungen (z. B. zwischen Eltern und Kindern) bestimmt.
Insgesamt ist das soziale Gefüge so beschaffen, daß es die Rudelgröße jeweils der verfügbaren Beutedichte und Beutetiergröße in kurzer Zeit anpaßt. Es ist noch unbekannt, wie dabei die Gen-Selektion die von jedem Individuum verfolgte Verhaltensstrategie beeinflußt. Einiges mehr darüber wissen wir vom Löwen.

Das Löwenrudel

Auch Löwen sind gruppenjagende Raubtiere, die sehr unterschiedlich große Beutetiere in wechselnder Häufigkeit in ihren Revieren vorfinden. Wieder zeigen die vorliegenden Freilandbeobachtungen, daß die Größe der Löwenrudel und der soziale Zusammenhalt der Mitglieder eines Rudels untereinander vom Beutetier-Angebot beeinflußt werden.
In der Trockenzeit sind Löwen – wenigstens in der Serengeti-Steppe – vorwiegend auf Thomson-Gazellen angewiesen; diese schnellen Tiere wiegen etwa 15 kg. Ein einzelner Löwe ist in 15 % seiner Jagden erfolgreich, zwei zusammen jagende Löwen haben einen Jagderfolg von 31 %. Höher wird die Erfolgsrate nicht, selbst wenn noch mehr Löwen zusammen jagen. In der Regenzeit dagegen können die Löwen Gnus und Zebras jagen. Wieder hat ein einzeln jagender Löwe nur 15 % Erfolgsaussichten; der Jagderfolg steigt aber jetzt für 4 in Gruppen jagende Löwen auf 36 %, für 6 – 8 Löwen auf 43 %. Allerdings erhält jeder Löwe anteilmäßig um so weniger, je mehr andere mitgejagt haben, zumal nur etwa 62 % vom Beutetier für Löwen verwertbar sind. Zu berücksichtigen sind ferner andere Räuber, wie Hyänen, die ebenfalls in Trupps umherlaufen und, wenn sie auf nur 2 oder 3 Löwen treffen, dem König der Tiere einen Teil der Beute stehlen. Auf diese Weise verlieren Löwen, die in so kleinen Gruppen jagen, etwa 10 % des Erjagten. Ein Gnu könnte sonst 3 Löwen etwa 3 Tage lang ernähren.
T. Caraco und L. Wolf haben aus diesen Zahlen berechnet, daß die optimale Gruppengröße für jagende Löwen bei etwa 4 Individuen liegt. Wenn zwei Löwen-Gruppen zu je 4 Individuen getrennt jagen und jede ein Gnu fangen, dann bekommt jedes Individuum mehr Nahrung für eine Jagd, als wenn sie in einer Gruppe zusammenbleiben und dann alle zweimal jagen müssen, um zwei Gnus zu fangen. Tatsächlich beobachtet man am Riß regelmäßig 3 – 4 Individuen, wenn es sich um nomadisierende Löwen handelt. Von revierbewohnenden Rudeln jedoch findet man 6 – 7 Individuen pro Riß. Diese an sich zu große Zahl erfordert häufigere Jagden für alle Gruppenmitglieder, also ist das Verhältnis zwischen Aufwand und Erfolg ungünstiger. Andererseits bietet aber das Leben in größeren Rudeln Vorteile für die Fortpflanzungsaussichten (z. B. durch die Synchronisation der Weibchen, wie wir vorn auf S. 88 besprochen haben).
Im Löwenrudel jagen vorwiegend die Weibchen und teilen die Beute mit

den Männchen. Um sich effektiv fortzupflanzen, arbeiten die jagenden Weibchen also härter, als sie es um ihrer Selbsterhaltung willen müßten. Haben einige Weibchen eine große Beute erjagt, so ist es für den Gruppenzusammenhalt besser, sie mit vielen zu teilen, selbst wenn die Weibchen dann früher wieder jagen müssen. Dennoch ist es vorteilhafter, wenn kleinere Weibchengruppen getrennt auf kleinere Beute ausgehen können. Und das tun sie tatsächlich oft. Die Weibchen eines Harems ziehen selten geschlossen auf die Jagd, sondern teilen sich in Gruppen auf, lassen aber auch die anderen am erbeuteten Tier mitfressen.

Auch hier werden der Gruppenzusammenhalt und die obere Gruppengröße vom Beuteangebot beeinflußt; und die Abhängigkeiten der Indivduen voneinander beim Beutemachen, bei der Fortpflanzung und speziell der Jungenaufzucht bestimmen die untere Gruppengröße und die spezifische, auch von Verwandtschaftsgraden abhängige Zusammensetzung jeder Gruppe und Untergruppe.

Kapitel IX

Die Suche nach Parallelen beim Menschen

»Für den Menschen sind Zusammenleben und Gemeinsamkeit eine schwierige Sache. Man sieht das schon an den Reisegesellschaften: Da geraten die Leute selbst wegen des Nächstliegenden in Streit und bekommen wegen Kleinigkeiten Händel.« Diese Beobachtung ist nicht neu und das Zitat auch nicht: Es ist 2 300 Jahre alt und stammt aus der »Ältesten Politik« des ARISTOTELES. In der ebenso ehrwürdigen »Republik« des PLATO diskutiert SOKRATES mit GLAUCON, ob das Selektionsprinzip auch für den Menschen Gültigkeit habe:

»Und wenn man bei der Zucht keine Sorgfalt walten ließe, dann würden deine Hunde und Vögel sich sehr verschlechtern?«

»Sicherlich.«

»Und ebenso Pferde und Tiere ganz allgemein?«

»Zweifellos.«

»Guter Himmel! Mein lieber Freund«, sagte ich, »welch vollkommene Begabung werden unsere Regierenden brauchen, wenn dasselbe Prinzip auch für die menschliche Art gilt.«

»Selbstverständlich gilt dasselbe Prinzip . . . .«

Was damals noch selbstverständlich schien, ist es heute längst nicht mehr – obwohl die Wissenschaftler nicht aufgehört haben nachzuprüfen, ob dieselben Prinzipien für den Menschen wie für die Tiere gelten. Ein Weg dahin ist, die am tierischen Verhalten erkannten Prinzipien probehalber auf den Menschen zu übertragen und zu testen, ob sein tatsächliches Verhalten mit dem theoretisch zu erwartenden übereinstimmt. So kann man zum Beispiel fragen, wie das soziale Verhalten des Menschen aussehen würde, wenn es allein von den Genen bestimmt würde. Damit ist noch nichts über den Anteil ausgesagt, den genetisch Festgelegtes oder Angeborenes neben Erlerntem am Verhalten des Menschen hat; das ist auch bei den höheren Tieren ein offenes Problem – und dennoch folgt ihr Verhalten weitgehend den Regeln, die aus der Gen-Selektion abzuleiten sind. Das könnte daran liegen, daß die Gene das Verhalten unter Berücksichtigung der automatisch auftretenden Lerngelegenheiten steuern, das angeborene Verhalten also gewissermaßen fest mit bestimmten erlernten Anteilen rechnet. Außerdem sollte man bedenken, daß auch ein genetisch bedingtes Triebverhalten für den Menschen modifizierbar ist (Menschen können sich entgegen dem weitgehend angeborenen Trieb zur Nahrungsaufnahme aus politischen und anderen Überzeugungen zu Tode hungern). Wenn menschliches Verhalten den Regeln der Gen-Selektion folgte, so wäre damit noch nicht gesagt, welche Mechanismen hier wirken; darüber wissen wir auch beim Tier noch herzlich wenig.

Einige soziologische Eigentümlichkeiten des Menschen passen tatsächlich zu den eben erläuterten allgemeinen Aussagen der Gen-Selektions-Theorie. Wie wir ausführlich erörtert haben, ist Polyandrie (zwei oder mehr Männchen teilen sich ein Weibchen) einfach zu erklären, wenn diese Männchen Brüder sind. Wo Polyandrie beim Menschen vorkommt, sind die Männer derselben Frau regelmäßig auch Brüder. Man kann dafür andere Erklärungen anbieten; aber die genetische Erklärung der Biologen hat den Vorteil, die gleiche Erscheinung bei vielen Arten von Lebewesen zu erklären, während jede bisher von den Soziologen vorgelegte Erklärung sich auf den Menschen beschränkt, also den geringeren Erklärungsumfang hat.

Ähnlich argumentiert R. Alexander in einigen weiteren Fällen: In den meisten heute existierenden menschlichen Gesellschaften kommen polygyne Gruppierungen (ein Mann mit mehreren Frauen) vor; in der Regel haben alle Frauen Kinder, von den Männern aber nur die ranghohen, die mehrere Frauen besitzen, während die rangtiefen oft kinderlos bleiben. Diese ranghohen Männer breiten ihre Gene also schneller aus, als die Frauen es können. Beide Elternteile sollten also Söhne als Nachkommen bevorzugen, wenn sie dafür sorgen können, daß die Söhne später als Erwachsene ranghoch werden.

Falls nun aus irgendwelchen Gründen Kinder getötet werden müssen (was in vielen menschlichen Gesellschaften regelmäßig geschieht, z. B. wenn es Zwillinge sind, ein Kind zu früh nach dem vorigen geboren wird, wenn es in Zeiten von Nahrungsmangel zur Welt kommt), dann wäre vorauszusagen, daß in polygynen Gesellschaften bevorzugt weibliche Nachkommen getötet werden. Das trifft auch den Erstgeborenen: Wenn der Stammhalter sehr wichtig ist, sollte das erste Kind dann getötet werden, wenn es eine Tochter ist, damit die Frau sofort und nicht erst nach 2 – 3 Jahren Kinderpflege die Möglichkeit erhält, einen Sohn zu gebären. Tötung erstgeborener Mädchen ist in polygynen Gesellschaften tatsächlich häufig – was sich wieder so auslegen läßt, daß zwischen der natürlichen Selektion und kulturellen Praktiken beim Menschen enge Beziehungen bestehen.

In vielen Gesellschaften ist die Mutterschaft sicherer bekannt als die Vaterschaft; dementsprechend würde man nach der Gen-Selektion eine höhere Bereitschaft der Mütter erwarten, ihre Kinder zu pflegen. Das gilt ebenso für tierische Sozietäten.

Unsicherheit über die wahre Vaterschaft läßt aber noch andere interessante Folgen erwarten. Wenn zum Beispiel die Männer lange Zeit von ihren Frauen getrennt leben (während der Jagd, des Fischfangs usw.), kann es für den Mann zweifelhaft sein, wer der Vater der Kinder seiner Frau ist. Nehmen wir an, jede Frau habe fünf Kinder und ihr Ehemann sei Vater nur von einem dieser Kinder. Dann ist er mit diesem $\frac{1}{2}$, mit den übrigen vier aber 0 verwandt; das ergibt einen mittleren Verwandtschaftsgrad zu den Kindern von $\frac{1}{5} \cdot \frac{1}{2} + \frac{4}{5} \cdot 0 = \frac{1}{10}$. Dieser Mann ist mit seiner Schwester $\frac{1}{4}$ verwandt, wenn sie verschiedene Väter hatten, also Halbgeschwister sind. Mit allen Kindern seiner Schwester (gleichgültig, welche Väter diese Kinder haben) ist unser Mann $\frac{1}{4} \cdot \frac{1}{2} = \frac{1}{8}$ verwandt, sie werden also mit höherer Wahrscheinlichkeit Träger seiner Gene sein als die Kinder seiner Frau. Dementsprechend würde die Selektion die Tendenz der Männer fördern, die Kinder einer Schwester zu betreuen. Nun ist tatsächlich in manchen Gesellschaften, in denen die Vaterschaft wenig gesichert ist, der Bruder der Mutter derjenige unter allen erwachsenen Männern, der für die Kinder Verantwortung trägt; wenn es um ihre Kinder geht, wendet sich die Frau lieber an den Bruder als an ihren Mann. Werden nun noch Vater und väterlich als Funktionsbezeichnungen auf den die Verantwortung übernehmenden Mann angewendet, den wir Onkel mütterlicherseits nennen, dann sieht man, wie es zu Verwandtenbezeichnungen kommen kann, die uns zunächst verwirren. Für Anthropologen läge es nahe zu prüfen, worauf solche Verwandtenbezeichnungen beruhen, wenn sie dabei die wahrscheinlichsten genetischen Beziehungen berücksichtigen. Verwandtschaftskoeffizienten, die sich in den verschiedenen möglichen Familienformen, auch bei Heiraten unter Blutsverwandten ergeben, haben J. HALDANE und S. JAYAKAR berechnet.

Das hat nun nichts mit der vielzitierten Stimme des Blutes zu tun, für die es keinerlei Beweis gibt. Sie sagt einem Kind nicht, wer seine wirklichen

Eltern sind, von weiteren Verwandten ganz zu schweigen. Auch ist bekannt, daß Geschwister, die man sehr früh trennte, sich später nicht als Geschwister erkennen; umgekehrt erkennen Stiefgeschwister, die miteinander aufwachsen, nicht, daß sie keine echten Geschwister sind. Wohl aber könnte man annehmen, daß von der Gen-Selektion Verhaltensregeln begünstigt werden, die soziale Hilfeleistungen dorthin lenken, wo das Erbgut des Hilfespenders unter normalen Bedingungen mit hoher Wahrscheinlichkeit anzutreffen ist. Mit welchem Hilfsmittel das erreicht wird, ist weitgehend gleichgültig, sofern nur der Erfolg sich einstellt. Auch Entenkücken vergleichen nicht ihre Gene mit denen der Mutter, sondern nehmen als Mutter jedes Lebewesen, das auf dem Nest sitzt und das auf sein Piepen antwortet. Ja, sogar unbelebte Attrappen können als Mutter angenommen werden, wenn sie sich so verhalten. Ähnlich lernen viele Tiermütter gleich nach der Geburt ihre Jungen kennen. Unter normalen Lebensbedingungen ist dieses Lernverfahren ausreichend, soziale Interaktionen der Brutpflege auf genetisch verwandte Individuen zu beschränken.

Als Testfall wäre es reizvoll, eine biologische Soziologie etwa des griechischen Götterhimmels aufzustellen und einmal zu untersuchen, ob das den einzelnen Göttern zugeschriebene Verhalten ihren genealogischen Beziehungen entspricht. (R. Tölle hat einen dazu sehr nützlichen Götterstammbaum aufgestellt.) In den Göttern hat sich ja der Mensch eine soziale Welt erdacht, die natürlich nicht den Gesetzen der Selektion unterworfen ist, aber vielleicht nach dem Vorbild des menschlichen sozialen Lebens aufgebaut wurde und damit das Wirken der natürlichen Selektion doch spiegelte.

Wenn man von der Hypothese ausgeht, auch der Mensch verhielte sich so, daß seine Gene eine maximale Ausbreitungs-Chance erhalten, dann muß man annehmen, daß Kooperation und Aggression zwischen den Einzelpersonen von ihrer Verwandtschaft, vom beiderseitigen Vorteil und vom subjektiven wie objektiven Wert des umstrittenen Objekts abhängen. Was man dazu von einfachen Sammler- und Jägervölkern weiß, hat W. Durham zusammengestellt. Er fand eine erstaunliche Übereinstimmung der tatsächlichen Verhältnisse mit der Voraussage der Gen-Selektions-Theorie.

Generell werden verwandte Individuen nach den im Ökonomie-Kapitel erörterten Regeln einander nicht nur mit Nährmitteln und anderen materiellen Gütern, sondern auch mit Erfahrungs-Schätzen helfen, mit

geistigem Eigentum, das einer vom anderen übernehmen kann. Hierher gehört auch die bei verschiedenen Tieren (Gänsen, Kaninchen, Affen) durch Protektion entstandene Tradition, derzufolge Kinder ranghoher Eltern (oder Mütter) später selbst große Aussichten haben, unter ihren Altersgenossen ranghoch zu werden. WICKLER hat bereits 1967 erörtert, daß durch Tradition weitergegebene Informationen ebenso wertvoll für das Überleben des Individuums und die Ausbreitung seiner Gene sein können wie genetische Informationen. Da auch Traditionsinhalte nicht beliebig zu funktionellen Komplexen mischbar sind, wird man hier ebenso »Hybridisierungsschranken« erwarten können. Naturvölker verteufeln oft die Mitglieder des Nachbarstammes und stellen sie dadurch als unglaubwürdig hin; so wird vor allem verhindert, daß lokal angepaßte Traditionen (spezielle ortsbezogene Kenntnisse und Fertigkeiten) anderswohin getragen werden, wo sie nicht passen und eher Schaden als Nutzen stiften. Das hat WICKLER 1975 näher ausgeführt.
Als besonders wirksame Traditionsbarrieren zwischen Menschengruppen erweisen sich verschiedene Sprachen. Benachbart lebende, aber ökologisch verschieden spezialisierte Gruppen (Fischer, Jäger, Bauern) unterscheiden sich sprachlich meist besonders stark. Die Sprache als Verständigungssystem des Menschen spielt in seinem sozialen Leben eine besondere Rolle (vgl. READER/O. Koehler sowie A. und D. Premack). Sprachen ändern sich, einige breiten sich aus, andere sterben aus. Man kann schriftliche Quellen der Vorzeit wie tierische und pflanzliche Fossilien auswerten, um Entwicklungsrichtungen in Sprachen festzustellen. Sprachen zerfallen in Mundarten, die einander geographisch vertreten, so wie wir es von Rassen bei Tieren und Pflanzen kennen. Unter Isolationsbedingungen können neue Sprachen entstehen (z. B. das Afrikaans aus dem Dialekt der ersten niederländischen Einwanderer von 1662), ebenso wie auf Inseln Tier- und Pflanzenarten entstehen. »Verhalten sich Sprachen wie Tierarten?« fragt deshalb B. ZEPERNICK. Die Parallelen zwischen Sprachen und Arten von Lebewesen sind – wenigstens den Biologen – immer wieder aufgefallen. »Die Darwin'sche Theorie und die Sprachwissenschaft« heißt ein offenes Sendschreiben an E. HAECKEL, verfaßt von A. SCHLEICHER im Jahre 1873.
Tatsächlich werden Sprachen ebenso klassifiziert und systematisch nach Verwandtschaften geordnet wie Tier- und Pflanzenarten. Sprachverwandtschaften erkennt man am Wortschatz und noch deutlicher am grammatischen Bau, also am Bauplan der Sprachen. Die ersten Anfänge

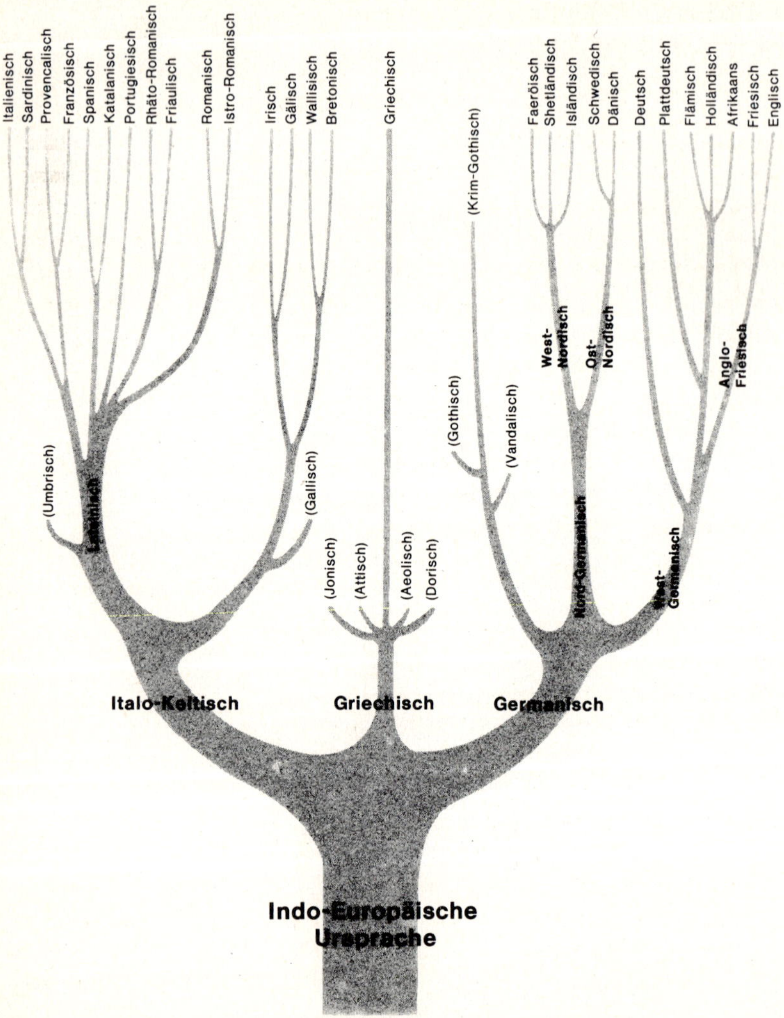

43. Sprachen haben sich wie Tierarten geschichtlich auseinander entwickelt. Hier ein Teil des Stammbaumes der Indo-Europäischen Sprachfamilie. Ausgestorbene Sprachen sind eingeklammert.

zu solchen Vergleichen gehen auf GUICHARD'S *»Harmonie Ethnologique«* aus dem Jahre 1606 zurück. Besonders verdient um die Aufdeckung von Sprachverwandtschaften machten sich der spanische Jesuit L. HERVAS (1735 – 1809), der verwandte Sprachen zu einem Sprachstammbaum zusammenfaßte, und Sir W. JONES, der 1786 von »gewachsenen Verwandtschaften« sprach. So erstellte man Sprachstammbäume wie in Abb. 43. W. VON HUMBOLDT bahnte 1822 in seiner Abhandlung »Über die Ideenentwicklung« an, durch Rekonstruieren der Stammesgeschichte der Sprachen auch dem Ursprung der Sprache näherzukommen. Solche Ansätze gab es noch viele; auch wurden methodische Fortschritte erzielt (s. dazu die Arbeiten von J. GREENBERG oder D. HYMES über spezielle Sprachgruppen). Doch fehlt bis heute ein Leitfaden für Sprachwissenschaftler, der den Lehrbüchern der vergleichenden Anatomie und Phylogenetik für Botaniker und Zoologen entspräche.

Sprachen liefern ein gutes Beispiel für Entwicklungsvorgänge an nicht genetisch verankerten Verhaltensmerkmalen. Denn genetisch vorgegeben ist nur das Sprechvermögen als Anlage, nicht aber eine bestimmte Sprache. Es gibt auch hierfür Parallelen im Tierreich: Viele Vogelarten bilden in ihren Gesängen Dialekte, die von Ort zu Ort wechseln. Dabei können Anpassungen an besondere Umweltgegebenheiten eine Rolle spielen (s. S. 253), wie F. NOTTEBOHM an einem südamerikanischen Ammerfinken, *Zonotrichia capensis*, aufzeigte.

Es gibt aber auch Dialekt-Unterschiede, die zufällig auftreten und nichts mit besonderen Anpassungen an die Umwelt zu tun haben. Dialekte werden in vielen Fällen gelernt; meistens lernen nur Jungtiere, zuweilen aber auch noch Erwachsene voneinander. Wenn diese gelernten Rufe und Gesänge zur Verständigung zwischen den Geschlechtspartnern dienen (s. dazu die Untersuchungen von J. NICOLAI), dann kann der Fortpflanzungserfolg eines Individuums davon abhängen, ob es den am Ort üblichen Dialekt beherrscht. Kein Dialekt ist an sich richtiger oder besser, aber es ist für das Individuum auch nicht egal, welchen Dialekt es benutzt: Wieder – wie schon in vielen früher erwähnten Beispielen – hängt das, was das Einzeltier zu seinem Vorteil tun muß, davon ab, was die Nachbarn tun. (Auch für uns sind Rechtsverkehr und Linksverkehr an sich gleichwertig; welche Fahr-Strategie man im Straßenverkehr wählt, wird dadurch bestimmt, wie sich die meisten anderen Verkehrsteilnehmer verhalten.) Hier geht es nicht um genetisch festgelegte und vererbte Verhaltensweisen, sondern um solche, die durch Übereinkünfte geregelt

werden. Dennoch können sie sich auf den Fortpflanzungserfolg des Individuums und auf den Fortbestand seiner Gene auswirken, und deshalb werden Eltern ihren Nachkommen die bewährten Sprach- und Verhaltensregeln als nicht-materielle Mitgift beizubringen suchen.
Außer Rufen und Gesängen gibt es bei Tieren noch andere Traditionen (Vgl. Reader/D. Miyadi, S. Kawamura und E. Gwinner). Verschiedene Autoren, zuletzt Dawkins, haben betont, daß die Weitergabe von Traditionen und Gedächtnisinhalten viele Parallelen zur Weitergabe genetischer Information aufweist: Traditionen, Lehrmeinungen oder ganz allgemein gesagt Ideen entwickeln sich, breiten sich aus, sind mehr oder weniger gut angepaßt, konkurrieren miteinander usw. Man kann versuchen, auch hierauf die Gesetze der Selektion anzuwenden, geistige Verwandtschaft der genetischen Verwandtschaft gegenüberzustellen und Gesetzmäßigkeiten der Zusammenarbeit und Konkurrenz zu finden. Wir wissen außerdem, daß der Mensch zu Entscheidungen sowohl zwischen verschiedenen Handlungszielen als auch zwischen verschiedenen Wegen zum gleichen Ziel genötigt ist, und zwar durch Güterabwägungen und Prioritätssetzungen. Er muß dabei ähnlich vorgehen wie die niederen Lebewesen, deren genetische Mechanismen von der Selektion so modifiziert wurden, daß sie, obwohl zielblind funktionierend, dennoch eine bestimmte Prioritäten-Strategie an den Tag legen und den jeweiligen Bedingungen angemessen, zweckentsprechend handeln. Für Biologen ist es verlockend, die Evolution der Ideen, Sprachen und Kulturformen in Parallele zu setzen zur Evolution der Lebewesen und ihrer Organe, sowie nach Selektionsgesetzen zu suchen, die für beides gelten. Hier stehen vor allem die Verhaltensforscher vor einem hochinteressanten und noch kaum berührten Arbeitsgebiet. Wir wagen vorauszusagen, daß die vom Menschen bewußt gesetzten Normen und Weisungen denselben in der Evolution bewährten Gesetzmäßigkeiten unterliegen, deren Quintessenz der lettische Soziologe P. von Lilienfeld schon 1873 so formulierte: »Alles im socialen Gebiete, wie in der Natur, beruht auf Wechselwirkung und nicht auf absoluten Principien«.

Literatur

ADAMS, D. K. (1931): A restatement of the problem of learning. Brit. J. Psychol. 22, 150–178

AIGNER, A. (1951): Kann es mehr als zwei Geschlechter geben? Biologia generalis 19, 444–454

ALBRECHT, H. (1968): Freiwasserbeobachtungen an Tilapien in Ostafrika. Z. Tierpsychol. 25, 377–394

ALEXANDER, R. (1974): The evolution of social behavior. Ann. Rev. Ecol. System. 5, 325–383

ALEXANDER, R. (1975): The search for a general theory of behavior. Behav. Science 20, 77–100

ALTMANN, R. (1890): Die Elementarorganismen und ihre Beziehung zu den Zellen. Veit & Co., Leipzig

ALTMANN, S. A. (1974): Baboons, space, time, and energy. Amer. Zool. 14, 221–248

ALVERDES, F. (1925): Tiersoziologie. Forschungen zur Völkerpsychologie und Soziologie Bd. 1, Leipzig

BALTHAZART, J. (1974): Non-stationnarité et aspects fonctionnels du comportement agonistiques chez Tilapia macrochir. Acta zool. et pathol. Antverpiensia No. 58, 29–40

BASTOCK, M. (1969): Das Liebeswerben der Tiere. G. Fischer, Stuttgart

BERTRAM, B. C. R. (1976): Kin selection in lions and in evolution. In: Growing points in Ethology. Cambridge University Press

BISCHOF, N. (1975): A systems approach toward the functional connetions of attachment and fear. Child development 46, 801–817

BOWLBY, J. (1958): The nature of the child's tie to his mother. Int. J. Psycho-Anal. 39, 350–373

BOWLBY, J. (1973): Attachment and loss. Vol. II: Separation, anxiety and anger. The Hogarth Press, London

BRADBURY, J. W., und S. L. VEHRENCAMP (1977): Social organisation and foraging in emballonurid bats. III. Behav. Ecol. Sociobiol. 2, 1–17

BREDER, C. M., und D. E. ROSEN (1966): Modes of reproduction in fishes. The Natural History Press, Garden City, New York

BROADBENT, D. E. (1958): Perception and Communication. Pergamon Press, London

BRUCE, H. M. (1966): Smell as an exteroceptive factor. Journal of Animal Science, Suppl. 25, 83–89

BURNET, F. M. (1969): Self and not-self. Cellular Immunology I. Melbourne and Cambridge University Press

BURNET, F. M. (1971): »Self-recognition« in colonial marine forms and flowering plants in relation to the evolution of immunity. Nature 232, 230–235

BUSNEL, R.-G., und B. DUMORTIER (1955): Phonoréactions de male d'Hyla arborea à des signaux acoustiques artificiels. Bull. Soc. Zool. France 80, 66–69

CARACO, T., und L. L. WOLF (1975): Ecological determination of group sizes of foraging lions. The Amer. Nat. 109, 343–352

CHAPUIS, C. (1971): Un example de l'influence du milieu sur les émissions vocales des oiseaux: L'évolution des chants en forêt équatoriale. Terre et Vie 118, 183–202

CHARNOV, E. L., und J. R. KREBS (1975): The evolution of alarm calls. The Amer. Nat. 109, 107–112

CHRISTENSEN, C. M., D. F. CALDWELL und D. OBERLEAS (1974): Establishment of a learned preference for a Zinc-containing solution by Zinc-deficient rats. J. comp. physiol. Psychol. 87, 415–421

COLLIAS, N. E. (1960): An ecological and functional classification of animal sounds. In: Animal Sounds and Communication (W. Lanyon u. W. Tavolga eds.). Amer. Inst. Biol. Sci. Publ. No. 7, 368–391. Washington

COULSON, J. C. (1966): The influence of the pair-bond and age on the breeding biology of the kittiwake gull Rissa tridactyla. J. anim. Ecol. 35, 269–279

CRAIG, W. (1918): Appetites and aversions as constituents of instincts. Biol. Bull. Woods Hole 34, 91–107

CROOK, J. H. (1970): Social behaviour in birds and mammals. Academic Press, London u. New York

CROSS, H., A. HOLCOMB und C. G. MATTER (1967): Imprinting or exposure learning in rats given early auditory stimulation. Psychonomic Science 7, 233–234

CROZE, H. (1970): Searching image in Carrion Crows. Verlag Paul Parey, Berlin und Hamburg.

CURIO, E. (1976): The ethology of predation. Springer-Verlag, Berlin, Heidelberg, New York

CZIHAK, G., H. LANGER und H. ZIEGLER (1976): Biologie. Springer-Verlag, Berlin, Heidelberg, New York.

DARWIN, C. R. (1859): On the origin of species. J. Murray, London

DARWIN, C. R. (1971): Essay zur Entstehung der Arten. Kindler Verlag, München

DAWKINS, R. (1976): The selfish gene. Oxford University Press.

DAWKINS, R., und T. R. CARLISLE (1976): Parental investment, mate desertion and a fallacy. Nature 262, 131–132

DE BARY, A. (1879): Die Erscheinungen der Symbiose. Tagebl. 51. Vers. Deutsch. Naturforscher u. Ärzte zu Cassel 1878. Straßburg

DEEGENER, P. (1918): Die Formen der Vergesellschaftung im Tierreiche. Verlag Veit & Comp., Leipzig

DE LANNOY, J. D., und M. WIELEMANS (1969): Le schéma du jeune congénère. Archiv de Psychol. 159, 1–14

DE LANNOY, J. D., und M. WIELEMANS (1974): Recherche interculturelle sur le schéma du jeune congénère humain. Rev. Comp. Anim. 8, 326–331

DOSE, K., und H. RAUCHFUSS (1975): Chemische Evolution und der Ursprung lebender

Systeme. Wissenschaftliche Verlagsgesellschaft mbH, Stuttgart
DOW, D. D. (1975): Displays of the honeyeater Manorina melanocephala. Z. Tierpsychol. 38, 70–96
DURHAM, W. H. (1976): Resource competition and human aggression. Pt. I: A review of primitive war. The Quart. Rev. Biol. 51, 385–415

EIBL-EIBESFELDT, I. (1972): Grundriß der vergleichenden Verhaltensforschung. R. Piper & Co. Verlag, München (3. Aufl.)
EIBL-EIBESFELDT, I. (1973): Der vorprogrammierte Mensch. F. Molden Verlag, Wien, München, Zürich
EIBL-EIBESFELDT, I. (1975): Krieg und Frieden. R. Piper & Co. Verlag, München
EIBL-EIBESFELDT, I. und E. (1967): Das Parasitenabwehren der Minima-Arbeiterinnen der Blattschneider-Ameise. Z. Tierpsychol. 24, 278–281
ERICKSON, C. J., und P. G. ZENONE (1976): Courtship differences in male ring doves: Avoidance of Cuckoldry?. Science 192, 1353–1354
ESPINAS, A. (1878): Des sociétés animales. Bailliere, Paris (»Die tierischen Gesellschaften«, Braunschweig 1879)
ESTES, R. D. (1969): Territorial behavior of the wildebeest. Z. Tierpsychol. 26, 284–370
EVANS, L. T. (1953): Tail display in an iguanid lizard, Liocephalus. Copeia 1953, 50–54

FARR, J. A. (1976): Social facilitation of male sexual behavior, intrasexual competition, and sexual selection in the Guppy. Evolution 30, 707–717
FERNALD, R. D. (1973): A group of barbets. II. Quantitative measures. Z. Tierpsychol. 33, 341–351
FISCHER, H. (1965): Das Triumphgeschrei der Graugans. Z. Tierpsychol. 22, 247–304
FISHER, R. A. (1930): The genetical theory of natural selection. Clarendon Press, Oxford

GALLUP, G. G., und S. A. CAPPER (1970): Preference for mirror-image stimulation in finches and parakeets. Anim. Beh. 18, 621–624
GALTON, F. (1871): Gregariousness in cattle and men. Macmillan's Magazine 23, 353–357
GOSLING, L. M. (1969): Parturition and related behaviour in Coke's hartebeest. J. Reprod. Fert., Suppl. 6, 265–286
GREENBERG, J. H. (1955): Studies in African linguistic classification. Compass Publ. Co., Branford / New Haven
HAILMAN, J. P., und J. J. I. DZELZKALNS (1974): Mallard tail-wagging: Punctuation for animal communication? The Amer. Nat. 108, 236–238
HALDANE, J. B. S., und S. D. JAYAKAR (1962): An enumeration of some human relationships. Jour. of Genetics 58, 81–107
HALLIDAY, T. R. (1977): The effect of experimental manipulation of breathing behaviour on the sexual behaviour in the smooth newt. Anim. Beh. 25, 39–45
HAMILTON, W. D. (1964): The genetical theory of social behaviour. J. theor. Biol. 7, 1–25
HAMILTON, W. D. (1971): Geometry for the selfish herd. J. theor. Biol. 31, 295–311
HAMILTON, W. D. (1972): Altruism and related phenomena, mainly in social insects. Ann. Rev. Ecol. Syst. 3, 193–232
HARRISON, A. (1968): Response competition, frequency, exploratory behaviour, and liking. J. Personality and Soc. Psychol. 9, 363–368

HASSENSTEIN, B. (1973): Verhaltensbiologie des Kindes. R. Piper & Co. Verlag, München u. Zürich.
HEILIGENBERG, W. (1964): Ein Versuch zur ganzheitsbezogenen Analyse des Instinktverhaltens eines Fisches. Z. Tierpsychol. 21, 1–52
HEINROTH, O. (1911): Beiträge zur Biologie, namentlich Ethologie und Psychologie der Anatiden. Verh. 5. Int. Ornith. Kongr. Berlin, 589–702
HELVERSEN, D. v., und W. WICKLER (1971): Über den Duettgesang des afrikanischen Drongo, Dicrurus adsimilis. Z. Tierpsychol. 29, 301–321
HENRY, S. M. ed. (1966/67): Symbiosis I, II. Academic Press, New York u. London
HENSSEN, A., und H. JAHNS (1974): Lichenes. Eine Einführung in die Flechtenkunde. Georg Thieme Verlag, Stuttgart
HERDER, J. G. (1877): Ideen zur Philosophie der Geschichte der Menschheit. E. D. Suphan, Berlin
HESS, E. H. (1973): Prägung. Kindler Verlag, München
HINDE, R. A. (1973): Das Verhalten der Tiere, I, II. Suhrkamp Verlag, Frankfurt/M
HINDE, R. A., und J. STEVENSON-HINDE (1973): Constraints of learning: Limitations and predispositions. Academic Press, New York u. London
HOHORST, W., und G. GRAEFE (1961): Ameisen, obligatorische Zwischenwirte des Lanzettegels. Naturwiss. 48, 229–230
HOLST, E. v. (1939): Die relative Koordination als Phänomen und als Methode zentralnervöser Funktionsanalyse. Ergebn. Physiol. 42, 228–306
HOLST, E. v., und H. MITTELSTAEDT (1950): Das Reafferenz-Prinzip. Naturwiss. 37, 464–476
HORN, H. S. (1968): The adaptive significance of colonial nesting in the Brewer's Blackbird. Ecology 49, 682–694
HRDY, B. S. (1974): Male-male competition and infanticide among the langurs (Presbytis entellus) of Abu, Rajasthan. Folia Primat. 22, 19–58
HÜCKSTEDT, B. (1965): Experimentelle Untersuchungen zum »Kindchenschema« Z. exper. angew. Psychol. 12, 421–450
HUEY, R. B., und M. SLATKIN (1976): Cost and benefits of lizard thermoregulation. The Quart. Rev. Biol. 51, 363–384
HYMES, D. H. (1956): Na-Déné and positional analysis of categories. Amer. Anthropol. (n. s.) 58, 624–638

IMMELMANN, K. und G. (1967): Verhaltensökologische Studien an afrikanischen und australischen Estrildiden. Zool. Jb. Syst. 94, 609–686

JENNINGS, H. S. (1906): The behavior of the lower organisms. Columbia University Press, New York
JILKA, A., und B. LEISLER (1974): Die Einpassung dreier Rohrsängerarten in ihre Lebensräume. J. Orn. 115, 192–212

KALAS, K. (1976): Brutpflegehelfer und Polygamie beim afrikanischen Buntbarsch Lamprologus brichardi. Naturwiss. 63, 94
KAPLAN, R. W. (1972): Der Ursprung des Lebens. Deutscher Taschenbuch Verlag, Thieme, Stuttgart

KOENIG, O. (1952): Ökologie und Verhalten der Vögel des Neusiedlersee-Schilfgürtels. J. Ornith. 93, 207–289
KOENIG, O. (1970): Kultur und Verhaltensforschung. Deutscher Taschenbuch Verlag, München
KOENIG, O. (1975): Urmotiv Auge. R. Piper & Co. Verlag, München
KREBS, J. R. (1974): Colonial nesting and social feeding as strategies for exploiting food resources in the great blue heron. Behaviour 51, 99–134
KREMER, B. (1976): Algen und Plastiden als Endosymbionten wirbelloser Tiere. Biologie in unserer Zeit 6, 83–90
KUMMER, H. (1975): Sozialverhalten der Primaten. Springer Verlag, Berlin

LAMPRECHT, J. (1973): Mechanismen des Paarzusammenhalts beim Cichliden Tilapia mariae. Z. Tierpsychol. 32, 10–61
LENNEBERG, E. H. (1972): Biologische Grundlagen der Sprache. Suhrkamp Verlag, Frankfurt/M.
LEON, J. A. (1976): Life histories as adaptive strategies. J. theor. Biol. 60, 301–335
LINSENMAIR, K. E. (1972): Die Bedeutung familienspezifischer »Abzeichen« für den Familienzusammenhalt bei der sozialen Wüstenassel. Z. Tierpsychol. 31, 131–162
LÖHRL, H. (1968): Das Nesthäkchen als biologisches Problem. J. Ornith. 109, 383–395
LORENZ, K. (1957): Über das Töten von Artgenossen. In: Die Natur – Das Wunder Gottes. Athenäum-Verlag, Bonn (262–281)
LORENZ, K. (1961): Phylogenetische Anpassung und adaptive Modifikation des Verhaltens. Z. Tierpsychol. 18, 139–187
LORENZ, K. (1963): Das sogenannte Böse. Dr. G. Borotha Schoeler Verlag, Wien

McFARLAND, D., und R. SIBLY (1972): ›Unitary drives‹ revisited. Anim. Behav. 20, 548–563
MARGULIS, L. (1971): Symbiosis and Evolution. Sci. Amer. 225, (2), 48–57
MARGULIS, L. (1974): Five-kingdom classification and the origin and evolution of cells. Evolutionary biology 7, 45–78
MARLER, P. R., und W. D. HAMILTON (1972): Tierisches Verhalten. BLV Verlagsgemeinschaft mbH, München
MASSEY, A. (1977): Agonistic aids and kinship in a group of pigtail macaques. Behav. Ecol. Sociobiol. 2, 31–40
MATTHES, D. (1972): Vom Liebesleben der Insekten. Franckh Verlag, Stuttgart
MAYNARD SMITH, J. (1974): The theory of games and the evolution of animal conflicts. J. theor. Biol. 47, 209–221
MAYNARD SMITH, J., und G. R. PRICE (1973): The logic of animal conflict. Nature 246, 15–18
MAYNARD SMITH, J., und G. A. PARKER (1976): The logic of asymmetric contests. Anim. Beh. 24, 159–175
MAYNARD SMITH, J., und G. RIDPATH (1972): Wife-sharing in the Tasmanian native hen, Tribonyx mortierii. Amer. Nat. 106, 447–452
MAYR, E. (1967): Artbegriff und Evolution. Verlag Paul Parey, Hamburg und Berlin
MERESCHKOWSKY, C. (1905): Über Natur und Ursprung der Chromatophoren im Pflanzenreiche. Biol. Cbl. 25, 593–604, 689–690

MEYER-HOLZAPFEL, M. (1940): Triebbedingte Ruhezustände als Ziel von Appetenzhandlungen. Naturwiss. 28, 273–280

MILLS, J. A. (1973): The influence of age and pair-bond on the breeding biology of the red-billed gull. J. anim. Ecol. 42, 147–162

MORTON, S. R., und G. D. PARRY (1974): The auxiliary social system in Kookaburras. The Emu 74, 196–198

MORTON, E. S. (1975): Ecological sources of selection on avian sounds. Amer. Nat. 109, 17–34

NICOLAI, J. (1969): Beobachtungen an Paradieswitwen und der Strohwitwe in Afrika. J. Ornith. 110, 421–447

NICOLAI, J. (1973): Das Lernprogramm in der Gesangsausbildung der Strohwitwe Tetraenura fischeri. Z. Tierpsychol. 32, 113–138

NOTTEBOHM, F. (1975): Continental patterns of song variability in Zonotrichia capensis. Amer. Nat. 109, 605–624

OATES, J. F. (1977): The social life of a black and white Colobus Monkey. Z. Tierpsychol. 44, i. Druck

ORLOVE, M. J. (1977): Kin selection and cancer. J. theor. Biol. 65, 605–607

PACKER, C. (1977): Reciprocal altruism in Papio anubis. Nature 265, 441–443

PARKER, G. A. (1974): Assessment strategy and the evolution of fighting behaviour. J. theor. Biol. 47, 223–243

PARKER, G. A., R. R. BAKER und V. G. F. SMITH (1972): The origin and evolution of gamete dimorphism and the male-female phenomenon. J. theor. Biol. 36, 529–553

PETRUCCI, R. (1905): Les origines naturelles de la propriété. Notes et Mémoires. Inst. Solway, Travaux de l'Inst. Sociol. Fasc. 3, Brüssel

PETRUCCI, R. (1906): Origine polyphylétique, homotypie et non-comparabilité directe des sociétés animales. Notes et Mémoires, Inst. Solway, Travaux de l'Inst. Sociol., Fasc. 7, Brüssel

PLOOG, D. (1964): Verhaltensforschung und Psychiatrie. In: Psychiatrie der Gegenwart Bd. 1 B, 291–443. Springer Verlag, Berlin

POPPER, K. R. (1973): Objektive Erkenntnis. Ein evolutionärer Entwurf. Hoffmann und Campe Verlag, Hamburg

POTASH, L. M. (1972): A signal detection problem and possible solution in Japanese quail. Anim. Beh. 20, 192–195

RAND, W. M., und A. S. RAND (1976): Agonistic behavior in nesting Iguanas. Z. Tierpsychol. 40, 279–299

REIMARUS, H. S. (1740): Allgemeine Betrachtungen über die Triebe der Thiere, hauptsächlich über ihre Kunsttriebe. Hamburg

REINERT, J., und H. URSPRUNG (1971): Origin and continuity of cell organelles. Springer Verlag, Berlin

REYER, U. (1975): Ursachen und Konsequenzen von Aggressivität bei Etroplus maculatus. Z. Tierpsychol. 39, 415–454

ROUGHGARDEN, J. (1975): Evolution of marine symbioses – a simple cost-benefit

model. Ecology 56, 1201–1208
ROZIN, P. (1968): The use of poikilothermy in the analysis of behavior. In: The central nervous system and fish behavior (D. Ingle ed). Univ. Chicago Press, Chicago u. London (181–192).

SCHALLER, G. B. (1972): The Serengeti Lion. University of Chicago Press, Chicago
SCHIMPER, A. F. W. (1883): Über die Entwicklung der Chlorophyllkörner und Farbkörner. Bot. Z. 41, 105–114
SCHLEICHER, A. (1873): Die Darwinsche Theorie und die Sprachwissenschaft. Offenes Sendschreiben an Ernst Haeckel. 2. Aufl. Weimar
SCHLEIDT, M. (1955): Untersuchungen über die Auslösung des Kollerns beim Truthahn. Z. Tierpsychol. 11, 417–435
SCHLEIDT, W. (1961): Reaktionen von Truthühnern auf fliegende Raubvögel. Z. Tierpsychol. 18, 534–560
SCHLEIDT, W. (1973): Tonic communication. J. theor. Biol. 42, 359–386
SCHÜZ, E. (1957): Das Verschlingen eigener Junger (»Kronismus«) bei Vögeln und seine Bedeutung. Die Vogelwarte 19, 1–15
SCHULTZE-WESTRUM, Th. (1974): Biologie des Friedens. Kindler Verlag, München
SCHWIDETZKY, I. (1973): Über die Evolution der Sprache. S. Fischer Verlag, Frankfurt
SEIBT, U. (1974): Mechanismen und Sinnesleistungen für den Paarzusammenhalt bei der Garnele Hymenocera picta. Z. Tierpsychol. 35, 337–351
SITTE, P. (1975): Zelluläres und Molekulares. Mannheimer Forum 75/76, 55–118
SKUTCH, A. F. (1961): Helpers among birds. Condor 63, 198–226
SPALDING, D. A. (1873): Instinct, with original observations on young animals. Macmillan's Magazin 27, 282–283 (Anim. Beh. 2, 1–11, 1954)
STADLER, H. (1926): Stimmenbiotop und Melozönosen. Ber. Ver. Schles. Orn. 12, 95–96
STAMM, R. A. (1974): Ein Codon für »Bitte!« im Verständigungssystem der Lachmöwe. Rev. Suisse Zool. 81, 722–728
STEARNS, S. C. (1976): Life-history tactics: A review of the ideas. Quart. Rev. Biol. 51, 3–47
STOCKER, O. (1975): Prinzipien der Flechtensymbiose. Flora 164, 359–376
STRENG, R. (1974): Theoretische Betrachtung der Achtertour. Z. Tierpsychol. 35, 157–172
STRUHSAKER, T. T. (1977): Infanticide and social organisation in the redtail monkey in the Kibale Forest. Z. Tierpsychol. 44, im Druck

THEODOR, J. L. (1970): Distinction between »Self« and »Not-self« in lower invertebrates. Nature 227, 690–692
THORPE, W. H. (1951): The definition of some terms used in animal behaviour studies. Anim. Beh. 9, 34–39
TINBERGEN, N. (1951): The study of instinct. Oxford University Press (»Instinktlehre«, 1966 Verlag Paul Parey, Berlin u. Hamburg)
TÖLLE, R. (1967): Genealogische Stammtafel zur griechischen Mythologie. Geographisch-Kartographische Anstalt Mundus, Hamburg
TRETZEL, E. (1970): Akustisches Lernen und Rhythmusangleichung bei Schamadrosseln. Zool. Anz. Suppl. 33, 290–298

TRILLMICH, F. (1976): Spatial proximity and mate-specific behaviour in a flock of budgerigars. Z. Tierpsychol. 41, 307–331

TRIVERS, R. L. (1974): Parent-offspring conflict. Amer. Zool. 14, 249–264

TRIVERS, R. L., und H. HARE (1976): Haplodiploidy and the evolution of social insects. Science 191, 249–263

TUXEN, S. L. (1967): Insektenstimmen. Springer Verlag, Berlin

VALENTINE, J. W. (1975): Adaptive strategy and the origin of grades and ground-plans. Amer. Zool. 15, 391–404

VÖLGYESI, F. A. (1963): Menschen- und Tierhypnose. Orell Füssle Verlag, Zürich

WAHLERT, G. und H. v. (1977): Was Darwin noch nicht wissen konnte. Deutsche Verlagsanstalt, Stuttgart

WATTS, C. R., und A. W. STOKES (1971): The social order of turkeys. Sci. Amer. 224, (6), 112–118

WAXWEILER, E. (1906): Esquisse d'une sociologie. Notes et Mémoires, Inst. Solway, Travaux de l'Inst. Sociol., Fasc. 2. Brüssel

WEST EBERHARD, M. J. (1975): The evolution of social behavior by kin selection. Quart. Rev. Biol. 50, 1–32

WHITMAN, C. O. (1899): Animal behavior. Biol. Lect. Mar. Biol. Lab. Woods Hole, 285–338

WHITNEY, G. (1976): Genetic substrates for the initial evolution of human sociality. I. Amer. Nat. 110, 867–975

WICKLER, W. (1967): Vergleichende Verhaltensforschung und Phylogenetik. In: Die Evolution der Organismen (G. Heberer ed.). Bd. I, 420–508 Gustav Fischer Verlag, Stuttgart

WICKLER, W. (1968): Mimikry. Kindler Verlag, München (Neudruck 1973, Fischer Taschenbuch Verlag)

WICKLER, W. (1972): Verhalten und Umwelt. Hoffmann und Campe Verlag, Hamburg

WICKLER, W. (1975): Die Biologie der Zehn Gebote. R. Piper & Co. Verlag, München

WICKLER, W. (1976): The ethological analysis of attachment. Z. Tierpsychol. 42, 12–28

WICKLER, W., und U. SEIBT (1974): Rufen und Anworten bei Kassina senegalensis, Bufo regularis und anderen Anuren. Z. Tierpsychol. 34, 524–537

WICKLER, W., und U. SEIBT (1975): Wie Tiere Stress vermeiden. Bild der Wissenschaft 12 (7), 28–35

WILSON, E. O. (1968): The ergonomics of caste in the social insects. Amer. Nat. 102, 41–66

WILSON, E. O. (1975): Sociobiology. Belknap Press of Harvard University Press, Cambridge Mass.

WYNNE-EDWARDS, V. C. (1962): Animal dispersion in relation to social behaviour. Oliver & Boyd, London

ZAJONC, R. B. (1968): Attitudinal effects of mere exposure. Journ. Personality and Soc. Psychol., Monogr. Suppl. 9, (2), 1–27

ZEPERNICK, B. (1968): Verhalten sich Sprachen wie Tierarten. Sitzber. Ges. naturforsch. Freunde Berlin (N. F.) 8, 157–160

ZIMEN, E. (1976): On the regulation of pack size in wolves. Z. Tierpsychol. 40, 300–341

READER: Vergleichende Verhaltensforschung
Herausgegeben von Wolfgang Wickler und Uta Seibt
Hoffmann und Campe Verlag, Hamburg 1973

Inhalt

Autorenregister

Sachregister

Fachausdrücke sind, soweit im Zusammenhang dieses Buches notwendig, im Text eingeführt. Wer eine gründliche Erläuterung der wichtigsten Fachausdrücke der Verhaltensforschung sucht, sei auf das kleine »Wörterbuch der Verhaltensforschung« von K. IMMELMANN *(Kindler Verlag, München 1975) verwiesen.*

Biologische Sachbücher

Mensch und Tier
Ausdrucksformen des Lebendigen
Hrsg. von Heinz Friedrich
dtv 481

Kreatur Mensch
Moderne Wissenschaft auf der Suche nach dem Humanum
Hrsg. von Günther Altner
dtv 892

Iain und Oria Douglas-Hamilton:
Unter Elefanten
Abenteuerliche Forschungen in der Wildnis Zentralafrikas
dtv 1511

Helmut Tributsch:
Wie das Leben leben lernte
Physikalische Technik in der Natur
dtv 1517

dtv-Atlas zur Biologie
Tafeln und Texte
Von Günter Vogel und Hartmut Angermann
2 Bände
dtv 3011, 3012

dtv

Biologie und Verhaltensforschung

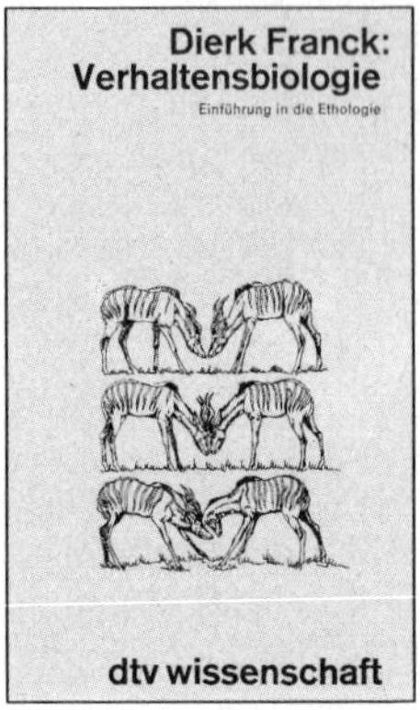

Robert Ardrey:
Adam und sein Revier
Der Mensch im Zwang
des Territoriums
dtv 881

Helmut L. Karcher:
Wie ein Ei dem andern
Alles über Zwillinge
dtv 1319

Iain und Oria
Douglas-Hamilton:
Unter Elefanten
Abenteuerliche
Forschungen in der
Wildnis Zentralafrikas
dtv 1511

Hans W. Fricke:
Bericht aus dem Riff
Ein Verhaltensforscher
experimentiert im Meer
dtv 1557

Gerd und Heidi
v. Wahlert:
Was Darwin noch nicht
wissen konnte
Die Naturgeschichte
der Biosphäre
dtv 1619

Wolfgang Wickler /
Uta Seibt:
Das Prinzip Eigennutz
Ursachen und
Konsequenzen sozialen
Verhaltens
dtv 1697

Irenäus Eibl-Eibesfeldt:
Der vorprogrammierte
Mensch
Das Ererbte als
bestimmender Faktor
im menschlichen
Verhalten
dtv 4177

Dierk Franck:
Verhaltensbiologie
Eine Einführung in
die Ethologie
dtv / Thieme 4337

dtv